普通高等院校"十四五"计算机基础系列教材

计算机基础与实训教程

顾玲芳◎主　编

杨　灿　杨　宇◎副主编

中国铁道出版社有限公司

CHINA RAILWAY PUBLISHING HOUSE CO., LTD.

内 容 简 介

本书根据教育部《关于进一步加强高等学校计算机基础教学的意见暨计算机基础课程教学基本要求》中有关"大学计算机基础"课程的教学要求，结合一线教师的教学实践经验编写而成。

本书分为两篇：第一篇理论基础分为 6 章，内容包括计算机基础知识、操作系统、文字处理软件 Word 2016、电子表格处理软件 Excel 2016、演示文稿处理软件 PowerPoint 2016 和计算机网络技术；第二篇实验操作分为 5 个实验，包括 Windows 7 的基本操作、文字处理软件 Word 2016、电子表格处理软件 Excel 2016、演示文稿处理软件 PowerPoint 2016 和计算机网络技术，实验的设计充分考虑了主教材相应章节的学习要求和知识点分布，其宗旨是通过指导学生上机实践锻炼，帮助学生加深理解主教材中的相关基本概念，提高学生的动手操作能力，为后续计算机课程的学习打下基础。

本书适合作为普通高等院校非计算机专业计算机课程教材，也可作为全国计算机等级考试（二级）的学习用书，还可作为读者自我提高的参考资料。

图书在版编目（CIP）数据

计算机基础与实训教程 / 顾玲芳主编 . — 北京：中国
铁道出版社有限公司，2022.9（2024.7 重印）
普通高等院校"十四五"计算机基础系列教材
ISBN 978-7-113-29461-8

Ⅰ. ①计… Ⅱ. ①顾… Ⅲ. ①电子计算机 – 高等学校 –
教材 Ⅳ. ① TP3

中国版本图书馆 CIP 数据核字（2022）第 131175 号

书　　名：计算机基础与实训教程
作　　者：顾玲芳

策　　划：魏　娜	编辑部电话：（010）63549501
责任编辑：贾　星　彭立辉	
封面设计：曾　程	
封面制作：刘　颖	
责任校对：孙　玫	
责任印制：樊启鹏	

出版发行：中国铁道出版社有限公司（100054，北京市西城区右安门西街 8 号）
网　　址：https://www.tdpress.com/51eds/
印　　刷：三河市航远印刷有限公司
版　　次：2022 年 9 月第 1 版　2024 年 7 月第 3 次印刷
开　　本：880 mm×1 230 mm　1/16　印张：20.25　字数：695 千
书　　号：ISBN 978-7-113-29461-8
定　　价：55.00 元

版权所有　侵权必究

凡购买铁道版图书，如有印制质量问题，请与本社教材图书营销部联系调换。电话：（010）63550836

打击盗版举报电话：（010）63549461

前 言

党的二十大报告指出："教育是国之大计、党之大计。培养什么人、怎样培养人、为谁培养人是教育的根本问题。育人的根本在于立德。全面贯彻党的教育方针，落实立德树人根本任务，培养德智体美劳全面发展的社会主义建设者和接班人。"随着人工智能技术的发展，人工智能人才紧缺，信息技术相关课程的教师作为人工智能技术人才培养的主战场，重点强化实践能力的运用。

"大学计算机基础"课程是面向本科生的第一门重要的计算机公共基础课程，也是学习其他计算机课程的先导课程，目的在于提高学生计算机文化素养，培养学生使用计算机的基本技能和使用计算机解决实际问题的能力。

本书根据教育部《关于进一步加强高等学校计算机基础教学的意见暨计算机基础课程教学基本要求》中有关"大学计算机基础"课程的教学要求，结合一线教师的教学实践经验编写而成。本书涵盖计算机基础及 Office 2016 的基础要求，结构合理、内容丰富、图文并茂、通俗易懂，且根据"夯实基础、面向应用、培养创新"的指导思想，加强了教材的基础性、实践性、应用性和创新性，既注重基础理论又突出实用性，旨在提高大学生计算机应用能力，并为学习后续课程打下扎实的基础。

本书编写特色如下：

• 紧贴培养要求。本书的编写符合应用型本科相关专业的培养要求，强化了计算机以及 Office 软件的实用性，吸收了全国计算机等级考试（二级）MS Office 高级应用的大纲要求，更具应用型人才培养特色。

• 实践性强。第一篇的 Office 章节除了配套知识例题，还有小节综合训练以及章节综合应用案例，强化了操作实践性，突出了应用型人才培养的特点。第二篇的实验可以帮助读者复习和扩展相关的知识和技能，以便更好地提升 Office 商务应用能力。

• 配套资源丰富。本书配有教学课件、习题答案、例题等资源，便于教师教学和学生学习。

本书由顾玲芳任主编，杨灿、杨宇任副主编，陈儒敏、顾鸿虹参与编写。具体编写分工：陈儒敏编写了第一篇的第 1 章，杨宇编写了第一篇的第 2 章与第二篇的实验 1、4，杨灿编写了第一篇的第 3 章与第二篇的实验 2，顾玲芳编写了第一篇的第 4、6 章与第二篇的实验 3、5，顾鸿虹编写了第一篇的第 5 章。顾玲芳负责整体目录大纲的审核、全书的校对审核及整体质量的控制等工作。最后，特别感谢北京科技大学天津学院计算机基础教研组冯瑶、张燕、张鸿博等老师的帮助。

由于时间仓促，编者水平和经验有限，书中难免有疏漏与不妥之处，恳请读者批评指正。

编 者

2022 年 4 月

目 录

第一篇　理论基础

第二篇　实验操作

第一篇
理 论 基 础

第1章

计算机基础知识

📋 内容提要

本章主要介绍计算机基础知识。具体包括以下几部分：
- 计算机的发展、特点、分类和应用。
- 计算机的软硬件系统和工作原理。
- 评价计算机性能的主要技术指标。
- 计算机病毒和网络黑客的基本知识。
- 计算机的热点技术。

✒️ 学习重点

- 了解计算机的特点、应用，掌握计算机的分类。
- 掌握计算机的软硬件系统组成。
- 了解计算机病毒和网络黑客，掌握常用计算机安全软件。
- 了解目前常见的计算机热点技术。

1.1　计算机概述

自第一台通用电子数字计算机诞生，计算机已经走过了 70 多年的历史。作为一种能够快速、自动精确地对各种信息进行存储、传输和处理的电子设备，计算机及其应用已经渗透到了社会生活的各个领域。计算机技术发展促进了信息技术革命的到来，使社会发展步入了信息时代，信息技术的应用程度已经成为衡量一个国家信息技术化水平的重要标志。学习计算机基础知识、掌握计算机的使用方法已经成为现代社会必不可少的知识和技能。

1.1.1　计算机的发展

1. 第一台通用电子数字计算机

一般认为，世界上第一台通用电子数字计算机是 1946 年在美国宾夕法尼亚大学诞生的 ENIAC（Electronic Numerical Integrator And Computer，电子数字积分计算机），如图 1.1.1 所示，设计的目的是为解决美国军方开发新武器的射程和检测模拟运算表的难题。ENIAC 使用了 18 000 多个电子管，占地 170 m²，质量为 30 t，功率为 140 kW，采用十进制，每秒能进行 5 000 次加减运算。从今天的眼光来看，这台计算机耗费巨大又不完善，还不如现在一台普通的科学计算器，但它却是科学史上一次划时代的创新，奠定了现代电子数字计算机的基础。

我国于 1953 年 1 月成立了第一个电子计算机科学科研小组。1957 年，中科院计算所开始研制通用数字电子计

图 1.1.1　第一台通用电子数字计算机

算机。1958 年 8 月 1 日，成功运行了四条指令的短程序，标志着中国第一台计算机的诞生。该计算机后来被命名为 103 型计算机，曾被用于一些科学计算，如力学结构计算，如图 1.1.2 所示。

图 1.1.2　我国第一台通用电子计算机——103 型计算机

103 型计算机和改进后的 ENIAC 采用的都是存储程序体系结构。在存储程序体系结构中，事先在存储器中存储一个指令序列（即程序），计算机运行时，从存储器中读出程序，再依照程序给定的顺序执行。其实早在 ENIAC 完成之前，数学家约翰·冯·诺依曼（John von Neumann）就在其论文中提出了存储程序计算机的设计构想，即 EDVAC（Electronic Discrete Variable Automatic Computer，离散变量自动电子计算机）。因此，存储程序体系结构又称冯·诺依曼体系结构。自从 20 世纪 40 年代第一台通用电子数字计算机出现以来，尽管计算机技术已经发生了翻天覆地的变化，但是，大多数现代计算机仍然采用冯·诺依曼体系结构。

2. 数字计算机的发展史

从电子计算机问世以来，随着逻辑器件的更迭和发展，计算机的发展大致经历了 4 个阶段，如表 1.1.1 所示。

表 1.1.1　计算机发展的几个阶段

发展阶段	硬件技术	软件技术	速度（次 / 秒）
第一代（1946—1957 年）	电子管	机器语言、汇编语言	40 000
第二代（1958—1964 年）	晶体管	开始使用管理程序、高级语言，操作系统概念出现	200 000
第三代（1965—1970 年）	中小规模集成电路	操作系统进一步完善，高级语言增多，出现并行处理、多处理机和面向用户的应用软件	1 000 000
第四代（1971 年至今）	大规模、超大规模、甚大规模集成电路	数据库管理系统、网络软件发展。软件工程标准化，面向对象的软件设计方法和技术被广泛使用	10 000 000（大规模）10 000 000 以上（超大规模及以上）

第一代计算机从 1946 年到 1957 年，使用电子管代替机械齿轮或电磁继电器作为基本电子器件，使用机器语言与符号语言编制程序。第一代计算机的特点是体积庞大，运算速度低（几千到几万次每秒），存储容量小，成本很高，可靠性较低，主要用于科学计算。这一代的代表机型有 ENIAC、EDVAC、IBM650 等。

第二代计算机从 1958 年到 1964 年，使用晶体管作为电子器件，与电子管相比，晶体管具有体积小、重量轻、发热少、寿命长等特点，为计算机技术的发展带来了巨大的飞跃。这代计算机开始使用磁芯存储器作为主存，磁盘和磁带作为辅存，并开始使用 FORTRAN、COBOL 和 ALGOL 等计算机高级语言。运算速度提高到每秒几万次至几十万次，不仅用于科学计算，还用于数据处理和事务处理，并逐渐用于工业控制。在此期间，"工业控制机"开始得到应用。这一代的代表机型有 IBM7090、IBM7094 和 ATLAS 等。

第三代计算机从 1965 年到 1970 年，使用中小规模集成电路（Small-Scale Integration，SSI）与中规模集成电路（Medium-Scale Integration，MSI）作为电子器件，而操作系统的出现使计算机的功能越来越强，应用范围越来越广。计算机运算速度进一步提高到每秒几十万次至几百万次，体积进一步减小，成本进一步下降，可靠性进一步提高，为计算机的小型化、微型化提供了良好的条件。在此期间，计算机不仅用于科学计算，还用于文字处理、企业管理和自动控制等领域，出现了管理信息系统（Management Information System，MIS），形成了机种多样化、生产系列化、使用系统化的特点，"小型计算机"开始出现。这一代的代表机型有 IBM360、PDP-11 等。

第四代计算机从 1971 年至今，开始使用大规模集成电路（Large-Scale Integration，LSI）与超大规模集成电路（Very-Large-Scale Integration，VLSI）作为电子器件。计算机运算速度大幅提高，达到每秒几百万次至几千万次，体积大幅缩小，成本大幅降低，可靠性大幅提高。由此，计算机在办公自动化、数据库管理、图像识别、语音识别和专家系统等众多领域逐渐得到应用，由大规模集成电路组成的"微型计算机"开始出现，并进入家庭。1986 年开始，采用超大规模集成电路（Ultra-Large-Scale Integration，ULSI）作为电子器件开始出现，运算速度高达每秒几亿次至上百亿次，由超大规模集成电路实现的"单片计算机"开始出现。

随着计算机技术的发展，应用进一步深入，1981 年日本科学家提出将人工智能的发展称为计算机发展的第五个阶段，这个阶段的主要特征是将计算机由信息处理上升为知识处理。但是目前这个阶段并未取得共识。

1.1.2 计算机的特点

1. 运算速度快

计算机的运算速度是其性能的重要指标之一，通常用 MIPS、CPI、FLOPS 等指标来衡量。现代计算机可以达到每秒上百亿次浮点运算。截至 2021 年 11 月，全世界最快的超级计算机是 442 010 TFLOP/s（测试最大性能）。各种指标的具体定义参见 1.3.1 节。

2. 计算精度高

在进行科学计算时，要求有高精度的计算机结果。随着计算机字长的增加，同时配合各种先进的计算技术，现代计算机的计算精度不断提高，可以满足各种复杂的科学计算对计算精度的要求。

3. 存储容量大

随着计算机的广泛应用，操作系统和各种应用软件也越来越复杂，运行时所要求的内存资源也越来越大，同时所产生的大量数据对磁盘、光盘等容量要求也越来越高。现代计算机具备了这种存储能力，不仅可以提供大容量的主存，还可以提供海量的辅存。现在出厂的计算机内存基本都是 4 GB 起步，磁盘基本上是 TB 级别的。除此以外，各种云服务提供商还提供了 TB 以上的云存储空间。除保证大容量外，现在的存储器还通过各种技术保证信息永久保存。

4. 按程序自动工作的能力

人们将预先编制好的程序和数据预先存储于计算机的存储器中，计算机启动后可以在无人参与的情况下自动完成预先设置的全部任务。这是计算机区别其他工具的最大不同点。

5. 具备逻辑判断能力

计算机除了可以做加减乘除等算术运算之外，还具有进行比较、判断等逻辑运算功能。可以进行诸如数据分类、情报检索等逻辑加工性质的工作。

1.1.3 计算机的分类

随着计算机技术特别是微处理器的发展，计算机的类型越来越多样化，从不同的角度可以将计算机分成不同的类型。

按计算机的用途和使用范围，计算机可以分为通用计算机和专用计算机。通用计算机是指功能全面、通用性好、能解决各种问题的计算机，但它的运行效率、速度和经济性依据不同的应用对象会受到不同程度的影响。通常人们说的计算机就是通用计算机。专用计算机则是指为解决一个或一类特定问题而设计功能单一的计算机，与通用计算机相比，这类计算机具有可靠性高、速度快、成本低等特点，如工业企业中的工控机，无人机中所使用的飞控系统，都是专用计算机。

其中在通用计算机中，按照计算机的运算速度、字长、存储容量和所配置的软件又可以分为巨型计算机、大型计算机、小型计算机、微型计算机、嵌入式计算机和工作站等。

1. 巨型计算机

巨型机计算机，又称超级计算机或高性能计算机，是指目前运算速度最快、处理能力最强的计算机。当然，这是一个相对的概念，一个时期的巨型机在下一个时期会成为一般的计算机。巨型计算机是衡量国家科技水平的重要指标，有着重要和特殊的用途。例如军事上，可用于各种武器系统研制、大型预警系统、航天测控系统等。在民用方面，可用于中长期天气预报、生物医药数据处理、地理信息系统等。2009 年"天河一号"

研制成功,使我国成为继美国之后第二个能够自主研制千万亿次超级计算机的国家。2013 年 11 月到 2017 年 11 月,中国研制的超级计算机一直占据排行榜的第一名。目前(2021 年 11 月数据),超级计算机排行榜中中国排名最高的计算机是由国家并行计算机工程技术研究中心研制的"神威太湖之光"超级计算机,如图 1.1.3 所示。它上面安装了 40 960 个我国自主研发的"申威 26010"众核处理器,峰值性能为 12.5 亿亿次 / 秒,持续性能为 9.3 亿亿次 / 秒。2016 年 11 月 18 日,凭借"神威太湖之光"超级计算机的应用成果,我国科研人员首次荣获"戈登 · 贝尔"奖,实现了我国高性能计算应用成果在该奖项上零的突破。

党的二十大报告指出:"我们加快推进科技自立自强,全社会研发经费支出从一万亿元增加到二万八千亿元,居世界第二位,研发人员总量居世界首位。基础研究和原始创新不断加强,一些关键核心技术实现突破,战略性新兴产业发展壮大,载人航天、探月探火、深海深地探测、超级计算机、卫星导航、量子信息、核电技术、新能源技术、大飞机制造、生物医药等取得重大成果,进入创新型国家行列。"

图 1.1.3 "神威太湖之光"超级计算机

2. 大型计算机

大型计算机规模仅次于巨型计算机,其特点是通用性好,处理速度快、运算速度达每秒几亿至几十亿次。大型计算机主要用于计算机网络和大型计算中心,目前在大型企业,如银行、商业、政府部门等有着广泛的应用。

3. 小型计算机

小型计算机规模小,与大型计算机相比结构简单、维护方便、成本较低。常用在工业自动控制、医疗设备数据采集、分析计算等方面,各种大学、科研院所也常见到它的身影。

4. 微型计算机

微型计算机又称个人计算机(Personal Computer,PC),是使用最广泛的一类计算机,相对于小型计算机、大型计算机,微型计算机具有体积小、功耗低、成本低、性价比高等特点。目前我们使用的台式微型计算机、笔记本计算机、平板计算机等都可以归入微型计算机的行列。微型计算机的发展通常以微处理器芯片的发展为标志。1971 年,Intel 公司发布了世界上第一块 4 位可编程微处理器 Intel 4004。Intel 4004 集成了 2 300 个晶体管,线程采用 10 μm 制程,是当时世界上最小的商用处理器之一。随后许多公司相继推出了 8 位、16 位、32 位微处理器,目前 64 位的微处理器已经成为主流,芯片集成的晶体管数也达到 10 亿以上,采用的工艺也在向 5 nm 甚至更小的尺寸发展。图 1.1.4 是我国龙芯中科公司研制的面向个人计算机、服务器等信息化领域的通用处理器,具有自主知识产权。龙芯自研的指令系统 LoongArch,通过软硬件结合的方式,对现有的MIPS、x86、ARM、RISC-V 等指令集进行兼容,提高现有软件在龙芯计算机上的运行效率。

图 1.1.4 龙芯系列微处理器

1981 年,IBM 公司发布了采用 Intel 的微处理器 IBM PC,微型计算机的发展历史演变为中央处理器的发展历史。随着工艺技术的发展,英特尔公司的创始人之一提出了著名的摩尔定律,即 CPU 上晶体管的数量每两年增加一倍(现在普遍的说法为每 18 个月增加一倍),后面的发展也基本遵循着这一定律。随着 CPU 的晶体管的集成度和制造工艺的不断改进，微型计算机在外观、处理能力、价格、功耗等方面发生了深刻的变化，计算机开始应用到社会的各个领域。

5. 嵌入式计算机

当前，计算机已渗入到人们生活中的各个方面，并不再以传统的计算机形态出现。其中嵌入式计算机是最大的一类，如生活中的各种家用电器的控制系统、可穿戴式设备、通信设备等。嵌入式计算机是一种专用的计算机系统，它以应用为中心，以计算机技术为基础，并且软硬件可裁剪，对功能、可靠性、成本、体积、功耗都有严格要求。嵌入式计算机以嵌入式处理器为核心，不同于传统的通用处理器，嵌入式处理器的种类、厂商都很多。嵌入式处理器也是目前国内公司着力发展的一类处理器。比较有名的公司或厂商有华为海思、阿里平头哥、兆易创新等。

6. 工作站

工作站（Workstation）是一种介于微型计算机与小型计算机之间的高端微型计算机，图 1.1.5 所示为各种塔式和移动的工作站。工作站是以个人计算机和分布式网络计算为基础，主要面向专业应用领域，为满足工程设计、动画制作、科学研究、软件开发、金融管理、信息服务、模拟仿真等专业领域而设计开发的高性能计算机。工作站通常配有大容量的内存和外存储器以及大屏幕显示器，具有较强的数据处理能力和图形处理能力。现在的工作站多数配制 Windows 或者 Linux 操作系统。

图 1.1.5　专业工作站

1.1.4　计算机的应用

在 ENIAC 问世后很长一段时间，计算机还只是各大学和研究机构的专属设备。但是，随着集成工艺技术的不断成熟和发展，微处理器上晶体管的数量按摩尔定律增长，性能呈几何级数地提高，同时，价格也越来越低廉。计算机开始走出实验室，进入人类社会的各个领域：从国民经济各部门到个人家庭生活，从军事部门到民用部门，从科学教育到文化艺术，从生产领域到消费娱乐，都可以看到计算机应用的身影。

1. 科学计算

计算机发明的最初目的就是为科学研究和工程技术计算，因此，科学计算也成为应用最广泛的一个领域，现代数学、化学、原子能、天文学、地球物理学、生物学等基础科学研究，以及航天飞行、飞机设计、桥梁设计、水力发电、地质找矿、天气预报等方面的大量计算，都离不开高速电子计算机。

2. 自动控制

现代工农业生产规模越来越大，所涉及的技术和工业也越来越复杂，由计算机软硬件平台构成的集成控制系统，已经普遍替代了传统封闭式系统。同时在开放性、扩展性、经济性、时间性上有更显著的优势。目前，计算机自动控制已经广泛应用于钢铁冶炼、石油化工、医药工业等各个领域。

在军事上，计算机自动控制在无人机、导弹系统、人造卫星、航天飞机等各方面都发挥着神经中枢的作用。

3. 数据处理

数据处理也称信息处理。无论是科学研究，还是企业的日常运营，都会得到大量的原始数据。其中包括大量图片、文字、声音等，可以利用计算机对这些数据进行收集、存储、整理、统计、检索、修改、增删等操作，并由此获得各类数据的规律和趋势，供各级决策者进行参考。

4. 计算机辅助系统

计算机辅助系统是指利用计算机可以辅助人类完成不同工作的系统的总称，主要包括：

① 计算机辅助设计（Computer Aided Design，CAD）：指在计算机系统支持下完成各类工程设计及相关计算、建模和仿真的过程。CAD 技术最早应用在汽车制造、航空航天以及电子工业中，但是随着计算机技术的发展，特别是其价格越来越低，其应用范围正在越来越广。

② 计算机辅助教学（Computer Aided Instruction，CAI）：指用计算机来辅助完成教学过程中知识的组织和展现，它可以改变传统教师讲课、学生课堂听课的教学方式，最大限度地利用计算机进行交互式教学和个

别指导。

③ 计算机辅助制造（Computer Aided Manufacturing，CAM）：可以指利用计算机完成从原材料到产品的全过程，也可以指将计算机应用于产品制造的某一个环节。

除此之外，计算机辅助系统还有计算机辅助测试（Computer Aided Test，CAT）、计算机辅助工程（Computer Aided Engineering，CAE）、计算机辅助工艺规划（Computer Aided Process Planning）等，利用计算机辅助人脑进行工作已经变得非常普遍。

5. 电子电器

目前，各种类型的个人计算机早已进入人们生活，各种家用电器，如微波炉、洗衣机、空调、电视机、游戏机等电子产品也大都嵌入了计算机系统。特别是最近几年随着智能家居技术发展，计算机除了要完成电器的操作之外，许多家用电器还可以通过各种无线网络（如 Wi-Fi、红外线、蓝牙、ZigBee 等）相互连接，完成自身程序的自动更新、智能控制、远程控制等复杂任务。

6. 人工智能

人工智能（Artificial Intelligence，AI）就是利用计算机模拟人类的智力行为的技术，像人类那样直接利用各种自然形式的信息，如文字、图像、颜色、自然景物、声音语言等。目前，在文字识别、图形识别、景物分析、语音识别、语音合成以及语言理解等方面，人工智能已经取得了不少成就。谷歌的围棋机器人 AlphaGo 就是个人工智能系统，它分别在 2016 年 3 月和 2017 年 5 月击败了围棋世界冠军李世石（韩国）和当时世界排名第一的柯洁（中国）。

目前应用比较多的人工智能系统应该是各类"机器人"。工业机器人可以在各种生产线上完成简单重复的工作，或者代替人类在高温、有毒、辐射、深水等人类无法进入的环境下工作。另外，有些电商还会利用人工智能来识别平台上的各种假货，保护消费者的利益。

7. 网络通信

计算机与现代通信计算技术相结合构成了计算机网络，在此基础上，实现了软件、硬件、数据等资源的共享以及信息的实时传递。计算机网络的出现正在深刻地改变着人们的通信、生活、工作、学习和娱乐方式。

1.2　计算机系统组成

计算机系统由硬件和软件两部分组成。硬件是指计算机中看得见摸得着的各种物理装置的总称，它是计算机系统的物质基础。软件是指各类特殊功能的计算机程序及其文档。一台计算机性能的好坏取决于其硬件和软件功能的总和。

1.2.1　计算机的硬件系统

计算机硬件即计算机的实体部分，由各种电子元器件、声、光、电、机等实物组成，包括各种外围设备、主机等。现代计算机硬件主要由运算器、控制器、存储器、输入设备和输出设备五部分组成，传统的冯·诺依曼计算机硬件结构如图 1.1.6 所示。其中实线表示控制线，虚线表示反馈线。

由于冯·诺依曼计算机是以运算器为中心的，所有操作必须经过运算器，容易形成瓶颈，所以现代计算机都采用了以存储器为中心的结构，如图 1.1.7 所示。其中实线表示控制线，虚线表示反馈线，双线表示数据线，箭头表示信号方向。

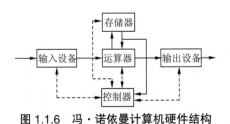

图 1.1.6　冯·诺依曼计算机硬件结构

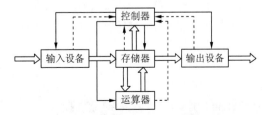

图 1.1.7　以存储器为中心的计算硬件结构

1. 运算器和控制器

运算器也称算术逻辑单元（Arithmatic Logic Unit，ALU），是计算机中进行算术运算和逻辑运算的部件，一般由算术逻辑运算部件（ALU）、累加器和通用寄存器组成。

控制器也称为控制单元（Control Unit，CU），是分析和执行指令的部件，也是统一指挥和控制计算机各个部件按时序协调操作的部件，它通常由指令部件、时序部件及操作控制部件组成。

运算器和控制器是计算机的核心部件，且关系比较紧密，所以现代计算机会将两个部件集成到一块芯片上，称为中央处理器（Central Processing Unit，CPU）。中央处理器发展决定了计算机技术的发展。图 1.1.8 所示为国产飞腾桌面 CPU。

图 1.1.8　国产飞腾桌面 CPU

2. 存储器

现代计算机是存储程序体系结构，因此，存储器是计算机重要的组成部分，也是计算机各种信息的存储和交流中心。程序和数据都是以二进制的形式来存储在存储器中的。

（1）存储器分类

从不同的角度，可以将存储器分为不同的类别。根据存储介质的不同，可以将存储器分为半导体存储器、磁表面存储器（磁盘、磁带）、光盘存储器等。根据数据存取方式的不同，又分为随机存储器、只读存储器、顺序存取存储器等。

① 随机存储器（Random Access Memory，RAM）：其特点是任何一个存储单元可以随机访问，存取时间跟存储单元的物理位置无关。随机存储器又分为动态随机存储器和静态随机存储器。通常用来作为计算机的主存（内存）。受限于存储电荷原理，随机存储器断电后信息会全部丢失。

② 只读存储器（Read Only Memory，ROM）：相比 RAM，ROM 断电后信息不会丢失。传统的 ROM 中的信息只能读出而不能随意写入，故称为只读存储器，后来又出现只能一次编程的可编程只读存储器 PROM（Programmable ROM）、可编程可擦除只读存储器 EPROM（Erasable Programmable ROM）和电可擦除只读存储器 EEPROM（Electrically Programmable ROM）。现在常用的 U 盘、固体硬件等则是快擦型存储器 Flash Memory。ROM 通常存放一些重要的且经常要使用的程序或其他数据，如计算机开机时读取的基本输入输出系统（BIOS）。

③ 顺序存取存储器：对于磁带这种存储器，想要读取或写入信息，不管信息在哪个位置，只能从磁带的开头开始顺序寻找，所以称为顺序存取存储器。

此外，按存储器在计算机中的作用不同，又可分为主存储器（主存）、辅助存储器（辅存）和缓冲存储器（缓存）。主存由 RAM 组成，直接和 CPU 交换信息。辅存则用来存放当前用不到的程序和数据。主存通常速度比较快，容量较小，价格比较高；辅存则速度慢，容量大，价格较低。但由于两者速度差异较大，通常又在中间设置了缓冲存储器，起缓冲作用。

（2）存储器的容量

现代计算机中的任何信息都是以 0 或 1 的二进制编码形式存储的。计算机存储器的容量通常用"位（bit）"和"字节（B）"来表示。

① 位（bit）：度量数据的最小单位，表示一位二进制信息。

② 字节（B）：一个字节由 8 位二进制数字组成，所以 1 B=8 bit。字节是计算机中用来表示存储空间大小的最基本单位。

计算机中的信息容量通常都是按 2 的幂数来计算的，如 $2^{10}=1\ 024=1K$。例如，一个文件的大小为 1 KB，即 1 024 个字节的存储空间，也就是 1 024×8 个二进制位。

现代计算机存储器常用的单位有：B（字节）、KB（千字节）、MB（兆字节）、GB（吉字节）和 TB（太字节），它们的关系如下：

1 B=8 bit

1 KB=2^{10} B=1 024 B

1 MB=2^{20} B=1 024 KB=1 024×1 024 B

1 GB=2^{30} B=1 024 MB=1 024×1 024 KB=1 024×1 024×1 024 B

1 TB=2^{40} B=1 024 GB=1 024×1 024 MB=1 024×1 024×1 024 KB

3. 输入设备

输入设备是用来向计算机输入数据的设备，常见的输入信息有数字、字母、声音、图片等，这些信息在计算机中都是以二进制码的形式存在。目前常用的输入设备包括键盘、鼠标、扫描仪、磁带输入机、光笔、光驱、触摸屏、摄像头等。

（1）键盘

键盘是目前最常见的输入设备，主要用来输入字符或进行各种控制操作。键盘的种类比较多。按按键数量有 101 键、102 键盘、104 键等、还有一些为特殊需求设计的键盘，如手写键盘、专用数字键盘、分体式键盘等。按与计算机的连接方式还可分为有线键盘和无线键盘，其中有线键盘常见的有 PS/2 接口和 USB 接口的，PS/2 常见于台式机，现在正在逐步被后者代替。无线键盘有普通的 2.4 G 无线连接及蓝牙连接的，图 1.1.9（a）所示为市面上一款常见的蓝牙无线键盘。

（2）鼠标

鼠标也是一种用于定位的输入设备。鼠标有机械式和光电式，其中机械式鼠标主要靠金属球的转动，与 4 个方向电位器接触，测量相对位移量来实现方位变化，机械式鼠标已基本被光电式鼠标代替。目前的光电式鼠标主要靠底部的微型摄像头和相应传感器来确定位置的变化。

按照按键数量，鼠标可分两键鼠标、三键鼠标及滚轮鼠标等，有一些游戏鼠标还会设置一些特殊按键来满足游戏需求。当然，按与计算机的连接方式来分，还有无线鼠标和有线鼠标，图 1.1.9（b）所示为一款无线鼠标。

（a）蓝牙键盘　　　　　　　　　　　　　　　　（b）无线鼠标

图 1.1.9　键盘和鼠标

4. 输出设备

输出设备是用来将计算机处理结果或中间结果轮换成人们所能接受的形式。一般是以十进制数、字符、图形、表格等形式显示或打印出来。

常用的输出设备有显示器、打印机、绘图仪、语音设备等。当然，有些设备既可以作为输入设备，也可以作为输出设备，如硬盘、磁带机等。

（1）显示器

显示器是计算机重要的输出设备，主要用来向用户输出结果和进行人机交互。目前微机常用的显示器有 CRT（阴极射线管）和 LCD（液晶显示器）。评价显示器的主要技术指标有像素、点距、分辨率和尺寸。

① 像素和点距：像素指屏幕上独立显示的点，点距则指两个像素之间的距离。像素和点距越小，所显示的字符就越清晰。

② 分辨率：指显示器每帧的线数和每线的点数的乘积。分辨率越高，可显示的内容就越丰富，图像也越清晰。

③ 显示器尺寸：指显示器屏幕对角线的长度，一般以英寸为单位，如 21 英寸、27 英寸等。

（2）打印机

打印机是把文字或图形输出到纸、塑料等上面的输出设备。目前普通办公和家用的打印机有针式打印机、喷墨打印机和激光打印机三类。

① 针式打印机：也称点阵打印机，有 9 针和 24 针的，针数越大，打印越清晰。其工作原理主要是通过驱动钢针击打色带，然后在线面上留下墨点、再由墨点组成字符或图形来实现。目前这种打印机在很多税务系统或超市收银系统中还能见到。

② 喷墨打印机：有电荷控制式、电场控制式以及具有多个喷头的喷墨打印机，基本原理都是通过电场控制墨点落在纸面上形成字符和图形，如图 1.1.10（a）所示。

③ 激光打印机：打印过程由激光扫描系统、电子照相系统、字形发生器和相应的控制系统来完成，具有打印质量高、速度快、成本低等优点，如图 1.1.10（b）所示。

（a）喷墨打印机 （b）激光打印机

图 1.1.10　打印机

1.2.2　计算机的软件系统

计算机软件是指在计算机运行的各种程序，也包括与之相关的文档资料。计算机系统能够完成不同类型的工作，除了跟硬件系统有关，还和所使用不同的计算机软件有关。

计算机软件可分为系统软件和应用软件两大类。

1. 系统软件

系统软件指与计算机系统有关的面向系统本身的软件，主要负责管理、控制、维护、开发计算机的软硬件资源，提供给用户一个便利的操作界面和开发应用软件的资源环境，确保系统的高效运行。常见的系统软件包括操作系统、标准程序库、语言处理程序、系统服务程序和数据库管理系统等。

① 操作系统：操作系统也是一种计算程序，用于控制和管理整个计算机软硬件资源，提高系统的利用率，并为用户使用计算机提供一个方便灵活、安全可靠的工作环境。目前常见的操作系统有：

• Windows 操作系统：目前个人计算机常用的操作系统，提供多任务处理及图形用户界面。Windows 系列产品经历了多个版本，目前最新的是 Windows 11。

• UNIX 操作系统：多用户多任务操作系统的典型代表，可以安装在微型计算机、小型计算机、巨型计算机等不同的计算机平台上，是多用户多任务操作系统的典型代表。

• Linux 操作系统：也是一种多用户多任务操作系统，由于它是一个完全免费的开源的操作系统，且对硬件的要求不高，因此在各行业都能见到其身影，如各种自动售货机、智能家电、ATM 取款机、服务器等，现在最流行的 Android 手机操作系统也是基于 Linux 的。常见的 Linux 发行版有 Ubuntu、Debian、UOS、Anolis OS 等。图 1.1.11 所示为武汉深之度公司开发的开源 Linux 操作系统。

图 1.1.11　深之度 Linux 操作系统

② 标准程序库：对于一些经常会用到的计算过程和方法，可以编写成精度较高，运算速度快的标准程序。由这些标准程序来构成标准程序库，方便其他程序调用，以避免重复劳动。

③ 语言处理程序：编写计算机程序时所用的语言，又分为机器语言、汇编语言和高级语言三大类。其中，机器语言是计算机能够直接识别并执行的语言，其他两种语言都需要转换成机器语言后才能在计算机上运行。

④ 系统服务程序：为其他系统软件和应用软件提供支持的程序，如各种诊断程序、调试程序和编辑程序等。

⑤ 数据库管理系统：面向解决数据处理系统问题的软件，作用是对数据进行存储、共享和处理。

2. 应用软件

应用软件是为了解决各种应用领域中的问题而开发的软件，这也是目前使用最多的软件。应用软件包括各种应用系统、软件包和用户程序。用户程序通常由用户自己开发或委托他人编制，以实现用户的特殊应用。应用软件包是为了实现某种功能而经过精心设计的结构严密的独立系统，它们是为具有同类应用的用户提供的软件。常用的应用软件有文字处理软件、数据压缩软件、图形图像处理软件、防病毒软件、多媒体制作软件等。

1.2.3　计算机的工作原理

现代计算机基本还是按冯·诺依曼的存储程序体系设计的，其主要特点如下：

① 计算机由运算器、控制器、存储器、输入和输出设备五大基本部分组成。

② 指令和数据都以二进制码的形式，以同等地位存入在存储器内，按地址访问。

③ 指令顺序存放，顺序执行，满足特定条件后改变执行顺序。

④ 指令分为操作码和地址码。操作码指明操作的性质，如加、减、乘、除等。地址码指明操作数存放的位置。

计算机的基本工作原理就是存储程序和控制程序。在实际操作中，开发人员会根据实际要解决的问题建立数学模型，然后根据数学模型确定算法，最后再编制程序输入到存储器。接下来就是程序的执行，具体可以分为取指令、分析指令、执行指令 3 个过程，如果程序未执行完，接着重复上面的过程。

所以，计算机的自动处理过程就是执行一段预先编制好的程序的过程，而程序就是指令的有序集合，程序的执行实际上是指令逐条执行的过程。

1.3　计算机的主要技术指标及性能评价

一台计算机性能的好坏，是多项技术指标综合的结果，其中既有硬件的性能指标，也有软件所具有的各种功能。

1.3.1　计算机的主要技术指标

1. 机器字长

机器字长指 CPU 一次能处理的二进制数据的位数，与参与运行的寄存器位数有关，通常机器字长越长，能表示的数据精度越高，表示的数的范围也越大，计算机处理数据的速度也越快。但是字长越长，会影响数据总线、存储字长的位数，硬件代价也会加大。所以，确定机器字长不能单从数据精度和数的范围来考虑。有时，为了兼顾速度和成本，一些计算机会设计允许变字长的运算。

2. 存储容量

这里包括主存容量和辅存容量。反映一台计算机能容纳信息的能力。一般来说，主存越大，机器的运行速度就越快。辅存越大，所能存储的信息就越多。

3. 时钟频率

时钟频率也称主频，通常用 MHz 或 GHz 来表示。例如，一块 Intel i7 7700K 的主频为 4.2 GHz。通常来说，同系列的 CPU，主频越高，运算速度就越快。

4. 运算速度

一台计算机的运算速度与多种因素有关，如 CPU 的主频、内存的大小，执行什么操作等，现在通常用 MIPS（Million Instruction Per Second）来衡量，即百万条指令每秒。有些地方也会用 CPI（Cycle Per Instruction）来衡量，即运行一条指令所需要的周期数。还有一些地方会用 FLOPS（Float Point Operation Per Second）来衡量，即每秒浮点运算的次数，如前面说过的超级计算机的运行速度。对于专用于人工智能类的处理器，则习惯用 TOPS(Tera Operations Per Second) 来衡量，表示处理器每秒可进行一万亿次（10^{12}）操作。

衡量计算机性能还有其他一些技术指标，如外围设备的扩展能力及其性能指标，还有相关的软件的配置情况等。

1.3.2　计算机的性能评价

通常，一台计算机的性能包括处理能力、可靠性、易用性、功耗以及对环境的要求等。处理能力包括运算速度、吞吐率、平均响应时间等。可靠性指的是计算机系统一定条件下无故障运行的能力，除此之外，还包括其出错后迅速恢复到正常状态的能力。易用性，主要指的是计算机方便用户使用的用户感知度。功耗以及对环境的要求则是指计算机对环境的适应能力。

目前，对计算机性能的评价方法通常有三种：

① 测量法：指通过测试设备或测试软件对计算机进行测试，得到相应的性能指标。

② 模拟法：通过建立仿真模型，在计算机上模拟目标系统的全部行为。

③ 模型法：对被评价的计算机建立数学模型，再求出模型的性能指标。

1.3.3　如何配置高性价比个人计算机

通常，在配置一台计算机时要综合考虑计算机的主要技术指标，因为指标之间并不是彼此孤立的，如计算机的运算速度除了 CPU 主频外还有内存的容量、时钟频率，以及计算机软件等。总的来说，配置一台高性价比的个人计算机应该从以下几方面来考虑：

① 尽量不要有多余的功能，如除了玩大型游戏、图形图像处理外，大部分人并不会用独立显卡，平时只是编辑文档、上网聊天、看视频，主板自带的集成显卡或某些处理器内部集成的 CPU（图形处理器）足够应付日常使用，不需要配置独立显卡。

② 要考虑整机的工作性能，各部件要相互匹配，如内存要与 CPU 匹配，容量不能太小，也不用太大，否则会造成浪费；时钟频率不能太慢，否则会拖慢系统速度。

③ 要考虑计算机的发展趋势，要为以后的软硬件升级留下一定的空间。

④ 最后还要考虑自己的经济承受能力。

1.4　计算机病毒及防治

随着计算机在各领域中占据着越来越重要的地位，计算机已经成了一种重要的资产，它的安全也日益受到人们的重视。计算机安全，即计算机资产安全，指计算机信息系统资源和信息资源不受自然和人为有害因素的威胁和危害。除了自然因素外，计算机系统的安全威胁主要来自计算机病毒和网络黑客。

1.4.1　计算机病毒

计算机病毒，是指编制或者在计算机程序中插入的破坏计算机功能或者毁坏数据，影响计算机使用，并能自我复制的一组计算机指令或者程序代码。

计算机病毒是计算机技术和社会信息化发展到一定阶段的必然产物。其产生的主要原因有：

① 计算机爱好者出于兴趣爱好或满足自己的表现欲而制作的特殊程序，让他人的计算机出现一些不正常的现象，此类程序流传出去后就有可能演变成病毒，一般破坏性不大。

② 软件开发者为了追踪非法复制软件的行为，故意在软件中加入病毒，只要他人非法复制，便会带上病毒。

③ 出于研究目的而设计的一些程序，由于某种原因失去控制而扩散。

④ 由于政治、经济和军事等特殊目的，一些组织或个人也会编制一些程序攻击对方计算机系统，造成对

方的损失。例如，2006 年的熊猫烧香病毒，2009 年 6 月的震网病毒。

1. 计算机病毒的特征

① 程序性：计算机病毒也是一段可执行程序，所以也享有其他程序所能得到的权力。与正常合法程序不同的是，计算机病毒一般寄生在其他可执行程序上，能够取得计算机的控制权。

② 传染性：与生物病毒会从一个生物体扩散到另一个生物体一样，计算机病毒也具有传感性，会通过各种方式从感染的计算机扩散到其他未感染的计算机。

③ 潜伏性：在一台计算机感染病毒后，系统一般不会立刻发作，只有满足了特定条件后才会执行，在这之前会一直潜伏着。

④ 可激发性：计算机病毒感染了一台计算机系统后，就时刻监视系统的运行，一旦满足一定的条件，便立刻被激活并发起攻击，称为激发性。

⑤ 隐蔽性：计算机病毒程序编制得都比较"巧妙"，并常以分散、多处隐蔽的方式隐藏在可执行文件或数据中，未发起攻击，不易被人发觉。

⑥ 寄生性：计算机病毒寄生在其他程序之中，当执行这个程序时，病毒就起破坏作用，而在未启动这个程序之前，它不易被人发觉。

⑦ 破坏性：计算机病毒会直接破坏计算机数据信息，抢占系统资源，影响计算机的正常运行，有的甚至还会造成计算机硬件损坏。

2. 计算机病毒的分类

从第一个病毒问世以来，计算机病毒出现了不同的形态，根据不同的分类方法，可以把病毒分为不同的类型：

① 按攻击的操作系统分类，可分为攻击 Windows 系统的病毒、攻击 UNIX 系统的病毒、攻击 Linux 系统的病毒和攻击 MacOS 系统的病毒。其中攻击 Windows 系统的病毒占了绝大多数。

② 按病毒特有算法分类，可分为伴随型病毒、"蠕虫"型病毒、寄生型病毒、练习型病毒、幽灵病毒等。

③ 按病毒的链接方式，可分为源码型病毒、嵌入型病毒、外壳（Shell）型病毒、译码型病毒和操作系统型病毒等。

④ 按病毒的传播媒介，可分为单机病毒和网络病毒，前者主要通过磁盘、U 盘、光盘等存储设备传播，后者则通过 E-mail、网页链接、即时通信工具等网络方式传播。

⑤ 按病毒的寄生对象和驻留方式，可分为引导型病毒、文件型病毒和混合型病毒。其中，引导型病毒主要感染磁盘引导区，在系统引导时入侵系统，也称开机型病毒；文件型病毒则感染可执行文件；混合型病毒是综合了前两种病毒互为感染的病毒。

3. 计算机感染病毒的一些特征

计算机感染病毒后，会出现各种各样不同的现象。有些病毒可能只会在后台运行，窃取信息，计算机用户完全感觉不到。有些则可能导致计算机出现各种奇怪的症状。下面归纳一些常见的计算机中毒后的典型现象：

① 程序打开时间明显变长、运行速度明显变慢。

② 屏幕出现特殊显示，如局部闪烁、出现莫名其妙提示框等。

③ 系统工作异常，包括不时发出奇怪的声音、操作系统引导失败、黑屏、内存空间异常减小、系统自动重启、死机以及有磁盘指示灯无故一直闪亮等。

④ 文件时间日期无故变化，长度、数量甚至类型无故变化。

⑤ 磁盘卷标无故更改，出现隐藏文件或其他文件，空间迅速减小。

1.4.2　网络黑客

黑客一词来源于英文 hacker 一词，一般指对计算机技术非常熟练的人，又分为白帽黑客、灰帽黑客和黑帽黑客三种。

白帽黑客是指有能力探测计算机网络安全，但不怀有恶意目的的黑客。这些黑客有些是计算机安全公司的工作人员，可以受雇于客户对其系统进行安全审查，发现漏洞。还有一些白帽黑客只是为了提醒企业网络存在安全弱点。白帽黑客一般有清楚的道德规范，不会触犯法律。灰帽黑客则是指对道德和法律暧昧不清的黑客。黑帽黑客又称骇客，是专门入侵个人、政府、企业网络，进行破坏、窃取信息甚至以此谋利的黑客。

通常人们所指的黑客，大都是指黑帽黑客。根据我国法律，违反国家规定，非法获取计算信息系统和非法控制计算机信息系统都是犯罪行为。

1.4.3　计算机病毒和网络黑客的防治

现在的大部分计算机已经不是孤立的设备，在日常使用计算机的过程中，免不了要联网和与其他设备交换文件等。为防止病毒感染和网络黑客入侵，保护个人数据和财产安全，可以从以下几点入手：

① 不使用盗版软件，不随意从网上下载软件，尤其是一些无名站点提供的软件。这些软件虽然免费，但往往已经植入后门或绑定其他流氓软件，安装后会对计算机安全造成威胁。

② 安装和使用反病毒和个人防火墙软件，并开启软件的实时监控功能。

③ 本机的 U 盘在其他计算机上使用后，或者别人的 U 盘在本机上使用时一定要用杀毒软件检查后再打开。

④ 不随意单击邮件或聊天软件中来路不明的链接，输入账号密码时一定注意检查链接是否为官方链接。

⑤ 养成规律备份重要文件的习惯，可定期将重要文件备份到网盘或其他存储设备。

⑥ 及时更新操作系统安全补丁和反病毒软件工具。

⑦ 不要使用生日、电话号码或者一些常用的数字和字母（如 123456，password）等作为密码，为方便记忆，可采用一些对个人有意义的词语拼音或英文单词加数字的形式。另外，必要时要定时更换密码，不要将一个密码用于多处。

1.4.4　常见病毒防治工具

目前，市面上的反病毒软件比较多，有免费的也有收费的，除了常用的反病毒功能外，有些软件还会自带防火墙功能，可以根据个人需要进行选择。下面介绍一些国内外常用的计算机病毒防治工具。

1. Windows Defender

Windows Defender 是微软官方的反恶意软件，界面如图 1.1.12 所示。Windows Defender 内置于 Windows 7 及以上系统中，基于云技术，能够防御和查杀常见的病毒，其优点是占用资源少，平时没有过多打扰，对环境要求不高的场合中使用。

Windows Defender 没有设置右键扫描病毒菜单，要查杀病毒可以打开主界面，单击"扫描"下拉按钮，选择"快速扫描"、"完全扫描"或"自定义扫描"，如图 1.1.13 所示。其中，"快速扫描"只对系统关系区域进行扫描，"完全扫描"则是对计算机里全部存储设备进行扫描，"自定义扫描"可以只扫描单个存储设备。

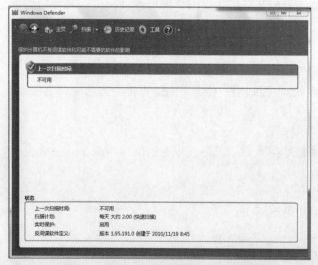

图 1.1.12　Windows Defender 主界面

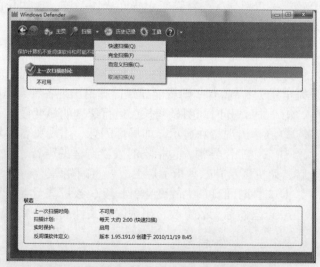

图 1.1.13　Windows Defender 扫描选择界面

2. 火绒安全软件

火绒安全软件是北京火绒网络科技有限公司开发的免费安全软件，可以到其官网下载安装。其主界面如图 1.1.14 所示。

单击左下方的"病毒查杀"图标，可以选择相应查杀选项，除此之外，功能与 Windows 安全中心类似，如图 1.1.15 所示。此外，还可以在要查杀的存储器、文件或文件夹上面右击，选择使用火绒安全进行杀毒，对选定的地方进行查杀。

图 1.1.14　火绒安全软件主页面　　　　图 1.1.15　火绒安全软件病毒扫描选项页面

除了常规的杀毒功能之外，火绒安全软件还可通过防护中心、访问控制、安全工具等实用功能对系统进行设置，如安全工具中集合了漏洞修复、弹窗拦截、系统修复等实用工具，如图 1.1.16 所示。

3. 腾讯电脑管家

腾讯电脑管家是国内著名科技公司腾讯开发的计算机管理软件，软件大部分功能是免费的，可以到其官网下载安装。软件运行界面如图 1.1.17 所示。

腾讯电脑管家带有病毒防护与查杀功能，单击主界面左侧的"病毒查杀"选项，再单击"闪电杀毒"旁边的下拉按钮，选择相应的查杀方式，如图 1.1.18 所示。

图 1.1.16　火绒安全软件安全工具页面

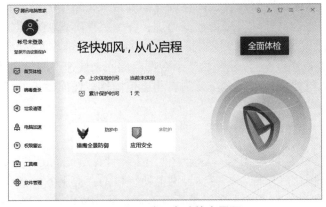

图 1.1.17　腾讯电脑管家界面

图 1.1.18　腾讯电脑管家病毒查杀界面

除病毒防护外，腾讯电脑管家还提供了一些实用的系统管理工具，读者可以在左侧选择相应的项目使用。

1.5　计算机热点技术

随着计算机技术的快速发展，各种新理论和新技术不断出现，本节主要介绍一些正在对人们的生产生活产生巨大影响的计算机热点技术。

1.5.1　中间件技术

学术界和工业界对中间件的定义较多，国内中间件研究领域的权威专家梅宏教授对中间件的概念从狭义和广义两个层面进行了深入阐述。他认为：

① 狭义上，中间件处于网络环境中，是位于操作系统等系统软件和应用程序之间的起连接作用的分布式软件。中间件通过应用程序接口的形式为上层提供一组软件服务，使得网络环境中的若干进程、程序或应用可以方便地进行交互和协同。

② 广义上，中间件通常指中间层的软件，是处于传统系统软件和应用程序之间的中间层次的软件，为应用软件的开发和运行提供更为直接和有效的支持。与狭义的定义不同，广义上的中间件在软件层面包含的范围更广，而且为上层应用提供的支持更多、更全面。

所以，中间件可以对分布式软件的开发提供通信支持、并发支持以及一些公共的服务，保证软件系统的易移植性、适应性和可靠性。

中间件技术发展比较快，目前主流的中间件可分为以下五大类：

- 数据库中间件：主要面向数据库系统，提供目录、元数据、数据库访问等服务。
- 消息中间件：使用消息为载体进行通信管理，其核心是消息队列和消息传递。提供了异步调用、存储转发、出版订阅和事件注册等服务。
- 分布式事务中间件：主要负责对事务进行管理和处理，为联机事务处理提供通信支持、并发访问控制、事务控制、资源管理和安全管理。
- 面向对象中间件：将各种分布式对象有机地结合在一起，用来完成系统的快速集成。采用对象模型解决分布式网络环境中的异质异构问题。
- 面向应用集成中间件：主要针对不同的应用领域在中间件中集成特定的应用服务。

1.5.2　网格计算

随着科学技术的发展，一些超大规模的应用问题已经无法通过单台高性能的计算机来解决，而很多机构又存在着大量的闲置计算资源，于是人们便通过广域互联技术将世界各地的计算机连接起来，用于求解一些大规模科学与工程计算等问题，从而形成了计算网格，又称网格计算系统。

网格计算就是通过利用大量异构计算机的闲置资源（CPU周期和磁盘存储），将其作为嵌入在分布式电信基础设施中的一个虚拟的计算机集群，为解决大规模的计算问题提供一个模型。

虽然起源于研究和学术领域，但现在很多企业也开始使用网格计算。网格计算为其带来了新型的财务和商业模型。例如，在财经服务领域，网格计算被用于加速交易处理、海量数据处理，并为只能容忍极短停机时间的关键业务工作平台提供更稳定的IT环境。在政府机关，网格可以用来集中、保护和集成大量数据存储。许多市政和军事机构都特别要求跨代理机构协作、数据集成和安全，以及跨数千个数据存储库来快速获取信息。而一些生命科学公司通过并行和网格计算对大量数据执行处理、净化、交叉制表和比较操作。任何微小的优势都可能成为行业的决策因素。

1.5.3　云计算

云计算已经成为新兴技术产业中最热门的领域之一，人们已经在不知不觉中使用了云计算所提供的服务，比如百度、谷歌等搜索引擎所提供的快速搜索服务及个性化广告推荐、各种云网盘所提供的存储服务、云音乐的个性化歌单推荐以及各淘宝、京东等各大电商所提供的在线购物服务，背后都有云计算的支撑。

关于云计算的定义有多种说法。目前，比较广为接受的是美国国家标准与技术研究院提出的：云计算是一种按使用付费的模式，这种模式提供可用的、便捷的、按需的网络访问，快速提供可配置的计算资源的共享池（资源包括网络、服务器、存储、应用软件、服务），用户只需投入很少的管理工作，或与服务供应商进行很少的交互。中国的云计算专家委员会给出了一种更简洁的定义：云计算是一种基于互联网的计算方式，通过这种方式，共享的软硬件资源和信息可以按需提供给计算机和其他设备。

云计算可分为狭义云计算和广义云计算。狭义的云计算指的是IT基础设施的交付和使用模式，通过网络以按需、易扩展的方式获得所需资源，如现在腾讯云、阿里云、华为云所提供的云计算服务。广义的云服务除了IT基础设施外，还可以包括各种软件、互联网相关服务以及其他类型的服务。云计算具有以下的特征：

① 基于虚拟化技术快速获取资源并部署服务。

② 根据服务负荷，动态地、可伸缩地调整服务对资源的使用情况。

③ 按需要提供资源、按使用量付费。

④ 通过互联网提供面向海量信息的处理服务。

⑤ 用户可以方便地通过互联网门户网站参与使用。

⑥ 可以减少用户终端的处理负担，降低用户终端的成本。

⑦ 降低用户对于 IT 专业知识的依赖。

⑧ 虚拟资源池为用户提供弹性服务。

1.5.4　大数据

大数据一词来源于英文中的 Big Data，大约于 2008 年左右出现，目前还没有一个统一的定义，且在不同的行业有不同的理解。其主要特征如下：

① 数据量大：基本从 TB 级别（太字节）跃升到 PB（拍字节）甚至 EB（艾字节）级别，这给数据存储和处理带来一定的危机。

② 数据的多样化：以前的数据库中一般只是二维表结构的形式，如 Excel 中处理的数据，这种数据称为结构化数据。现在还有图片、声音、视频、地理位置信息、网络日志等多种非结构化的数据。互联网中过半以上的数据都是非结构化的数据。

③ 速度快：这里指数据增长的速度快，也指处理速度快。例如对于搜索引擎，要求对当前发生的新闻要能实现快速度的索引和处理。

④ 价值密度低，商业价值高：对于单一的数据往往价值极低，但是当把相关的数据聚合到一起后，就会有很大的商业价值。

利用大数据分析的结果，可以为我们提供辅助的决策，发掘出许多潜在的价值。下面是大数据的一些典型应用：

零售业巨头沃尔玛网站的搜索引擎 Polaris，利用语义数据进行文本分析、机器学习和同义词挖掘等。应用后使其在线购物的完成率提升了 10% ~ 15%。这对于沃尔玛来说，意味着数十亿美元的金额。

中国移动根据自身信息优势和服务保障体系，研发了精准扶贫系统。它可实时采集贫困动态数据，实现端到端的扁平化传递和标准化整合，帮助政府不断提升扶贫工作决策水平；同时通过开放资源平台，提供了政府、社会等各项扶贫资源、信息的统一入口，弥补贫困群众与互联网时代间的数字鸿沟。

习　　题

一、选择题

1. 计算机的发展按其所采用的电子元件可分为＿＿＿＿个阶段。

　　A. 2　　　　　　　　　B. 3　　　　　　　　　C. 4　　　　　　　　　D. 5

2. 第一台电子计算机是＿＿＿＿年研制成功的。

　　A. 1946 年　　　　　　B. 1947 年　　　　　　C. 1948 年　　　　　　D. 1949 年

3. CAD 的中文含义是＿＿＿＿。

　　A. 计算机辅助设计　　　　　　　　　　B. 计算机辅助制造

　　C. 计算机集成制造系统　　　　　　　　D. 计算机辅助教学

4. 以下有关计算机病毒的描述，不正确的是＿＿＿＿。

　　A. 危害大　　　　　　　　　　　　　　B. 传播速度快

　　C. 是人为编制的特殊程序　　　　　　　D. 微生物感染

5. 常用的输出设备包括＿＿＿＿。

　　A. 硬盘和内存　　　　　　　　　　　　B. 显示器和扫描仪

　　C. 打印机和显示器　　　　　　　　　　D. 键盘和鼠标

二、填空题

1. 第一台计算机的英文缩写是＿＿＿＿＿＿＿＿＿。
2. 一台完整的计算机系统应用包括硬件系统和＿＿＿＿＿＿系统。
3. 现代计算机基本是按照＿＿＿＿＿＿体系设计的。
4. 计算机软件系统中最核心的是＿＿＿＿＿＿。
5. 根据计算机的工作原理，计算机由输入设备、运算器、＿＿＿＿＿＿、存储器、输出设备和功能模块组成。

三、简答题

1. 计算机的发展经历了哪几个阶段？
2. 一个完整的计算机系统应该由哪几部分组成，各部分的含义是什么？
3. 计算机病毒的特征包括哪些？
4. 网络黑客可以分哪几种？
5. 应该如何保护个人计算机安全？

第2章

操 作 系 统

内容提要

本章主要介绍操作系统的基础知识，重点介绍Windows 7操作系统的界面、基础操作以及相关的属性设置等。具体包括以下几部分：
- 操作系统的功能、分类及典型操作系统。
- Windows 7操作系统的界面以及基本操作。
- 文件与文件夹的基本操作。
- Windows 7操作系统的属性设置。
- Windows 7操作系统的个性化设置。

学习重点

- 掌握Windows 7操作系统的界面和基本操作。
- 掌握文件与文件夹的基本操作。

2.1 操作系统概述

计算机系统是由硬件系统和软件系统构成的，操作系统是位于计算机硬件之上的第一层软件，为其他软件提供支撑，是用户和计算机之间的接口。

2.1.1 操作系统的基本概念

计算机的软件系统可分为系统软件和应用软件两大类，操作系统（Operating System，OS）属于系统软件。操作系统是能直接控制和管理计算机的硬件资源和软件资源，组织计算机工作流程，控制程序的执行，改善人机交互界面，并向用户提供各种服务功能以使用户能方便、有效地使用计算机的最基础的系统软件。操作系统是程序模块的集合。

操作系统是用户和计算机之间的接口，其最终目的是给用户提供一个清晰、高效、易于使用的用户界面。为实现这一目标，操作系统需要能充分有效地调用计算机系统的各种资源，并且能为应用软件的开发提供良好的开发环境，同时操作系统自身应具备可扩充性和开放性以适应系统软件发展的需要。

2.1.2 操作系统的功能

操作系统的主要功能主要有五项，分别是处理器管理、存储管理、设备管理、文件管理和用户接口管理。

① 处理器管理：在计算机资源中，处理器资源是最重要的资源。处理器管理就是采用有效的策略来完成程序执行过程中对处理器资源的合理调用和回收。常用的策略有分时处理、批处理和实时处理等。

② 存储管理：其主要对象是内存储器，保证用户程序执行过程中能分配到相应的内存资源，保护内存中的程序和数据，同时要保证内存具有扩充性。

③ 设备管理：其主要对象是外围设备，控制外围设备的接入、故障处理等。

④ 文件管理：文件管理的是系统的软件资源，实现对文件的存储、修改、删除等操作，主要解决文件的共享、保密和保护问题。

⑤ 用户接口管理：操作系统为用户和计算机系统之间提供了多样的接口，比如命令接口、程序接口以及

图形接口等的管理，使得用户可以方便、有效地使用计算机资源。

2.1.3　操作系统的分类

操作系统按功能分，可分为单道批处理操作系统、多道批处理操作系统、分时操作系统、实时操作系统、网络操作系统以及分布式操作系统。

① 单道批处理操作系统（Simple Batch Processing System，BPS）：这是最早出现的操作系统，与现今定义的操作系统还有较大区别，严格来说只能算是操作系统的前身。它的运行无须人工干预，具有自动性，在内存中只能有一道程序运行。

② 多道批处理操作系统（Multi-programmed Batch Processing System，MBPS）：其内存中存在多道程序，当某程序暂停执行时 CPU 能跳转到并执行其他程序。通俗地说，多道批处理就是指用户的多项命令按一定顺序组成一批命令，交由系统自动按顺序执行。

③ 分时操作系统（Time Sharing System，TSS）：也称多用户操作系统，可以支持多个用户同时使用操作系统。用户在各自的终端输入命令，操作系统能及时接收和处理，并把结果反馈给各个用户终端。分时操作系统把 CPU 的使用"时间片"化，各用户的命令请求轮流运行在某个时间片上。各用户之间彼此独立，互不干扰，好像独自使用操作系统。分时操作系统主要用于单独用户不会长时间占用 CPU 的情况，如软件开发和运行较小的程序等。

④ 实时操作系统（Real-Time System，RTS）：能以足够快的速度响应外部事件的请求，在规定的时间内完成对该事件的处理。其处理的结果能在规定的时间之内控制生产过程或对处理系统做出快速响应，并控制所有实时任务协调一致的运行。实时操作系统的主要特征是"及时"和"可靠"。实时操作系统能保证在一定的时间之内完成某些特定的功能，用户使用的一般的操作系统经过一定改变之后也能转变为实时操作系统或者能完成一些实时应用。

⑤ 网络操作系统（Network Operation System，NOS）：可以理解为在各种计算机操作系统上按网络结构协议标准开发的，实现在网络环境下对网络资源的管理和控制的操作系统，是用户与网络资源之间的接口。网络操作系统建立在独立的操作系统之上，是一种基于浏览器的虚拟的操作系统，用户通过浏览器可以在网络操作系统上进行应用程序的操作，而这个应用程序也不是普通的应用程序，是网络的应用程序。网络操作系统以共享资源和实现相互通信为主要目的，主要应用有共享数据文件、软件应用，以及共享硬盘、打印机、调制解调器、扫描仪和传真机等。

⑥ 分布式操作系统（Distributed Software Systems, DSS）：用于管理分布式计算机系统的操作系统称为分布式操作系统。大量的计算机通过网络连接在一起，通过分布式操作系统可以使这些计算机协调工作，共同完成一项工作任务，具有极强的运算能力并可以进行资源共享。

按照操作可连接用户数目的多少，又可以简单地分为单用户操作系统和多用户操作系统。例如，MS-DOS、Windows 是单用户操作系统，Linux、UNIX、Windows NT 等是多用户操作系统。

2.1.4　典型操作系统的介绍

1. DOS

DOS（Disk Operation System）是单用户操作系统，中文翻译为磁盘操作系统，是 20 世纪八九十年代的主流操作系统。

美国微软公司（Microsoft）在 1981 年推出 DOS 1.0 版本，最初 DOS 是单任务系统，自 DOS 4.0 开始具有多任务处理功能，DOS 的最高版本是 DOS 8.0。DOS 一般使用命令行界面来接收用户的指令，在后期的 DOS 版本中，DOS 程序也可以通过调用相应的 DOS 中断来进入图形模式，即 DOS 下的图形界面程序。

DOS 系统小，对硬件配置要求低，但因其使用的是命令界面，命令多且难记，难操作，而且支持的硬件、软件少，不方便普通用户使用。之后由于 Windows 系统的发展，DOS 成为 Window 的内嵌命令行程序。1995 年，DOS 7.0 在 Windows 95 中内嵌发行。

2. Windows

Windows 是一款基于图形界面的操作系统，也是现今主流的操作系统之一，中文翻译为视窗操作系统。微软公司于 1985 年推出 Windows 1.0 以来，不断升级，从架构的 16 位、32 位到 64 位，系统版本也不断升级，为人熟知的有 Windows 95、Windows 98、Windows ME、Windows 2000、Windows 2003、Windows XP、Windows Vista、Windows 7、Windows 8、Windows 8.1、Windows 10、Windows 11 以及 Windows Server 服务器企业级操作系统。

由于本书基于 Windows 7，故详细介绍该版本。

Windows 7 于 2009 年 10 月 22 日正式发布，可供家庭及商业工作环境下的笔记本计算机、平板计算机、多媒体中心等使用。Windows 7 可供选择的版本有：入门版（Starter）、家庭普通版（Home Basic）、家庭高级版（Home Premium）、专业版（Professional）、企业版（Enterprise）（非零售）和旗舰版（Ultimate）。

（1）安装 Windows 7 的最低硬件配置

① 1.8 GHz 或更高级别的处理器。

② 1 GB 内存（32 位）或 2 GB 内存（64 位）。

③ 25 GB 可用硬盘空间（32 位）或 50 GB 可用硬盘空间（64 位）。

④ 带有 WDDM 1.0 或更高版本驱动程序的 DirectX 9 图形设备。

（2）Windows 7 的主要特色

① 易用：Windows 7 简化了许多设计，如快速最大化、窗口半屏显示、跳转列表（Jump List）、系统故障快速修复等。

② 快速：Windows 7 大幅缩减了系统的启动时间。

③ 搜索功能强大，本地搜索、互联网搜索功能强大，并且简单。

④ 移动互联功能强大，无线连接功能以及与新兴移动硬件连接功能得到优化和拓展。

3. UNIX

UNIX 系统是多用户多任务的分时操作系统，于 1969 年问世。UNIX 系统附带大量功能强大的应用程序，是付费的操作系统。UNIX 系统既可以在微型机上使用，也可以在超级计算机上运行，占用的系统资源少。大多数因特网软件的开发都是在 UNIX 系统上完的。UNIX 系统对文件、目录和设备统一管理，管理方式类似于 DOS。

目前 UNIX 的商标权由国际开放标准组织所拥有，只有符合单一 UNIX 规范的 UNIX 系统才能使用 UNIX 这个名称，否则只能称为类 UNIX。

4. Linux

Linux 是免费的源代码开放的类 UNIX 操作系统，是支持多用户、多任务的网络操作系统。用户可以在互联网上获取 Linux 及其生成工具的源代码，自行修改建立个人独特的 Linux 开发平台，开发 Linux 软件。Linux 可安装在各种计算机硬件设备中，如手机、平板计算机、路由器、视频游戏控制台、台式计算机、大型机和超级计算机等。

5. Mac OS

Mac 在苹果公司的 Macintosh 系列计算机上使用，是苹果计算机的专用系统。MAC 系统是基于 UNIX 内核的图形用户界面操作系统。由于大多数的计算机病毒几乎都是针对 Windows 的，而 MAC 系统的架构与 Windows 系统不同，所以很少受到病毒的袭击。

6. 移动操作系统

（1）Android 操作系统

安卓（Android）操作系统是一种基于 Linux 内核（不包含 GNU 组件）的自由及开放源代码的操作系统。它主要用于移动设备，如智能手机和平板计算机，由美国 Google 公司和开放手机联盟领导及开发。

Android 操作系统最初由 Andy Rubin 开发，主要支持手机，第一部 Android 智能手机发布于 2008 年 10 月。后来，Android 逐渐扩展到平板计算机及其他领域，如电视、数码照相机、游戏机、智能手表等。

（2）鸿蒙操作系统

华为鸿蒙操作系统（HUAWEI Harmony OS）是华为在 2019 年 8 月 9 日于东莞举行华为开发者大会（HDC.2019）上正式发布的操作系统。

华为鸿蒙系统是一款全新的面向万物互联的全场景分布式操作系统，将用户、设备、场景有机地联系在一起，将用户在全场景生活中接触的多种智能终端实现极速发现、极速连接、硬件互助、资源共享，用合适的设备提供场景体验。

鸿蒙操作系统除了支持鸿蒙手机，还支持平板计算机、智能穿戴、智慧屏和车机等多种终端设备，与高速、低延时的5G技术相结合，鸿蒙操作系统的诞生恰恰符合党的二十大报告中提到的"加强基础研究，突出原创，鼓励自由探索"的精神，可以为智能手机与智能穿戴设备、自动驾驶汽车、物联网系统提供新的基础技术支撑。

（3）iOS 操作系统

iOS 是由苹果公司开发的移动操作系统。苹果公司最早于 2007 年 1 月 9 日的 Macworld 大会上公布这个系统，最初是设计给 iPhone 使用的，后来陆续在 iPod touch、iPad 上得以运用，iOS 与苹果的 Mac OS 操作系统一样，都是属于类 UNIX 的商业操作系统。

2.2　Windows 7 操作系统

Windows 7 系统是 Windows XP 系统的美化和升级版本，内核版本号为 Windows NT 6.1。Windows 7 延续了 Windows Vista Aero 风格，界面华丽，视觉效果好，系统性能稳定，计算机蓝屏现象、死机现象少，而且系统的启动时间短，是一款反应快速、方便易用的操作系统，上市伊始便占据了极大的市场份额。

2.2.1　Windows 7 Aero特效

Windows 7 系统中的 Aero 特效是一种可视化系统效果，延续自 Windows Vista，并有许多调整和改进。Aero 中的 4 个字母分别代表 Authentic（真实）、Energetic（动感）、Reflective（反射）、Open（开阔），代表具有 Aero 特效的界面具有立体、真实、令人震撼的用户感受。

开启 Aero 特效后，任务栏、标题栏等位置将具有透明玻璃效果，其透明效果能够让用户一眼看穿整个桌面；同时在窗口的最大化、最小化以及关闭窗口等操作上有缩略图、动画等特效，吸引用户注意，丰富用户的操作。Windows 7 系列中，只有家庭高级版、专业版和旗舰版可以使用 Aero 特效。

1. Aero Peek

将鼠标指针指向任务栏上的程序图标，便会显示该程序的缩略图，继续将鼠标指向缩略图，将全屏预览该程序界面，如图 1.2.1 所示。单击任务栏最右端的显示桌面按钮，可将所有打开的窗口最小化，显示桌面的预览。

图 1.2.1　Aero Peek

2. Aero Shake

用鼠标按住处于还原状态的窗口标题栏后，晃动一下，可让其他打开的窗口最小化，再晃动一下鼠标可恢复原样。

3.　Aero Snap

拖动某打开的程序窗口至桌面的左边缘或右边缘，窗口将占据桌面的左半屏或右半屏，如图 1.2.2 所示；将窗口拖动至桌面上边缘，窗口将最大化。

图 1.2.2　Aero Snap

4.　触控接口

为方便利用触控技术操作，稍微放大了标题栏和任务栏的按钮。窗口最大化后，窗口的边框保持透明。

鼠标划过任务栏上的图标时，图标背景会浮现该图标最显著的 RGB 色彩，鼠标指针处也会有更亮的颜色随着指针移动。

5.　Windows Flip 3D

同时按下【Win】和【Tab】键，所有当前打开的窗口都以 3D 界面的形式显示出来并且会自动滚动循环播放显示。当松开按键时，显示在最前列的窗口将成为活动窗口显示在桌面上，如图 1.2.3 所示。若同时按下【Windows 徽标】、【Shift】和【Tab】键，窗口的循环显示以相反的方向进行。

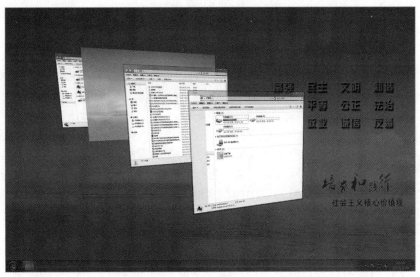

图 1.2.3　Aero Windows Flip 3D

应用 Aero 特效，CPU 和 GPU 的负荷会加重，因此有些用户在优化设置系统时，会将 Aero 特效关闭。若需要重新启用 Aero 特效，有以下几种方法：

方法一：

① 右击桌面选择"个性化"命令。

② 在 Aero 主题栏中选择一个主题。

③ 单击"窗口颜色",再选中"启用透明效果"复选框即可。

方法二:

① 右击"计算机"图标,在弹出的快捷菜单中选择"属性"命令。

② 单击左下角的"性能信息和工具"。

③ 单击"调整视觉效果",选中"启用透明玻璃"复选框;同时选中"启用 Aero Peek"复选框,即可启用桌面预览功能。

2.2.2　Windows 7桌面、窗口及菜单

Windows 系统是经典的图形用户界面操作系统,用户可以方便地通过桌面、窗口及菜单完成大部分操作。

1.　Windows 7桌面

Windows 7 的桌面就是用户登录系统以后所呈现出来的第一个界面,占满整个屏幕区域,如图 1.2.4 所示。桌面为用户提供了一个直观、便捷的界面,方便用户使用。

图 1.2.4　桌面

桌面一般包含桌面背景、图标、"开始"按钮、任务栏等。

（1）桌面背景

系统默认的桌面背景如图 1.2.4 所示,用户可以根据自己的需要进行个性化设置。通过"个性化"设置窗口中的"桌面背景"按钮可以使用系统自带的图像资源进行设置,也可以将自己喜欢的图片设置为桌面背景。

（2）图标

图标就是桌面上排列的各种图像标志,包含图形和文字说明两部分。每个图标都与系统提供的功能或程序相关,通过双击图标,就可以打开相应的功能或程序。刚安装好的 Windows 7 系统桌面一般只有一个"回收站"图标,桌面上显示的图标可以分为两类:系统图标和一般图标。

对于系统图标,通过"个性化"设置窗口中的"更改桌面图标"选项,可以将"计算机""网络"等系统图标放置到桌面上,如图 1.2.5 所示。在桌面空白处右击,在弹出的快捷菜单中选择"个性化"命令,可打开"个性化"设置窗口。

一般图标是用户在安装应用程序时,选择将应用程序的快捷方式图标显示到桌面上,或者是用户通过创建快捷方式将程序或文件图标放置到桌面上。用户可以添加、删除图标,也可让图标按一定顺序排列,方便使用。

（3）"开始"按钮

"开始"按钮位于桌面的左下角,是"开始"菜单的启动按钮。左击"开始"按钮,将显示"开始"菜单,如图 1.2.6 所示。

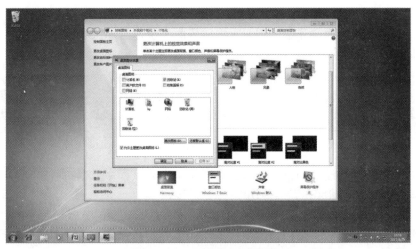

图 1.2.5　设置默认桌面图标

"开始"菜单关联了计算机安装的程序、文件夹和系统设置，用户可以通过"开始"菜单完成大部分操作。

① 程序列表锁定区：在安装应用程序时，可将其附到"开始"菜单，这部分程序就会显示在程序列表锁定区。

② 程序列表：最近使用过的应用程序，将显示在这里。

③ 所有程序列表：单击"所有程序"，系统所安装的应用程序可以在这里找到。

④ 搜索框：用户不需要知道搜索范围，只要在搜索框中输入搜索内容，搜索结果就会显示在搜索框上方的窗格里。

⑤ 用户账户图标：单击该图标，用户可以进入到用户账户设置窗口。

⑥ 常用链接菜单：常用链接菜单方便用户跳转到"计算机""控制面板"等常用窗口。

⑦ "关闭"按钮："关闭"按钮提供了多种计算机结束操作方式，方便用户根据需要决定计算机的待机方式，如图 1.2.7 所示。

⑧ 跳转列表（Jump List）：跳转列表是系统将最近打开过的文档汇总对应到打开文件的应用程序，形成最近打开的文档列表，如图 1.2.8 所示，方便用户快速打开常用文档。

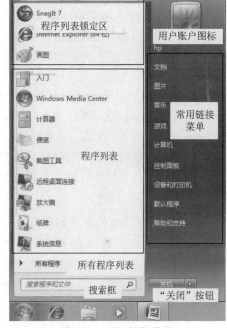

图 1.2.6　"开始"菜单

图 1.2.7　"关闭"按钮

图 1.2.8　跳转列表

（4）任务栏

任务栏（见图1.2.9）最左边为"开始"按钮，之后依此为快速启动区、程序按钮区、语言栏、通知区域和"显示桌面"按钮。

图1.2.9　任务栏

① 快速启动区：单击快速启动区的程序图标，可以快速启动该程序。用户可以将常用程序列表中的程序或者桌面上的程序锁定的快速启动区，方便使用。

② 程序按钮区：打开的窗口以按钮的形式存在于此区，并且以高亮的方式显示当前打开的窗口。

③ 语言栏：显示当前的输入法，用户可以通过单击语言栏，在弹出的选项列表中选择需要的输入法，也可以通过组合键【Ctrl+Shift】进行输入法的切换，通过组合键【Ctrl+Space】进行当前中文输入法和英文输入法的切换。

④ 通知区域：通常有时钟和音量、电源、网络等图标，用户可以通过这些图标查看和设置计算机的音量、电源、网络等。

⑤ 显示桌面按钮：通过单击该按钮，可以一键切换显示桌面和当前窗口，非常方便。

任务栏的大小可通过鼠标指针来操作，当鼠标指针指向任务栏上边缘且变为双向箭头时，拖动鼠标可以改变任务栏的宽窄。在任务栏的空白处或者"开始"按钮上右击，在弹出的快捷菜单中选择"属性"命令，切换到任务栏的属性对话框（见图1.2.10），可进行任务栏是否锁定、是否自动隐藏、位置等个性化设置。

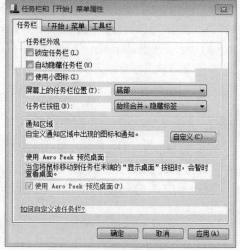

图1.2.10　任务栏的属性设置

2. Windows 7窗口

Windows 7所有的程序都运行在窗口中。窗口内集成了诸多元素，而这些元素则根据各自的功能又被赋予不同的名字。以Windows 7的资源管理器窗口为例（见图1.2.11），可划分为标题栏、控制按钮区、地址栏、搜索栏、菜单栏、工具栏、导航窗格、工作区和细节窗格7个区域，用户在不同区域可以完成不同的功能。

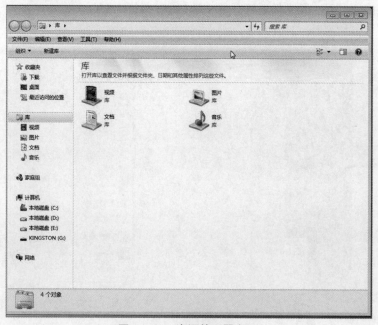

图1.2.11　资源管理器窗口

Windows 7 窗口具有共通性，窗口的基本元素多数都是相同的。用户自行安装的应用程序窗口在 Windows 7 系统中呈现的形式因其具体功能而有所区别，但在窗口的基本界面和一些基本操作方面是相通的。用户了解了 Windows 7 的资源管理器窗口，对其他应用程序窗口界面也能很快上手。

3. Windows 7 菜单

Windows 7 的菜单是应用程序中命令的集合，一般分为三类：菜单栏菜单、快捷菜单以及前文介绍过的"开始"菜单。图 1.2.12 所示菜单为菜单栏菜单，如"编辑"菜单；右击窗口空白区域弹出的菜单是快捷菜单，又称"弹出式菜单"，如图 1.2.13 所示。

图 1.2.12　菜单栏菜单

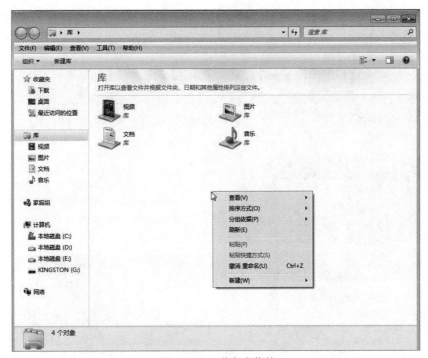

图 1.2.13　弹出式菜单

菜单中的命令依据工作环境或操作对象的不同，有时能用，有时禁用，禁用的命令灰色显示。含有级联菜单的菜单在其菜单项名称的右侧有向右的箭头，鼠标指向该菜单项就能显示出级联菜单。

2.2.3　Windows 7的基本操作

1. 窗口的基本操作

（1）窗口的最小化、最大化和关闭

图 1.2.14　窗口的控制按钮

窗口标题栏的右侧控制按钮区存在三个按钮，分别是最小化按钮，最大化按钮（还原按钮）、关闭按钮，如图1.2.14所示。用户可以通过这三个按钮可实现对窗口显示形式的控制。

单击最小化按钮，窗口从桌面消失，但并未关闭，只是缩小成一个按钮放在任务栏的程序按钮区。用户只需单击任务栏的程序按钮，便能将该窗口恢复显示到桌面。

单击最大化按钮，窗口变大，占据整个屏幕，此时最大化按钮变成还原按钮。若单击还原按钮，则窗口还原为窗口最大化前的大小。

单击关闭按钮，窗口将关闭，标志着相应的服务或程序关闭。此外，右击或者双击控制按钮区，或者右击任务栏上相应的窗口按钮，在弹出的快捷菜单中选择"关闭"命令，或者利用【Alt+F4】组合键，都可以关闭打开的窗口。

窗口的最左侧隐藏了控制菜单，单击该处可显示控制菜单，或者右击标题栏空白区域显示控制菜单。控制菜单中含有窗口的最大化、最小化、关闭等命令，用户可以通过控制菜单完成对窗口的控制。

（2）窗口的大小改变、移动

将鼠标指针放到窗口的边框或边角上，当指针变成双向箭头时，按住鼠标左键拖动或者按键盘上的方向键，则边框或边角的位置随之移动。这样通过调整四个边框或边角的位置，就可以自由变动窗口的大小。此外，利用还原按钮，或者双击标题栏的方法也能最大化或者还原窗口，从而达到改变窗口大小的目的。

将鼠标指针放到窗口的标题栏，按住鼠标左键，拖动或者按键盘上的方向键，窗口的位置将随之移动。

用户可利用鼠标改变窗口大小或者位置。使用鼠标改变窗口的大小或位置时，窗口一般不处于最大化状态。

（3）窗口的排列、切换

当用户打开多个窗口时，为了快速找到需要的窗口，可以对窗口的排列方式进行设置，方法是在任务栏的空白处右击，在弹出的快捷菜单中选择合适的窗口排列方式，如图1.2.15（a）所示。例如，需要同时显示多个窗口时，可以选择"并排显示窗口"命令。

若要快速切换窗口，可以通过单击任务栏上的程序按钮来实现，也可以通过【Alt+Tab】组合键实现。按住组合键，会弹出如图1.2.15（b）所示界面，继续按【Tab】键，窗口的图标会随之循环高亮显示，松开组合键，则高亮图标代表的窗口将显示到当前桌面上。此外，利用前文提过的Windows Flip 3D，也可轻松完成窗口的切换。

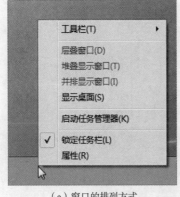

（a）窗口的排列方式　　　　　　　　　　　　（b）窗口的切换

图 1.2.15　窗口操作

2. 资源管理器的基本操作

右击"开始"按钮，在弹出的快捷菜单中选择"打开 Windows 资源管理器（P）"命令，或者按【Win+E】组合键，打开资源管理器窗口，如图 1.2.16 所示。资源管理器窗口是用户对系统资源进行集中管理的界面。

（1）地址栏

在地址栏中输入路径，可以打开相应的文件夹，如输入"D:\ 示例文件夹"，则打开磁盘 D 中的名为"示例文件夹"的文件夹。地址栏中的路径是由不同的按钮组成，每个按钮代表某个文件夹，单击按钮就可以打开相应的文件夹。单击按钮右侧的下拉按钮，将弹出该按钮代表的文件夹的所有子文件夹，如图 1.2.17 所示。在地址栏的空白位置单击，则路径的显示形式转换为传统形式，如"D:\ 示例文件夹"。

图 1.2.16　资源管理器

图 1.2.17　地址栏

地址栏左侧的浏览导航按钮，方便用户对刚刚打开过的文件夹再次进行访问，而无须逐级打开或者记忆文件夹路径。

（2）菜单栏

Windows 资源管理器窗口的菜单栏包含文件、编辑、查看、工具等菜单，每个菜单名称后面都有相应的字母。例如，用户可以通过单击"文件"菜单选择需要执行的菜单命令。

（3）工具栏

工具栏的每个按钮代表一项操作，单击即可执行。工具栏的按钮不是固定不变的，当选定工作区中的某个文件或文件夹时，工具栏的按钮将随所选文件的类型而定。

（4）导航窗格

导航窗格以树状组织结构显示所有文件夹。用户可以通过单击树状组织结构中的三角按钮，改变树状组织结构的层级关系，从而寻找、定位所需要的文件夹，并在右侧工作区中显示文件夹中的内容。

（5）工作区

当用户在导航窗格选中桌面、某个磁盘、某个库或某个文件夹时，工作区将显示所选对象所包含的所有内容。

3. 搜索框的应用

Windows 7 的搜索功能极其强大，资源管理器菜单栏右侧的搜索文本框能快速搜索系统中的文档、图片、程序、Windows 帮助甚至网络等信息。Windows 7 系统的搜索是动态的，搜索过程从用户在搜索框中输入第一个字开始就进行，搜索速度快。

用户使用搜索框搜寻目标资源的步骤如下：

① 在导航窗格中确定搜索范围。

② 在搜索框中输入目标资源的名称，名称不确定时可使用 "?""*" 等通配符进行模糊搜索。

完成以上两个操作后，系统会自动执行搜索过程，并把搜索结果放到窗口的工作区，如图 1.2.18 所示。

用户可对搜索结果进行打开、复制、移动、删除、重命名等操作，也可保存搜索条件，以便下次可以直接进行搜索。

Windows 7 的精确搜索可通过工具栏的"组织"→"文件夹和搜索选项"进行设置，对搜索内容、搜索方式、索引等都可进行相应的设置。

4. 任务管理器

右击任务栏的空白处，在弹出的快捷菜单中选择"启动任务管理器"命令，或者按【Ctrl+Alt+Delete】组合键启动任务管理器，如图 1.2.19 所示。

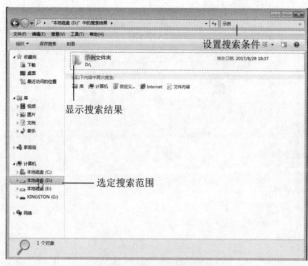

图 1.2.18　搜索框的使用

图 1.2.19　任务管理器

在任务管理器窗口的"应用程序"选项卡可以查看当前所运行的程序，在"进程"选项卡可以查看系统中的所有进程。用户可以在任务管理器窗口关闭程序或者进程，也可以启动新的程序。当系统由于某种原因使某个程序或者进程"卡住"甚至无法关闭时，用户可以利用任务管理器进行关闭操作。

2.2.4　文件与文件夹

文件是 Windows 7 用户使用的基础存储单位，通常以"文件图标＋文件名＋扩展名"的形式显示，如图 1.2.20 所示。扩展名不同，文件的类型也就不同。文件名和扩展名之间用"."号连接。

文件夹是分类存储资料的一种工具，用户可以根据需要将文件分类，存储在不同的文件夹中。文件夹中也可以包含文件夹，被包含的文件夹称为子文件夹。文件夹以"文件夹图标＋文件夹名称"显示，如图 1.2.20 所示。

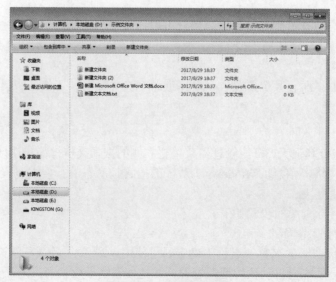

图 1.2.20　文件和文件夹

1. 文件与文件夹的基础操作

（1）文件与文件夹的选定

文件或文件夹的选定方式有多种，如表 1.2.1 所示。

表 1.2.1　文件与文件夹的选定操作

选定方式	操作
选中一个文件或文件夹	单击要选中的文件或文件夹
选中连续的多个文件或文件夹	单击要选中的第一个文件或文件夹，按住【Shift】键，再单击要选中的连续文件或文件夹的最后一个
选中非连续的多个文件或文件夹	单击要选中的第一个文件或文件夹，按住【Ctrl】键，再单击其他需要选中的文件或文件夹。
选中全部文件或文件夹	在菜单栏的"编辑"菜单中可以执行"全选"命令，或者利用组合键【Ctrl+A】的方式完成全选
取消选定	在窗口的任意空白区域单击

（2）文件与文件夹的操作

文件一般由相应的应用程序创建，后续章节有详细介绍，此处不加赘述。文件夹可以在磁盘任意位置创建。右击某个位置，在弹出的快捷菜单中选择"新建"→"文件夹"命令，就可以创建一个默认名为"新建文件夹"的文件夹，如图 1.2.21 所示。

图 1.2.21　新建文件夹

创建文件夹后，文件夹名编辑区处于活跃状态，可以直接编辑文件夹的名字。之后若需要重命名文件夹，可以右击该文件夹，在弹出的快捷菜单中选择"重命名"命令，重新编辑文件夹的名字。上述方式也适用于文件的命名。

文件或文件夹的名字一般由字母、汉字、数字等组成，最长不超过 256 个字符，名字中不能含有 \、/、:、*、<、>、| 等符号。

文件的复制、移动、删除、恢复操作，实现方式比较多样，如表 1.2.2 所示。

表 1.2.2　文件与文件夹的复制、移动、删除操作

操作	实现方式
复制	右击该文件或文件夹，在弹出的快捷菜单中选择"复制"命令；在要存储复制文件的位置右击，在弹出的快捷菜单中选择"粘贴"命令
	选中该文件或文件夹，在"编辑"菜单中选择"复制"命令；在复制文件的存储位置选择"编辑"菜单中的"粘贴"命令
	若复制文件的存储位置与源文件的位置在同一个磁盘，选中文件或文件夹后，按住【Ctrl】键，拖动至存储位置
	若复制文件的存储位置与源文件的位置不在同一个磁盘，直接用鼠标拖动至存储位置即可

操 作	实 现 方 式
移动	右击该文件或文件夹，在弹出的快捷菜单中选择"剪切"命令；在要存储复制文件的位置右击，在弹出的快捷菜单中选择"粘贴"命令
	选中该文件或文件夹，在"编辑"菜单中选择"剪切"命令；在复制文件的存储位置选择"编辑"菜单中的"粘贴"命令
	若移动的目的位置在同一个磁盘，选中文件或文件夹后，拖动至目标位置
	若移动的目的位置不在同一个磁盘，选中文件或文件夹后，按住【Shift】键，拖动至目标位置
删除	选中文件或文件夹后，选择"文件"菜单中的"删除"命令，或者选择右键快捷菜单中的"删除"命令，或者按键盘上的【Delete】键，则该文件或文件夹被删除，送入到回收站。回收站中的文件可被还原
	选中文件或文件夹后，按【Shift+Delete】组合键，文件或文件夹彻底从磁盘上删除，即物理删除
	打开"回收站"，选中文件或文件夹后，完成删除操作，文件或文件夹彻底从磁盘上删除，即物理删除
还原	打开"回收站"，选中要恢复的文件或文件夹后，利用右键快捷菜单中的"还原"命令或者"文件"菜单中的"还原"命令，可将文件或文件夹恢复到原始位置。被物理删除的文件或文件夹不可恢复

（3）文件与文件夹的排列、预览及属性设置

① 排列：Windows 7 提供了多样化的文件与文件夹的排列方式，单击工具栏"更改您的视图"按钮中的选项可以设置排列显示方式，比如选择"详细信息"，如图 1.2.22（a）所示。右击工作区的空白区域，可以从弹出的快捷菜单中选择排序方式、分组依据，用户可以根据名称、日期、大小等对文件进行排序、分组，如图 1.2.22（b）所示。此外，也可以通过"查看"菜单下的"排列""排序"命令，设置文件与文件夹的排列方式。

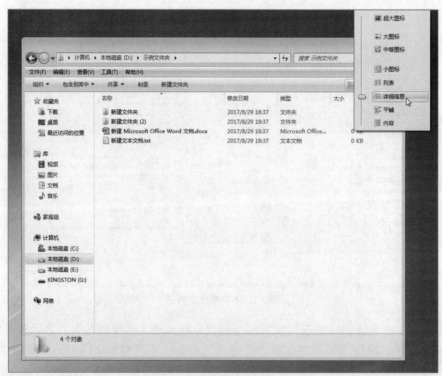

（a）选择"详细信息"

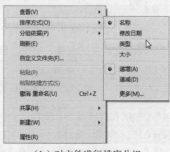

（b）对文件进行排序分组

图 1.2.22　文件与文件夹的显示方式及排序分组

② 预览：预览窗格的开启有两种方式：一是单击工具栏右侧的"显示预览窗格"；二是选择工具栏中的"组织"→"布局"→"预览窗格"命令，结果如图 1.2.23 所示。

图 1.2.23　预览窗格

③ 属性设置：右击文件或文件夹，在弹出的快捷菜单中选择"属性"命令，打开属性对话框，如图 1.2.24 所示。

文件和文件夹属性对话框，可以查看文件的类型、存储位置、大小、创建时间等信息。在常规属性设置中可以设置"只读""隐藏"这两个属性，用户若设置了"只读"属性，则文件和文件夹的内容只能查看，不能被修改；若设置了"隐藏"属性，文件和文件夹在系统中是隐藏的，用户在默认条件下是看不见的。

用户在文件在高级设置中可以设置存档、加密等属性；文件夹在高级设置中可以设置外观、加密、共享等属性。

（a）文件属性对话框

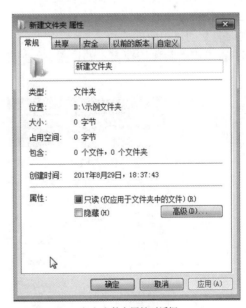

（b）文件夹属性对话框

图 1.2.24　文件和文件夹属性对话框

若要查看被隐藏的文件和文件夹，需要进行如下设置：通过资源管理器的"工具"菜单打开"文件夹选项"对话框，切换到"查看"选项卡，在"高级设置"中选中"显示隐藏的文件、文件夹和驱动器"（见图 1.2.25），用户就可以看见被隐藏的文件和文件夹，还可以设置文件的扩展名是否隐藏，方便用户查看文件类型。

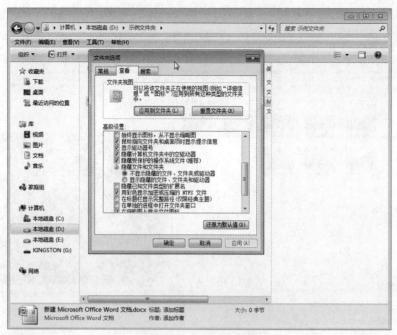

图 1.2.25　文件夹选项

（4）文件和文件夹的快捷方式

快捷方式是 Windows 提供的一种快速启动程序、打开文件或文件夹的方法。快捷方式图标的左下角有一个非常小的箭头，它一般存放在桌面上、开始菜单里和任务栏的"快速启动"这 3 个地方，方便用户快速启动需要的程序或服务。快捷方式作为一种链接，并不是程序或文件本身，删除它并不会删除它所关联的程序或文件。

快捷方式的创建方法主要有 3 种：

方法一：右击需要创建快捷方式的文件或文件夹，在弹出的快捷菜单中选择"创建快捷方式"命令，则在文件或文件夹所在的位置创建相应的快捷方式。可以用复制、剪切等方法将快捷方式放置到需要的地方。

方法二：右击需要创建快捷方式的文件或文件夹，在弹出的快捷菜单中选择"发送到"→"桌面快捷方式"命令，则在桌面上创建相应的快捷方式。

方法三：右击需要新建快捷方式的位置，在弹出的快捷菜单中选择"新建"→"快捷方式"命令，如图 1.2.26 所示。

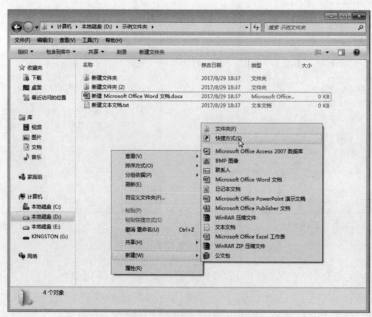

图 1.2.26　创建快捷方式（第一步）

在打开的对话框中输入需要创建快捷方式的文件或文件夹的完整路径，例如，要为 D 盘中的"示例文件夹"创建快捷方式，则在"请键入对象的位置"文本框中输入"D:\示例文件夹"，或通过单击右侧的"浏览"按钮选择该文件夹，然后单击"下一步"按钮，如图 1.2.27 所示。

在打开的对话框中输入创建的快捷方式的名称，单击"完成"按钮完成快捷方式的创建，如图 1.2.28 所示。快捷方式的名称一般与原文件或文件夹同名，方便用户知道快捷方式所连接的对象。

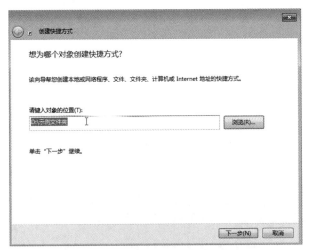
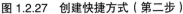

图 1.2.27　创建快捷方式（第二步）

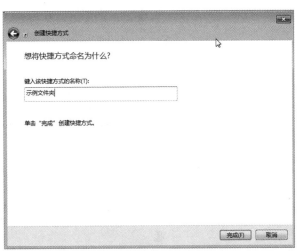

图 1.2.28　创建快捷方式（第三步）

2. 库

库可以将要用的文件和文件夹集中到一起，只要单击库中的链接，就能快速打开相应的文件夹，而不用管文件夹在计算机中的存储位置。库中的对象就是各种文件夹与文件的一个快照，库中并不真正存储文件，库的管理方式更加接近于快捷方式，用户通过这些"快照"，可以迅速找到需要的资源，拥有了一种更快捷的管理方式。

Windows 7 系统默认有 4 个库：文档库、图片库、音乐库和视频库，用户可以把文件夹包含到这些库里，也可以自己创建新库。

（1）将文件夹包含到库

右击需要包含到库的文件夹，选择某个已有的库（如"文档"库），这样文件夹就被包含到所选定的库里；或者可以选择"创建新库"，这样就以原文件夹的名字创建了一个库，如图 1.2.29 所示。

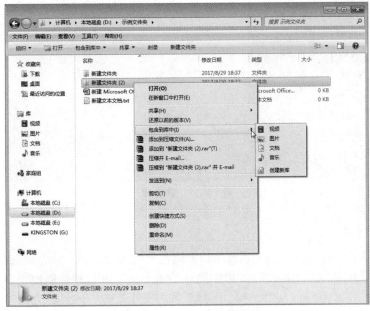

图 1.2.29　文件夹包含到库

（2）新建库

在导航窗格选择"库"，在窗口右侧的工作区空白处右击，选择"新建"→"库"命令，如图 1.2.30 所示。

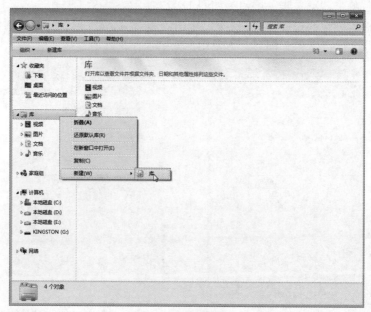

图 1.2.30　新建库

（3）删除库

在导航窗格选择"库"，选中某库，（如"示例文件夹"库），右击，在弹出的快捷菜单中选择"删除"命令，则该库被删除，如图 1.2.31 所示。库的删除并不会影响它所关联的文件和文件夹，文件和文件夹还保存在它们的存储位置。

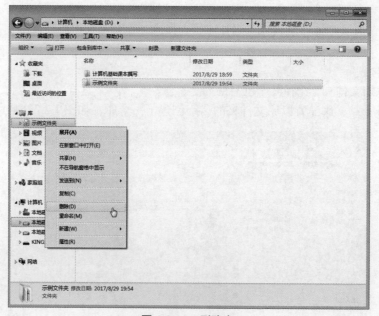

图 1.2.31　删除库

2.2.5　系统属性设置

用户可以根据使用需求，对 Windows 7 系统的相关属性进行设置。用户通常通过控制面板完成这些设置。单击"开始"按钮，选择常用"常用链接"菜单中的"控制面板"，打开控制面板窗口，如图 1.2.32 所示。控制面板中图标的查看方式有类别、大图标和小图标 3 种，图 1.2.32 中的显示方式为"类别"显示方式，用户可以根据需要进行切换。

图 1.2.32　控制面板

1. 用户账户

用户通过控制面板的"用户账户和家庭安全"按钮，打开用户账户管理窗口，如图 1.2.33 所示。用户可以创建用户账户，并对账户图标、名称、密码等属性进行设置。

在用户账户管理窗口，单击"创建一个新账户"，可进行新账户的创建。此外，也可以选择已有的账户进行修改。

Windows 7 系统中用户账户类型可分为标准账户、来宾账户和管理员账户三类。如果创建的账户类型是标准用户，用户可以对该用户账号设置家长控制。

图 1.2.33　用户账户管理窗口

2. 添加和删除程序

添加程序一般启动程序安装包后自动进行，用户只需进行一些必要的设置，而程序的卸载除了通过一些管理软件进行，也可通过控制面板完成。

用户单击控制面板中的"程序"按钮，打开程序管理窗口。单击"卸载程序"按钮，在打开的对话框中会列出系统所安装的程序，用户可以对所列程序进行卸载或者更改，如图 1.2.34 所示。

图 1.2.34　卸载程序

3. 设置日期和时间

用户可以单击任务栏系统通知区的日期和时间区域，在打开的窗口中单击"更改日期和时间设置"按钮，打开"日期和时间"对话框，进行日期和时间的设置，如图 1.2.35 所示。

2.2.6　个性化显示设置

在桌面空白处右击，从弹出的快捷菜单中选择"个性化"命令，打开个性化设置窗口，或者利用控制面板的外观按钮，进入个性化设置窗口，如图 1.2.36 所示。

1. 主题设置

主题是包括桌面背景、屏幕保护程序、窗口边框颜色、声音方案，甚至鼠标、桌面图标的显示方式等属性设置的一套完整方案。用户通过设置主题，就可以一次性地完成对这些属性的设置。

Windows 7 提供了 Aero 主题和基本主题，连机方式下可以添加更多的主题到"我的主题"。用户在个性化设置窗口，直接选择需要的主题即可。

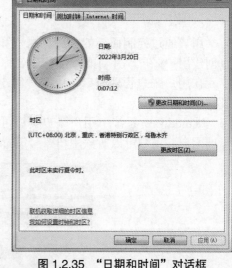

图 1.2.35　"日期和时间"对话框

图 1.2.36　个性化设置窗口

2. 桌面背景设置

桌面背景是 Windows 桌面的背景图案，也称壁纸或墙纸。选择个性化窗口的"桌面背景"，打开桌面背景设置窗口，进行桌面背景设置，如图 1.2.37 所示。

图 1.2.37 桌面背景设置窗口

用户也可以直接右击某个存储位置上的图片，在弹出的快捷菜单中选择"设置为桌面背景"命令，直接将该图片设置为桌面背景。

3. 字体设置

用户单击控制面板中的"外观和个性化"按钮，选择"字体"中的"更改字体设置"（见图 1.2.38），可以进行更改字体设置、调整 Clear Type 文本等操作，从而改变系统的文字显示方式。

图 1.2.38 "字体设置"窗口

4. 屏幕保护程序设置

屏幕保护程序简称屏保。若用户启用了屏幕保护程序，则当系统在指定时间内没有接收到鼠标或者键盘操作时，屏幕会显示指定的屏保图片或动画，同时系统会进入账户锁定状态。若要退出系统的屏保状态，用户只需移动一下鼠标或者按键盘上的任意键。

用户在个性化窗口，选择"屏幕保护程序"，或者通过控制面板的"外观与个性化"窗口中的"更改屏幕保护程序"选项，进入"屏幕保护程序设置"对话框（见图 1.2.39），进行屏保的个性化设置。

图 1.2.39　"屏幕保护程序设置"对话框

2.2.7　中文输入法的添加和删除

将控制面板的查看方式切换为"大图标"，单击"区域与语言"，打开"区域和语言"对话框，切换到"键盘和语言"选项卡，如图 1.2.40 所示。

单击"更改键盘"按钮，打开"文本服务和输入语言"对话框，如图 1.2.41 所示。用户也可以通过右击任务栏上的"语言栏"，在弹出的快捷菜单中选择"设置"命令，打开"文本服务和输入语言"对话框。

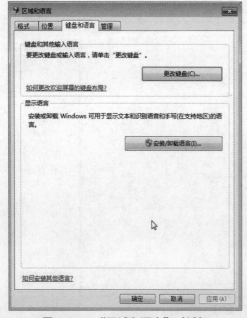

图 1.2.40　"区域和语言"对话框

图 1.2.41　文本服务和输入语言

在"文本服务和输入语言"对话框的"常规"选项卡中单击"添加"按钮，打开"添加输入语言"对话框，如图 1.2.42 所示。

在"添加输入语言"对话框中，找到"中文（简体，中国）"，就可以看到系统已安装的中文输入法，选中需要使用的输入法，如"简体中文全拼（版本 6.0）"单击"确定"按钮，完成输入法的添加。回到"文本服务和输入语言"对话框，如图 1.2.43 所示。在"默认输入语言"下拉列表框中，选择自己常用的输入法作为默认输入法，这样在使用时就不需要手动切换。

若用户新安装了非系统自带的输入法而没有在语言栏显示，也可以通过这种方式添加。

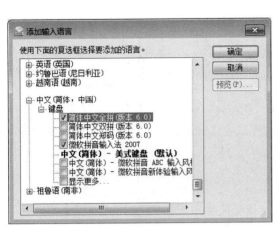

图 1.2.42　添加输入语言

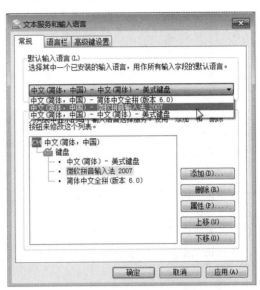

图 1.2.43　设置默认输入语言

2.2.8　Windows 7 附件的使用

Windows 7 附件是系统自带的一些常用程序，它们不属于系统运行的必要部分，因此称为附件。用户可以直接使用附件来完成一些工作。选择"开始"→"所有程序"→"附件"命令启动相关的程序，如图 1.2.44 所示。

Windows 7 附件有画图、计算机、记事本、命令提示符等常用的程序，还有一些常用的系统工具，如磁盘清理、磁盘碎片整理程序、系统还原、系统信息等，方便用户对系统资源和系统使用做更合理的规划。

图 1.2.44　附件

习　题

一、选择题

1. Windows 7 桌面的"任务栏"中部显示的是_____。

    A. 除当前窗口外所有被最小化窗口的按钮

    B. 当前窗口的按钮

    C. 除当前窗口以外的所有已被打开窗口的按钮

    D. 所有已被打开窗口的按钮

2. 在 Windows 7 的窗口中，标题栏的右侧有"最大化"、"最小化"、"还原"和"关闭"按钮，其中不可能同时出现的是_____。

    A. "最大化"和"还原"　　　　　　　　B. "最大化"和"最小化"

    C. "还原"和"关闭"　　　　　　　　　　D. "最大化"和"关闭"

3. 在 Windows 7 的文件夹窗口，选择_____显示方式可显示文件名、大小、类型、修改时间等。

    A. 列表　　　　　　　　　　　　　　　B. 小图标

    C. 详细资料　　　　　　　　　　　　　D. 大图标

4. 在 Windows 7，激活快捷菜单的操作是_____。

    A. 单击鼠标左键　　　　　　　　　　　B. 移动鼠标

    C. 单击鼠标右键　　　　　　　　　　　D. 拖动鼠标

5. 下列关于"快捷方式"说法错误的是_____。

    A. 可以使用快捷方式作为打开程序的捷径

    B. 可在桌面创建 Word 文件的快捷方式

    C. 快捷方式的图标可被改变

    D. 删除快捷方式后，它所指向的项目也会被删除

二、填空题

1. 在"资源管理器"窗口，要选择多个非连续的文件时，应该按住_____键，再分别单击各个文件。

2. 在 Windows 7 系统中，用_____和【Tab】组合键可以切换应用程序窗口。

3. Windows 7 系统默认提供的 4 个库，分别用于保存视频、音频、_____和文档。

4. Windows 7 的记事本可以编辑和保存文本文件，系统默认的记事本文件的文件扩展名是_____。

5. 在 Windows 7 系统中，若在"资源管理器"窗口先剪切一个文件，然后再粘贴到另一个文件夹中，则相当于对该文件做了_____操作。

三、简答题

1. 如何设置文件的只读属性？

2. 若要显示隐藏文件，该如何设置？

3. 文件或文件夹被删除后还能被恢复吗？

4. 如何在桌面上创建"计算器"应用程序的快捷方式？

5. 如何搜索"画图"应用程序在计算机中的位置？

第 3 章
文字处理软件 Word 2016

内容提要

本章主要介绍Word 2016文字处理软件的使用。具体包括以下几部分：
- Word 2016的介绍及文档基本操作。
- 文档编辑与版面设计，包括文字及符号的录入编辑、对象的插入编辑、页面设置。
- Word中表格与图表的编辑，包括插入、编辑、删除和转换等。
- 样式与引用的使用，包括题注、脚注、尾注、书签和索引的使用。
- 邮件合并。
- 长文档的编排。

学习重点

- 掌握创建并编辑文档的操作。
- 掌握文档文字格式和段落格式的设置操作。
- 掌握文档中图形图像等对象的编辑设置。
- 掌握文档中表格的使用方法和样式设计。
- 掌握长文档的编辑与管理方法。
- 熟练掌握版面设计功能。
- 了解利用邮件合并功能进行批量处理文档的方法。

3.1　Word 2016 概述

Microsoft Word是一款非常优秀的文字处理软件，提供了全面的文本和图形编辑工具，功能强大，界面友好，可以方便地进行文字、图形、图像和数据处理，帮助人们在日常工作和生活中制作各类文档。

Microsoft Word 2016 是办公自动化软件 Microsoft Office 2016 中最常用的组件之一。Word 2016 中新增的众多新特性、新功能及全新的界面，给用户带来了使用上和视觉上的全新体验，可使用户轻松高效地完成工作。

3.1.1　Word 2016的工作窗口

选择"开始"→"Word 2016"命令，打开 Word 2016 工作窗口，如图 1.3.1 所示。

1. 快速访问工具栏

Word 2016 文档窗口中的"快速访问工具栏"用于放置命令按钮，便于用户快速启动经常使用的命令。

（1）添加命令到"快速访问工具栏"

默认情况下，"快速访问工具栏"中只有保存、撤销、恢复按钮，用户可以根据需要添加多个命令按钮。要自定义"快速访问工具栏"，首先要打开"Word 选项"对话框，打开方法有如下两种：

方法一：打开 Word 2016 文档窗口，选择"文件"→"选项"命令。

方法二：单击"快速访问工具栏"的下拉按钮，在弹出的下拉列表中选择"其他命令"，如图 1.3.2 所示。

在"Word 选项"对话框中选择"快速访问工具栏"选项，然后在"从下列位置选择命令"列表中选择需要添加的命令，单击"添加"按钮，如图 1.3.3 所示。单击"重置"按钮，选择"仅重置快速访问工具栏"命令，将"快速访问工具栏"恢复到原始状态。

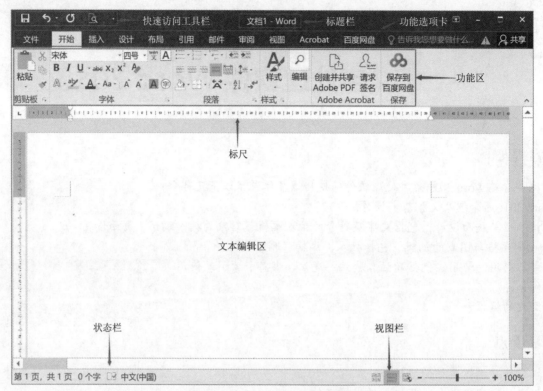

图 1.3.1　Word 2016 的窗口界面

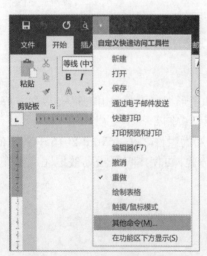

图 1.3.2　选择"其他命令"

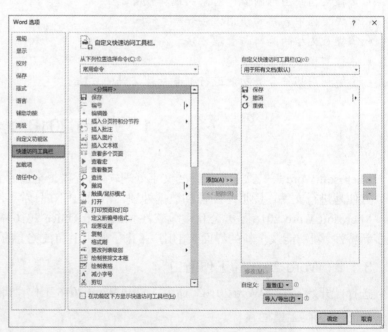

图 1.3.3　将命令添加到"快速访问工具栏"

（2）在功能区下方显示"快速访问工具栏"

默认状态下，"快速访问工具栏"显示在主界面最上方，与标题栏齐平。为便于使用，也可以把"快速访问工具栏"调整到功能区下方位置。

单击"快速访问工具栏"的下拉按钮，选择"在功能区下方显示"命令（见图 1.3.4），"快速访问工具栏"就会显示在功能区下方，如图 1.3.5 所示。

图 1.3.4 在功能区下方显示快速访问工具栏

图 1.3.5 显示效果

（3）添加功能区的工具到"快速访问工具栏"

如果想把"字体颜色"工具添加到"快速访问工具栏"，只要在"功能区"的"字体颜色"按钮上右击，在弹出的快捷菜单中选择"添加到快速访问工具栏"命令（见图 1.3.6）即可，最终结果显示为 图标 。

（4）删除"快速访问工具栏"中不需要的工具

在"快速访问工具栏"中右击刚添加的"字体颜色"按钮，在弹出的快捷菜单中选择"从快速访问工具栏删除"命令即可，如图 1.3.7 所示。

图 1.3.6 添加工具到"快速访问工具栏"

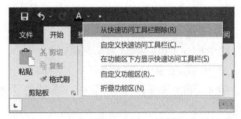

图 1.3.7 删除"快速访问工具栏"中的工具

2. 标题栏

标题栏位于"快速访问工具栏"的右侧，用于显示正在操作的文档的名称和程序的名称等信息。其右侧的 3 个窗口控制按钮为"最小化"按钮、"还原/最大化"按钮和"关闭"按钮，单击它们可执行相应的操作。

3. 选项卡与功能区

与传统版本相比，Word 2016 不仅取消了传统的菜单操作方式，而且功能区和选项卡也发生了很大变化。用户可以自定义功能区，从而使选项卡中的组合方式在操作时更加直观、方便。

4. 文档编辑区

文档编辑区是 Word 中最大、最重要的部分，所有关于文本编辑的操作都在该区域中完成，如图 1.3.8 所示。

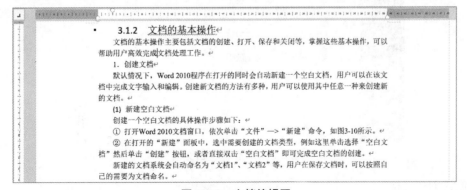

图 1.3.8 文档编辑区

5. 标尺

在文档编辑区的左侧和上侧，可以显示标尺，其作用是确定文档在屏幕及纸张上的位置。选中"视图"选项卡"显示"组中"标尺"复选框即可显示标尺。

6. 滚动条

根据窗口的大小，在文档编辑区的右侧和底部都可以有滚动条，当在编辑区内只能显示文档部分内容时，可以拖动滚动条来显示其他内容。

7. 状态栏和视图栏

状态栏位于工作窗口的最下方，主要用于显示与当前工作有关的信息。视图栏中可以选择文档的查看方式和设置文档的显示比例，如图 1.3.9 所示。拖动滑块，可以实现显示比例的放大或缩小。

第4页, 共93页 9/52122 个字 □ 中文(中国) ⚲辅助功能: 调查 □□ ≡ □ — ▬ + 100%

图 1.3.9 状态栏和视图栏

3.1.2 文档的基本操作

文档的基本操作主要包括文档的创建、打开、保存和关闭等，掌握这些基本操作，可以帮助用户高效完成文档处理工作。

1. 创建文档

默认情况下，Word 2016 程序在打开的同时会自动新建一个空白文档，用户可以在该文档中完成文字输入和编辑。创建新文档的方法有多种，用户可以使用其中任意一种来创建新的文档。

（1）创建空白文档

创建空白文档的具体操作步骤如下：

① 打开 Word 2016 文档窗口，选择"文件"→"新建"命令，如图 1.3.10 所示。

② 在打开的"新建"面板中，选中需要创建的文档类型，如单击"空白文档"选项，即可完成空白文档的创建。

新建的文档系统会自动命名为"文档1""文档2"等，用户在保存文档时，可以按照自己的需要为文档命名。

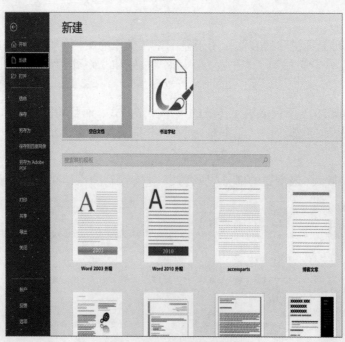

图 1.3.10 创建空白文档

（2）基于模板创建文档

在"新建"面板中，内置了多种文档模板，如"博客文章"模板、"书法字帖"模板等。另外，Office.

com 网站还提供了证书、奖状、名片、简历等特定功能模板。借助这些模板，用户可以创建比较专业的 Word 2016 文档。

另外，也可以在需要创建文档的位置右击，在弹出的快捷菜单中选择"新建"→"Microsoft Word 文档"，即可创建一个默认名为"新建 Microsoft Word 文档"的空白文档，打开该文档后即可在文档中进行文字编辑。

2. 打开文档

打开文档的方法很多，最简单的方法是双击要打开的 Word 文档图标。这里介绍另外两种常用的方法：

（1）使用"打开"命令打开文档

具体操作步骤如下：

① 选择"文件"→"打开"→"浏览"命令，打开"打开"对话框，如图 1.3.11 所示。

② 选择文档所在的位置，然后在文件列表中选择需要打开的文档。

③ 单击"打开"按钮即可打开文档。

注意：

在打开文档时，用户还可以根据需要选择不同的打开方式。单击"打开"按钮右侧的下拉按钮，弹出如图 1.3.12 所示的下拉列表，选择相应的命令打开文档。

图 1.3.11 "打开"对话框

图 1.3.12 选择打开方式

（2）打开最近使用的文档

在 Word 2016 中默认可显示 25 个最近打开或编辑过的 Word 文档，用户可以通过选择"文件"→"打开"→"最近"命令，在右侧的"文档"列表中单击准备打开的 Word 文档名称，如图 1.3.13 所示。

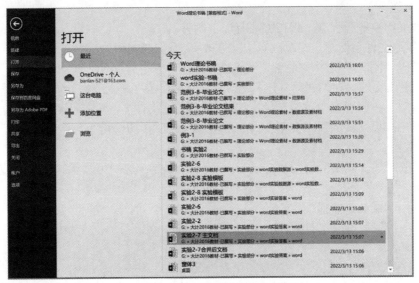

图 1.3.13 最近使用的文档

如果用户需要修改最近使用文档列表中的默认文档的数目，可选择"文件"→"选项"命令，打开"Word
选项"对话框，选择"高级"选项，如图 1.3.14 所示。在该对话框右侧的"显示"选项区的"显示此数目的'最
近使用的文档'"微调框中输入需要的个数，单击"确定"按钮即可。

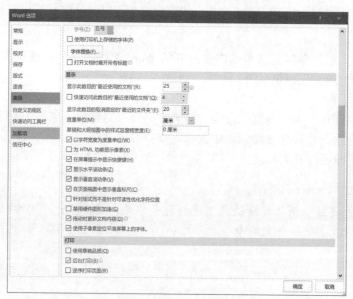

图 1.3.14　修改设置

3. 保存文档

创建文档后，应该将文档保存在磁盘上便于日后使用。在编辑文档的过程中，要及时保存文档，以防止
数据丢失。

Word 2016 为用户提供了多种保存文档的方法，而且具有自动保存功能，可以最大限度地防止因意外而
引起的数据丢失。

（1）保存新建文档

保存新建文档的具体操作步骤如下：

① 选择"文件"→"保存"→"浏览"命令，打开"另存为"对话框，如图 1.3.15 所示。

② 在该对话框中的保存位置下拉列表框中选择要保存文件的位置。

③ 在"文件名"下拉列表框中输入文件名。

④ 在"保存类型"下拉列表框中选择保存文件的格式。

（2）保存已有文档

对已有文档修改后需要进行保存。保存方法有以下两种：

① 在原有位置以原文件名保存。在对已有文档修改完成后，选择"文件"→"保存"命令，则修改后的
文档保存到原来的位置，同时原文档被覆盖，并且不再打开"另存为"对话框。

② "另存为"即更改文件保存位置或文件名等。选择"另存为"→"浏览"命令，打开"另存为"对话框，
在该对话框的保存位置下拉列表框中重新选择文件的位置；在"文件名"下拉列表框中输入文件的名称；在"保
存类型"下拉列表框中选择文件的保存类型；最后单击"保存"按钮即可。

（3）自动保存文档

Word 2016 可以按照某一固定时间间隔自动对文档进行保存，这样可大幅减少断电或死机时由于忘记保
存文档所造成的损失。

设置"自动保存"功能的具体操作步骤如下：

① 选择"文件"→"选项"命令，打开"Word 选项"对话框，在该对话框左侧选择"保存"选项，如图 1.3.16
所示。

② 在右侧的"保存文档"选项区的"将文件保存为此格式"下拉列表框中选择文件保存的类型。

③ 选中"保存自动恢复信息时间间隔"复选框，并在其后的微调框中输入保存文件的时间间隔。

④ 在"自动恢复文件位置"文本框中输入保存文件的位置，或者单击"浏览"按钮，在打开的"修改位置"

对话框中设置保存文件的位置。

设置完成后，单击"确定"按钮，即可完成文档自动保存的设置。

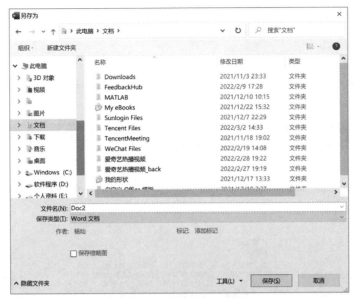

图 1.3.15　"另存为"对话框

🔔 注意：

Word 2016 中自动保存的时间间隔并不是越短越好。在默认状态下自动保存时间间隔为 10 min，一般 5 ～ 15 min 比较合适，这需要根据计算机的性能及运行程序的稳定性来定。如果时间太长，发生意外时就会造成重大损失；如果时间间隔太短，程序频繁地自动保存又会干扰正常的工作。

图 1.3.16　修改"自动保存"设置

4. 关闭文档

文档编辑、保存完毕后应将文档关闭，以减少内存的占用空间。常用的关闭文档的方法有以下几种：

① 单击标题栏右侧的"关闭"按钮。

② 右击标题栏，在弹出的快捷菜单中选择"关闭"命令。

③ 在工作界面中按【Alt+F4】组合键。

④ 选择"文件"→"关闭"命令。

3.1.3　Word 2016 的文档视图

在 Word 2016 中提供了多种视图模式供用户选择，这些视图模式包括页面视图、阅读视图、Web 版式视图、大纲视图和草稿视图 5 种视图模式。用户可以在"视图"功能区中选择需要的文档视图模式，也可以在 Word 2016 文档窗口的右下方单击视图按钮选择相应的视图。

1. 页面视图

页面视图可以显示 Word 2016 文档的打印结果外观，主要包括页眉、页脚、图形对象、分栏设置、页面边距等元素，是最接近打印结果的视图，如图 1.3.17 所示。

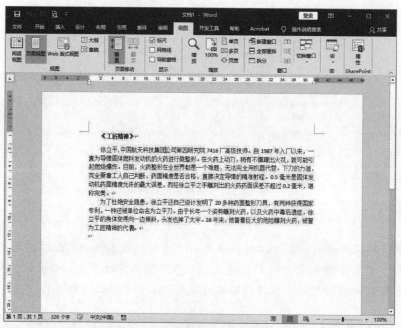

图 1.3.17　页面视图

2. 阅读版式视图

阅读版式视图以图书的分栏样式显示 Word 2016 文档，该视图模式下，选项卡、功能区等窗口元素都被隐藏起来。在阅读版式视图中，用户可以单击"工具"按钮选择各种阅读工具，如图 1.3.18 所示。

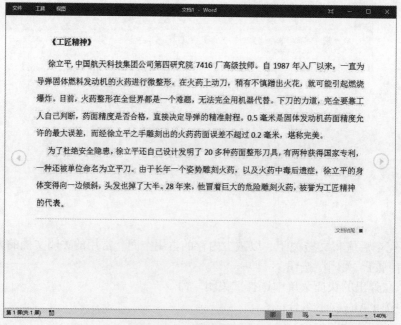

图 1.3.18　阅读版式视图

3. Web版式视图

Web 版式视图以网页的形式显示 Word 2016 文档，适用于发送电子邮件和创建网页，如图 1.3.19 所示。

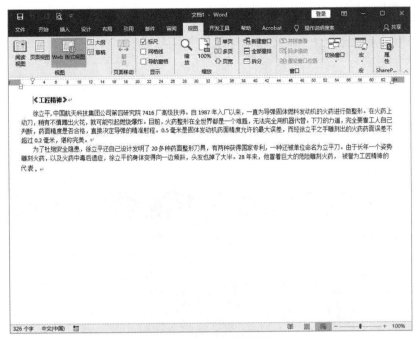

图 1.3.19　Web 版式视图

4. 大纲视图

大纲视图主要用于 Word 2016 文档标题层级结构的设置和显示，并可以方便地折叠和展开各层级的文档。大纲视图广泛用于 Word 2016 长文档的快速浏览和设置，如图 1.3.20 所示。

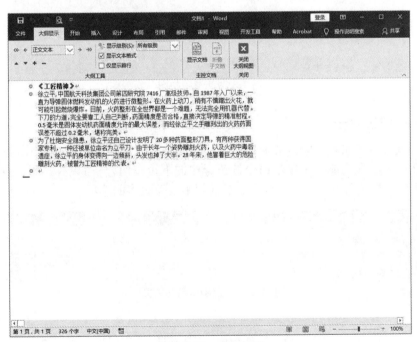

图 1.3.20　大纲视图

进入大纲视图后，在功能区中将出现"大纲"选项卡，参见图 1.3.20。

（1）折叠展开文档

大纲视图方法是按照文档中标题的层次来显示文档，用户可以折叠文档，只查看主标题，或者扩展文档，查看整个文档的内容，从而使得用户查看文档的结构变得十分容易。

当标题下方有次级标题或正文内容时，标题前面的号会变为号，双击各级标题前面的符号也可展开或折叠标题下的文字。

（2）拖动标题就能移动正文

在这种视图方法下，用户还可以通过拖动标题来移动、复制或重新组织正文，方便重新调整文档的结构。用户可以单击 按钮，在大纲视图中高低移动标题和文本从而调整它们的顺序。

（3）提升降低大纲级别

此外，用户还可以将正文或标题"提升"到更高的级别或"降低"到更低的级别。

在大纲视图模式下，利用"大纲"选项卡上的按钮，可控制大纲视图的显示。

5. 草稿视图

草稿视图取消了页面边距、分栏、页眉页脚和图片等元素，仅显示标题和正文，是最节省计算机系统硬件资源的视图方式，如图 1.3.21 所示。

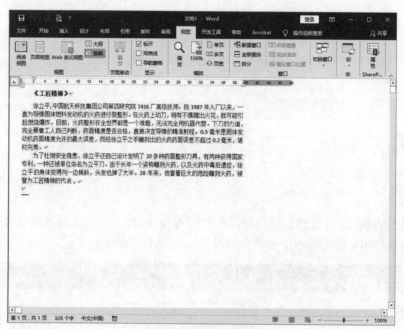

图 1.3.21 草稿视图

3.1.4 Word 2016 选项卡

选项卡与功能区具有对应关系，单击某个选项卡，即可显示相应的功能区，显示出常用的命令按钮或列表框等，如图 1.3.22 所示。在功能区中单击命令按钮旁边的下拉按钮，可以弹出下拉列表；单击某个选项组右下角的"对话框启动按钮" ，可以在打开的对话框中设置更多的选项。

图 1.3.22 选项卡与功能区

如前所述，位于 Word 2016 窗口左上角的"文件"选项卡中包含"新建""打开""关闭""保存""另存为"，"信息""打印""共享"等常用命令。在"信息"面板中，用户可以进行保护文档（包含设置 Word 文档密码）、检查文档、管理文档等操作。

此外，在"文件"面板中还包含一个比较重要的"选项"命令，前文所说的"快速访问工具栏"和"自动保存"的设置都是在这里完成的。在"Word 选项"对话框中可以对 Word 2016 中的许多功能或设置参数进行设置，如图 1.3.23 所示。

关于 Word 2016 的其他选项卡的使用将在后续章节中介绍。

图 1.3.23　"Word 选项"对话框

综合训练 3-1

综合训练 3-1　创建、编辑、设置文档

① 启动 Word 2016，创建空白文档。
② 设置文件自动保存时间间隔为 6 分钟，根据需要设置默认文件保存位置。

提示：选择"文件"→"选项"命令，打开"Word 选项"对话框，在该对话框左侧选择"保存"选项，如图 1.3.24 所示。在右侧的"保存文档"选项区中选中"保存自动恢复信息时间间隔"复选框，并在其后的微调框中输入保存文件的时间间隔 6 分钟。在"默认本地文件位置"文本框中输入保存文件的位置，或者单击"浏览"按钮，在打开的"修改位置"对话框中设置保存文件的位置，例如指定为 D 盘，单击"确定"按钮，即可完成文档自动保存的设置。

图 1.3.24　Word 选项——"保存"设置

③ 在文档编辑窗口中输入以下内容：

> **《工匠精神》**
>
> 　　徐立平，中国航天科技集团公司第四研究院 7416 厂高级技师。自 1987 年入厂以来，一直为导弹固体燃料发动机的火药进行微整形。在火药上动刀，稍有不慎蹭出火花，就可能引起燃烧爆炸。目前，火药整形在全世界都是一个难题，无法完全用机器代替。下刀的力道，完全要靠工人自己判断，药面精度是否合格，直接决定导弹的精准射程。0.5 毫米是固体发动机药面精度允许的最大误差，而经徐立平之手雕刻出的火药药面误差不超过 0.2 毫米，堪称完美。
>
> 　　为了杜绝安全隐患，徐立平还自己设计发明了 20 多种药面整形刀具，有两种获得国家专利，一种还被单位命名为立平刀。由于长年一个姿势雕刻火药，以及火药中毒后遗症，徐立平的身体变得向一边倾斜，头发也掉了大半。28 年来，他冒着巨大的危险雕刻火药，被誉为工匠精神的代表。

④ 单击"快速访问工具栏"中的保存按钮，选择适当的位置，例如"D:/"，将文件另存为"综合训练 3-1.docx"。将文件另存一份为"综合训练 3-1.doc"文档。

⑤ 切换不同的视图模式查看效果。

3.2　文档编辑与版面设计

Word 2016 的核心功能就是文字处理，具有丰富的文档编辑和版面设计功能。

3.2.1　文本的编辑

输入文本是编辑文档的基本操作，在 Word 2016 中，可以输入普通文本、插入符号和特殊符号以及插入日期和时间等。

在新创建的空白文档编辑区的左上角有一个不停闪烁的竖线——插入点。输入文本时，文本将显示在插入点处，插入点自动向右移动。

1. 定位插入点

用户在输入文本之前，首先要将插入点定位到所需的位置。定位插入点最常用的方法就是使用鼠标在需要的位置单击。此外，还有使用键盘定位和定位到特定位置两种方法。

（1）使用键盘定位插入点

插入点位置标志着新插入的文字或其他对象要出现的位置。利用键盘移动光标的最常用快捷键（含组合键）有 16 个，如表 1.3.1 所示。

表 1.3.1　定位插入点的快捷键列表

键　　名	相应功能（插入点所移到的位置）	键　　名	相应功能（插入点所移到的位置）
←	光标左移一个字符	Home	光标移至当前行的行首
→	光标右移一个字符	End	光标移至当前行的行尾
↑	光标上移一行	Page Up	向上滚过一屏
↓	光标下移一行	Page Down	向下滚过一屏
Ctrl+ ←	光标左移一个汉字或英文单词	Ctrl+Home	光标移至整个文档开始处
Ctrl+ →	光标右移一个汉字或英文单词	Ctrl+End	光标移至整个文档结尾
Ctrl+ ↑	光标移至当前段的开始处	Ctrl+Page Up	光标移至上一页首
Ctrl+ ↓	光标移至下一段的开始处	Ctrl+Page Down	光标移至下一页尾

（2）定位操作

定位操作是移动到指定位置的方法。平常最常用的定位操作是使用鼠标左键拖动滚动条，使目标显示在窗口中。而编辑长文档时，窗口所能显示的内容对于整个文档来说是非常短的，这就需要利用 Office 所提供的定位操作。

定位操作的步骤如下:

① 选择"开始"选项卡,在"编辑"组中单击"查找"下拉按钮,从列表中选择"转到"命令,打开"查找和替换"对话框,如图 1.3.25 所示。

② 在"定位目标"列表框中选择目标对象,例如"页",在"输入页号"后,单击"定位"按钮完成操作。如果是带有"+"或"–"号的数字,则表示的是偏移量。例如,当前所在页为 55 页,输入"–5",就定位到 50 页。

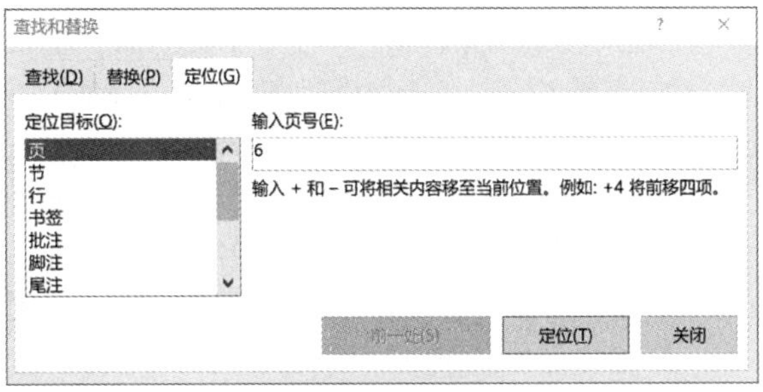

图 1.3.25　定位操作

2. 输入普通文本

在 Word 中输入的普通文本包括英文文本和中文文本两种。

(1) 输入英文文本

默认的输入状态一般是英义输入状态,允许输入英文字符。可在键盘上直接输入英文的大小写文本。输入英文文本的技巧如下:

① 按【Caps Lock】键可在大小写状态之间进行切换。

② 按住【Shift】键,再按包含要输入字符的双字符键,即可输入双排字符键中的上排字符,否则输入的是双排字符键中下排的字符。

③ 按住【Shift】键,再按需要输入英文字母键,即可输入相对应的大写字母,如果当前处于大写锁定状态,则输入相对应的小写字母。

(2) 输入中文文本

在文档中输入中文时,首先要将输入法切换到中文状态。具体操作步骤如下:

① 单击 Windows 任务栏上的输入法指示器图标。

② 选择"中文(中国)"选项,切换到中文输入法状态。

③ 单击"搜狗输入法"图标。

> 🔔 **注意:**
>
> 可以随时使用输入法菜单或按【Ctrl+Space】组合键在中英文状态间进行切换;按【Ctrl+Shift】组合键可在当前操作系统所安装的各种输入法之间切换。用户还可以在输入法指示器图标上右击,在弹出的快捷菜单中选择"设置"命令,打开"文字服务和输入语言"对话框,如图 1.3.26 所示。在该对话框中可添加其他的输入语言、中文输入法、设置快捷键等。

图 1.3.26　输入法设置

3．输入符号和特殊字符

在输入文本的过程中，有时需要插入一些键盘上没有的特殊符号。具体操作步骤如下：

① 选择"插入"选项卡，在"符号"组中单击"符号"按钮，在弹出的下拉列表中选择"其他符号"命令，打开"符号"对话框，如图 1.3.27 所示。

② 在该对话框的"字体"下拉列表中选择所需的字体，在"子集"下拉列表中选择所需的选项。

③ 在列表框中选择需要的符号，单击"插入"按钮，即可在插入点处插入该符号。此时对话框中的"取消"按钮变为"关闭"按钮，单击"关闭"按钮关闭对话框。

④ 在"符号"对话框中打开"特殊字符"选项卡，如图 1.3.28 所示。选中需要插入的特殊字符，单击"插入"按钮，再单击"关闭"按钮，即可完成特殊字符的插入。

图 1.3.27 "符号"对话框

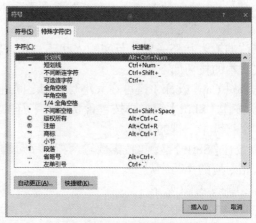

图 1.3.28 插入特殊字符

4．日期和时间的插入

用户可以直接在文档中插入日期和时间，也可以使用 Word 提供的插入日期和时间功能。具体操作步骤如下：

① 将插入点定位在要插入日期和时间的位置。

② 选择"插入"选项卡，在"文本"组中单击"日期和时间"按钮，打开"日期和时间"对话框，如图 1.3.29 所示。

③ 用户可根据需要在"语言（国家／地区）"下拉列表中选择一种语言；在"可用格式"下拉列表中选择一种日期和时间格式。如果选中"自动更新"复选框，则以域的形式插入当前的日期和时间。该日期和时间是一个可变的数值，可根据打印的日期和时间的改变而改变。取消选中"自动更新"复选框，则可将插入的日期和时间作为文本永久地保留在文档中。

④ 单击"确定"按钮完成设置。

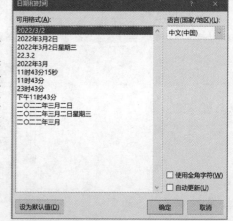

图 1.3.29 "日期和时间"对话框

5．选取文本

在对文本进行编辑设置之前，首先必须选取文本。在一般情况下，Word 2016 的显示是白底黑字，而被选定的文本则高亮显示，即有灰色背景，这很容易和未被选定的文本区分开。

在 Word 的工作窗口中，可以输入内容的部分称为文本编辑区，而文档左侧空白页边距部分则称为文本选定区，如图 1.3.30 所示。

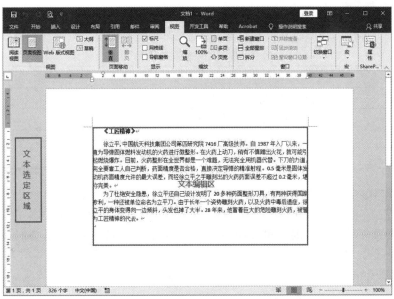

图 1.3.30　文本选定区和文本编辑区

（1）在文本编辑区选定文本

在文本编辑区操作，如表 1.3.2 所示。

表 1.3.2　文本编辑区选择文本

要选定的对象	操 作 方 法
任意文本	拖动鼠标选择
插入点定位	鼠标单击
选择一个词	鼠标双击
选择一个段落	鼠标三击

（2）在文本选定区选择文本

在文本编辑区操作，如表 1.3.3 所示。

表 1.3.3　文本选定区选择文本

要选定的对象	操 作 方 法
选择一行文本	鼠标单击
选择一个段落	鼠标双击
选择整篇文档	鼠标三击

（3）利用组合键选择文本

利用组合键的方式选择文本的方法如表 1.3.4 所示。

表 1.3.4　组合键选择文本

要选定的对象	操 作 方 法
行尾	Shift + End
行首	Shift + Home
下一行	Shift + 下箭头
上一行	Shift + 上箭头
段尾	Ctrl + Shift + 下箭头
段首	Ctrl + Shift + 上箭头
文档结尾	Ctrl + Shift + End
文档开始	Ctrl + Shift + Home
包含整篇文档	Ctrl + A

（4）其他选择文本方式

除了上文提到的集中选择文本的方式，还有如表 1.3.5 所示的其他方式。

表 1.3.5　其他选择文本方式

要选定的对象	操 作 方 法
连续文本	鼠标选择的基础上，配合【Shift】键
非连续文本	鼠标选择的基础上，配合【Ctrl】键
较长文本	在所选内容的开始处单击，然后按住【Shift】键，并在所选内容结尾处单击
矩形文本块	按住【Alt】键，然后拖动鼠标到需要的位置

6. 复制、移动和删除文本

（1）复制文本

在文档中经常需要重复输入文本时，可以使用复制文本的方法进行操作以节省时间，加快输入和编辑的速度，主要有以下 4 种操作方式：

方法一：选取需要复制的文本，在"开始"选项卡的"剪贴板"组中，单击"复制"按钮，在目标位置处，单击"粘贴"按钮。

方法二：选取需要复制的文本，按【Ctrl+C】组合键，把插入点移到目标位置，再按【Ctrl+V】组合键。

方法三：选取需要复制的文本，按下鼠标右键拖动到目标位置，松开鼠标会弹出一个快捷菜单，从中选择"复制到此位置"命令。

方法四：选取需要复制的文本，右击，在弹出的快捷菜单中选择"复制"命令，把插入点移到目标位置，右击，在弹出的快捷菜单中选择"粘贴"命令。

（2）移动文本

移动文本的操作与复制文本类似，唯一的区别在于，移动文本后，原位置的文本消失，而复制文本后，原位置的文本仍在。

方法一：选择需要移动的文本，按【Ctrl+X】组合键，把插入点移到目标位置处，按【Ctrl+V】组合键实现移动操作。

方法二：选择需要移动的文本后，按下鼠标左键不放（注意：此时鼠标光标形状有所变化），并出现一条虚线，移动鼠标光标，当虚线移动到目标位置时，释放鼠标即可将选取的文本移动到该处。

方法三：选择需要移动的文本，在"开始"选项卡的"剪贴板"组中，单击"剪切"按钮，在目标位置处，单击"粘贴"按钮。

方法四：选取需要移动的文本，按下鼠标右键拖动到目标位置，松开鼠标会弹出一个快捷菜单，从中选择"移动到此位置"命令。

方法五：选取需要移动的文本，右击，在弹出的快捷菜单中选择"剪切"命令，把插入点移到目标位置，右击，在弹出的快捷菜单中选择"粘贴"命令。

（3）删除文本

在文档编辑过程中，需要对多余或错误的文本进行删除操作。对文本进行删除，可使用以下方法。

方法一：按【Backspace】键删除光标左侧的文本。

方法二：按【Delete】键删除光标右侧的文本或被选中的文本。

方法三：选择需要删除的文本，在"开始"选项卡的"剪贴板"组中，单击"剪切"按钮。

7. 查找与替换文本

在编辑文档的过程中，有时需要查找某些文本，并对其进行替换操作。Word 2016 提供的查找与替换功能，不仅可以迅速地进行查找并将找到的文本替换为其他文本，还能够查找指定的格式和其他特殊字符等，大大提高了工作效率。

（1）查找文本

① 简单查找。借助 Word 2016 提供的"查找"功能，用户可以在文档中快速查找特定的字符，操作步骤：打开 Word 2016 文档窗口，将插入点定位到文档的开始位置，然后选择"开始"选项卡，单击"编辑"组中的"查找"按钮。在打开的"导航"窗格编辑框中输入需要查找的内容，单击搜索按钮即可，如图 1.3.31 所示。查

找到的目标内容将以高淡灰色底色标识。

图 1.3.31　在"导航"窗格中查找内容

图 1.3.32　选择"高级查找"命令

用户还可以在"导航"窗格中单击搜索按钮右侧的下拉按钮，在下拉列表中选择"高级查找"命令（见图 1.3.32），打开"查找和替换"对话框，在"查找"选项卡的"查找内容"文本框中输入要查找的字符，单击"查找下一处"按钮，如图 1.3.33 所示。

若在打开的"查找和替换"对话框中，单击"阅读突出显示"按钮，并选择"全部突出显示"命令，可以看到所有查找到的内容都被标识以黄色底色，并且在关闭"查找和替换"对话框或对 Word 2016 文档进行编辑时，该标识不会取消。如果需要取消这些标识，可以选择"阅读突出显示"下拉列表中的"清除突出显示"命令。

② 设置自定义查找选项。在"查找和替换"对话框中提供了多个选项供用户自定义查找内容，操作步骤如下：

- 选择"开始"选项卡，单击"编辑"组中的"查找"下拉按钮，在下拉列表中选择"高级查找"命令。
- 在打开的"查找和替换"对话框中单击"更多"按钮打开"查找和替换"对话框的扩展面板，可以看到更多查找选项，如图 1.3.34 所示。

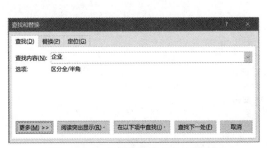

图 1.3.33　"查找和替换"对话框

图 1.3.34　显示更多查找选项

- 在"搜索选项"选区中"搜索"下拉列表中可设置查找的范围。如果希望在查找过程中区分字母的大小写，可选中"区分大小写"复选框。
- 单击"格式"按钮或"特殊格式"按钮，可以根据需要设置格式。

（2）替换文本

替换是指先查找所需要替换的内容，再按照指定的要求进行替换。替换文本的具体操作步骤如下：

①选择"开始"选项卡,单击"编辑"组中的"替换"按钮,打开"查找和替换"对话框,默认打开"替换"选项卡。

②在"查找内容"下拉列表中输入要查找的内容;在"替换为"下拉列表中输入要替换的内容。

③单击"替换"按钮,即可将文档中的内容进行替换。如果要一次性替换文档中的全部被替换对象,可单击"全部替换"按钮,系统将自动替换全部内容。

④单击"替换"选项卡中的"更多"按钮,打开扩展面板,单击"格式"按钮可对替换文本的字体、段落格式等进行设置。

8. 设置项目符号与编号

为了便于阅读,使文章更有层次感,可以通过 Word 的自动编号功能,在选中的段落前添加项目符号或编号。

（1）在文档中输入编号

编号一般使用阿拉伯数字、中文数字或英文字母,以段落为单位进行标识。在"开始"选项卡中,单击"段落"组中的"编号"下拉按钮,在弹出的下拉列表中选择合适的编号类型即可,如图 1.3.35 所示。在当前编号所在行输入内容,当按下【Enter】键时会自动产生下一个编号。如果连续按两次【Enter】键将取消编号输入状态,恢复到 Word 常规输入状态。

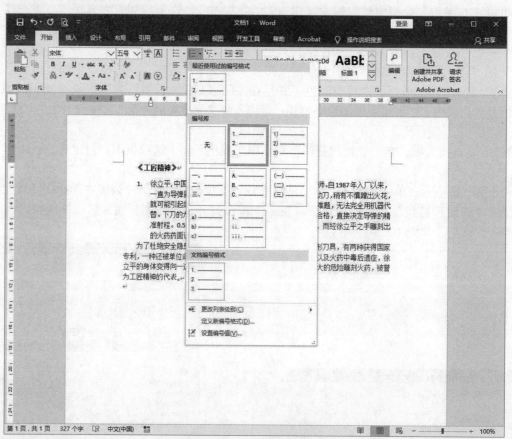

图 1.3.35　选择编号类型

（2）在编号列表中重新开始编号

在 Word 2016 文档已经创建的编号列表中,用户可以从编号中间任意位置重新开始编号。具体操作步骤如下:

①将插入点光标移动到需要重新编号的段落,如图 1.3.36 所示的文档第四行。

②选择"开始"选项卡,单击"段落"组中的"编号"下拉按钮,在下拉列表中,选择"设置编号值"命令打开"起始编号"对话框,选中"开始新列表"单选按钮,并调整"值设置为"编辑框的数值（例如起始数值设置为1）,单击"确定"按钮,如图 1.3.37 所示。

③返回 Word 2016 文档窗口,可以看到编号列表已经进行了重新编号,如图 1.3.38 所示。

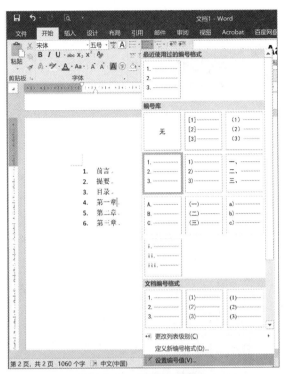

图 1.3.36　重新开始编号

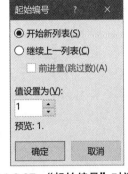

图 1.3.37　"起始编号"对话框

图 1.3.38　重新编号结果

（3）定义新编号格式

在 Word 2016 的编号格式库中内置有多种编号，用户还可以根据实际需要定义新的编号格式。具体操作步骤如下：

① 选择"开始"选项卡，单击"段落"组中的"编号"下拉按钮，在弹出的下拉列表中，选择"定义新编号格式"命令。

② 在打开的"定义新编号格式"对话框中单击"编号样式"下拉按钮，在下拉列表中选择一种编号样式。在"编号格式"文本框中保持灰色阴影编号代码不变，根据实际需要在代码前面或后面输入必要的字符。例如，在前面输入"第"，在后面输入"项"，并把句点去掉。然后，在"对齐方式"下拉列表中选择合适的对齐方式，单击"确定"按钮，如图 1.3.39 所示。

③ 单击对话框中的"字体"按钮打开"字体"对话框，根据实际需要设置编号的字体、字号、字体颜色、下画线等项目，单击"确定"按钮，如图 1.3.40 所示。

图 1.3.39　"定义新编号格式"对话框

图 1.3.40　"字体"对话框

61

④ 返回 Word 2016 文档窗口，选择"开始"选项卡，单击"段落"组中的"编号"下拉按钮，在弹出的下拉列表中，可以看到定义的新编号格式，如图 1.3.41 所示。

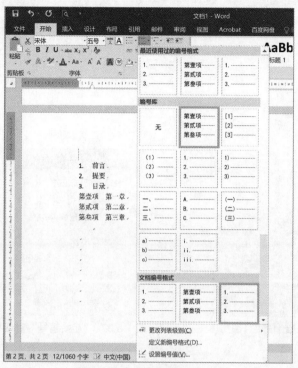

图 1.3.41　设置新编号格式

（4）输入项目符号

项目符号主要用于区分 Word 文档中不同类别的文本内容，使用圆点、星号等符号表示项目符号，并以段落为单位进行标识。

选择"开始"选项卡，单击"段落"组中的"项目符号"下拉按钮，在弹出的下拉列表中选中合适的项目符号即可，如图 1.3.42 所示。在当前项目符号所在行输入内容，当按下【Enter】键时会自动产生另一个项目符号。如果连续按两次【Enter】键将取消项目符号输入状态，恢复到 Word 常规输入状态。

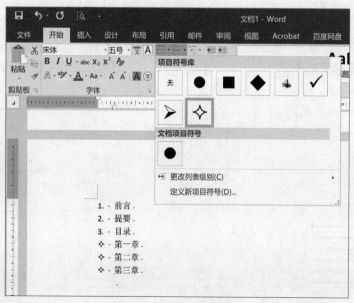

图 1.3.42　插入项目符号

（5）定义新项目符号

用户可以在 Word 2016 中选择合适的项目符号，也可以根据实际需要定义新项目符号，使其更具有个性化特征（例如将公司的 Logo 作为项目符号）。定义新项目符号的步骤如下：

① 选择"开始"选项卡，单击"段落"组中的"编号"下拉按钮，在弹出的下拉列表中选择"定义新项目符号"命令，打开"定义新项目符号"对话框，如图 1.3.43 所示。

② 在"定义新项目符号"对话框中可以单击"符号"按钮或"图片"按钮选择项目符号的属性。若单击"符号"按钮，将打开"符号"对话框，如图 1.3.44 所示。

图 1.3.43　"定义新项目符号"对话框

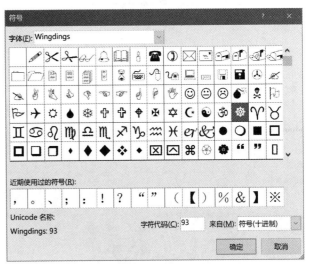

图 1.3.44　"符号"对话框

③ 在"定义新项目符号"对话框中，单击"字体"按钮，打开"字体"对话框，设置特殊字体效果后单击"确定"按钮。

④ 在"定义新项目符号"对话框中，可以根据需要设置对齐方式，最后单击"确定"按钮即可。

3.2.2　文本格式设置

1. 利用"字体"组设置文本格式

在功能区"开始"选项卡的"字体"组中显示了常用的文本格式设置命令或选项按钮。有关按钮的名称和作用如表 1.3.6 所示。

表 1.3.6　功能区字体组按钮的名称和作用

按　钮	名　称	作　用
宋体 (中文正文)	字体	更改字体
五号	字号	更改文本大小
A	增大字号	使文本变大
A	减小字号	使文本变小
	清除格式	清除所选文本的所有格式，只保留纯文本
	拼音指南	显示拼音字符以明确发音
A	字符边框	在一组字符或句子周围应用边框
B	加粗	将所选文本加粗
I	倾斜	将所选文本倾斜
U	下画线	为所选文本加下画线
abc	删除线	在所选文本中间画一条线
x₂	下标	在文本基线下方创建小字符
x²	上标	在文本行上方创建小字符
Aa	更改大小写	将全部所选文本都更改为大写、小写或其他常用的大小写形式
	以不同颜色突出显示文本	使文本看上去像是用荧光笔作了标记一样
A	字体颜色	更改文本颜色
A	字符底纹	为整个行添加底纹背景，即字符底纹
	带圈字符	在字符周围放置圆圈或边框加以强调

2. 利用"字体"对话框设置文本格式

当选中某些文本之后，还可以通过单击"字体"选项组右下方的对话框启动器按钮，打开"字体"对话框，对所选文本进行详细设置，如图 1.3.45 所示。

如果用户对字符间距有特殊要求，可以单击"字体"对话框的"高级"选项卡进行设置，如图 1.3.46 所示。

图 1.3.45 "字体"对话框

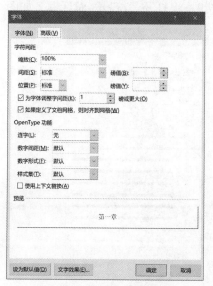

图 1.3.46 "高级"选项卡

3. 首字下沉

首字下沉，即某段落的第一个字下沉，并且比该段落的其他文字都大，以引起人们注意。有两种下沉的方式：下沉式和悬挂式。另外，还可以对首字的字体、下沉行数和距正文距离进行设置。

把插入点定位到需要设置首字下沉的段落中，在"插入"选项卡的"文本"组中单击"首字下沉"按钮，打开一个下拉列表（见图 1.3.47），直接选择首字下沉或悬挂方式。若需要对下沉或悬挂做精确设置，可以选择"首字下沉选项"命令，打开"首字下沉"对话框，如图 1.3.48 所示。此处"位置"选择"下沉"，"下沉行数"为"3"，单击"确定"按钮后，效果如图 1.3.49 所示。

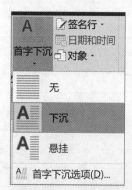

图 1.3.47 首字下沉

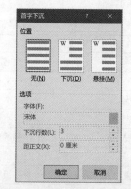

图 1.3.48 "首字下沉"对话框

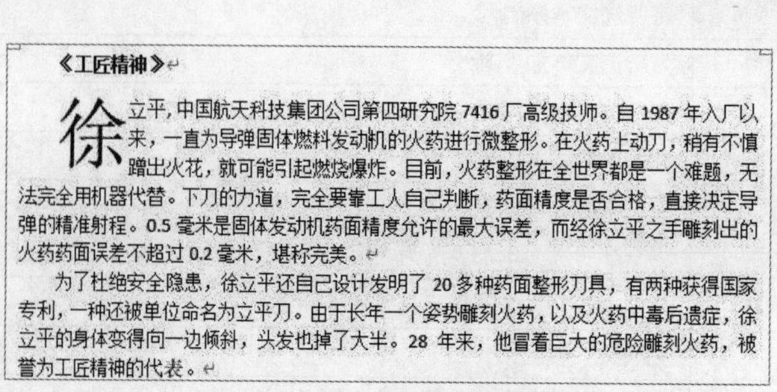

《工匠精神》

徐立平，中国航天科技集团公司第四研究院 7416 厂高级技师。自 1987 年入厂以来，一直为导弹固体燃料发动机的火药进行微整形。在火药上动刀，稍有不慎蹭出火花，就可能引起燃烧爆炸。目前，火药整形在全世界都是一个难题，无法完全用机器人代替。下刀的力道，完全要靠工人自己判断，药面精度是否合格，直接决定导弹的精准射程。0.5 毫米是固体发动机药面精度允许的最大误差，而经徐立平之手雕刻出的火药药面误差不超过 0.2 毫米，堪称完美。

为了杜绝安全隐患，徐立平还自己设计发明了 20 多种药面整形刀具，有两种获得国家专利，一种还被单位命名为立平刀。由于长年一个姿势雕刻火药，以及火药中毒后遗症，徐立平的身体变得向一边倾斜，头发也掉了大半。28 年来，他冒着巨大的危险雕刻火药，被誉为工匠精神的代表。

图 1.3.49 首字下沉效果

【例3-1】文档基本编辑操作练习。

（1）文档编辑与保存

① 在 Word 2016 中创建新文件，输入下列文字，保存文档为"例 3-1.docx"，并关闭文档。

　　计算机不但具有高速运算能力、逻辑分析和判断能力、海量的存储能力，同时还有快速、准确、通用的特性，使其能够部分代替人类的脑力劳动，并大幅提高工作效率。目前，计算机的应用可以说已经进入了人类社会的各个领域。

　　数值计算也称科学计算，主要涉及复杂的数学问题。在这类计算中，计算的系数、常数和条件比较多，具有计算量大、计算过程繁杂和计算精度要求高等特点。数值计算在现代科学研究中，尤其在尖端科学领域里极其重要。

　　数据处理也称事务处理，泛指非科技工程方面的所有任何形式的数据资料的计算、管理和处理。它与数值计算不同，不涉及大量复杂的数学问题，但要求处理的数据量极大，时间性很强。目前，计算机数据处理应用已非常普遍。

---

② 打开"例 3-1.docx"，将插入点定位到文档开始位置，为文档输入标题文字"计算机的应用领域"，按【Enter】键使标题文字单独成行。

③ 选中正文第 2 段并执行复制操作或使用【Ctrl+C】组合键，然后将插入点定位到文档末尾并按【Enter】键形成新段落，执行两次粘贴操作或按【Ctrl+V】组合键两次。

④ 将插入点定位在正文末尾按【Enter】键新建一个段落，单击"插入"选项卡"文本"组中的"日期和时间"按钮，打开"日期和时间"对话框，选中对话框右下角的"自动更新"复选框后单击"确定"按钮即可插入系统日期。

（2）格式排版

① 选中标题文字"计算机的应用领域"，单击"开始"选择卡"字体"组右下角的对话框启动器按钮，打开"字体"对话框，在"字体"选项卡中将"字体颜色"设置为"红色"，加着重号；在"高级"选项卡中将"字符间距"设置为"加宽 6 磅"，"位置"设置为"上升 6 磅"。

② 选中正文第 1 段，在"开始"选项卡的"字体"选项组中设置"宋体、小四号"；选中文字"海量的存储"，单击"开始"选项卡"段落"组中的"边框"下拉按钮，选择"边框和底纹"命令打开"边框和底纹"对话框，在"边框"选项卡从左至右依次设置"方框"，宽度"1.5 磅"，应用于"文字"，单击"确定"按钮完成设置。

③ 单击"开始"选项卡"编辑"组中的"替换"按钮，打开"查找和替换"对话框，在"查找内容"文本框中输入"计算机"，在"替换为"文本框中输入"微型计算机"，单击"全部替换"按钮将文档中"计算机"全部替换为"微型计算机"。

④ 单击"快速访问工具栏"中的"保存"按钮保存文档。

3.2.3　对象插入

除文本内容外，Word 2016 还可以编辑图形、图像等各种对象，满足用户各种图文混排的要求。

1. 插入与设置形状

Word 2016 中有一套可用的形状，包括直线、箭头、流程图、星与旗帜、标注等。在文档中添加一个形状或合并多个形状可生成一个绘图或一个更为复杂的形状。

（1）绘制形状

在 Word 2016 中可以很方便地绘制形状，以制作各种图形及标志。在"插入"选项卡的"插图"组中，单击"形状"下拉按钮，在下拉列表中单击相应的图形按钮，在文档中拖动鼠标就可以绘制对应的形状。为了方便管理绘制的多个形状，绘制形状前应先"新建画布"。

（2）编辑形状

形状绘制完成后，需要对其进行编辑。选中形状，就会出现"绘图工具"功能区，选择"格式"选项卡，就可以对形状进行编辑，如图 1.3.50 所示。

图 1.3.50 "绘图工具"功能区

2. 插入与设置图片

在 Word 2016 中不仅可以插入系统提供的图片，还可以从其他程序和位置导入图片，或者从扫描仪或数码照相机中直接获取图片。

（1）插入来自文件的图片

在 Word 2016 中，可以先从磁盘的某个位置中选择要插入的图片文件，然后插入到 Word 中，这些图片文件可以是 Windows 的标准 BMP 位图，也可以是其他应用程序所创建的图片，例如，CorelDRAW 的 CDR 格式矢量图片、JPEG 压缩格式的图片、TIFF 格式的图片等。

具体操作为：选择"插入"选项卡，在"插图"组中单击"图片"按钮，选择"此设备"命令，打开"插入图片"对话框，选择要插入的图片文件，单击"插入"按钮即可将图片插入到文档中。

（2）编辑图片

选中要编辑的图片，即会出现"图片工具 - 格式"选项卡，就可以对图片进行各种编辑，如缩放、移动、复制、设置样式和排列方式，并且可以调整色调、亮度和对比度等，如图 1.3.51 所示。

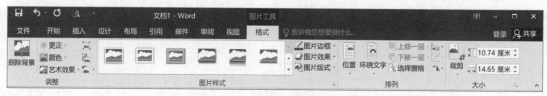

图 1.3.51 "图片工具"功能区

3. 插入屏幕截图

Word 2016 提供了屏幕截图功能，用户编写文档时，可以直接截取其他窗口或屏幕上某个区域的图像，这些图像将能自动插入到当前插入点所在位置。

（1）截取全屏图像

截取全屏图像时，选择要截取的程序窗口后，程序会自动执行截取整个屏幕的操作。具体操作步骤如下：

① 将插入点定位在要插入图像的位置，选择"插入"选项卡，在"插图"组中单击"屏幕截图"按钮。

② 弹出"屏幕截图"下拉列表后，单击要截取的屏幕窗口。经过以上操作后，就可以将所选的程序界面截取到当前文档中，如图 1.3.52 所示。

图 1.3.52 截取全屏图像

（2）自定义截取图像

自定义截图可以对图像截取的范围、比例进行自定义设置，自定义截取的图像内容同样会自动插入到当前文档中。具体操作步骤如下：

①将插入点定位在要插入图像的位置，选择"插入"选项卡，在"插图"组中单击"屏幕截图"按钮。

②在弹出的"屏幕截图"下拉列表中选择"屏幕剪辑"命令，此时当前文档的编辑窗口将最小化，屏幕中的画面呈半透明的白色效果，指针为十字形状，拖动鼠标，经过要截取的界面区域，最后释放鼠标，所截取的图像自动插入到当前文档插入点所在位置。

4. 插入与设置SmartArt图形

Word 2016 提供了 SmartArt 图形的功能，用来说明各种概念性的内容，可使文档更加形象生动。SmartArt 图形包括列表、流程、循环、层次结构、关系、矩阵和棱锥图等。

（1）选择图形

选择"插入"选项卡，在"插图"选项组中单击 SmartArt 按钮，打开"选择 SmartArt 图形"对话框，根据需要选择合适的类型即可，如图 1.3.53 所示。

当选择"基本列表"后，会在文档中出现如图 1.3.54 所示的图形。

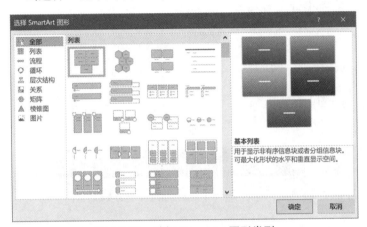

图 1.3.53　选择 SmartArt 图形类型

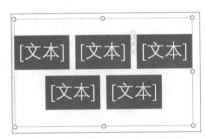

图 1.3.54　插入 SmartArt 图形

（2）输入文字

直接在 SmartArt 图形中单击"[文本]"字样，然后输入文字。

（3）增加或删除项目

默认插入的 SmartArt 图形项目个数有限，如果需要减少，则选择多余的形状后按【Delete】键删除即可；如果需要更多，把光标插入点定位在需要添加形状的位置处，然后单击"SmartArt 工具"功能区中的"设计"选项卡，在"创建图形"组中单击"添加形状"按钮，在下拉列表中选择"在后面添加形状"命令，即可添加一个项目，用同样的方法可以添加其他项目。

5. 插入与设置艺术字

在 Word 2016 中可以按预定义的形状来创建艺术字。选择"插入"选项卡，在"文本"选项组中单击"艺术字"按钮，打开艺术字库样式列表框，在其中选择一种艺术字样式，就可以在文档中创建艺术字，如图 1.3.55 所示。

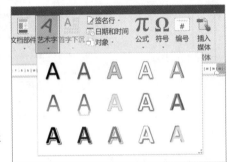

图 1.3.55　Word 2016 艺术字样式

创建好艺术字后，可以对艺术字的样式进行编辑修改。选中艺术字对象就会出现"绘图工具 - 格式"选项卡，可以对艺术字进行各种设置，如图 1.3.56 所示。

图 1.3.56　艺术字格式设置

6. 插入并编辑公式

插入公式的操作步骤如下：

① 选择"插入"选项卡，在"符号"组中单击"公式"按钮。

② 在下拉列表中查看内置公式列表，如果有合适的公式，单击该公式即可。

③ 如果内置公式中没有用户需要的公式，需要选中"插入新公式"命令，如图 1.3.57 所示。

此时，文档中会插入一个小窗口，用户在其中即可输入公式。此外，还可以通过"公式工具 - 设计"选项卡输入公式，如图 1.3.58 所示。

任何公式都是由公式结构和字符组成的。公式结构需要由功能区"结构"组中插入，字符则分为特殊字符和普通字符，在功能区内专门为特殊字符安排了"符号"组，而普通字符则需要由键盘输入。

根据公式的不同，公式结构也有多种，如分数的结构、矩阵的结构等。在使用数学公式模板创建数学公式之前，先认识数学公式模板中的占位符。公式模板主要是采用占位符的方法来进行公式分布。占位符有两种作用：一是在其中输入文字；二是在其中继续插入公式结构。若输入内容，只需把光标插入点定位于占位符中，即可输入字符或嵌套插入公式结构。

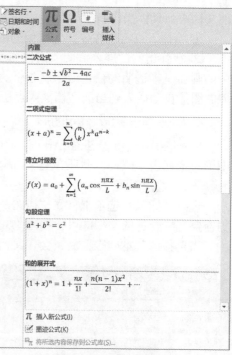

图 1.3.57　插入新公式

图 1.3.58　"设计"选项卡

输入公式的方法很简单，例如要输入一个分数，操作步骤如下：

① 选择"公式工具 - 设计"选项卡，单击"结构"组的"分数"按钮。

② 弹出的下拉列表分为两部分，上面是"分数"，包括分数的各种格式，下面则是"常用分数"，如图 1.3.59 所示。

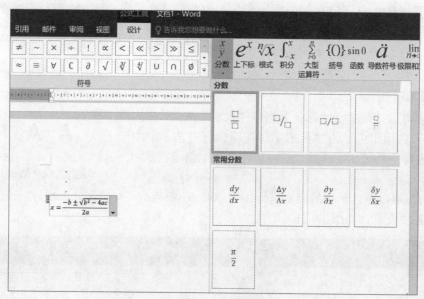

图 1.3.59　插入分数

③ 选择一种分数样式，即可插入分数至公式中。

④ 如果要往占位符中输入其他公式，可以用鼠标选定该占位符，也可通过键盘上的左右光标键进入正确的占位符，然后再次从"公式工具 - 设计"选项卡中选择插入其他结构。

7. 插入并编辑文本框

如果不想在文本编辑区按行编辑文本信息，而是希望在文档特定位置添加文本信息，则可以使用文本框。Word 2016 允许用户自己绘制文本框的同时，还为用户准备了 44 种已经设置好的文本框样式，同时还允许把自己制作好的文本框样式保存到样式库中，简化用户的操作。插入文本框的操作步骤如下：

① 单击"插入"选项卡，在"文本"组中单击"文本框"按钮，打开下拉列表，在文本框样式中选择合适的样式，单击，即可在文档中插入 Word 为用户准备好的文本框样式。

② 如果没有合适的样式，可以选择"绘制横排文本框"或"绘制竖排文本框"命令，鼠标变成十字标志，此时在文档中对应位置按下鼠标左键并拖动鼠标，即可绘制文本框，绘制完文本框即可向其中添加文本内容。如果选择的是"绘制竖排文本框"，则此时的文本框中的文字将为竖排版样式。

8. 插入对象

除图像图形外，Word 2016 还支持其他对象的插入。单击"插入"选项卡"文本"组中的"对象"按钮，打开"对象"对话框，如图 1.3.60 所示，从对话框的"新建"选项卡的"对象类型"列表框中选择需要插入的对象类型后单击"确定"按钮，即可打开对应的应用程序进行对象的编辑，编辑完成后要插入的对象即会出现在插入点所在位置。如果要插入的对象已经存在，则可以从"对象"对话框的"由文件创建"选项卡中通过"浏览"按钮选取需要的文件对象，如图 1.3.61 所示。

当需要插入其他文档文件中的文字时，可以单击"插入"选项卡"文本"组中的"对象"下拉按钮并选择"文件中的文字"命令，在打开的"插入文件"对话框中找到对应的文件，即可插入文件中的内容。

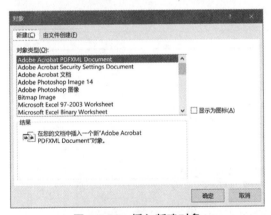

图 1.3.60　插入新建对象

图 1.3.61　插入文件

3.2.4　段落格式设置

段落的排版是指整个段落的外观，包括段缩进、对齐、行间距和段间距等。Word 中"段落"是文本、图形、对象或其他项目等的集合，后面跟有一个段落标记，即一个回车符。

段落标记不仅表示一个段落的结束，还存储了该段落的格式信息。删除一个段落标记符后，该段文本将采用下一段文本的格式。一个段落的格式通常可以在"开始"选项卡的"段落"组中进行设置，或者单击"段落"组右下角的对话框启动器，打开"段落"对话框进行详细设置，如图 1.3.62 所示。

1. 段落的对齐方式

段落的对齐方式可以通过单击"段落"组中的按钮来完成，对齐方式设置按钮的作用如表 1.3.7 所示。

图 1.3.62　"段落"对话框

表 1.3.7　对齐方式设置按钮的作用

按　钮	作　用
	将当前段或选定的各段设置成“左对齐”方式，正文沿页面的左边对齐
	将当前段或选定的各段设置成“居中”方式，段落最后一行正文在该行中间
	将当前段或选定的各段设置成“右对齐”方式，段落最后一行正文沿页面的右边对齐
	将当前段或选定的各段设置成“两端对齐”方式，正文沿页面的左右边对齐
	将当前段或选定的各段设置成“分散对齐”方式，段落最后一行正文均匀分布

此外，还可以通过“段落”对话框中的“缩进和间距”选项卡中的“对齐方式”来设置。

2. 段落缩进

段落缩进设置按钮的作用如表 1.3.8 所示。

表 1.3.8　段落缩进设置按钮的作用

按　钮	作　用
	当前段或选定各段的左缩进位置减少一个汉字的距离
	当前段或选定各段的左缩进位置增加一个汉字的距离

此外，还可以通过“段落”对话框“缩进和间距”选项卡中的“缩进”来设置。这种设置方式是对缩进的精确设置，可以精确到任意几个字符或厘米。

3. 特殊的缩进方式

在 Word 2016 中，有两种特殊的缩进方式，如表 1.3.9 所示。

表 1.3.9　特殊的缩进方式

特殊缩进方式	特　点
首行缩进	段落的首行文字相对于其他行向内缩进
悬挂缩进	段落中除首行外的所有行向内缩进

两种特殊的缩进方式效果有所不同，如图 1.3.63 所示。

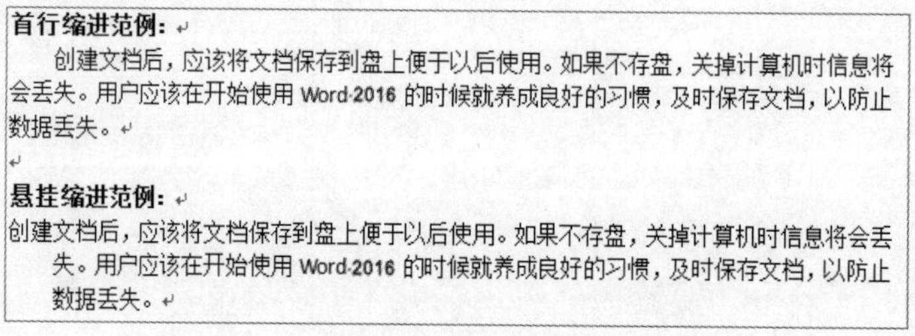
首行缩进范例：↵
　　创建文档后，应该将文档保存到盘上便于以后使用。如果不存盘，关掉计算机时信息将会丢失。用户应该在开始使用 Word 2016 的时候就养成良好的习惯，及时保存文档，以防止数据丢失。↵
↵
悬挂缩进范例：↵
创建文档后，应该将文档保存到盘上便于以后使用。如果不存盘，关掉计算机时信息将会丢失。用户应该在开始使用 Word 2016 的时候就养成良好的习惯，及时保存文档，以防止数据丢失。↵

图 1.3.63　首行缩进和悬挂缩进效果比较

4. 设置行距

单击“段落”组中的 按钮，可以完成行距的快速设置。行距有几种类型，如表 1.3.10 所示。

表 1.3.10　行距的类型

行距类型	特　点
单倍行距	将行距设置为该行最大字体的高度加上一小段额外间距，额外的间距的大小取决于所用的字体，在默认情况下，5 号字的行距为 15.6 磅
1.5 倍行距	为单倍行距的 1.5 倍
最小值	最小行距应该与所在行的最大字体或图形相适应
固定值	固定的行间距，Word 不进行调节指定的间距数值
多倍行距	行距按指定百分比增大或减小。例如，设置行距为 1.2，将会在单倍行距的基础上增加 20%；设置行距为 3，则会在单倍行距的基础上增加 3 倍的行距

此外，还可以通过“段落”对话框中“缩进和间距”选项卡中的“行距”和“设置值”来设置。

5. 段落间距

段落间距是指段落与段落之间的距离，在 Word 2016 中，用户可以通过多种渠道设置段落间距。

　　方法一：选择"开始"选项卡，单击"段落"组中的"行和段落间距"按钮，在打开的下拉列表中选择"增加段落前的间距"和"增加段落后的间距"命令，以设置段落间距。

　　方法二：选择"开始"选项卡，单击"段落"组中的对话框启动器按钮，打开"段落"对话框，在"缩进和间距"选项卡中设置"段前"和"段后"的数值，以设置段落间距，如图 1.3.64 所示。

图 1.3.64　"段落"对话框

图 1.3.65　"边框和底纹"对话框

6. 边框与底纹

　　如果对某个段落设置边框或底纹，不但能突出该段落的内容，还能起到美化文档的作用，下面分别介绍为文字和段落添加边框的操作。

　　（1）为文字添加边框

　　选定要设置边框的文字，如"中国航天"选择"开始"选项卡，单击"段落"组中的"边框"下拉按钮，在弹出的下拉列表中选择"边框和底纹"命令，打开"边框和底纹"对话框，如图 1.3.65 所示。在"样式"列表框中选择边框样式，在"颜色"下拉列表中选择边框的颜色，在"应用于"下拉列表框中选择"文字"。单击"确定"按钮，即可为选定的文本添加边框，如图 1.3.66 所示。

> 　　徐立平，中国航天 科技集团公司第四研究院 7416 厂高级技师。自 1987 年入厂以来，一直为导弹固体燃料发动机的火药进行微整形。在火药上动刀，稍有不慎蹭出火花，就可能引起燃烧爆炸。目前，火药整形在全世界都是一个难题，无法完全用机器代替。下刀的力道，完全要靠工人自己判断，药面精度是否合格，直接决定导弹的精准射程。0.5 毫米是固体发动机药面精度允许的最大误差，而经徐立平之手雕刻出的火药药面误差不超过 0.2 毫米，堪称完美。

图 1.3.66　为选定文本添加边框

　　在"边框和底纹"对话框中，如果将边框设置为"无"，可以取消应用边框；或者单击"边框"按钮选择下拉列表中的"无框线"命令，同样可以取消边框。

　　（2）为段落添加边框

　　如果要在段落外添加边框，同样可利用上述方法，但需要在"应用于"下拉列表中选择"段落"。如果仅想在左边和上面添加边框，需要在"预览"组中单击相应的按钮，如图 1.3.67 所示。

　　为段落添加边框时，可以单击"选项"按钮，调整段落文字与边框线之间的距离，如图 1.3.68 所示。

　　（3）为文字、段落添加底纹

　　选定要添加底纹的文字或段落，选择"开始"选项卡，单击"段落"

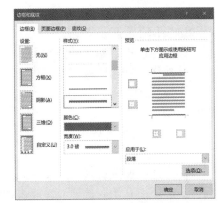

图 1.3.67　在对话框中设置要添加的边框

组中的"底纹"下拉按钮，在弹出的下拉列表中，选择要应用的颜色，如图1.3.69所示。如果要取消应用，可选择"无颜色"命令。

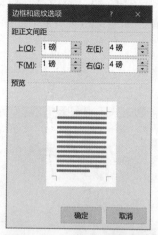

图1.3.68 设置边框线间距

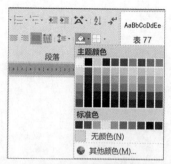

图1.3.69 设置底纹

除纯色底纹外还可以添加不同的花纹，让底色富有更多的变化，可以先选定这些文字，打开"边框和底纹"对话框，切换到"底纹"选项卡，如图1.3.70所示。在"图案"组中选择花纹的样式和颜色，在"应用于"下拉列表中选择将花纹应用于"文字"或"段落"，单击"确定"按钮，即可添加底纹，结果如图1.3.71所示。

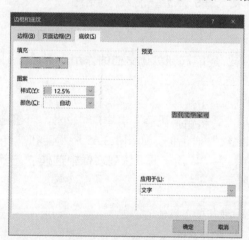

图1.3.70 "底纹"选项卡

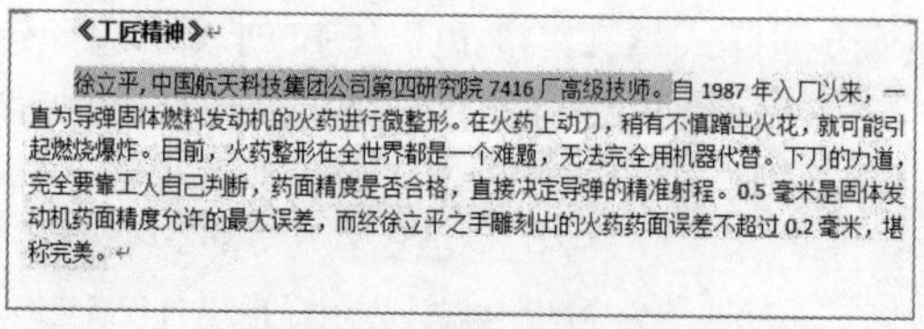

图1.3.71 添加底纹效果

7. 复制格式

对于已经设置了字符格式的文本，可以将其格式复制到文档中其他要求格式相同的文本上，而不用对每段文本进行重复设置。

（1）单次复制格式

操作步骤如下：

① 选择已设置格式的源文本。

② 选择"开始"选项卡，单击"剪贴板"组中的 格式刷 按钮。

③ 鼠标指针外观变为一个小刷子后，按住左键，拖过要设置格式的目标文本。所有拖过的文本都会变为源文本的格式。

（2）多次复制格式

操作步骤如下：

① 选择已设置格式的源文本。

② 选择"开始"选项卡，双击"剪贴板"组中的 格式刷 按钮。

③ 鼠标指针外观变为一个小刷子后，按住左键，用它拖过要设置格式的多个目标文本。

④ 所有拖过的文本都会变为源文本的格式。

⑤ 选择"开始"选项卡，单击"剪贴板"组中的 按钮，结束格式复制。

8. 双行合一

用户有时需要把两行字并为一行显示，此时可以使用"双行合一"，双行合一后，用户把插入点置于合并后的字符间，可继续插入字符。

使用双行合一的操作步骤如下：

① 选定要双行排列的字符。在"开始"选项卡中，单击"段落"组中的"字符缩放"按钮 ，在下拉列表中选择"双行合一"命令打开对话框，如图 1.3.72 所示。

② 选中"带括号"复选框并在"括号样式"中选择一种括号，可以把双行合一的字符用括号括起来。设置完毕后单击"确定"按钮即可，最终效果如图 1.3.73 所示。

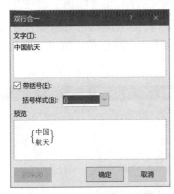

图 1.3.72　双行合一设置

图 1.3.73　双行合一效果

9. 合并字符

合并字符也是把字符上下两列排放，但与双行合一的效果是不同的。合并字符后合并的文本只占用一个字符的位置，而且会把合并的文本作为一个字符来对待，用户无法再对其继续编辑。此外，合并字符最多只能把 6 个字符合并为一个字符。

合并字符的操作步骤如下：

① 选定要合并字符的内容。单击"开始"选项卡"段落"组中的"字符缩放"按钮，在下拉列表中选择"合并字符"命令，打开"合并字符"对话框，如图 1.3.74 所示。

② 在"合并字符"对话框中设置字体字号后，单击"确定"按钮，最终效果如图 1.3.75 所示。

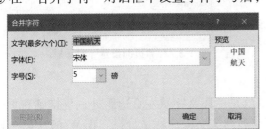

图 1.3.74　"合并字符"设置

图 1.3.75　合并字符最终效果

3.2.5　版面设计

版面设计是对文档做整体性的版面调整，主要包括纸张大小的设置、页边距的设置、纸张方向的设置，分页、分节、分栏，以及插入页码、脚注、尾注和打印文档等内容。

1. 页面设置

有些用户习惯在打开 Word 后就直接录入文档，等到需要打印时再进行页面设置，实际上这种习惯并不好，因为一旦重新设置页面，会导致排好的版面发生错乱。因此，在使用 Word 开始工作之前，首先要有一个周全的考虑，要设置好纸张类型、页面方向和页边距，这样，在排版过程中，可以根据需要对文档进行灵活设置，如分栏或者使用文本框等。

（1）设置页边距

页边距有两个作用：一是出于装订和美观的需要，留下一部分空白；二是可以把页眉和页脚放到空白区域中，形成更加美观的文档。

单击"布局"选项卡，在"页面设置"组中单击"页边距"按钮，在下拉列表中即可选择 Word 2016 内置的页边距，如图 1.3.76 所示。Word 2016 内置的页边距有普通、窄、适中、宽、镜像几种，用户可以根据需要灵活选择或者根据需要自定义页边距。

（2）设置纸张大小

Word 2016 为用户提供了很多常用纸型，选用纸型的操作方法非常简单：单击"布局"选项卡，在"页面设置"组中单击"纸张大小"按钮，弹出一个下拉列表，在列表中根据需要选择合适的纸型。

（3）设置纸张方向

纸张只有两种使用方向：一是纵向使用；二是横向使用。设置纸张方向非常简单，具体操作方法如下：

方法一：选择"布局"选项卡，单击"纸张方向"按钮，在下拉列表中选择纸张是横向使用还是纵向使用。

方法二：选择"布局"选项卡，单击"页面设置"右下侧的对话框启动器按钮，打开"页面设置"对话框，在"纸张方向"中选择是纵向使用还是横向使用，如图 1.3.77 所示。

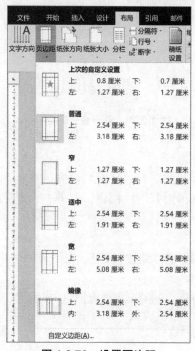

图 1.3.76　设置页边距

图 1.3.77　"页面设置"对话框

（4）分栏

在 Word 中，一个页面通常作为一个整栏进行处理，也就是一段文字从左页边距处一直排到右页边距处再换行。但有时由于排版的需要，会在一行上写两列文字或多列文字，这就是分栏。在 Word 中既可以容易地生成分栏，还可以在不同节中有不同的栏数和格式。对版面进行分栏有两种方法：一是简单分栏；二是精确分栏。

① 简单分栏：选择"布局"选项卡，在"页面设置"组中单击"分栏"按钮，弹出下拉列表，从中选择相应的栏数即可，如图 1.3.78 所示。

② 精确分栏：选择"布局"选项卡，单击"分栏"按钮，打开一个下拉列表，从中选择"更多分栏"命令，打开"分栏"对话框，如图 1.3.79 所示。

关于"分栏"对话框，有如下 5 点说明：

① 在"预设"选项组中选择分栏的格式，有"一栏""两栏""三栏""偏左""偏右"5 种分栏格式可以选择。

② 如果对"预设"选项组中的分栏格式不太满意，可以在"栏数"微调框中输入所要分隔的栏数。微调

框中最大分栏数根据纸张的不同而不同。

③ 如果要使各栏等宽，则选中"栏宽相等"复选框。如果不选中"栏宽相等"复选框，可以在"宽度和间距"选项组中设置各栏的栏宽和间距。

④ 如果要在各栏之间加入分隔线，需要选中"分隔线"复选框。

⑤ 在"应用于"下拉列表中选择分栏的范围。

图 1.3.78　简单分栏

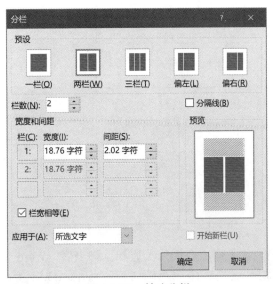

图 1.3.79　精确分栏

（5）设置装订线位置

一般情况下，多于两页的文档都要装订起来。在选择装订线时，既要考虑装订线的位置，又要考虑装订线的宽度；既要订得牢固，又不能影响阅读。

在 Word 中，装订线有两个位置：顶端和左侧。究竟使用哪种装订方式，一般遵循：双面打印的文稿、书籍或杂志、横向使用的纸张和竖排文字的文稿一般在左侧装订。其他方式的文稿可以考虑顶部装订。

装订线的宽度也是根据具体情况进行设置，一般需要考虑的因素有纸张的大小、页数的多少、装订的方法。在设置装订线时，还要注意两种特殊情况：一是对称页边距时，调整左右页边距，以便在双面打印时，使相对的两页具有相同的内侧或外侧页边距；二是在拼页打印时，将文档的首页与次页打印在同一张纸上，如果要将打印出的纸张对折，有打印内容的一面向外，页面的外侧页边距宽度相同，内侧页边距宽度也相同。

设置装订线位置的具体方法：打开"页面设置"对话框，在"页边距"选项卡中的"装订线位置"下拉列表中根据需要选择"顶端"或"左"，可以在"装订线"微调框内输入装订线的宽度，在"应用于"下拉列表中选择这些设置的应用范围，最后单击"确定"按钮，如图 1.3.80 所示。

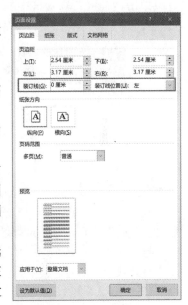

图 1.3.80　设置装订线

（6）页眉和页脚

一般来说，页眉是位于上页边距与纸张边缘之间的图形或文字，而页脚则是下页边距与纸张边缘之间的图形或文字。用户可以在页眉和页脚中插入文本，也可以插入图形，例如，插入页码、日期、公司徽标、文档标题、作者名等。

① 创建页眉和页脚：添加页眉的操作步骤：单击"插入"选项卡，在"页眉和页脚"组中单击"页眉"按钮，弹出下拉列表。列出了"空白""空白（三栏）""奥斯汀""边线型""花丝"等样式，用户可根据需要选择，如图 1.3.81 所示。添加页脚的操作步骤：单击"插入"选项卡，在"插入"组中单击"页脚"按钮，弹出下拉列表，如图 1.3.82 所示。

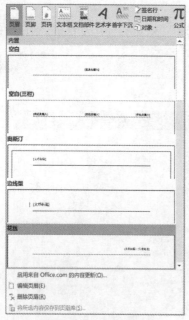

图 1.3.81　插入页眉

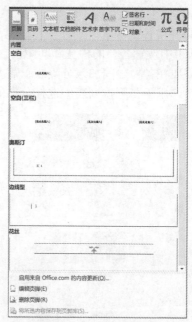

图 1.3.82　插入页脚

② 编辑页眉页脚：在插入页眉和页脚之后，Word 会自动进入页眉或页脚编辑状态，此时功能区会自动转换到"页眉和页脚工具 - 设计"状态，如图 1.3.83 所示。如果要修改已有的页眉，可以单击"插入"选项卡中的"页眉"按钮，在弹出的下拉列表中选择"编辑页眉"命令；对于已有的页脚，如果要再次进行编辑，可以单击"插入"选项卡中的"页脚"按钮，在弹出的下拉列表中选择"编辑页脚"命令。也可以直接双击页眉或页脚，使 Word 处于页眉或页脚的待修改状态。

图 1.3.83　编辑页眉页脚

2. 页面背景

在 Word 中，用户可以对文档设置页面背景颜色或背景填充效果。

（1）设置单一的页面背景颜色

选择"设计"选项卡，单击"页面背景"组中的"页面颜色"按钮。在弹出的下拉列表中选择"其他颜色"或"填充效果"命令。其中颜色可以选择预设的颜色，或者是自定义颜色。"填充效果"可以选择"渐变""纹理""图案""图片"4 种类型。

（2）应用水印

在制作水印时，有两种选择：文字水印和图片水印。

① 添加预设文字水印：在 Word 2016 中打开需要添加水印的文档，在"设计"选项卡的"页面背景"组中单击"水印"按钮，在弹出的下拉列表中可以选择预设的水印类型，如图 1.3.84 所示。

② 添加自定义水印：在"设计"选项卡中"页面背景"组中单击"水印"按钮，在弹出的下拉列表中选择"自定义水印"命令，打开"水印"对话框，如图 1.3.85 所示。在"语言"下拉列表中选择水印的语言，在"文字"下拉列表中选择水印的文字内容，设置好水印文字的字体、字号、颜色、透明度和版式后，单击"确定"按钮，就可以看到文本后面生成了设置的水印字样。

如果在"水印"对话框中选择"图片水印"，可单击"选择图片"按钮，找到事先准备做水印用的图片。添加后，设置图片的缩放比例、是否冲蚀。冲蚀的作用是让添加的图片在文字后面降低透明度显示，以免影响文字的显示效果。

图 1.3.84　插入水印

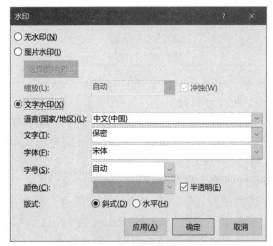

图 1.3.85　"水印"对话框

（3）设置页面边框

为了使文档变得更活泼丰富，可以为整个文档应用花纹边框线。在"边框和底纹"对话框中，切换到"页面边框"选项卡，如图 1.3.86 所示。

在"应用于"下拉列表中选择"整篇文档"，在"艺术型"下拉列表中选择一种花纹边框，单击"确定"按钮，即可为页面添加边框，如图 1.3.87 所示。

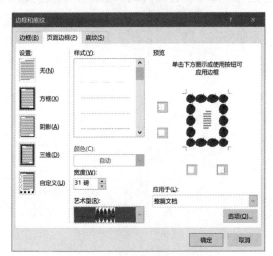

图 1.3.86　"页面边框"选项卡

图 1.3.87　为页面添加边框

3. 分页符

在文档中插入分页符的操作步骤如下：

方法一：将插入点定位到要分页的位置，单击"布局"选项卡"页面设置"组中"分隔符"按钮右侧的下拉按钮，在下拉列表中选择"分页符"命令。

方法二：将插入点定位到要分页的位置，按【Ctrl+Enter】组合键插入一个硬分页符。

方法三：将插入点定位到要分页的位置，单击"插入"选项卡"页面"组中的"分页"按钮。

4. 分节符

"节"指的是文档的一部分，可以是几页一节，也可以是几个段落一节。通过分节，可以把文档变成几部分，然后针对每个不同的节设置不同的格式，如页边距、纸张大小和纸张方向、不同的页眉和页脚、不同的分栏方式等。分节符则是在节的结尾处插入一个标记，每插入一个分节符，表示文档的前面与后面是不同的节。

分节符共有 4 种类型，各种分节符的功能如表 1.3.11 所示。

表 1.3.11　分节符的类型

分节符类型	含　义
下一页	插入分节符并在下一页开始新节
连续	插入分节符并在同一页开始新节
偶数页	插入分节符并在下一偶数页上开始新节
奇数页	插入分节符并在下一奇数页上开始新节

（1）插入分节符

要插入分节符，先把插入点置于需要插入分节符的位置，再选择"布局"选项卡，在"页面设置"组中单击"分隔符"右侧的下拉按钮，打开下拉列表，从中选择一种分隔符的类型即可。

（2）删除分节符

如果需要删除分节符，可按如下步骤操作：

① 选择"开始"选项卡，单击"段落"组中的"显示 / 隐藏编辑标记"按钮，可以显示分节符的标记。

② 选中分节符后，按【Delete】键就可以删除指定分节符。如果在页面视图中无法选中分隔符，可以先将光标定位在分节符前面，再按【Delete】键，同样可以像删除普通字符一样把分节字符删除。

5. 主题

主题是一套设计风格统一的元素和配色方案，包括字体、水平线、背景图像、项目符号以及其他的文档元素。应用主题可以非常容易地创建出精美且具有专业水准的文档。

在文档中应用主题的操作步骤如下：

在"设计"选项卡的"主题"组中选择"主题"按钮，弹出下拉列表，如图 1.3.88 所示。

① 在下拉列表中可选择适当的文档主题。选择"浏览主题"命令，在打开的"选择主题或主题文档"对话框中打开相应的主题或包含该主题的文档。

② 在下拉列表中选择"保存当前主题"命令，打开"保存当前主题"对话框，如图 1.3.89 所示。在该对话框中可对当前的主题进行保存，以便以后继续使用。

图 1.3.88　"主题"下拉列表

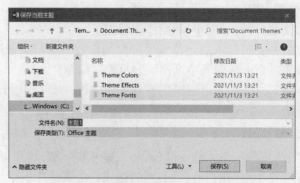

图 1.3.89　"保存当前主题"对话框

综合训练3-2　制作会议通知

① 启动 Word 2016 后系统自动创建空白文档"文档1"，在其中输入需要的文字信息，如图 1.3.90 所示。

> 关于召开全校社团干事会议的通知
> 各社团宣传部：
> 兹定于 2017 年 9 月 2 日下午 3：30 召开全校社团干事座谈会，现将有关事项通知如下：
> 一、会议议题
> 为了配合学校 9 月 10 日新生入学的工作，特召开本次会议，研究部署迎新工作。
> 二、参加人员
> 学校各社团主席及主要干事。
> 三、会议地点
> 行政楼 3 楼会议室
> 四、有关事项
> 1、请准备不超过 5 分钟的发言稿，并将发言材料打印 2 份，会前提交到校学生会宣传部。
> 2、如无特殊情况，请参会人员务必准时参加会议。
> 3、请各社团于 9 月 1 日下午 3 点之前，将不能参加会议的人员名单及请假原因报校学生会宣传部办公室。
> 联系人：王磊，电话：022-30102×××，email：wang×××15@163.com
> **大学校学生会宣传部
> 二〇一七年八月二十八日

综合训练 3-2

图 1.3.90　输入文本内容

② 文本输入完毕后，将文件保存为"综合训练 3-2- 关于召开全校社团干事会议的通知 .docx"。

③ 将通知标题"关于召开全校社团干事会议的通知"设置为华文隶书、二号、加粗红色字体，居中对齐。将标题外的其他文本设置为四号，其中的中文字体设置为楷体，英文字体设置为 Times New Roman，并设置字符间距紧缩 1 磅（在"字体"对话框的"高级"选项卡中进行设置）。

④ 利用格式刷，将文中所有日期时间的字体格式设置为红色、加粗，双蓝色波浪线下画线。

⑤ 将通知结尾两行"** 大学校学生会宣传部"和"二〇一七年八月二十八日"设置为右对齐。

⑥ 为通知正文内容设置首行缩进 2 字符，行间距设置为 25 磅。

⑦ 将"联系人：王磊，电话：022-30102×××，email：wang×××15@163.com"所在段落设置段前段后间距 2 行。

⑧ 保存文档，最终效果如图 1.3.91 所示。

> # 关于召开全校社团干事会议的通知
>
> 各社团宣传部：
>
> 兹定于 **2017 年 9 月 2 日下午 3：30** 召开全校社团干事座谈会，现将有关事项通知如下：
>
> 一、会议议题
>
> 为了配合学校 **9 月 10 日**新生入学的工作，特召开本次会议，研究部署迎新工作。
>
> 二、参加人员
>
> 学校各社团主席及主要干事。
>
> 三、会议地点
>
> 行政楼 3 楼会议室
>
> 四、有关事项
>
> 1、请准备不超过 5 分钟的发言稿，并将发言材料打印 2 份，会前提交到校学生会宣传部。
>
> 2、如无特殊情况，请参会人员务必准时参加会议。
>
> 3、请各社团于 **9 月 1 日下午 3 点之前**，将不能参加会议的人员名单及请假原因报校学生会宣传部办公室。
>
> 联系人：王磊，电话：022-30102×××，email：wang×××15@163.com
>
> **大学校学生会宣传部
> 二〇一七年八月二十八日

图 1.3.91　会议通知效果图

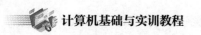

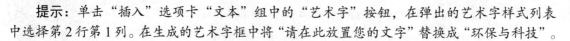

① 新建一个空白文档，保存为"综合训练 3-3 校园小报 .docx"。

② 利用艺术字制作小报报头"环保与科技"。

提示： 单击"插入"选项卡"文本"组中的"艺术字"按钮，在弹出的艺术字样式列表中选择第 2 行第 1 列。在生成的艺术字框中将"请在此放置您的文字"替换成"环保与科技"。

选中艺术字框，在"绘图工具 - 格式"选项卡的"艺术字样式"组中单击"文本填充"按钮，在弹出的下拉列表中选择"渐变"→"其他渐变"命令，在右侧弹出"设置形状格式"窗格，选择"文本选项"，在"渐变填充"中的"预设渐变"中选择"中等渐变 - 个性色 1"；在"文本效果"下拉列表中选择"转换"的"拱形"，设置结果如图 1.3.92 所示。

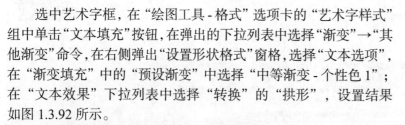

图 1.3.92　报头设置效果

③ 制作小报副标题，内容为报头的全拼。

提示： 单击"插入"选项卡"文本"组中的"文本框"按钮，在下拉列表中选择"绘制横排文本框"命令，在报头下面绘制一个文本框用作副标题，输入标题的拼音 HUANBAOYUKEJI，字号为三号。

选中文本框，单击"绘图工具 - 格式"选项卡"形状样式"组中的"形状轮廓"按钮，选择"无轮廓"命令；单击"形状填充"按钮，"无填充"命令；单击"艺术字样式"组中的"文本填充"按钮，在弹出的下拉列表中选择"渐变"→"其他渐变"命令，在右侧窗格中选择"文本选项"，在"渐变填充"中的"预设颜色"中选择"中等渐变 - 个性色 6"，效果如图 1.3.93 所示。

图 1.3.93　副标题设置效果

④ 在副标题下方插入图片并编辑。

提示： 将插入点定位到小报副标题下面，单击"插入"选项卡"插图"组中的"图片"按钮，选择"此设备"命令，打开"插入图片"对话框，在对话框中找到所要插入的事先准备好的关于"环保"的图片文件"综合训练 3-3 校园小报素材 1.jpg"，单击"插入"按钮插入图片。根据需要适当裁剪图片，调整图片的大小和图片位置，设置"映像圆角矩形"样式。

⑤ 在图片下方输入"你节约水了吗"题目和短文，设置标题字体为"华文彩云，紫色，小一号"，短文字体为"华文隶书，小四号"。将短文设置首字下沉 2 行，分两栏显示并添加分隔线。

提示： 将插入点定位到短文开始位置，单击"插入"选项卡"文本"组中的"首字下沉"下拉按钮，从下拉列表中选择"首字下沉选项"命令，打开"首字下沉"对话框，在"位置"中选择"下沉"，在"选项"中的"下沉行数"微调框中输入"2"，单击"确定"按钮完成设置，效果如图 1.3.94 所示。

选中短文，单击"布局"选项卡"页面设置"组中的"分栏"下拉按钮，从下拉列表中选择"更多分栏"命令打开"分栏"对话框，在"预设"中选择"两栏"，选中"分隔线"复选框，在"应用于"下拉列表中选择"所选文字"，单击"确定"按钮完成文字的分栏。

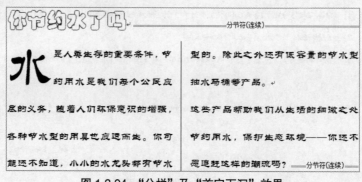

图 1.3.94　"分栏"及"首字下沉"效果

⑥ 继续在页面下方输入"明明白白消费绿"短文，根据需要设置文本格式，插入图片"综合训练 3-3 校园小报素材 - 树木"和"综合训练 3-3 校园小报素材 - 树叶"并编辑设置格式。

插入图片后，为让图片和小报中的文字很好地结合在一起，选中图片，单击"图片工具 - 格式"选项卡"大小"组中的对话框启动器按钮，打开"布局"对话框，选择"文字环绕"选项卡，设置"紧密型"环绕方式，并拖动到合适的位置，效果如图 1.3.95 所示。

⑦ 在小报报头的右侧空间插入竖排文本框，设置背景图片、编辑标语文本并设置样式。

提示：单击"插入"选项卡"文本"组中的"文本框"下拉按钮→选择"绘制竖排文本框"命令，在小报报头右侧绘制一个竖排文本框，输入需要的内容，设置为"宋体，小四号，加粗"，如图 1.3.97 所示。

选中输入的文字，单击"开始"选项卡"段落"组中的"项目符号"下拉按钮，从中选择适当的项目符号。

选中该文本框，单击"绘图工具 - 格式"选项卡"形状样式"组中的"形状填充"按钮，从下拉列表中选择"图片"命令，在打开的"插入图片"对话框中选择相应的背景图片文件"综合训练 3-3 校园小报素材 2.jpg"，单击"插入"按钮完成设置，如图 1.3.96 所示。

图 1.3.95　插入设置图片

图 1.3.96　插入竖排文本框

⑧ 保存文档。

3.3　表格与图表

Word 2016 还提供了强大的制表功能，不仅可以自动制表，还可以手动制表，表格还可以进行各种修饰，既轻松美观，又快捷方便。

3.3.1　表格创建与编辑

适当地使用表格可以更好地组织信息，使数字更加直观、清晰。Word 2016 提供了全新的表格功能，使表格的绘制操作变得轻松自如。表格的操作主要有创建表格、编辑表格、美化表格等。

1. 创建表格

（1）通过可视化方式创建表格

单击"插入"选项卡"表格"组中的"表格"按钮，在弹出的下拉列表中，通过拖拉的方式插入表格，如图 1.3.97 所示。

利用这种方法创建的表格有以下特点：

① 表格的宽度与页面正文的宽度相同。

② 表格各列的宽度相同，表格的高度是最小高度。

③ 单元格中的数据在水平方向上两端对齐，在垂直方向上顶端对齐。

（2）通过对话框插入表格

单击"插入"选项卡"表格"组中的"表格"按钮，在弹出的下拉列表中，选择"插入表格"命令，打开"插入表格"对话框，如图1.3.98所示。

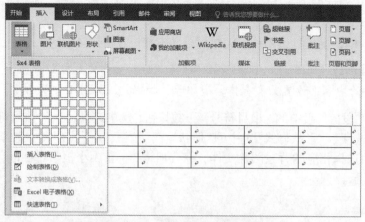

图1.3.97　可视化方式创建表格

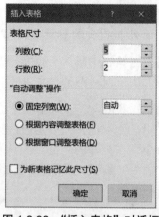

图1.3.98　"插入表格"对话框

（3）绘制表格

单击"插入"选项卡"表格"组中的"表格"按钮，在弹出的下拉列表中，选择"绘制表格"命令，鼠标指针变为 ✏ 状，在文档中拖动鼠标，可以在文档中绘制表格线。

单击"橡皮擦"按钮，鼠标指针变成 ✐ 状，在要擦除的表格线上拖动鼠标，就可以擦除一条表格线。

（4）快速表格

单击"插入"选项卡"表格"组中的"表格"按钮，在弹出的下拉列表中，选择"快速表格"命令，在级联菜单中显示系统内置的多个表格样式，如图1.3.99所示。

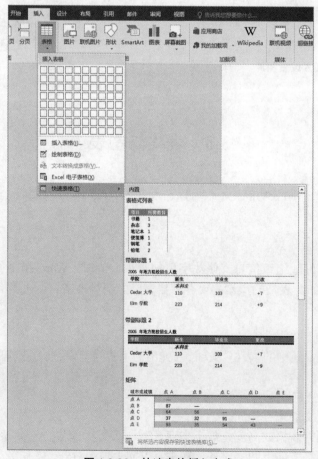

图1.3.99　快速表格插入方式

2. 选定表格元素

（1）选择整个表格

常用的选定整个表格的方法有以下几种：

① 把鼠标指针移动到表格中，表格的左上方会出现一个表格移动手柄，单击该手柄即可选定整个表格，如图 1.3.100 所示。

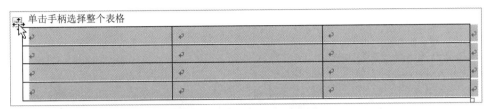

图 1.3.100　单击"手柄"选择

② 单击"表格工具 - 布局"选项卡"表"组中的"选择"按钮，在弹出的下拉列表中选择"选择表格"命令，如图 1.3.101 所示。

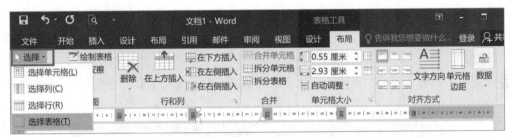

图 1.3.101　通过"选择"按钮选择

（2）选择行

常用的选择表格行的方法有以下几种：

方法一：将鼠标指针移动到表格左侧，指针变为指向右上方箭头时单击选定相应的行。

方法二：将鼠标指针移动到表格左侧，指针变为指向右上方箭头时时拖动鼠标，选定连续多行。

方法三：【Ctrl】键与方法一配合可以选定不连续的多行。

方法四：单击"表格工具 - 布局"选项卡"表"组中的"选择"按钮，在弹出的下拉列表中选择"选择行"命令，可以选中光标所在的行。

（3）选择列

常用的选择表格列的方法有以下几种：

方法一：将鼠标指针移动到表格顶部，指针变为向下方向箭头时单击选定相应的列。

方法二：将鼠标指针移动到表格顶部，指针变为向下方向箭头时拖动鼠标，选定多个连续的列。

方法三：【Ctrl】键与方法一配合可以选定不连续的多列。

方法四：单击"表格工具 - 布局"选项卡"表"组中的"选择"按钮，在弹出的下拉列表中选择"选择列"命令，可以选中光标所在的列。

（4）选择单元格

常用的选择单元格的方法有以下几种：

方法一：将鼠标指针移到单元格左侧，指针变为 ↗ 状时单击选定该单元格。

方法二：将鼠标指针移动到单元格左侧，鼠标指针变为 ↗ 状时拖动鼠标，选定多个相邻单元格。

方法三：【Ctrl】键与方法一配合可以选定不连续的多个单元格。

方法四：单击"布局"选项卡"表"组中的"选择"按钮，在弹出的下拉列表中选择"选择单元格"命令，可以选中光标所在的单元格。

3. 插入表格元素

常用的方法是选择"表格工具 - 布局"选项卡，在"行和列"组中根据需要进行选择，如图 1.3.103 所示。

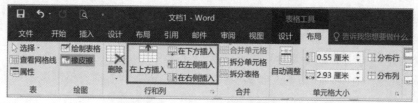

图 1.3.102 插入表格元素

（1）插入行

常用的插入行的方法有以下几种：

方法一：将鼠标光标移动到表格某行尾的段落分隔符上，按【Enter】键，在该行下方插入一行。

方法二：单击"表格工具 - 布局"选项卡"行和列"组中的"在上方插入"按钮，在当前行上方插入一行。

方法三：单击"表格工具 - 布局"选项卡"行和列"组中的"在下方插入"按钮，在当前行下方插入一行。

方法四：如果选定了若干行，则执行上述后两种操作时，插入的行数与所选定的行数相同。

（2）插入列

常用的插入列的方法有以下几种：

方法一：单击"表格工具 - 布局"选项卡"行和列"组中的"在右侧插入"按钮，在当前列右侧插入一列。

方法二：单击"表格工具 - 布局"选项卡"行和列"组中的"在左侧插入"按钮，在当前列左侧插入一列。

4. 删除表格元素

常用的方法是单击"表格工具 - 布局"选项卡"行和列"组中的"删除"按钮，在下拉列表中选择要删除的内容，如图 1.3.103 所示。

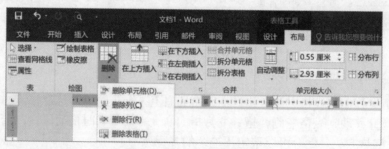

图 1.3.103 删除表格元素

（1）删除表格

常用的删除表格的方法有以下几种：

方法一：单击"表格工具 - 布局"选项卡"行和列"组中的"删除"按钮，在弹出的下拉列表中选择"删除表格"命令，删除光标所在的表格。

方法二：选定整张表格后，按【Backspace】键。

方法三：选定表格后，把表格剪切到剪贴板，则删除表格。

（2）删除表格行

常用的删除表格行的方法有以下几种：

方法一：单击"表格工具 - 布局"选项卡"行和列"组中的"删除"按钮，在弹出的下拉列表中选择"删除行"命令，删除光标所在行。

方法二：选定一行或多行后，按【Backspace】键，删除这些行。

方法三：选定一行或多行后，把选定的行剪切到剪贴板，则删除这些行。

（3）删除表格列

常用的删除表格列的方法有以下几种：

方法一：单击"表格工具 - 布局"选项卡"行和列"组中的"删除"按钮，在弹出的下拉列表中选择"删除列"命令，删除光标所在的列。

方法二：选定一列或多列后，按【Backspace】键，删除这些列。

方法三：选定一列或多列后，把选定的列剪切到剪贴板，则删除这些列。

5. 合并单元格和拆分单元格

（1）合并单元格

合并单元格前，应先选定要合并的单元格区域，然后单击"表格工具 - 布局"选项卡"合并"组中的"合并单元格"按钮，所选定的单元格区域就合并成一个单元格，如图 1.3.104 所示。合并单元格后，单元格区域中各单元格的内容也合并到一个单元格中，原来每个单元格中的内容占据一段。

（2）拆分单元格

拆分单元格前，应先选定要拆分的单元格或单元格区域，然后单击"表格工具 - 布局"选项卡"合并"组中的"拆分单元格"按钮，打开"拆分单元格"对话框，如图 1.3.105 所示。

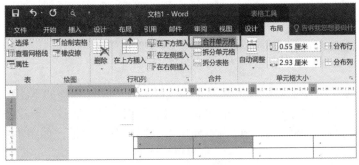

图 1.3.104　合并单元格

图 1.3.105　"拆分单元格"对话框

6. 设置数据对齐

表格中数据格式的设置与文档中文本和段落格式的设置大致相同。不同的是，单元格内的数据不仅有水平对齐，而且有垂直对齐。只要将光标定位到表格中，就可以通过"表格工具 - 布局"选项卡"对齐方式"组中的按钮进行设置，如图 1.3.106 所示，可以同时设置水平对齐方式和垂直对齐方式。

靠上两端对齐		
	水平居中	
		靠下右对齐

图 1.3.106　表格数据对齐方式

7. 设置行高列宽

（1）使用鼠标设置

移动鼠标指针到一行的底边框线或者列边框线上，鼠标指针变成双向箭头时，拖动鼠标即可调整行高或列宽。用鼠标拖动标尺上的标志，也可以调整行高或列宽。

（2）使用具体数值设置

选中需要调整的某行或某列后，在"表格工具 - 布局"选项卡"单元格大小"组的"高度"或者"宽度"数值框中，输入或调整一个具体的数值，如图 1.3.107 所示。

图 1.3.107　精确设置行高

也可以单击"表格工具 - 布局"选项卡"单元格大小"组右下角的对话框启动器；打开"表格属性"对话框，如图 1.3.108 所示，在"行"或"列"选项卡中选中"指定宽度"或"指定高度"复选框，然后在后面的列表框中输入或选定具体数值。

（3）分布行或分布列

如果几行的总体高度或几列的总体宽度已经确定，但是需要使这些行或列具有相同的高度或宽度，则需要选定这些行或列，单击"单元格大小"组中的"分布行"或"分布列"按钮，可以使表格的行或列平均分布。

8. 设置表格边框

为了使表格看起来更加有轮廓感，可以将其最外层边框加粗。具体操作步骤如下：

① 选定整个表格，单击"表格工具 - 设计"选项卡"表格样式"组中的"边框"按钮，从"边框"下拉列表中选择"边框和底纹"命令，打开"边框和底纹"对话框。

② 在"边框"选项卡，可以在"应用于"下拉列表中先设置好边框的应用范围，然后在"设置""样式""颜色""宽度"中设置表格边框的外观。

③ 单击"确定"按钮。

9. 设置表格底纹

为了区分表格标题与表格正文，使其外观醒目，经常会给表格标题添加底纹。具体操作步骤如下：

选定要添加底纹的单元格，选择"表格工具 - 设计"选项卡，单击"表格样式"组中的"底纹"下拉按钮，在弹出的下拉列表中选择所需的颜色。当鼠标指向某种颜色后，可在单元格中立即预览其效果，如图 1.3.109 所示。

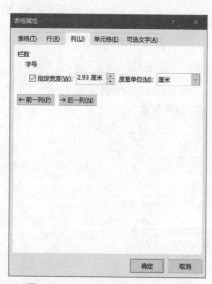

图 1.3.108　"表格属性"对话框

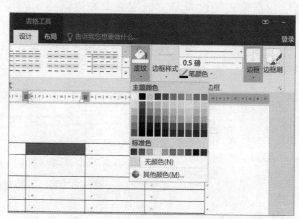

图 1.3.109　为单元格添加底纹

10. 重复标题行

实际应用中经常遇到行数较多的表格，导致表格需要分 2 页或者更多页，跨页时会使第 2 页的表格没有标题行显示，浏览时就需要返回首行查看对应标题。为避免这样的麻烦，Word 2016 提供重复标题行功能，只需要选中标题行（一行或多行），单击"表格工具 - 布局"选项卡"数据"组中的"重复标题行"按钮即可。

3.3.2　文本与表格的转换

在平时的工作中，书写各种办公文件时，经常遇到需要将文本转换成表格的情况，也会经常遇到需要将表格内容转换成文本的情况。Word 2016 提供文本与表格内容相互转换的功能，可以使用户很方便地把文本转换为表格内容，把表格内容转换成文本，为日常办公提供了便捷。

1. 文本转换成表格

将文本转换成表格的操作步骤如下：

① 为了将文本转换成多列表格，首先需要在文本内容需要分列的位置插入统一的分隔符，如逗号、空格、制表符等。如果将分隔符指定为"段落标记"，则只能生成单列表格。

② 在 Word 中选中需要转换成表格的文本内容。选择"插入"选项卡"表格"组中的"文本转换成表格"

命令，如图 1.3.110 所示。

　　③ 打开"将文字转换成表格"对话框，在"文字分隔位置"选项组点选与文本匹配的分隔符，单击"确定"按钮，如图 1.3.111 所示。

 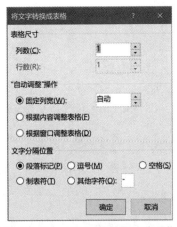 

图 1.3.110　选择"文本转换成表格"　　图 1.3.111　"将文字转换成表格"　　图 1.3.112　"表格转换成文本"
　　　　　　　　命令　　　　　　　　　　　　　　　对话框　　　　　　　　　　　　　　　对话框

2. 表格转换为文本

将表格转换成文本内容的操作步骤如下：

　　① 选中需要将表格内容转换成文本的表格，单击"表格工具 - 布局"选项卡"数据"组中的"转换成文本"按钮。

　　② 在打开的"表格转换成文本"对话框中，根据表格的不同列的内容选择文字分隔符，单击"确定"按钮，如图 1.3.112 所示。

3.3.3　插入外部表格

　　处理数据较多的文档时，经常需要将外部 Excel 表格中的内容插入到文档中，Word 2016 可以有多种方法完成外部表格的插入。

　　方法一：直接粘贴。在 Excel 中选中要放到 Word 文档中的内容并进行复制，在 Word 文档中定位插入点后粘贴即可完成外部表格的插入，此时插入内容自动转换成 Word 中的表格。

　　方法二：插入对象。在 Word 中单击"插入"选项卡"文本"组中的"对象"按钮，打开"对象"对话框。如果想插入已有的 Excel 文件，则在对话框中选择"由文件创建"选项卡，单击"浏览"按钮，选择需要的 Excel 文件进行插入；如果需要新建 Excel 文件，则可以选择"新建"选项卡，在"对象表型"中选择"Microsoft Excel 97-2003Worksheet"，单击"确定"按钮，此时会在 Word 文档的插入点位置出现 Excel 对象表格，可根据需要编辑内容，如图 1.3.113 所示。

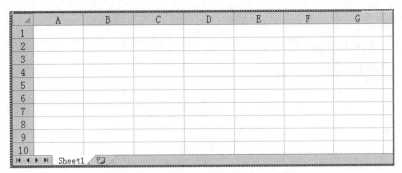

图 1.3.113　Word 中编辑 Excel 表格

　　方法三：插入表格。

　　单击"插入"选项卡"表格"组中的"表格"下拉按钮，选择"Excel 电子表格"命令插入表格对象。

方法二和方法三与方法一不同，插入的表格不会转换为 Word 表格，而是以 Excel 表格对象的形式插入，可以根据实际需要选择不同的插入方法。

3.3.4 表格中的数据处理

除了前面介绍的表格基本功能外，Word 2016 还提供表格数据计算和排序功能，可以对表格中的数据进行一些简单的运算处理，从而快速地提高效率。

1. 公式计算

表格中的计算可以用公式来完成，公式一定要以"="开头，表达形式为"= 表达式"，其中表达式由数值和算术运算符组成。算术运算符有 +（加）、−（减）、*（乘）、/（除）、^（乘方）、()（圆括号，改变运算次序）。而数值既可以是具体的数，即常量，也可以是某个单元格的引用。

（1）常量计算

将插入点移到存放计算结果的单元格中，单击"表格工具 - 布局"选项卡"数据"组中的"公式"按钮，打开"公式"对话框，如图 1.3.114 所示。在"公式"对话框中编辑公式，如"=2*3"，单击"确定"按钮，就可以在当前单元格返回计算结果 6。

（2）引用单元格数据计算

采用引用单元格的方法进行计算更加方便。在 Word 2016 表格中以 A、B、C……表示列，以 1、2、3……表示行，例如第 2 行第 3 列的单元格表示为 C2。如果要引用多个连续单元格可以将起始单元格和结束单元格用冒号":"连接，如 A1:C2 代表从 A1 开始到 C2 结束的单元格区域，包括 A1、A2、B1、B2、C1 和 C2 六个单元格。如果要引用多个不连续的单元格则可以用逗号","连接，如"A1,C2"代表 A1 和 C2 两个单元格。

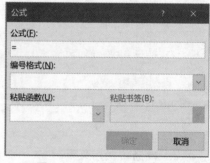

图 1.3.114 "公式"对话框

【例3-2】表格公式计算。

如表 1.3.12 所示，要求在"合计（元）"列的相应单元格中，按公式（合计 = 单价 * 数量）计算并填入左侧的合计金额。

表 1.3.12 商品销售统计

商 品 名 称	单 价	数 量	合计（元）
电视机	3 000	18	
洗衣机	1 800	50	

将插入点定位到存放合计（元）的单元格 D2 中。单击"布局"选项卡"数据"选项组中的"公式"按钮，在打开的"公式"对话框中，输入公式"=B2*C2"，单击"确定"按钮即可算出合计值 54 000（元）。同样方式完成 D3 单元格计算。

2. 函数计算

函数一般由函数名和参数组成，形式为：函数名（参数），常用的函数有以下几种：求和函数 SUM，求平均值函数 AVERAGE 以及计数函数 COUNT 等。其中，括号内的参数可以是常量、单元格引用，此外还包括 4 个特殊参数：左侧（LEFT）、右侧（RIGHT）、上面（ABOVE）和下面（BELOW）。

【例3-3】表格函数计算。

如表 1.3.13 所示数据，要求计算每位同学的平均成绩，并保留一位小数。

表 1.3.13 学生成绩表

姓 名	商 务 英 语	微观经济学	国 际 贸 易	平 均 成 绩
邓远	78	82	75	
李晓莉	85	78	70	
王伟	80	66	65	

插入点移到存放平均成绩的单元格 E2 中，打开"公式"对话框，在该对话框中，"公式"文本框中显示"=SUM(LEFT)"，表明要计算左边各列数据的总和，而在本例中要求计算平均值，所以应将其修改为"=AVERAGE(LEFT)"，也可以从"粘贴函数"下拉列表中选择需要的函数。在"编号格式"下拉列表中设置"0.0"格式，表示保留的一位小数，如图 1.3.115 所示，单击"确定"按钮即可得到计算结果。将该单元格公式复制到其他平均成绩单元格中并更新即可完成所有平均成绩的计算。

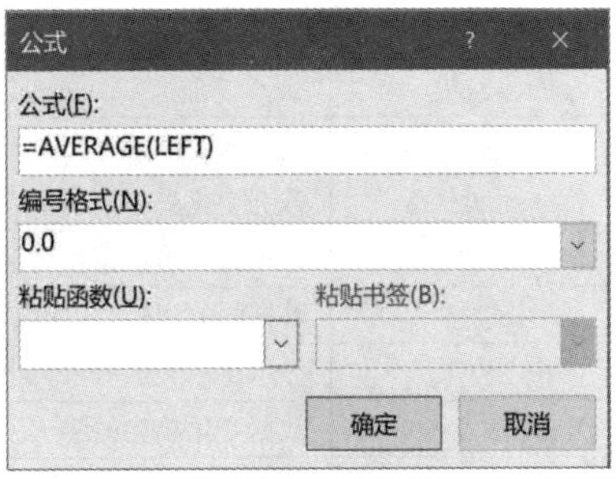

图 1.3.115　函数计算

3. 表格排序

Word 2016 中可以按照递增或递减的顺序把表格中的内容按照笔画、数字、拼音及日期等方式进行排序，而且可以根据表格多列的值进行复杂排序。表格排序步骤如下：

① 选中要排序的行或列，或者将光标移到表格的任意单元格中，单击"开始"选项卡"段落"组中的"排序"按钮，也可以在"表格工具 - 布局"选项卡"数据"组中找到"排序"按钮。

② 在"排序"对话框中，在"主关键字"下拉列表中选择用于排序的字段；在"类型"下拉列表中选择用于排序的值的类型，如笔画、数字、拼音及日期等；选择"升序"或"降序"单选按钮，默认为升序。

③ 如需多字段排序，可在"次要关键字"和"第三关键字"等下拉列表框中指定字段、类型及顺序。

④ 指定排序数据是否有标题行，如果选择"有标题行"则标题行不参与排序，否则，标题行参与排序。

🔔 注意：

　　要进行排序的表格中不能有合并后的单元格，否则无法进行排序。

3.3.5　图表的创建与编辑

Word 2016 在数据图表方面做了很大改进，只要不是需要复杂的数据分析，Word 2016 完全可以帮用户在数据图表的装饰和美观方面进行专业级的处理。

Word 2016 图表制作的步骤如下：

1. 选择图表类型

首先需要根据数据的特点选择适当的图表。具体方法：单击"插入"选项卡"插图"组中的"图表"按钮，打开"插入图表"对话框，根据数据特点选择合适的类型，如图 1.3.116 所示。

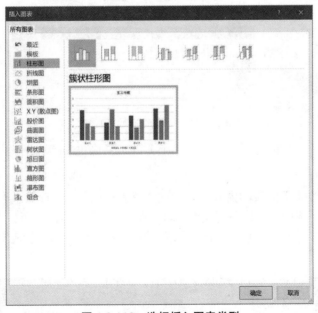

图 1.3.116　选择插入图表类型

Word 2016 提供了 10 多种图表类型，各种图表类型所适用的数据如表 1.3.14 所示。

表 1.3.14　图表类型和适用数据

图 表 类 型	适 用 数 据
柱形图	数据间的比较，可以是同项数据的变化或不同项数据间的比较，数据正向直立演示
折线图	数据变化趋势的演示，侧重于单一的数据
饼图	显示每一组数据相对于总数值的大小
条形图	数据间的比较，可以是同项数据的变化或不同项数据间的比较。数据横向平行演示
面积图	显示每一数值所占大小随时间或者类别而变化的曲线
XY（散点图）	数据变化趋势的演示，侧重于成对的数据，不限于两个变量
股价图	用于显示股价相关数据，可以涉及成交量、开盘、盘高、盘底、收盘等
曲面图	在连续曲面上跨两维显示数值的趋势线，还可以显示数值范围
雷达图	现实各组数据偏离数据中心的距离
树状图	提供数据的分层视图，并可轻松发现模式
旭日图	适合显示分层数据，层次结构的每个级别均通过一个环或圆形表示
直方图	一种对数据的总结性概括和图示
箱型图	可以查看数据分布的情况
瀑布图	显示加上或减去值时的累计汇总
组合	选择多种类型组合

2. 整理原始数据

确定图表类型后，屏幕下面会出现根据选择的图表类型而内置的示例数据，如图 1.3.117 所示。广大用户在以往的操作过程中往往会遇到生成图表与理想类型不符的问题，原因大多是在数据格式方面有了差错。所以，示例数据的目的就是引导用户按照格式进行数据录入。

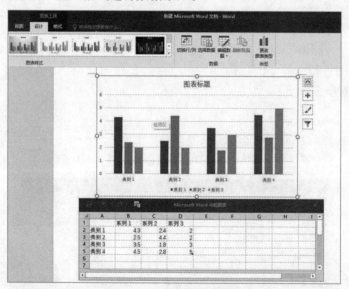

图 1.3.117　整理原始数据

在用户修改数据时，图表会实时显示数据信息，上方的工具区也转换为图表相关。

3. 图表布局

完成一张正式专业的图表需要涉及的内容很多，有"图表布局""更改颜色""图表样式""数据""类型"等，在"图表工具 - 设计"选项卡可以进行设置。同时在"格式"功能区中可以看到其中有"插入形状""形状样式""艺术字样式""排列""大小"几个功能区，可根据需要和图表的特点对上述项目逐一进行设置，如图 1.3.118 所示。

图 1.3.118　图表的"布局"选项卡

综合训练 3-4　制作个人简历表

新建一个 Word 空白文档，制作如图 1.3.119 所示简历表。

① 输入标题"个人简历表"，并设置字体为宋体，二号字，字形加粗，居中对齐。

② 在标题下新建一个空白段落，插入一个 13 行 2 列的表格。

提示： 单击"插入"选项卡"表格"组中的"表格"按钮，在下拉列表中选择"插入表格"命令，打开"插入表格"对话框。在"表格尺寸"选项的"列数"文本框输入"2"，"行数"输入"13"，在"'自动调整'操作"中的"固定列宽"选择"自动"，单击"确定"按钮。

综合训练 3-4

③ 将表格前 4 行调整为 5 列，最后两行调整为 4 列。

提示： 单击"插入"选项卡"表格"组中的"表格"按钮，在下拉列表中选择"绘制表格"命令，此时鼠标指针变为笔形，在刚刚创建的表格的第 2 列前 4 行的上边框分别按住鼠标的左键拖动画出 3 条竖线，使前 4 行变为 5 列；同样的方法将表格最后两行调整为 4 列，再次单击"绘制表格"按钮完成绘制表格。

④ 将表格第 5~10 行调整为 4 列。

提示： 单击"表格工具 - 布局"选项卡"绘图"组中的"橡皮擦"按钮，此时鼠标指针变为橡皮擦形状，将鼠标移动到表格第 5 行到第 10 行的中间竖线，单击并擦除。在从同一选项组中单击"绘制表格"按钮在第 5 行到第 10 行中间重新绘制 3 条竖线将这些行分成 4 列。

⑤ 根据图 1.3.120 所示合并相应单元格。

提示： 选中表格第 5 列的第 1 行到第 4 行的 4 个单元格，单击"表格工具 - 布局"选项"合并"组中的"合并单元格"按钮。通过同样的方法合并第 1 列的第 5 行到第 10 行的单元格。

个人简历表

姓名	↵	出生日期	↵	
性别	↵	民族	↵	照片
政治面貌	↵	职称	↵	
婚姻状况	↵	籍贯	↵	

主要简历	起止日期		在何单位	任何职务
	↵	↵		↵
	↵	↵		↵
	↵	↵		↵
	↵	↵		↵
	↵	↵		↵

业务专长与主要成果 ↵	↵

通信地址	↵	邮政编码	↵
联系电话	↵	电子邮箱	↵

图 1.3.119　个人简历表

⑥ 向表格中输入文字，根据需要调整表格的行高和列宽，设置单元格对齐方式。

⑦ 设置"照片"单元格的"白色，背景 1，深色 15%"底纹填充，样式为"15%"。

提示： 选择"照片"单元格，在"边框和底纹"对话框的"底纹"选项卡的"填充"选项中选择"白色，背景 1，深色 15%"，在"图案"的"样式"中选择"15%"，"颜色"选择"自动"，在"应用于"下拉列表中选择"单元格"，单击"确定"按钮完成设置。

⑧ 设置整个表格外边框为双线。

提示：选择整个表格，打开"边框和底纹"对话框，先在"设置"选项中选择"自定义"，在"样式"中选择"双线"，再设置"颜色"和"宽度"，在"预览"中选择所有的外边框，最后在"应用于"下拉列表中选择"表格"，单击"确定"完成设置。

⑨ 保存文档名为"综合训练 3-4- 个人简历表 .docx"。

3.4　样式与引用

在工作中经常需要在不同的文档中设置相同的格式，Word 2016 中的样式可以方便完成这样的工作，而且还提供了很多其他方便的标注工具。

3.4.1　样式

样式是 Word 中最强有力的格式设置工具之一，使用样式能够准确、快速地实现长文档格式设置，而且可以方便地调整格式，便于统一文档的所有格式。

样式就是一组设置好的字符格式或者段落格式的集合，它规定了文档中标题以及正文等各个文本元素的格式样式。用户可以直接将样式中的所有格式直接应用于一个段落或者段落中选定的字符上，而不需要重新进行具体的设置。

Word 2016 提供标准内置样式，"开始"选项卡"样式"组的列表框中有丰富的内置样式供用户选择应用。此外，Word 2016 还支持用户自定义样式。

1. 创建样式

创建样式的具体操作步骤如下：

① 在"开始"选项卡的"样式"组中单击对话框启动器按钮，打开"样式"窗格，如图 1.3.120 所示。

② 在该任务窗格中单击"新建样式"按钮 ![], 打开"根据格式设置创建新样式"对话框，如图 1.3.121 所示。在该对话框的"属性"选项的"名称"文本框中输入新样式的名称；在"样式类型"下拉列表中选择"字符"或"段落"选项。

图 1.3.120　"样式"窗格

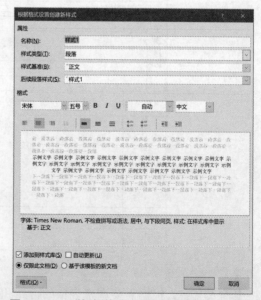

图 1.3.121　"根据格式设置创建新样式"对话框

③ 单击"格式"按钮，弹出其下拉菜单，选择相应的命令，设置相应的字符或段落格式。

④ 设置完成后，单击"确定"按钮，返回到"根据格式设置创建新样式"对话框，选中"添加到样式库"和"自动更新"复选框，单击"确定"按钮，完成样式的创建。

2. 应用样式

样式创建好之后，即可应用样式。对文本应用样式的具体操作步骤如下：

① 选定要应用样式的字符或段落。

② 在"开始"选项卡的"样式"组中单击"其他"按钮，选择"应用样式"命令打开"应用样式"窗格，如图 1.3.122 所示。

图 1.3.122　"应用样式"窗格

③ 在该窗格的"样式名"下拉列表中选择相应的样式，即可应用于所选的字符或段落中。

④ 用户还可以在"样式"任务窗格中选择需要的样式。

3. 修改样式

可以对已有的样式进行修改。修改样式的具体操作步骤如下：

① 在"应用样式"窗格中单击"修改"按钮，打开"修改样式"对话框，如图 1.3.123 所示。

② 在该对话框中对样式的名称、格式等进行修改。

③ 修改完成后，选中"添加到样式库"和"自动更新"复选框，单击"确定"按钮即可。

4. 管理样式

管理样式的具体操作步骤如下：

① 在"开始"选项卡的"样式"组中单击对话框启动器按钮，打开"样式"任务窗格。

② 在该窗格中单击"管理样式"按钮，打开"管理样式"对话框，如图 1.3.124 所示。

③ 在该对话框中可对样式进行排序、修改、删除、导入、导出等操作。

④ 设置完成后，单击"确定"按钮即可。

> **注意：**
> 在 Word 文档中有许多样式不允许用户进行删除，如"正文""标题 1""标题 2"等内建样式。

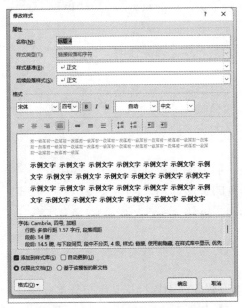

图 1.3.123　"修改样式"对话框

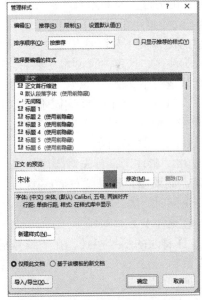

图 1.3.124　"管理样式"对话框

3.4.2　题注

在文档编辑中经常要在文档中插入图形、表格、公式等内容，为了便于排版时查找和便于读者阅读，通常要在图形、表格的上方或下方添加一行诸如"图 1""表 1"等文字说明。这时可以利用 Word 2016 的题注功能为已有的图形、表格等对象添加题注，也可以在插入这些对象时自动添加题注。

插入题注需要单击"引用"选项卡"题注"组中的"插入题注"按钮，打开"题注"对话框，如图 1.3.125 所示。

① "题注"：根据需要输入题注内容。

② "标签"：可以选择系统标签选项。

③ "新建标签"：单击该按钮之后，可以打开"新建标签"对话框，用户自定义标签选项。

④ "编号"：单击该按钮后，用户可以选择需要的编号类型。

3.4.3 脚注与尾注

脚注和尾注的作用完全相同，都是对文档中文本的补充说明，如单词解释、备注说明或提供文档中引用内容的来源等。

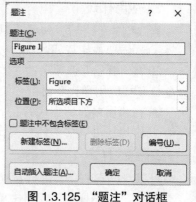

图 1.3.125 "题注"对话框

1. 脚注

通常情况下，脚注位于页面底端，用来说明每页中要注释的内容。

（1）插入脚注

添加脚注的操作步骤如下：

① 把光标插入点置于放置注释引用标记的位置。

② 单击"引用"选项卡"脚注"组中的"插入脚注"按钮。

③ Word 会自动在页面下方添加脚注区，脚注区与正文区以短横线隔开，在脚注区插入引用标记，并自动把光标定位到脚注区，用户在这里即可输入脚注。

④ 脚注输入完毕，把光标插入点置于下一个放置注释引用标记的位置，可以继续插入下一个脚注。

（2）移动、复制和删除脚注

对于已经添加的脚注，如果要进行移动、复制、删除等操作，需要直接对文档中的脚注引用标记进行操作，而无须对注释文本进行操作。

在文档中选取要操作的脚注引用标记，要移动脚注，只需将其拖至新位置即可；要复制脚注，可以按下【Ctrl】键，然后再将该标记拖至新位置，也可以使用"复制"和"粘贴"的方法。要删除脚注，只需删除脚注引用标记，注释文本会同时被删除。

（3）改变脚注引用及其格式

脚注的注释文本与其他任意文本一样，用户可以改变其字体字号。在操作时，只需进入脚注区，选定注释文本，然后修改其字体、字号即可。

在默认情况下，脚注会以"1，2，3……"之类的格式插入引用标记，这种格式比较单一，但 Word 2016 允许用户修改引用标记的号码格式。具体操作步骤如下：

① 单击"引用"选项卡"脚注"组中的对话框启动器按钮，打开"脚注和尾注"对话框，如图 1.3.126 所示。

② 选中"脚注"，首先对脚注格式进行修改。在"脚注"后面的下拉列表中有两个选项，如果用户选择"页面底端"，则把脚注添加到每页的页面低端，但如果在最后一页同时有脚注和尾注存在，脚注会在尾注下方；如果用户选择"文字下方"，则脚注会在尾注上方。

图 1.3.126 "脚注和尾注"
对话框

③ 选择脚注的编号格式，在"编号格式"下拉列表中，用户可以根据需要修改引用标记的格式，也可以单击"符号"按钮设置自定义标记。

④ 为脚注设置起始编号，在"起始编号"微调按钮中可以设置脚注引用标记从哪个数字开始。

⑤ 在"编号"下拉列表中，可以选择编号的方式，如果选择"每页重新编号"，则每页的脚注都会从指定的起始编号开始进行编号；如果选择"连续"，则文档中将连续为脚注进行编号。

⑥ 设置更改的范围，如果文档中分了节，可以在"将更改应用于"下拉列表中设置为"整篇文档"或"本节"；如果没有分节，只有一个"整篇文档"作为选项。

⑦ 设置完毕后，单击"应用"按钮即可进行修改。

2. 尾注

尾注一般列于文档结尾处，用来集中解释文档中要注释的内容或标注文档中所引用的其他文章名称。

（1）插入尾注

① 把光标插入点置于放置注释引用标记的位置。

② 单击"引用"选项卡"脚注"组中的"插入尾注"按钮。

③ 输入相应的内容。

（2）脚注和尾注的转换

单击"脚注和尾注"对话框中的"转换"按钮，打开"转换注释"对话框，可以完成对脚注和尾注的转换。

3.4.4 书签

当用户处理一篇很长的 Word 文档时，在文中的导航是一个非常棘手的问题。例如，要返回到某个特定的位置，要在长文章中找到这个位置是非常不容易的，往往要花上不少时间去寻找，既耗时间又增加工作量。

在 Word 2016 中提供了一种书签功能，可以让用户对文档中特定的部分加上书签，这样一来，就可以非常轻松快速地定位到特定的位置。

插入书签的步骤：

① 在文档中选中需要加入书签功能的对象，再单击"插入"选项卡"链接"组中的"书签"按钮，打开"书签"对话框，如图 1.3.127 所示。

② 在"书签名"文本框中输入名称，单击"添加"按钮，这样就非常简单地为选中的对象添加了书签功能。需要注意的是，书签的名称只能以字母或者汉字开头，并且不能够包含有空格。

③ 将光标定位到需要添加交叉引用的位置，输入相应的提示信息，如"书签位置："，单击"插入"选项卡"链接"组中的"交叉引用"按钮，打开"交叉引用"对话框，如图 1.3.128 所示。引用类型选择"书签"，引用内容选择"页码"，单击"插入"按钮即可。

图 1.3.127 "书签"对话框

图 1.3.128 交叉引用

综合训练 3-5 文档高级编辑

打开素材文档"综合训练 3-5 中共中央关于认真学习宣传贯彻党的二十大精神的决定（节选）.docx"，对文档进行高级编辑。

① 将所有带有自选图形的段落设置成"明显引用"样式。

② 将文档中第一个标题"充分认识学习宣传贯彻党的二十大精神的重大意义"字体设置为"微软雅黑"，并保存该标题样式为"标题1- 微软雅黑"，使用该样式设置第二个标题"全面准确学习领会党的二十大精神"。

③ 在正文第 1 段后面添加新段落，插入素材图片"学习贯彻党的二十大精神 .jpg"，设置图片高度为"5厘米"，为图添加题注"图 1《学习贯彻党的二十大精神》封面"，设置图片和题注居中对齐。

④ 为正文第 1 段添加脚注"此篇文章摘自共产党员网"，编号格式为"①"。

⑤ 为文档中所有的"二十大精神"和"教育科技"标记索引项，然后将插入点定位到文档最后，新建段落后插入索引。

⑥ 保存文档为"综合训练 3-5 结果 .docx"。

3.5 邮件合并

我们在工作中可能遇到过这样的情况：向一群人发送内容相同的文档，但每份文档的称谓等各不相同。

例如，要打印请帖、邀请函或信封等。这类文档的特点是文档中的主要内容相同，只有个别部分不同。传统做法是每打印一张进行一次修改。虽然这样也可以完成任务，但却非常麻烦，如果使用邮件合并功能，则可以非常轻松地做好这项工作。

邮件合并的原理是将发送的文档中相同的重复部分保存为一个文档，称为主文档；将不同的部分，如很多收件人的姓名、地址等保存成另一个文档，称为数据源；然后将主文档与数据源合并起来，形成用户需要的文档。

数据源可看成是一张简单的二维表格。表格中的每一列对应一个信息类别，如姓名、性别、职务、住址等。各个数据域的名称由表格的第一行来表示，这一行称为域名行，随后的每一行为一条数据记录。数据记录是一组完整的相关信息，如某个收件人的姓名、性别、职务、住址等。

邮件合并功能不仅用来处理邮件或信封，也可用来处理具有上述原理的文档。

3.5.1 邮件合并过程

1. 设置主文档

主文档是一个样板文档，用来保存发送文档中的重要部分。在 Word 2016 中，任何一个普通文档都可以作为主文档来使用。因此，建立主文档的方法与建立普通文档的方法基本相同，具体操作步骤如下：

① 启动 Word，新建一个空白文档，根据需要设置好纸型、纸张方向、页边距等。

② 录入文字，设置文本和段落格式，如字体、字号、字距、段落缩进、行距等。

③ 如果需要，可设置页眉、页脚中的内容，保存文档。

2. 设置数据源

数据源又称收件人列表，实际上数据源中保存的不仅包括收件人信息，还有可能包括其他信息。

对于 Word 2016 的邮件合并功能来说，数据源的存在方式有以下几种：

① 可以用 Word 2016 来创建数据源。

② 可以通过 Word 表格来制作数据源。

③ 可以用 Excel 表格制作数据源。

④ 可以使用 Outlook 或 Outlook Express 的通讯录来制作数据源。

⑤ 可以用指定格式的文本文件保存数据源。

3. 添加邮件合并域

当主文档制作完毕，数据源制作完毕后，就要在主文档中添加邮件合并域。

① 在打开的主文档中，选择"邮件"选项卡，单击"开始邮件合并"组中的"开始邮件合并"按钮，在弹出的下拉列表中选择"普通 Word 文档"命令，如图 1.3.129 所示。

② 在"邮件"选项卡的"开始邮件合并"组中选择"选择收件人"下拉列表中的"使用现有列表"命令，如图 1.3.130 所示。用户可以单击"编辑收件人列表"按钮，对收件人进行编辑。

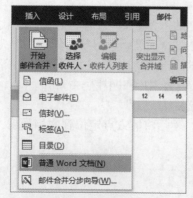

图 1.3.129　开始邮件合并

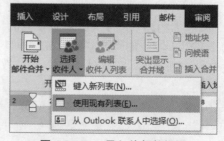

图 1.3.130　导入外部数据源

③ 插入合并域：将插入点定位到主文档的相应位置，单击"邮件"选项卡"编写和插入域"组中的"插入合并域"按钮，选择相应的数据源。

④ 预览结果：单击"邮件"选项卡"预览结果"组中的"预览结果"按钮，即可在屏幕上看到目的文档。

在预览邮件合并时，屏幕上显示的只是主文档与某一条数据相结合而产生的文档，此时，单击"邮件"选项卡"预览结果"组中的左向箭头按钮，可以查看主文档与前一条数据结合产生的文档，单击右向箭头按钮可以查看下一条记录。

⑤ 在"完成并合并"中选择"编辑单个文档"，弹出"合并新文档"对话框，选择默认的第一个选项。

如果要合并到文档中，需要单击"邮件"选项卡"完成"组中的"完成并合并"按钮，选择"编辑单个文档"命令，会打开一个对话框，选择"全部"选项，单击"确定"按钮，即可把主文档与数据源合并，合并结果将输入到新文档中。

⑥ 单击"确定"按钮，合并完成。

3.5.2 合并的规则

向所有客户撰写信件或电子邮件时，如果希望信件根据数据源特定字段中的不同值表达不同含义，可以建立规则。

如果已使用邮件合并创建信件，但检查信件后，发现不仅存在重复的内容，而且还需要根据活动地点更改某些内容。这种情况下，可使用"邮件"选项卡"编写和插入域"组中的"规则"来处理各种情况，如图 1.3.131 所示。

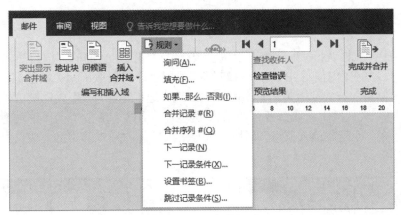

图 1.3.131　合并规则

邮件合并规则说明如表 1.3.15 所示。

表 1.3.15　邮件合并规则说明

域	说　明	示例和方法
询问（Ask）	用于在文档中的多个位置重复相同信息的请求。合并后的文档中将显示对提示的响应	某公司计划为即将退休的员工办一场退休晚会，向公司所有员工和老退休人员发送电子邮件邀请函挨个询问他们是否出席。 在"插入 Word 域 :Ask"对话框的"书签"框中输入"邀请"，在"提示"框中输入"是否打算参加我们的退休晚会？"，在"默认书签文本"框中输入"是"，最后单击"确定"按钮完成
填充（Fill-in）	填充类似于文档中的多次"询问"，用于提问	某公司准备为公司员工进行集体体检，需要向每位员工发送体检表，表中需要填写既往病史。 在"插入 Word 域 :Fill-in"对话框的"提示"框中输入"您的既往病史有哪些？"，单击"确定"按钮
如果…那么…否则… （If…Then…Else…）	用于定义需要满足的条件。如果满足定义的条件，则提供特定信息。如果不满足定义的条件，则提供其他信息	假如你负责维护慈善组织的大型会员身份数据库。会员将基于其所在地理位置收到关于即将到来的筹款活动的不同公告。 在"插入 Word 域 :IF"对话框的"域名"下拉列表中选择数据源中的"位置"列名，在"比较条件"下拉列表中选择"等于"，在"比较对象"框中输入"上海"。如果符合比较条件，请在"则插入此文字"框中输入插入的内容；如果不符合条件，则添加"否则插入此文字"框中提供的内容。最后单击"确定"按钮
合并记录 # （Merge Record #）	用于捕获要在合并文档包含的数据源中的实际记录编号。该编号表示合并前应用于数据源任何排序或筛选	如果想在电子发票的"打印日期"域旁边插入唯一的发票编号，可以使用"合并记录 #"域创建
合并序列 # （Merge Sequence #）	用于对合并文档中的记录进行计数时使用	在进行合并时插入"合并序列 #"域，合并一批信函后，即可在最后一条记录显示信函的总数。可以根据此总数来计算邮费
下一记录 （Next Record）	用于在当前文档中插入下一条数据记录且不启动新的文档	在"邮件"选项卡的"编写和插入域"组中选择"规则"下拉列表中的"下一记录"命令

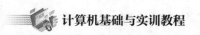

域	说　　明	示例和方法
下一记录条件 （Next Record If）	用于比较两个数据域的内容，根据值确定下一条记录应该合并到当前文档还是新文档中	在"插入 Word 域 :Next Record IF"对话框的"域名"列表中选择合并域的名称（如城市）。在"比较条件"列表中选择所需的运算符，例如，要选择特定城市中的收件人，则选择"等于"。在"比较对象"框中输入要使用的值，例如，要选择在北京的收件人，则输入"北京"
设置书签 （Set Bookmark）	用于将书签名称关联到特定值。可在文档的多个位置放置书签。每次在文档中插入书签时，都将显示链接到该书签的值	某公司正在准备公开发布要在某特定区域推进的环保项目。项目经理已拟定初步项目名称"肺清洗"，但该名称可能有变。此时最好添加书签，因为如果更改标题，则仅需要更改书签，而不需要更改标题的每个引用。 在"插入 Word 域 :Set"对话框的"书签"框中输入"项目名称"，在"值"框中输入"肺清洗"，最后单击"确定"按钮
跳过记录条件 （Skip Record If）	用于对数据域内容和值进行比较，如果比较结果为 true，则跳过当前数据记录包含的内容	如果你拥有一家服装店，发现某款非流行尺码的 T 恤库存过剩。所以，当你准备发销售传单时，会排除穿某个特定尺码衣服的顾客。 在"插入 Word 域 :Skip Record If"对话框的"域名"下拉列表中选择数据源中的"尺码"列名，在"比较条件"下拉列表中选择"等于"，在"比较对象"框中输入"XL"，最后单击"确定"按钮，这样任何穿 XL 号 T 恤的顾客都不会收到销售传单

3.5.3　中文信封

Word 2016 不仅可以进行邮件的收发，还可以制作中文信封。

如果要制作多个中文信封，首先需要创建保存着联系人地址的数据源，该数据源可以是 Excel 文件或使用 Tab 分割符分割的文本文件。在 Word 2016 中制作多个中文信封的步骤如下：

① 打开 Word 2016 文档窗口，单击"邮件"选项卡"创建"组中的"中文信封"按钮，打开信封制作向导，如图 1.3.132 所示。

② 在"开始"页面中单击"下一步"按钮，在"选择信封样式"页面的"信封样式"下拉列表中选择符合国家标准的信封型号，如"国内信封 -B6（176x125）"。根据打印需要取消相关复选框，单击"下一步"按钮。

③ 打开"选择生成信封的方式和数量"对话框，选中"基于地址簿文件，生成批量信封"单选按钮，单击"下一步"按钮，在打开的"从文件中获取并匹配收信人信息"对话框，单击"选择地址簿"按钮选择 Excel 文件或文本文件数据源。在"匹配收信人信息"区域设置收信人信息与地址簿中的对应信息，如图 1.3.133 所示。设置完毕单击"下一步"按钮。

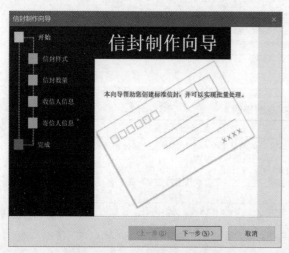

图 1.3.132　中文信封制作向导

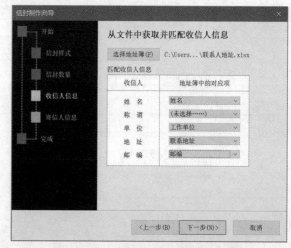

图 1.3.133　从地址簿匹配收信人信息

④ 在打开的"输入寄信人信息"对话框，分别输入寄信人的姓名、地址、邮政编码等信息，单击"下一步"按钮，单击"完成"按钮完成信封向导。

经过上述步骤，可以一次性制作多个中文信封。用户可以根据实际需要再设置信封的字体、字号和字体颜色等参数。

综合训练 3-6　批量制作准考证

利用邮件合并功能为参加计算机基础考试的学生制作统一准考证，学生信息保存在数据源文件"综合训练 3-6- 学生信息表 .xlsx"中。

① 设置主文档页面布局。纸张尺寸为宽 10cm，高 8cm，页边距 1.5cm，横向。

综合训练 3-6

提示：新建一个空白文档，首先在"布局"选项卡"页面设置"组中，单击对话框启动器按钮打开"页面设置"对话框，设置上、下、左、右边距均为 1.5cm，纸张方向"横向"，纸张大小自定为宽 10cm，高 8cm。

② 编辑主文档内容。

提示：在文档第一行输入标题"计算机基础准考证"，设置字体为"宋体，四号，加粗，红色"，并使标题居中对齐。

标题下新建段落，插入一个 3 行 3 列的表格，在第一列的 3 个单元格中依次输入"学号""姓名""性别"，表格中字体样式采用默认黑色宋体小四号字，单元格对齐方式为"水平居中"，合并第三列的 3 个单元格，设置表格外边框为"双线"，内框线保存默认单线，根据内容适当调整行高列宽。

③ 保存主文档为"综合训练 3-6- 主文档 .docx"。

④ 在主文档中绑定数据源并添加邮件合并域。

提示：打开主文档窗口，在"邮件"选项卡"开始邮件合并"选项组中单击"选择收件人"按钮，从下拉菜单中选择"使用现有列表"，在"选取数据源"对话框中找到数据源表文件"综合训练 3-6- 学生信息表 .xlsx"，单击"打开"按钮后从"选取表格"对话框中选择"Sheet1$"，单击"确定"按钮。

使用"邮件"选项卡"编写和插入域"选项组中的"插入合并域"按钮在表格第 2 列的单元格中插入相应的合并域。

将插入点定位到表格第 3 列的单元格内，单击"插入"选项卡"文本"组中的"文档部件"按钮打开下拉列表，选择"域"命令打开"域"对话框，在域名列表中选择 INCLUDEPICTURE，并设置域属性"文件名或 URL"为"照片"，在"域选项"中选中"基于源调整垂直大小"复选框，单击"确定"按钮。按【Alt+F9】组合键切换成源代码方式后选中"照片"（见图 3-134），然后再插入合并域"照片"。

⑤ 完成全部记录的邮件合并保存合并后的文档。

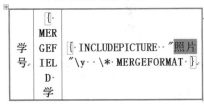

图 1.3.134　插入照片合并域

提示：单击"邮件"选项卡"完成"组中的"完成并合并"按钮，从下拉列表中选择"编辑单个文档"，在打开的"合并到新文档"对话框中选择合并全部记录，单击"确定"按钮完成所有学生准考证的生成，保存文档或直接打印即可。

如果生成的文档中没有显示图片或者只显示一个人的图片，按【Ctrl+A】组合键选中全部文档再按【F9】键进行刷新，即可看到所有照片。

3.6　长文档编排

Word 2016 提供了很多简便功能，使长文档的编辑、排版、阅读和管理更加轻松自如。

3.6.1　多级列表

所谓"多级列表"是指 Word 文档中编号或项目符号列表的嵌套，以实现层次效果。

1. 插入多级列表

在 Word 2016 文档中可以插入多级列表，操作步骤如下：

① 打开 Word 2016 文档窗口，单击"开始"选项卡"段落"组中的"多级列表"按钮，在打开的多级列表下拉列表中选择多级列表的格式，如图 1.3.135 所示。

② 按照插入常规编号的方法输入条目内容，然后选中需要更改编号级别的段落。单击"多级列表"按钮，在打开的菜单中选择"更改列表级别"选项，并在打开的下一级菜单中选择编号列表的级别，如图 1.3.136 所示。

2. 定义新的多级编号样式

系统内置的多级编号样式有限，很多时候并不能满足用户的使用需求，此时用户可根据需要自定义新的多级编号样式。例如，在制作书籍目录时，需要用"第一章、第一节、1、（1）……"的多级编号样式，可按如下操作来自定义多级编号样式。

① 将文本插入点定位到指定位置，在多级列表下拉列表中选择"定义新的多级列表"命令打开"定义新多级列表"对话框，如图 1.3.137 所示。

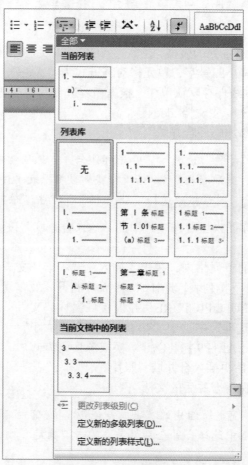

图 1.3.135　选择多级列表

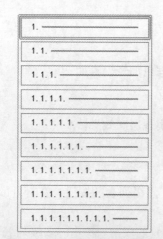

图 1.3.136　更改编号列表级别

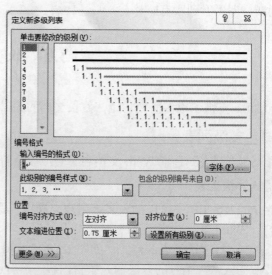

图 1.3.137　"定义新多级列表"对话框

② 在打开的"定义新多级列表"对话框的"单击要修改的级别"列表框中选择要修改的编号级别，这里选择"1"级，在"此级别的编号样式"下拉列表中选择"一，二，三（简）…"选项，在"输入编号的格式"文本框中的"一"左右分别输入"第"和"章"文本。根据需要修改其他级别的列表。

3.6.2　文档导航

Word 2016 特别为长文档增加了"导航"窗格，可以为长文档轻松"导航"。

在 Word 2016 中打开页数比较多的超长文档，在"视图"选项卡的"显示"组中选中"导航窗格"复选框，即可在 Word 2016 编辑窗口的右侧或左侧打开导航窗格。

Word 2016 的文档导航功能的导航方式有标题导航、页面导航、结果导航，可以通过导航窗格的 按钮切换不同的导航方式，通过导航窗格可以轻松查找、定位到想查阅的段落或特定的对象。

1. 标题导航

Word 2016 的"导航"窗格中，单击最左边的"标题"按钮，即可切换到标题导航方式。对于包含有分级标题的长文档，Word 2016 会对文档进行智能分析，并将所有的文档标题在"导航窗格"中按层级列出，只要单击标题，就会自动定位到相关段落。

右击标题，可以从右键菜单中看到丰富的操作功能，如升级、降级、在指定位置插入新标题或者副标题、删除（标题）、选择标题内容、打印标题内容、全部展开、全部折叠、指定显示标题级别等，可以通过它们轻松快速地切换到所需的位置以及调整文章标题内容。此外，还可以用鼠标轻松拖动"导航窗格"中的文档标题，重排文档结构。

2. 页面导航

单击"导航"窗格中间的"页面"按钮，即可将文档导航方式切换到"文档页面导航"，Word 2016 会在"导航"窗格上以缩略图形式列出文档分页，只要单击分页缩略图，就可以定位到相关页面查阅。

3. 结果导航

Word 2016 除了可以文档标题和页面方式进行导航，还可以通过关键词搜索进行导航，单击"导航"窗格上的"结果"按钮，然后在"搜索文档"文本框中输入搜索关键词，"导航"窗格上就会列出包含关键词的导航块，鼠标移到上面还会显示对应的页数和标题，单击这些搜索结果导航块就可以快速定位到文档的相关位置。

3.6.3　封面

在文档中插入系统预设封面的方式：单击"插入"选项卡"页面"组中的"封面"按钮，在下拉列表中选择内置的封面类型，如图 1.3.138 所示。

3.6.4　目录

目录的作用是列出文档中的各级标题及其所在的页码。一般情况下，所有的正式出版物都有一个目录，其中包含书刊中的章、节及各章节的页码位置等信息，方便读者查阅。

Word 一般是利用标题或者大纲级别来创建目录的，因此，在创建目录之前，可以将希望出现在目录中的标题应用了内置的标题样式（标题 1 到标题 9），也可以应用包含大纲级别的样式或者自定义的样式。如果文档的结构性能比较好，创建出合格的目录就会变得非常快速简便。

用 Word 根据文章的章节自动生成目录不但快捷，而且阅读查找内容时也很方便，只要按住【Ctrl】键并单击目录中的某一章节就会直接跳转到该页，更重要的是便于今后修改，因为写完文章难免多次修改，增加或删减内容。倘若用手工给目录标页，一旦中间内容有更改，那么修改后面的目录页码将会非常麻烦。应用自动生成的目录，就可以任意修改文章内容，最后只要更新一下目录就会自动更新目录中的页码。

制作目录的操作步骤如下：

图 1.3.138　插入封面

1. 修改标题的属性

修改方法：右击想要修改的"标题"，选择"修改"命令，打开"修改样式"对话框，如图 1.3.139 所示，可以根据自己的要求自行修改。

2. 把标题1、标题2、标题3分别应用到文中各个章节的标题上

操作方法：将光标定位到想要定义为标题的文字上，单击"开始"选项卡"样式"组中的某个标题。

3. 生成目录

把光标移到文章最开头要插入目录的空白位置，单击"引用"选项卡"目录"组中的"目录"按钮，选择"自定义目录"命令，打开"目录"对话框，如图 1.3.140 所示。

① 显示页码：选中此复选框，表示在目录中每一个标题后面将显示页码。

图 1.3.139 "修改样式"对话框

② 制表符前导符：在此选择标题与页码之间的连接符。

③ 格式：在此选择目录格式。

④ 显示级别：在此选择需要显示的目录级别。

⑤ 选项按钮：修改内建的目录样式。

4. 更新目录

更新方法：在生成的目录右击，从弹出的快捷菜单中选择"更新域"命令，打开"更新目录"对话框，如图 1.3.141 所示，根据需要进行选择。

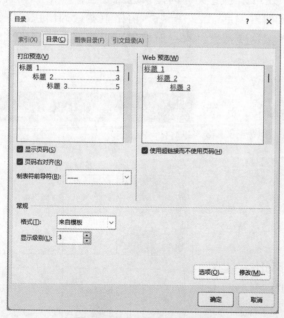

图 1.3.140 "目录"对话框

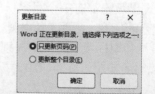

图 1.3.141 "更新目录"对话框

3.6.5 批注与修订

在 Word 2016 中，可以跟踪每个插入、删除、移动、格式更改或批注操作，以便以后审阅所有这些更改。

1. 理解并设置合作工具

在工作组中使用修订审阅功能的一般过程：当作者完成文稿的编辑后，将文档副本发送给其他审阅者进行修改；审阅者修改文稿，然后返还给作者；作者收到修改的文档后，使用审阅功能查看修改并决定是否接受所做的修改。

（1）跟踪对文档的修改

① 单击"审阅"选项卡"修订"组中的"修订"按钮，在下拉列表中选择"修订"命令。

② 快捷键【Ctrl+Shift+E】组合键。

（2）显示或隐藏审阅窗格

"审阅窗格"是一个方便实用的工具，借助它可以确认已经从文档中删除了所有修订，使得这些修订不会显示给可能查看该文档的其他人。"审阅窗格"顶部的摘要部分显示了文档中仍然存在的可见修订和批注的确切数目。

单击"审阅"选项卡"修订"组中的"审阅窗格"按钮，在屏幕左侧查看摘要。若要在屏幕底部而不是左侧查看摘要，可单击"审阅窗格"下拉按钮，选择"水平审阅窗格"命令。

① 按顺序审阅每一项修订和批注：

• 单击"审阅"选项卡"更改"组中的"上一处"或"下一处"按钮。

• 执行下列操作之一：

在"更改"组中，单击"接受"按钮。

在"更改"组中，单击"拒绝"按钮。

在"批注"组中，单击"删除"按钮。

• 接受或拒绝更改并删除批注，直到文档中不再有修订和批注。

为了确保所有的修订被接受或拒绝以及所有的批注被删除，可单击"审阅"选项卡"修订"组中的"审阅窗格"按钮。"审阅窗格"顶部的摘要部分显示了文档中仍然存在的修订和批注的确切数目。

② 一次接受所有更改：单击"审阅"选项卡"更改"组中的"上一处"或"下一处"按钮。单击"接受"下拉按钮，选择"接受所有修订"命令。

③ 一次拒绝所有更改：单击"审阅"选项卡"更改"组中的"上一处"或"下一处"按钮。单击"拒绝"下拉按钮，选择"拒绝所有修订"命令。

④ 按编辑类型或特定审阅者审阅更改：

• 请执行下列操作之一：

单击"审阅"选项卡"修订"组中的"显示标记"下拉按钮。

清除除了要审阅的更改类型旁边的复选框以外的所有复选框。

单击"审阅"选项卡"修订"组中的"显示标记"下拉按钮。

指向"特定人员"，找到要审阅其做出更改的审阅者，清除除了这些审阅者名称旁边的复选框以外的所有复选框。

若要选择或清除列表中所有审阅者的复选框，可选择"所有审阅者"命令。

• 单击"审阅"选项卡"更改"组中的"上一处"或"下一处"命令。

• 请执行下列操作之一：

在"更改"组中，单击"接受"按钮。

在"更改"组中，单击"拒绝"按钮。

（3）批注框的使用

批注是作者或审阅者给文档添加的注释或注解，通过查看批注，可以更加详细地了解某些文字的背景。Word 2016 中插入批注的方法很简单，只要先选择要对其进行批注的文本，或单击文本的末尾处，然后单击"审阅"选项卡"批注"组中的"新建批注"按钮，在批注框或者"审阅窗格"中输入批注文本即可。

（4）锁定修订

单击"审阅"选项卡"修订"组中的"修订"按钮，在下拉列表中选择"锁定修订"命令，打开"锁定跟踪"对话框，此功能可以防止其他作者关闭修订，如图 1.3.142 所示。

图 1.3.142　"锁定跟踪"对话框

2. 批注

修订是跟踪文档变化最有效的手段，通过修订功能，审阅者可以直接对文稿进行修改。但审阅者有时可能不会直接对文档进行修改，而是对文稿提出建议。此时，修订功能就不太适用，需要使用批注功能。

批注功能可以建立起一条文档作者与审阅者之间的沟通渠道，审阅者可以把自己的意见以批注的方式加入到文字或图形，以供作者参考。使用批注就像在纸上手写注解一样，审阅者通过批注加入的声明，不会影响到正文的显示或打印。

（1）批注和脚注、尾注的区别

批注与脚注、尾注的功能虽然都是在文档中加入注释信息，但它们是不同的。

① 脚注、尾注和批注的作用不同：脚注和尾注是直接在文档页面上加入所需的注释信息，它们作为正常的文本加入到文档中。而批注则是审阅者对文档进行批示或评注，以供文档的作者参考，不影响正文的显示和打印。

② Word 对脚注、尾注和批注的处理不同：脚注和尾注的引用、标记、注释文本在页面上是实际存在的，打印时脚注和尾注将与文档正文一起打印；而批注的内容不会在文档页面上显示，只能在批注窗口中查看，而且不能与文档一起打印。

（2）插入批注

在文档中，一般插入的是文字批注，用户既可以插入文字，也可以插入图形。插入批注时，会在文档窗口中插入批注标记，由批注者在批注窗口中输入批注内容。批注内容包括批注者的用户简写和批注编号，并用隐藏文字的方式在文档中显示。批注内容出现在特定的批注窗口内，不会影响文档文本。

插入批注的步骤：

① 选择要对其进行批注的文本或项目，或单击文本的末尾处。

② 单击"审阅"选项卡"批注"组中的"新建批注"按钮。

③ 在批注框或者"审阅窗格"中输入批注文本。

（3）查看和编辑批注

如果批注在屏幕上不可见，可单击"审阅"选项卡"修订"组中的"显示标记"按钮。

① 单击要编辑的批注框的内部。

② 进行所需的更改。

（4）删除批注

常用的方法有以下 2 种：

① 要快速删除单个批注，可右击该批注，选择"删除批注"命令。

② 要快速删除文档中的所有批注，可单击文档中的一个批注。在"审阅"选项卡的"批注"组中单击"删除"下拉按钮，选择"删除文档中的所有批注"命令。

综合训练3-7 与他人合作编辑文档

对文档以修订方式进行审阅修改并适当添加批注。

① 打开文档"综合训练 3-7.docx"，启动修订，将用户名改为 ABC，将修订选项中跟踪移动的源位置和目标位置的颜色均改为蓝色。

综合训练 3-7

　　提示：单击"审阅"选项卡"修订"组中的"修订"按钮，在弹出的下拉列表中选择"修订"命令，突出显示修订（也可使用【Ctrl+Shift+E】组合键）；单击"修订"组中的对话框启动器按钮，打开"修订选项"对话框，单机"更改用户名"，在打开的"Word 选项"对话框中更改用户名为 ABC；单击"高级选项"按钮，在打开的"高级修订选项"对话框的"移动"组设置源位置和目标位置的颜色为蓝色。

② 为第 44 行文字插入批注"建议删除"；将 43 ~ 52 行文字删除；将 65 ~ 76 行文字剪切，粘贴到 27 行；在文档最后新建段落输入文字"作者：文峰"，并设置为五号字。

③ 保存该文档后，将文档另存为"综合训练 3-7 修订 .docx"，开启垂直审阅窗格；接受所有的修订，删除批注并保存。

3.7　综合应用：长文档排版

论文排版是每名高校毕业生都会遇到的，毕业论文设计除了要编写论文的内容外，还要编辑封面、目录、页眉页脚等。论文各部分的字体、字号、间距、段落格式要求各不相同，但总体要求是：得体大方，重点突出，能很好地表现论文内容。本书以本科毕业论文为例介绍论文的排版。

3.7.1　论文基本结构

本科毕业论文一般包括以下几部分：

① 封面（扉页）。

② 原创性声明。

③ 毕业设计（论文）任务书。

④ 中英文摘要及关键词。

论文摘要字数约为 500 ～ 600 字，一般不超过 800 字，是论文内容不加注释和评论的简短陈述，内容应包括：研究工作的目的和意义。表达力求简洁、准确。

关键词是为了文献标引工作从论文中选取出来，用以表示全文主题内容信息款目的单词或术语。若有可能，应尽量用《汉语主题词表》等词表提供的规范词。

⑤ 目录。

⑥ 引言。引言简要说明研究工作的目的、范围、相关领域的前人工作和知识空白、理论基础和分析、研究设想、研究方法和实验设计、预期结果和意义等。引言言简意赅，不要与摘要雷同，不要成为摘要的注释。一般教科书中有的知识，在引言中不要赘述。

本科生毕业论文需要反映出作者确已掌握了坚实的基础理论和一定深度的专业知识，具有开阔的科学视野，对研究方案做了充分论证，因此，有关历史回顾和前人工作的文献综合评论及理论分析等，可以在正文中单独成章，用足够的文字叙述。

⑦ 正文。正文是本科毕业论文的主体，内容可因研究课题性质不同而不同。一般可包括文献综述、理论基础、计算方法、实验方法、经过整理加工的实验结果的分析讨论、见解和推论。要求概念清晰，数据可靠，分析严谨，立论正确，要能反映出学位论文的学术水平。

⑧ 结论。论文的结论是最终的、总体的结论，不是正文中各章小结的简单重复。结论应该观点明确、严谨、完整、准确、精练。文字必须简明扼要。如果不可能导出应有的结论，也可以没有结论而进行必要的讨论。

在结论中可以提出研究设想、尚待解决的问题等。不要简单重复、罗列实验结果，要认真阐明本人在工作中创造性的成果和新见解、在本领域中的地位和作用、新见解的意义，对存在的问题和不足应做出客观的叙述，应严格区分自己的成果与他人（特别是导师的）科研成果的界限。

⑨ 参考文献。参考文献部分在论文中具有重要作用，表明该论文参考了某些有关资料，从而作为评价该论文的依据之一。参考文献只列出作者查阅的主要的和公开发表过的资料，且必须引用原始文献，引用人必须阅读过该文，按正文中引用文献标注顺序，依次列出。原则上要求用文献本身的文字列出。

⑩ 附录。附录是作为论文主体的补充项目，并不是必需的。以下内容可以作为附录编于论文后，也可以另编成册。

⑪ 在学取得成果。

⑫ 致谢。致谢的内容可以包含以下几个方面：

• 国家科学基金、资助研究工作的奖学金基金、合同单位、研究项目资助或支持的企业、组织或个人。

• 协助完成研究工作和提供便利条件的组织或个人。

• 在研究工作中提出建议和提供帮助的人。

• 给予转载和引用权的资料、图片、文献、研究思想和设想的所有者。

• 其他应感谢的组织或个人。

致谢辞应谦虚诚恳，实事求是，主要感谢导师和对论文工作有直接贡献及帮助的人士和单位。学位申请人的家属及亲朋好友等与论文无直接关系的人员，一般不列入致谢的范围。

3.7.2　版面要求

以本校本科毕业论文（设计）版面要求为例，需要 A4 纸纵向打印，页边距上：3.5 cm，下：2.5 cm，左：3.5 cm，右：2 cm，装订线：0.5 cm；装订线位置：左。

论文的封面和原创性声明一般由所在学校统一设定给出。

页眉一般居中设置五号宋体的"** 大学本科生毕业设计（论文）"或者论文的题目；页脚一般居中设置

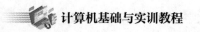

页码，其中目录、摘要及正文的页码一般需要分别单独编号。

3.7.3 格式要求

本科毕业论文正文中又包含不同的章节标题及相应的内容，不同标题的字体、行距和段前段后间距一般有不同的格式要求，以便能够体现出标题的层次。

例如，某校对本科毕业论文的要求为：

① 正文中的一级标题使用黑体四号字、1.5 倍行距、大纲级别 1 级，段后 11 磅，段前分页，二级标题使用黑体小四号字 1.5 倍行距，大纲级别 2 级，三级标题使用加黑宋体小四号字 1.5 倍行距，大纲级别 3 级。

② 论文正文内容使用宋体小四号字，页面行距取 1.5 倍，首行缩进 2 字符，两端对齐。

③ 摘要标题用四号黑体，居中，1.5 倍行距，段后 11 磅，大纲级别 1 级；摘要的内容部分按正文格式设置。关键词标题用小四号宋体加粗，左侧顶格；然后在同一行用小四号宋体书写关键词，各词之间用逗号隔开。结论、参考文献、附录、在学取得成果以及致谢的标题格式与摘要标题格式相同，内容格式与摘要内容格式相同。

④ 目录标题用三号黑体，居中，大纲级别 1 级；目录内容用小四号宋体，左右对齐，中间隔以小圆点，仅显示 3 级标题内容。

⑤ 论文中有关图的规定：

- 图包括曲线图、构造图、示意图、图解、框图、流程图、记录图、布置图、地图、照片、图版等。图应具有"自明性"，即只看图、图题和图例，不阅读正文，就可理解图意。
- 图应编排序号。
- 每一张图应有简短确切的题名，连同图号置于图下。必要时，应将图上的符号、标记、代码以及实验条件等，用最简练的文字，横排于图题下方，作为图例说明。
- 曲线图的纵横坐标必须标注"量、标准规定符号、单位"。此三者只有在不必要标明（如量纲等）的情况下方可省略。坐标上标注的量的符号和缩略词必须与正文中一致。
- 照片图要求主题和主要显示部分的轮廓鲜明，便于制版。如果用放大缩小的复制品，必须清晰，反差适中。
- 设置图片格式的"版式"为"上下型"或"嵌入型"，不得"浮于文字之上"。

6. 论文中有关表的规定：

- 表的编排，一般是内容和测试项目由左至右横读，数据依序竖排。表应有自明性。
- 表应编排序号。
- 每一张表应有简短确切的题名，连同表号置于表上居中。必要时，应将表中的符号、标记、代码以及需要说明事项，以最简练的文字横排于表题下，作为表注，也可以附注于表下，附注多于 1 个时应统一编排序号。表内附注的序号宜用小号阿拉伯数字并加圆括号置于被标注对象的右上角，如 XXX1），不宜用星号"*"，以免与数学上共轭和物质转移的符号相混。
- 表的各栏均应标明"量或测试项目、标准规定符号、单位"。只有在无必要标注的情况下方可省略。表中的缩略词和符号，必须与正文中一致。
- 表内同一栏的数字必须上下对齐。表内不宜用"同上""同左""…"和类似词，一律填入具体数字或文字。表内"空白"代表未测或无此项，"—"或"…"代表未发现，"0"代表实测结果确为零。如数据已绘成曲线图，可不再列表。

综合应用 长文档排版

根据下列要求排版素材文件"综合应用 _ 长文档排版 .docx"。

（1）插入封面

提示：打开文档"综合应用 _ 长文档排版 .docx"，将插入点定位到第一行最左端，单击"插入"选项卡"页面"组中的"空白页"按钮，打开"综合应用 _ 长文档排版 - 封面 .docx"并全选，将内容复制并粘贴到空白页的首行（也可以使用插入对象的方法将封面和声明插入）。

（2）创建样式

提示：选中标题"引言"，根据格式要求设置"字符：黑体、小三、加粗，段落：两端对齐，大纲级别为 1 级，段前 17 磅、段后 17 磅，1.3 倍行距，段前分页"，设置完成后，选中该段落，单击"开始"选项卡"样式"组的样式下拉按钮，从下拉列表中选择"创建样式"命令，在打开的"根据格式化创建新样式"对话框的"名称"文本框中输入"一级标题"，单击"确定"按钮完成样式创建。

用同样的方法设置"二级标题"（字符：黑体、四号、加粗，段落：两端对齐，段前 13 磅、段后 13 磅，大纲级别为 2 级，1.3 倍行距），"论文正文"（字符：宋体、小四，段落：两端对齐，首行缩进 2 字符，段前、段后 0.1 行，1.3 倍行距）样式。

（3）应用样式

提示：选择文档中相应的内容，从样式列表中选择相应的样式单击应用。

（4）插入目录

提示：将插入点定位到正文第一段最左端，单击"插入"选项卡"页面"组的"空白页"按钮，将插入点定位到空白页的首行，输入"目录"，设置格式"字符：黑体、小三、加粗；段落：居中对齐，大纲级别 1 级，段前 17 磅、段后 17 磅，段前分页"。新建段落，单击"引用"选项卡"目录"组中的"目录"按钮，从下拉列表中选择"自定义目录"打开"目录"对话框，如图 1.3.143 所示，在"常规"组选择"来自模板"格式，显示级别选择"2"；单击"选项"按钮，弹出"目录选项"对话框，根据文档内容设置标题样式对应的目录级别，设置完成后单击"确定"按钮插入目录。

图 1.3.143　插入目录

设置目录格式：选择目录内容，设置宋体，小四号字，段前、段后 0.1 行，1.3 倍行距。

（5）插入分节符

提示：在需要单独编排页眉页脚的地方用"分节符（下一页）"进行分隔。如将插入点定位在封面页最后一行，单击"布局"选项卡"页面设置"组中的"分隔符"下拉按钮，从下拉列表中选择"分节符"中的"下一页"。插入完分节符后双击后一节的页眉页脚，从"页眉和页脚工具"功能区的"设计"选项卡"导航"组中单击"链接到前一条页眉"，此时即可实现不同节进行不同页眉页脚设计。文档中原则上不出现任何无用空行，所有分页均应使用"分页符"或"分节符（下一页）"完成。

（6）设置页眉页脚

提示：双击页眉页脚位置进入编辑状态，封面不需要页眉页脚，所以设置封面时要选择"首页不同"；封面以外的页面页眉奇数页为"中共中央关于认真学习宣传贯彻党的二十大精神的决定"，偶数页页面为"认真学习宣传贯彻党的二十大精神"；文中插入页码，其中目录的页面使用罗马数字 I，II，III……，正文页面的页码使用数字 1，2，3……样式。

（7）保存文档，最终效果如图 1.3.144 所示。

图 1.3.144　长文档排版结果

习　　题

一、选择题

1. 在 Word 的编辑状态，文档窗口显示出水平标尺，拖动水平标尺上沿的"首行缩进"滑块，则_____。

　　A. 文档中各段落的首行起始位置都重新确定

　　B. 文档中被选择的各段落首行起始位置都重新确定

　　C. 文档中各行的起始位置都重新确定

　　D. 插入点所在行的起始位置被重新确定

2. 进入 Word 的编辑状态后，进行中文标点符号与英文标点符号之间切换的快捷键是_____。

　　A. Shift+ 空格　　　　　　　　　　　　B. Shift+Ctrl

　　C. Shift+ Ctrl+ 空格　　　　　　　　　D. Ctrl+ 空格

3. 在 Word 的编辑状态，选择了文档全文，若在"段落"对话框中设置行距为 20 磅的格式，应当选择"行距"列表框中的_____。

　　A. 单倍行距　　　　　　　　　　　　　B. 1.5 倍行距

　　C. 固定值　　　　　　　　　　　　　　D. 多倍行距

4. Word 中的"格式刷"可用于复制文本或段落的格式，若要将选中的文本或段落格式重复应用一次，应_____。

　　A. 单击"格式刷"　　　　　　　　　　B. 双击"格式刷"

　　C. 右击"格式刷"　　　　　　　　　　D. 拖动"格式刷"

5. 在 Word 中，有关表格的操作，以下_____是不正确的。

　　A. 文本能转换成表格　　　　　　　　　B. 表格能转换成文本

　　C. 文本与表格可以相互转换　　　　　　D. 文本与表格不可以相互转换

二、填空题

1. 通常 Word 2016 文档文件的扩展名为_____。

2．在 Word 编辑状态输入文本时，每按一次【Enter】键，则产生一个_____标记。

3．在 Word 编辑状态，若将当前文档以一个新文件名存在磁盘上，应单击"文件"选项卡，在弹出的菜单中选择_____命令。

4．在 Word 文档编辑中，段落的对齐方式可以有左对齐、右对齐、_____对齐、两端对齐和分散对齐 5 种方式。

5．Word 数据处理状态有插入状态和替换状态两种，插入状态和替换状态转换通过按键盘上的_____键来实现。

三、简答题

1．选取文本有几种方式？

2．在 Word 2016 中创建表格有哪些方法？

3．如何复制文档中的字符格式？

4．Word 2016 中输入项目符号的方法有哪些？

5．简述邮件合并的过程。

第4章
电子表格处理软件 Excel 2016

内容提要

本章主要介绍Excel 2016电子表格软件的使用。具体包括以下几部分：
- Excel 2016的介绍及基本操作。
- 工作表格式的设置。
- Excel中的公式与函数的使用。
- 数据处理，包括排序、筛选和分类汇总等。
- 图表处理，包括创建和编辑图表，数据透视表及数据透视图。

学习重点

- 掌握自动填充功能及操作。
- 掌握数据完整性的设置操作。
- 掌握单元格格式的设置，特别是条件格式的设置。
- 掌握单元格的引用、公式的复制、常用函数的使用。
- 掌握数据列的排序、筛选。
- 掌握数据的分类汇总。
- 掌握图表的创建及编辑。

4.1 初识 Excel 2016

Excel 2016 是 Microsoft Office 2016 的一个组件，是非常出色的一款电子表格软件，利用它可以进行各种数据的处理、统计分析和辅助决策操作，广泛地应用于管理、统计、财经、金融等众多领域。

在学习 Excel 2016 之前，首先了解并熟悉它的界面，以掌握各组成部分及每个组成部分中所包含的内容和功能。

4.1.1 Excel 2016工作界面

双击桌面上的 Excel 2016 快捷图标或选择"开始"→"Excel 2016"命令启动 Excel 2016，即可打开其窗口界面，如图 1.4.1 所示。

与 Word 2016 一样，Excel 2016 的界面也分为功能区和工作区，功能区也是由功能选项卡与选项卡中的功能组构成。常用的功能选项卡有文件、开始、插入、页面布局、公式、数据、审阅、视图等。工作区包含了多个元素，最大区域为工作表编辑区。工作表编辑区由行、列、单元格、工作表标签和滚动条组成。工作表中可以输入不同类型的数据，是最大的数据区域。每个工作表都有一个标签，称为工作表标签，标签区位于工作表编辑区的底部，用于显示工作表的名称。

工作表编辑区的上方有名称框、插入函数按钮和编辑栏。工作表编辑区的下方为窗口的状态栏，用于显示当前的编辑情况和页面显示比例等。状态栏的右侧为页面显示控制区，包括视图模式和比例显示、缩放等。

Excel 中提供了多种视图方式以满足不同操作的需要。Excel 2016 的视图主要有普通视图、页面布局视图和分页预览视图等。图 1.4.1 所示的视图模式按钮可以实现普通、分页预览和页面布局之间的切换，还可以通过"视图"选项卡"工作簿视图"组中的按钮来实现切换，如图 1.4.2 所示。

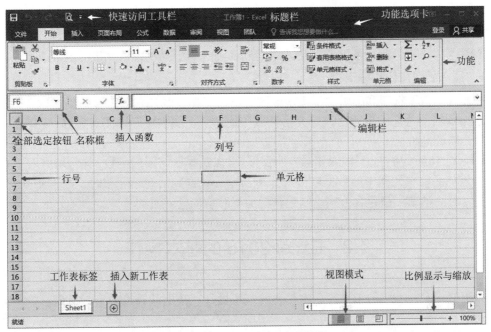

图 1.4.1　Excel 2016 窗口界面

图 1.4.2　"视图"选项卡

图 1.4.3　"显示比例"对话框

工作表的缩放级别随着"缩放"滑块的拖动而改变。单击"缩放"左右的加、减按钮也可以实现缩放。也可以单击"视图"选项卡"显示比例"组中的"显示比例"按钮，打开"显示比例"对话框进行设置，如图 1.4.3 所示。

4.1.2　Excel 2016的基本概念与术语

为了方便用户使用 Excel 2016，这里简要介绍 Excel 中常用的一些概念与术语。

1. 工作簿

在 Excel 中用于保存数据信息的文件称为工作簿。一个工作簿中，可以有多个工作表，Excel 2016 默认情况下包含 1 张工作表。工作簿的默认名称为"工作簿 n"，如工作簿 1，工作簿文件默认扩展名为".xlsx"。

2. 工作表

在 Excel 中，工作表是用于存储和处理数据的主要文档，也被称为电子表格。它由若干行、若干列组成。

工作表的默认名称为 Sheet n，如 Sheet1。工作表标签用于显示工作表的名称和工作表之间的切换。单击某工作表标签即可切换到此工作表；右击工作表标签，还可以对工作表重命名、复制等操作。虽然一个工作簿由多个工作表组成，但是同一时刻，用户只能对一张工作表进行编辑与处理。

3. 行、列

一个工作表区域中最多可以有 1 048 576 行、16 384 列。用数字标识每一行，单击行号可选中整行。用字母标识每一列，单击列号可选中整列。

4. 单元格及其地址

工作表区域内一行一列交叉处的小方格称为单元格，它是组成工作表的最小单位。习惯上把当前选中的单元格或单元格区域称为活动单元格，有黑色粗线边框。而活动单元格右下角的黑色小方块，称为填充柄或填充句柄。当鼠标指向填充柄时会变成黑色十字形，拖动它可实现快速填充数据。

在 Excel 中，每一个单元格对应一个单元格地址（或称为单元格名称），由列号与行号表示。例如，B2 表示 B 列第 2 行交叉处的单元格。若选中此单元格，则在名称框中显示该单元格的地址 B2。

5. 名称框、插入函数按钮和编辑栏

名称框、"插入函数"按钮和编辑栏位于功能区之下、工作表区域之上，参见图 1.4.1。

名称框用于指示当前选定的单元格或单元格区域（地址）、图表项和绘图对象等。若没有特殊定义，则显示当前活动单元格的地址。

单击"插入函数"按钮，将打开"插入函数"对话框，可以选择所需要的函数，详情可查看公式与函数章节。

编辑栏用于显示活动单元格中的数据或公式。每当输入数据到活动单元格时，数据将同时显示在编辑栏和活动单元格中。若活动单元格包含公式，则编辑栏显示对应的公式。

4.2 Excel 2016 的基本操作

本节主要介绍 Excel 2016 中的工作簿、工作表的基本操作，数据的录入编辑，行列、单元格的常用操作，数据的完整性操作等。

4.2.1 工作簿的常用操作

要对 Excel 文件进行编辑操作，首先应掌握其创建方法。同样，为了便于操作和提高工作效率，Excel 2016 除继承以往版本的创建方法外，还新增了更快捷的方法。

1. 创建工作簿

从"开始"菜单启动 Excel 2016，将自动创建一个名为"工作簿 1"的新工作簿。

若已经启动 Excel 2016，需要另外新建工作簿时，可以选择"文件"→"新建"命令，如图 1.4.4 所示。此时双击"空白工作簿"可创建一个新的工作簿。

另外，按【Ctrl+N】组合键自动创建新的工作簿。新建的工作簿将自动以工作簿 1、工作簿 2……的默认顺序为其命名。

图 1.4.4　新建工作簿

2. 保存工作簿

对于新创建的或已有的工作簿进行修改后，需要及时手动保存，或设置间隔时间自动保存，从而防止计算机系统故障引起的数据丢失问题。

（1）保存新建工作簿

选择"文件"→"保存"命令或按【Ctrl+S】组合键，或单击"快速访问工具栏"中的"保存"按钮，打开"另

存为"窗口，如图 1.4.5（a）所示。在该界面中单击"浏览"按钮，打开"另存为"对话框，选择保存路径，如"本地磁盘 F:\计算机基础 2016 版 Office\顾玲芳\图"，并在"文件名"文本框中输入名称"在校期间各科成绩表"，如图 1.4.5（b）所示，单击"确定"按钮。

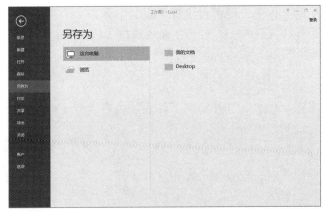

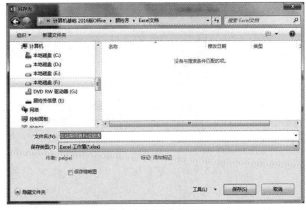

（a）"另存为"窗口　　　　　　　　　　　　　　　　　（b）"另存为"对话框

图 1.4.5　保存新建工作簿

（2）保存已有的工作簿

保存已有的工作簿与保存新建工作簿的方法相同，保存路径、文件名、文件类型与原文件的设置相同。若需要对工作簿重新命名或者更改保存路径时，可选择"文件"→"另存为"命令来实现。

（3）设置自动保存

Excel 中设置自动保存方式与 Word 2016 相同。只需选择"文件"→"选项"命令，打开"Excel 选项"对话框，如图 1.4.6 所示。在该对话框中选择"保存"选项，选中"保存自动恢复信息时间间隔"复选框，修改其后文本框内的时间，如设置为 10，单击"确定"按钮即可实现每 10 分钟后台自动保存工作簿。

图 1.4.6　"Excel 选项"对话框

3. 关闭工作簿

工作簿的创建或编辑及保存工作完成后，即可关闭工作簿。

通常，可利用下列方法来关闭工作簿：

① 直接单击窗口右上角的"关闭"按钮。

② 选择"文件"→"关闭"命令或"关闭"按钮。

③ 右击工作簿窗口的标题栏，选择"关闭"命令。

④ 直接按【Alt+F4】组合键关闭工作簿。

4. 打开工作簿

当用户想要对创建并保存了的 Excel 工作簿进行重新编辑或修改时，可以打开该工作簿。

① 直接打开指定文档：在本地计算机上双击文件夹中的工作簿，即可直接打开此工作簿。

② 通过现有文档打开其他文档：在工作簿窗口中，选择"文件"→"打开"命令或按【Ctrl+O】组合键，单击"浏览"按钮，在打开的"打开"对话框中选择要打开的工作簿，单击"打开"按钮即可。

4.2.2 工作表的常用操作

在实际操作过程中，用户面对的是工作簿中一张或多张工作表。工作簿与工作表的关系类似于书与书中的页。以下介绍对工作表的常用操作。

1. 选定工作表

一个工作簿包括多张工作表，要在工作表中进行某项操作时，应首先选定相应的工作表，使其成为当前工作表，用户可以一次选定一张工作表，也可以选定多张工作表。

（1）选定一张工作表

在打开的工作簿中，单击工作表标签，即可选定相应的一张工作表，如单击标签 Sheet3，则选定 Sheet3 工作表，如图 1.4.7 所示。

（2）选定多张工作表

用户可以选定多张工作表使其成为"工作组"，在选定工作表时可以选定相邻的多张工作表，也可以选定不相邻的多张工作表。

要选定相邻的多张工作表，首先应选定第一张工作表标签，然后在按住【Shift】键的同时，单击要选定的最后一张工作表标签，此时，将看到在活动工作表的标题栏上出现"工作组"字样，如图 1.4.8 所示。

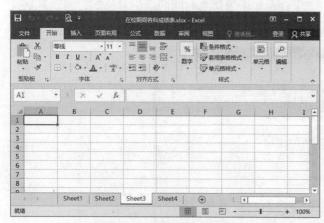
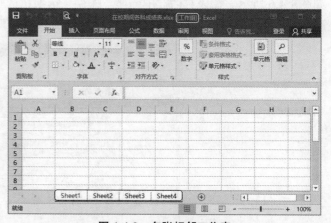

图 1.4.7 选定一张工作表　　　　　　　　　　　图 1.4.8 多张相邻工作表

单击要选定的第一张工作表标签，然后在按住【Ctrl】键的同时，依次单击要选定的工作表标签即可选中不相邻的多张工作表。

（3）选定全部工作表

右击任意一张工作表标签，选择"选定全部工作表"命令，即可选中当前工作簿中的全部工作表。

2. 更改工作表数量

Excel 2016 默认情况下，一个工作簿中只有 1 张工作表，在实际工作中，用户可根据需要插入和删除工作表。另外，用户还可更改默认的工作表数量。

（1）添加工作表

方法一：单击工作表标签即确定插入位置，如 Sheet1，然后单击"开始"选项卡"单元格"组中的"插入"下拉按钮，在下拉列表中选择"插入工作表"命令，如图 1.4.9（a）所示。此时，可以在 Sheet1 工作表的左侧插入一个新的工作表 Sheet5，如图 1.4.9（b）所示。

（a）选择"插入工作表"命令

（b）"插入工作表"效果

图 1.4.9　添加工作表

方法二：单击工作表标签右侧的"新工作表"按钮，即在最右侧工作表的右侧插入一张新的工作表。

方法三：右击某工作表标签，选择"插入"命令 [见图 1.4.10（a）]，在打开的"插入"对话框中选择"常用"选项卡中的"工作表"选项，单击"确定"按钮，即可在该工作表的左侧插入一新的工作表，如图 1.4.10（b）所示。

（2）删除工作表

方法一：右击要删除的工作表的标签，在弹出的快捷菜单 [见图 1.4.10（a）] 中选择"删除"命令即可删除此工作表。

方法二：单击要删除的工作表的标签，然后单击"开始"选项卡"单元格"组中的"删除"下拉按钮，在下拉列表中选择"删除工作表"命令（见图 1.4.11），即可删除工作表。

（a）选择"插入"命令

（b）"插入"对话框

图 1.4.10　添加工作表

图 1.4.11　删除工作表

（3）更改默认的工作表数量

用户可以设置默认的工作表数量，当再次创建新的工作簿时，工作表的数量就会改变。

选择"文件"→"选项"命令，在打开的"Excel 选项"对话框中选择"常规"选项，在"新建工作簿时"区域中"包含的工作表数"微调框中输入合适的工作表数量，单击"确定"按钮即可，如图 1.4.12 所示。

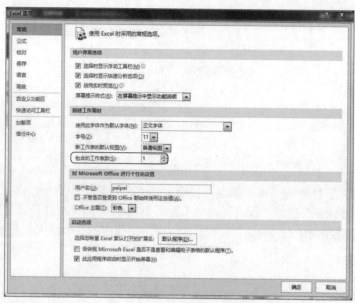

图 1.4.12　更改工作表数量

3. 重命名工作表标签

右击要重命名的工作表标签，在弹出的快捷菜单中选择"重命名"命令 [见图 1.4.10（a）]，进入工作表标签的编辑状态，此时该工作表标签呈高亮显示，输入新的工作表名称，然后按【Enter】键即可。

4. 移动或复制工作表

（1）移动工作表

选定要移动的工作表，按下鼠标左键，拖动鼠标至合适的位置后松开鼠标即可。或右击要移动的工作表标签，在弹出的快捷菜单中选择"移动或复制…"命令，在打开的"移动或复制工作表"对话框中选择目标工作簿，并设置工作表的粘贴位置，然后单击"确定"按钮，如图 1.4.13 所示。

（2）复制工作表

复制的工作表的名称是由 Excel 自动命名的，其规则是在原工作表名后加上一个带括号的标号，如原工作表名为 Sheet1，则第一次复制的工作表名为 Sheet1(2)，第二次复制的工作表名为 Sheet2(3)，依次类推。

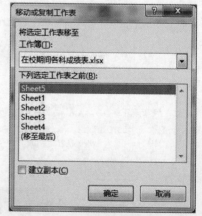

图 1.4.13　"移动或复制工作表"对话框

选定要复制的工作表，按下【Ctrl】键的同时按下鼠标左键，拖动鼠标至合适的位置后松开鼠标即可。或右击工作表标签，选择"移动或复制"命令打开"移动或复制工作表"对话框，选中"建立副本"复选框，单击"确定"按钮，即可复制工作表。

5. 隐藏与取消隐藏工作表

用户在进行数据处理时，有些数据存放于特殊的工作表中，这些数据不需要修改，为了避免操作失误，用户可以将该工作表隐藏起来。若要查看也可恢复该工作表。

若要隐藏工作表，则右击要隐藏的工作表标签，在弹出的快捷菜单中选择"隐藏"命令即可将工作表隐藏。

若要取消被隐藏的工作表，可在任意一张工作表标签上右击，在弹出的快捷菜单中选择"取消隐藏"命令，然后在打开的对话框中选择要取消隐藏的工作表的名字即可以完成取消隐藏。

4.2.3　数据录入与编辑

双击单元格，进入单元格的编辑状态即可输入数据，或者先定位单元格使要输入数据的单元格成为活动单元格，然后在编辑栏中输入数据。

单元格中的数据可以为不同的类型，主要有文本型、数值型和日期时间型 3 种，另外还有公式、函数、错误值（#Ref!，#Value! 等）、逻辑值（True 和 False）等。

1. 文本

输入单元格的字符，除了数字、日期、时间、公式和逻辑值外，都默认为文本型数据，且不区分大小写。默认情况下，文本型数据在单元格中的对齐方式为左对齐。

输入文本数据之后，按【Enter】键以确认输入的内容。如果要取消刚才输入或修改，则按【Esc】键。

对于身份证号、银行账号、以 0 开头的编号等数据，虽然是纯数字数据，但是，如果直接输入，Excel 会自动按数值数据处理，从而不能正确显示。解决的方法之一：先输入一个英文单引号，再输入身份证号、银行账号或者编号，Excel 就会按文本数据处理。第二种解决方法：先将单元格设置为文本型的格式，然后再输入内容，如图 1.4.14 中的 F2 单元格所示。

当输入的文本长度超出单元格宽度时，若其右侧单元格无内容，则会扩展到右侧的单元格；若右侧单元格有内容，则该单元格的内容会被截断显示。

▲	A	B	C	D	E	F	G	H	I
1		学号	姓名	性别	出生年月	身份证号	高考成绩	国籍	
2		491001985	中华	男	1949年10月	123456194910010010	628	中华人民共和国	
3									
4		特殊字符	分数3/8	日期1	日期2	日期3	时间		
5		§	3/8	3月8日	2021年3月8日	2021-03-08	10:01		

图 1.4.14　不同类型数据的输入与显示

2. 数值

数值型数据是由 0 ~ 9、+、−、E、% 和小数点等特殊字符组成的串。默认情况下，数值型数据在单元格中的对齐方式为右对齐。数值数据可以以不同的格式显示，如整数、小数、分数、百分比、科学计数和货币型等。Excel 2016 的单元格中默认显示 11 位有效数字，如果输入的数值位数超过 11 位，将用科学计数法显示该数值。

对于分数类型的数值，若直接在单元格中输入 "3/8"，则 Excel 会自动将其识别为日期，即 3 月 8 日，如图 1.4.14 中的 D5 单元格所示。若想在单元格中输入 "3/8" "$12\frac{3}{4}$" 这样的分数，该如何处理？其实方法很简单，要表示像 "3/8" 这样的分数时，只需输入 "0 3/8" 即可，注意数字 0 与 3 之间有一个空格，如图 1.4.14 中的 C5 单元格所示。而要表示 "$12\frac{3}{4}$" 这样的分数，道理也是一样，输入 "12 3/4" 即可，12 与 3 之间有一个空格。

3. 日期时间

日期时间型数据分为日期型数据和时间型数据。

输入日期时，使用 "/" 或 "-" 来分隔日期中的年、月、日。如果省略年份，则 Excel 以本地计算机的日期时间属性中的年份作为默认值。

例如，输入 "2021/3/8" "2021-03-08" 显示效果如图 1.4.14 中的 E5、F5 单元格所示。

而日期的显示格式是多种多样的，可以是年月日，或月日年，或日月年等，可以通过 "设置单元格格式" 对话框来设置格式。

输入时间的方法与输入日期的方法类似，以冒号 "：" 来分隔时间中的时、分、秒，如图 1.4.14 中的 G5 单元格所示。一般以 24 小时格式表示时间，若要以 12 小时格式表示，需要在时间后加上 A（AM）或 P（PM）。A 或 P 与时间之间要空一格。

按【Ctrl+；】组合键输入当天日期。按【Ctrl+Shift+；】组合键输入当前时间。在同一单元格中可以同时输入时间和日期，但彼此之间要空一格。

4.2.4　自动填充

当要输入重复的或者有规律的数据或序列时，可以使用自动填充功能来提高工作效率。而自动填充一般根据初始值决定后续的填充值。

1. 填充方法

Excel 提供了两种方式实现自动填充。用填充柄实现快速填充：将鼠标指针指向要复制数据的单元格右下角的填充柄（鼠标指针变成十字），按住左键拖过要填充的单元格即可。也可以用"序列"对话框来实现。

（1）对话框方式

选择有数据的单元格及欲填充的单元格区域，单击"开始"选项卡"编辑"组中的"填充"按钮，在弹出的下拉列表中选择"序列"命令 [见图 1.4.15（a）]，打开"序列"对话框 [见图 1.4.15（b）]，然后在"序列"对话框中进行相关序列的填充。

如在 A1:A8 单元格区域填充 1 ~ 13 之间的奇数，则可以在 A1、A2 单元格中输入数字 1 和 3，选中 A1:A8 单元格区域，然后通过上述方式打开"序列"对话框，设置步长为 2，终止值为 13，如图 1.4.15（b）所示，单击"确定"按钮后结果如图 1.4.15（c）所示。

（a）选择"序列"命令

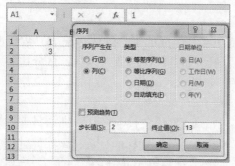

（b）"序列"对话框

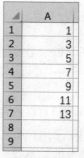

（c）填充结果

图 1.4.15　对话框方式自动填充

（2）填充柄方式

选中有初始值的单元格，然后将鼠标指向活动单元格右下角的填充柄，即光标变为黑色十字形 ＋ 时，拖动填充柄至需要填充的目标单元格，或者直接双击填充柄即可完成填充。

自动填充一般规则：当选中单元格内容为纯字符、纯数字或者公式时，填充相当于复制；当选中单元格内容为文字数值混合时，填充时文字不变，数字递增；如果有连续的单元格存在等差、等比关系时，则按相应关系填充，但按【Ctrl】键拖动鼠标时则始终是复制。

2. 填充相同的数据

最简便的方法是在单元格中输入数据后，拖动填充柄至目标单元格后释放鼠标，即可完成相同数据的填充。

例如，在 A1 单元格中有文本型数据"学习党的二十大精神"，拖动右下角的填充柄至 A11 单元格 [见图 1.4.16（a）]，则 A2:A11 单元格区域都会自动填充上相同的文本数据"学习党的二十大精神"，如图 1.4.16（b）所示。

3. 填充有规律的数据

这里有规律的数据是指等差、等比、系统预定义的数据填充系列以及用户自定义的新序列等。

只要初始值给定，一般拖动填充柄即可完成有规律数据的录入。例如，若 E1、E2、F1、F2、G1 和 G2

单元格中分别有符号 A、B、乙、丙、星期五和星期六 [见图 1.4.17（a）]，选中 E1:G2 单元格区域，并拖动填充柄至 G7 单元格，每列填充的数据将呈现该列前两个单元格数据的规律，如图 1.4.17（b）所示。

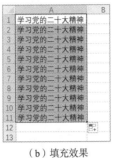

（a）填充柄填充方式　　（b）填充效果

图 1.4.16　填充柄方式复制数据

（a）填充柄填充方式　　（b）填充效果

图 1.4.17　填充柄方式填充规律数据

上述"甲乙丙丁…"和"星期一"等为系统预定义序列，Excel 中提供了一些常用的序列。选择"文件"→"选项"命令打开"Excel 选项"对话框，在打开的对话框中选择"高级"选项，如图 1.4.18（a）所示，单击右侧"常规"选项组中的"编辑自定义列表"按钮打开"自定义序列"对话框 [见图 1.4.18（b）]，即可看到系统预定义的数据填充系列，包含常用的中英文月份、星期、天干地支等，都可以直接使用这些序列进行填充。如果要自定义序列，只需选中"新序列"选项，然后在"输入序列"编辑框中输入各条目，并按【Enter】键分隔，单击"添加"按钮即可将新序列添加到系统中。

对于系统中已有的序列，只需数据序列中的某一数据，如上述"乙、丙""星期五、星期六"，拖动填充柄至目标单元格后释放鼠标，即可完成序列填充，如图 1.4.17（b）所示。

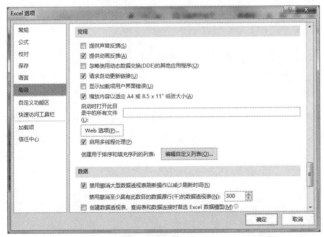

（a）"Excel 选项"对话框　　　　　　　（b）"自定义序列"对话框

图 1.4.18　自定义序列

在 H1:H8 单元格区域填充直辖市名称，并按照顺序"北京市""天津市""上海市""重庆市"来输入。

（1）添加序列到系统：打开在"自定义序列"对话框，如图 1.4.19（a）所示，选中"新序列"选项，然后在"输入序列"编辑框中按照要求顺序输入各条目，并按【Enter】键分隔，单击"添加"按钮，单击"确定"按钮。

（2）完成填充：在 H1 单元格中输入"北京市" [见图 1.4.19（b）]，拖动填充柄至 H8 单元格，即可完成此序列的填充，如图 1.4.19（b）所示。

4. 填充格式

以上讲述的都是内容的填充，在 Excel 中也可以只填充格式。

若要求利用自动填充的方法将 A11:H20 单元格区域间隔行填充黄色底纹，只需先设置 A11:H11 单元格区域的底纹为黄色 [见图 1.4.20（a）]，然后选中单元格区域 A11:H12，再拖动填充柄至 H20 单元格，即可完成底纹的间隔填充，效果如图 1.4.20（b）所示。

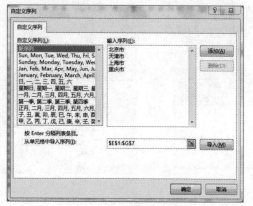

（a）添加序列

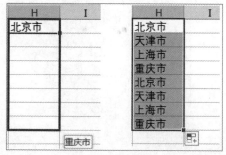

（b）填充方式

图 1.4.19　自定义序列填充

（a）设置间隔底纹

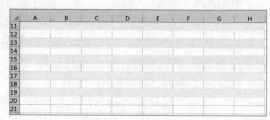

（b）填充效果

图 1.4.20　填充单元格格式

4.2.5　复制与粘贴

在 Excel 中，复制的功能除了可以复制内容外，还可以"复制为图片"。粘贴的功能更强大，除了最为大家所熟悉的粘贴内容外，还可以进行"选择性粘贴"，只粘贴得到需要的内容。复制内容后，选择需要粘贴内容的单元格，再单击"开始"选项卡"剪贴板"组中的"粘贴"下拉按钮，然后选择"粘贴"选项中的相应内容，如数值、格式等，即可完成选择性粘贴，如图 1.4.21（a）所示。或者选择下方的"选择性粘贴…"命令，或右击在弹出的快捷菜单中选择"选择性粘贴"命令，在打开的"选择性粘贴"对话框进行有选择的粘贴，如图 1.4.21（b）所示。

（a）粘贴选项

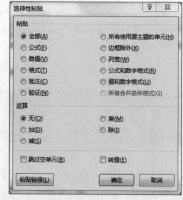

（b）"选择性粘贴"对话框

图 1.4.21　选择性粘贴

选择性粘贴是一个非常实用的功能。下面针对"选择性粘贴"对话框的常用选项，即粘贴方式进行简单的说明介绍：

①粘贴"全部"：粘贴全部内容，包括内容、格式等，相当于直接粘贴，也等同于组合键【Ctrl+V】的功能。

②粘贴"公式"：粘贴公式，不粘贴格式、公式的结果等。若公式中含有单元格引用，则公式将根据所

用单元格引用类型而变化。如果要使单元格引用保持不变，请使用绝对引用。

③ 粘贴"数值"：粘贴文本。仅粘贴原数据的数值，不粘贴原数据的格式。如果复制的单元格中含有公式，则选择粘贴"数值"只会粘贴公式计算后的结果到目标单元格中，并不覆盖目标单元格原有的格式。

④ 粘贴"格式"：粘贴格式，相当于"格式刷"的功能，不能粘贴单元格的有效性。

⑤ 粘贴"批注"：粘贴原单元格的批注内容，且不改变目标单元格的内容和格式。

⑥ 粘贴"有效性验证"：将原单元格的数据有效性规则粘贴到目标单元格，只粘贴有效性规则内容，其他保持不变。

⑦ 运算方式：在运算方式上，选择性粘贴就是把赋值的原单元格区域内的值，与目标区域内的值做加、减、乘、除运算，将得到的结果放在目标区域。

技巧：如何将文本格式的数据转换为数字格式。若某单元格区域的数字已设成文本格式，无法对其进行加减，可在某空白单元格输入数值1，并复制此单元格，再选定目标区域，在"选择性粘贴"对话框的"运算"中选择"乘"单选按钮，即可将文本格式的数据转换为数字格式。另外，用除1或加减零都可进行转换。同理，使用"选择性粘贴→乘"的功能将单元格区域的数值转换正负号，将以元为单位的报表转换为以千元或万元为单位是非常方便的。下面的例题只演示乘法，其余运算类推。

⑧ 特殊处置：

- 跳过空单元：当复制的原单元格区域内有空单元格，而目标单元格区域中对应单元格中有值时，"跳过空单元"功能不会用空单元格替换目标单元格的值。
- 转置：转置复制是将原数据行变列，列变行。原区域的顶行数据将显示在目标区域的最左列，而原区域的最左列将显示在目标区域的顶行，即行列互换，同数学中矩阵的转置概念。

【例4-1】选择性粘贴。

将图 1.4.22 所示的 B5:E7 单元格区域的数据扩大为原来的 3 倍，并将结果进行行列互换放置在以 B9 为起始单元格的位置。

操作步骤如下：

① 确定倍数：此处要求扩大为原来的 3 倍就可以利用"选择性粘贴"对话框中的"运算"功能。首先在此单元格区域外的任意单元格，如 F2 单元格中输入数值 3，复制 F2 单元格。

② 扩大倍数：选定 B5:E7 单元格区域，在"选择性粘贴"对话框的"运算"选项组中选中"乘"单选按钮，则 B5:E7 单元格区域的文本数据就转成数值格式，如图 1.4.23 所示。

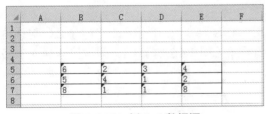

图 1.4.22　例 4-1 数据源

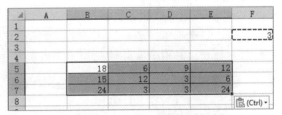

图 1.4.23　扩大 3 倍的效果图

③ 行列互换操作：选定 B5:E7 单元格区域，复制此单元格区域，再选择 B9 单元格，右击，在弹出的快捷菜单中选择"选择性粘贴"命令，打开"选择性粘贴"对话框，选中"转置"复选框，效果如图 1.4.24 所示。

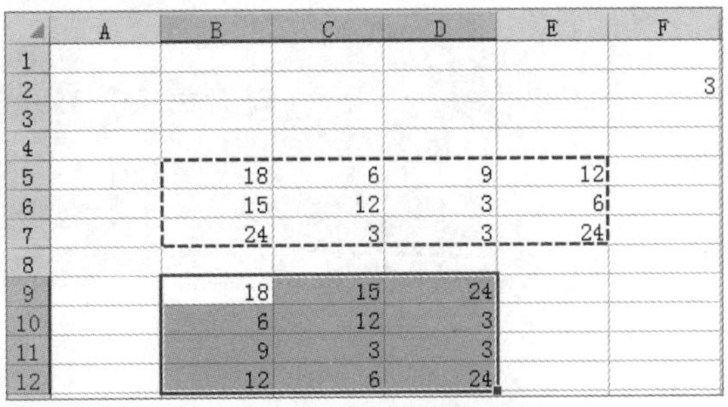

4.2.6　区域与表格

1. 区域和表格的区别

区域指的是工作表上的多个单元格，其中的单元格可以相邻或不相邻，而为了使数据处理更加简单，可以在工作表上以表格的形式组织数据。表格除了提供计算列和汇总行外，还提供简单的筛选功能。

图 1.4.24　转置后的效果图

值得注意的是，Excel 中所指的表格与平时生活中泛指的表格并不属于同一个概念，读者需要加以区分。很多读者认为打开 Excel 后输入一些数据，加上边框汇总行之类的格式或公式就是一个表格，其实不然。例如，在图 1.4.25 中 A1:D8 所显示的只是一个由若干个单元格组成的区域。

而表格则不同，在创建完表格后，虽然从外观上看和区域差别不大，但单击表格中的任意位置，会出现"表格工具"选项区，在其中的"设计"选项卡中可以对表格进行一些样式的设置，如图 1.4.26 所示。选中"表格样式选项"组中的"汇总行"复选框来添加一个汇总行，使用汇总行中单元格下拉列表中提供的函数（见图 1.4.27），可以快速汇总 Excel 表格中的数据。

图 1.4.25 "区域"示例

图 1.4.26 "表格"示例

图 1.4.27 汇总行单元格下拉列表示意图

2. 区域转表格

区域转表格的方法有两种：

（1）以默认表格样式插入表格

单击"插入"选项卡"表格"组中的"表格"按钮[见图 1.4.28（a）]，在打开的"创建表"对话框中，设置表数据的来源，并根据实际情况勾选"表包含标题"复选框[见图 1.4.28（b）]，即可快速插入表格。

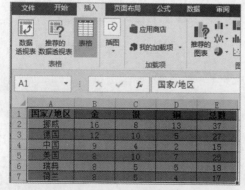

（a）单击"表格"按钮

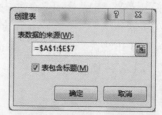

（b）"创建表"对话框

图 1.4.28 创建表格

（2）以所选样式插入表格

单击"开始"选项卡"样式"组中的"套用表格格式"按钮，将数据的格式设置为表格。

3. 表格转区域

在创建表格之后，如果不想继续使用表格功能来处理其中的数据，则可以将表格转换成数据区域，同时保留所应用的表格样式。可单击表格任意位置，并单击"表格工具 - 设计"选项卡"工具"组中的"转换为区域"按钮，即可将表格转换为工作表上的数据区域，如图 1.4.29 所示。

图 1.4.29　"转换为区域"

4.2.7　行列的常用操作

行列的常用操作包括选定、插入、删除行和列；还包括设置行高和列宽。

1. 选定

如果需要操作工作表中的一整行或一整列，就需要选择整行、整列。

将鼠标移动到行号处，当鼠标指针变成向右的黑色箭头形状（ ➡ ）时单击，即可选中该行；将鼠标移动到列标处，当鼠标指针变成向下的黑色箭头形状（ ⬇ ）时单击，即可选中该列。按住鼠标左键在要选取的行号或列标上拖动，即可选中多行或多列。

另外，要选择整张工作表时，直接单击行号与列标交叉处的"全部选定"按钮即可。

2. 插入

如果需要在第 2 行和第 3 行之间插入一个空白行。先选中第 3 行再右击，在弹出的快捷菜单中选择"插入"命令，或者单击"开始"选项卡"单元格"组中的"插入"下拉按钮，在弹出的下拉列表中选择"插入工作表行"命令，如图 1.4.30 所示。如果要插入一个空白列，操作相似，这里不再赘述。

（a）插入 / 删除命令　　　　（b）"插入"下拉列表　　　（c）"删除"下拉列表

图 1.4.30　插入与删除

3. 删除

先选中要删除的行或列再右击，在弹出的快捷菜单中选择"删除"命令，如图 1.4.30（a）所示。或者单击"开始"选项卡"单元格"组中的"删除"下拉按钮，在下拉列表中选择"删除工作表行"命令，如图 1.4.30（c）所示。

4. 隐藏与取消隐藏

有时，对于一些重要的数据行或列需要将其隐藏起来，是一种保护数据的方式。

隐藏操作：先选择要隐藏的一行或多行、一列或多列，然后右击，在弹出的快捷菜单中选择"隐藏"命令，即可实现隐藏。

若要取消隐藏，则选中已经隐藏的数据列的相邻列，再右击，在弹出的快捷菜单中选择"取消隐藏"命令，即可显示这两列中间的数据列。

欲隐藏 C、D、E 三列数据，则选中图 1.4.31（a）中的 C、D、E 这三列，右击，在弹出的快捷菜单中选择"隐藏"命令，隐藏后的效果如图 1.4.31（b）所示。欲取消隐藏，则选中临近的 B、F 两列，右击，在弹出的快捷菜单中选择"取消隐藏"命令。

（a）隐藏前

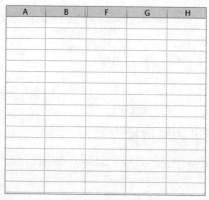

（b）隐藏后

图 1.4.31 行列隐藏

5. 行高列宽

（1）手动调整行高、列宽

一种方法是用鼠标拖动选中的行或列的边线，实现模糊调整；另一种方法是选中要改变行高的行或列，单击"开始"选项卡"单元格"组中的"格式"下拉按钮，在下拉列表中选择"行高"或"列宽"命令 [见图 1.4.32]，在打开的"行高"对话框中精确设置行的高度，列宽的设置类似。

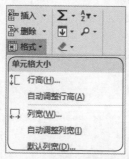

（a）"格式"下拉列表

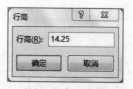

（b）"行高"对话框

（c）"列宽"对话框

图 1.4.32 行高列宽设置

（2）自动根据内容调整

选中要设置行高或列宽的行或列，然后单击"开始"选项卡"单元格"组中的"格式"下拉按钮，在下拉列表中选择"自动调整行高"或"自动调整列宽"命令进行设置，如图 1.4.32（a）所示。

4.2.8 单元格的常用操作

单元格是工作表中最小、最基本的单位，在对工作表进行操作之前，必须选定某一个或多个单元格作为操作对象。无论选定的区域如何，活动单元格只有一个，其单元格地址在工作表左上角的地址栏中显示出来。

1. 选择单元格

在对单元格进行操作时，应先要选择操作单元格。

（1）选择单个单元格

直接单击要选择的单元格，选中的单元格以黑色边框显示，此时行号上的数字和列标上的字母将突出显示，而且名称框中也会显示该单元格的地址。

也可在名称框中直接输入要选择的单元格的地址，按【Enter】键选择该单元格。

（2）选择不相邻的单元格区域

在操作单元格时，根据不同情况，有时需要对不连续的单元格进行选择，此时需要鼠标与【Ctrl】键配合选择多个单元格。

（3）选择相邻单元格区域

按住鼠标左键拖过要选择的单元格，释放鼠标即可选中单元格区域。或者单击这个区域中的第一个单元格，按住【Shift】键，再同时单击最后一个单元格，也可以选中该片区域。

除了使用鼠标选择单元格外，还可以通过键盘上的方向键来选择单元格，如表 1.4.1 所示。

表 1.4.1　利用方向键选择单元格

按　　键	含　　义
↑	按向上键，可向上移动一个单元格
↓	按向下键，可向下移动一个单元格
←	按向左键，可向左移动一个单元格
→	按向右击，可向右移动一个单元格
Ctrl+ ↑	选择当前列中的第一个单元格
Ctrl+ ↓	选择当前列中的最后一个单元格
Ctrl+ ←	选择当前行中的第一个单元格
Ctrl+ →	选择当前行中的最后一个单元格

另外，可以按【Ctrl+Shift】组合键与上下左右方向键配合选择一行或一列的数据，或一片连续含有内容的单元格区域。例如，先定位第一行中的第一个单元格数据，按【Ctrl+Shift+→】组合键即可选中这一行的数据，再按【Ctrl+Shift+↓】组合键就可以选中整张表格的数据。使用组合键，可以大大提高工作效率。

2. 插入单元格

在编辑过程中，可能需要在某一单元格的位置插入一个单元格。选中该单元格并右击，在弹出的快捷菜单中选择"插入"命令，如图 1.4.33（a）所示，或者单击"开始"选项卡"单元格"组中的"插入"下拉按钮，在下拉列表中选择"插入单元格"命令，并在打开的"插入"对话框中根据需要进行选择，如图 1.4.33（b）所示。

（a）快捷菜单

（b）"插入"对话框

（c）"删除"对话框

图 1.4.33　插入 / 删除单元格

3. 删除单元格

选中要删除的单元格并右击，在弹出的快捷菜单中选择"删除"命令，或者单击"开始"选项卡"单元格"组中的"删除"按钮，在下拉列表中选择"删除单元格"命令，在打开的"删除"对话框中，根据需要进行选择即可，如图 1.4.33（c）所示。

4. 合并单元格

在编辑过程中，为了得到好的表格效果，需要将多个单元格合并为一个单元格。先用鼠标拖动等方式选择要合并的多个单元格，然后单击"开始"选项卡"对齐方式"组中的"合并后居中"下拉按钮，在下拉列表的"合并后居中""跨越合并""合并单元格""取消合并单元格"中选择所需的命令，如图 1.4.34 所示。

"合并后居中""跨越合并""合并单元格"这几个命令选项基本功能相似，比较特殊的是"跨越合并"命令，它适用于需要将一个单元格区域合并为多行的情况。若选择某 3×4 的单元格区域，选择"跨越合并"命令，是将每行中的 4 个单元格合并，得到 3 个合并后的单元格，如图 1.4.35 所示。如果此时选择"合并后居中"或"合并单元格"命令，则得到的都是 1 个单元格。

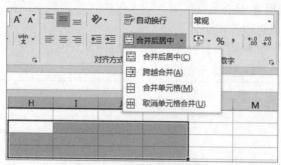

图 1.4.34　合并后居中选项

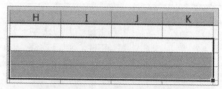

图 1.4.35　"跨越合并"效果图

5. 分列单元格

在编辑大批量的数据过程中，可能会遇到将某列单元格中的数据分成多列单元格来显示。采用分列功能批量分离单元格数据时，一般要求单元格数据符合两种规律：一种是原始单元格的数据都有相同的分隔符号；另外一种是原始数据中带分离的部分具有固定的位数。

【例4-2】分列数据。

现要求将图 1.4.36 中的"固定电话 - 分机号"这些数据拆分成"固定电话"和"分机号"两列数据。为了提高效率，需要利用工作表中"分列"的功能。

图 1.4.36　例 4-2 数据源

操作步骤如下：

① 选择 B3:B21 单元格区域，单击"数据"选项卡"数据工具"组中的"分列"按钮，在打开的"文本分列向导 - 第 1 步"对话框中选中"固定宽度"单选按钮（B3:B21 区域的原始数据具有相同的宽度：固定电话 8 位，分机号 4 位，中间是一个短横线），如图 1.4.37 所示。

② 单击"下一步"按钮，打开"文本分列向导 – 第 2 步"对话框，单击标尺的对应分隔数据的位置，即可设置分列线，如图 1.4.38 所示。由于要将原数据列分成两列，而中间有一个短横线，所以需要设置两条分列线。

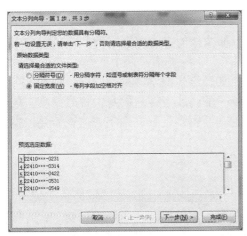

图 1.4.37　文本分列向导步骤 1

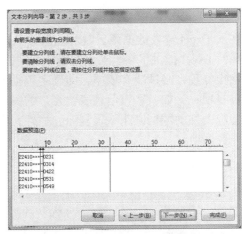

图 1.4.38　文本分列向导步骤 2

③ 单击"下一步"按钮，打开"文本分列向导 - 第 3 步"对话框，如图 1.4.39 所示。在此对话框中设置数据格式及目标区域（即分列后的数据的存放位置），此处分别为固定电话列、短横线列、分机号列设置数据格式为常规、不导入此列、常规。单击图 1.4.39 中数据预览区中的第一列（固定电话所在列），再选中"列数据格式"中的"常规"单选按钮；单击第二列（短横线所在列），再选中"列数据格式"中的"不导入此列"单选按钮；单击第三列（分机号所在列），再选中"列数据格式"中的"文本"单选按钮；删除"目标区域"文本框中的值，重新输入目标区域——单击工作表中的单元格 C3 完成输入；最后单击"完成"按钮，打开 Microsoft Excel 对话框，如图 1.4.40 所示，单击"确定"按钮即可实现将数据分离，效果如图 1.4.41 所示。

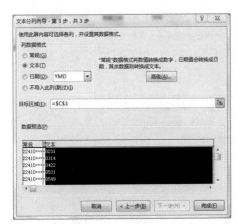

图 1.4.39　文本分列向导步骤 3

图 1.4.40　Microsoft Excel 对话框

固定电话-分机号	固定电话	分机号
22410×××-0231	22410×××	0231
22410×××-0314	22410×××	0314
22410×××-0422	22410×××	0422
22410×××-0531	22410×××	0531
22410×××-0549	22410×××	0549
22410×××-0576	22410×××	0576
22410×××-0731	22410×××	0731
22410×××-2286	22410×××	2286
22410×××-2315	22410×××	2315
22410×××-2353	22410×××	2353
22410×××-3323	22410×××	3323
22410×××-7288	22410×××	7288
22410×××-8008	22410×××	8008
22410×××-8405	22410×××	8405
22410×××-8532	22410×××	8532
22410×××-8623	22410×××	8623
22410×××-8706	22410×××	8706
22410×××-8726	22410×××	8726
22410×××-8852	22410×××	8852

图 1.4.41　分列结果

4.2.9　数据的完整性

在制作多数工作表时，涉及需要其他用户向该工作表中输入某些数据。因此，确保输入的是有效数据及输入的条目没有重复项显得非常重要。

1. 数据的有效性

用户有时可能希望将数据的输入限制在某个范围内或者确保只输入某种类型的数据，如只能输入整数；或者只能输入日期等。当输入了无效数据时，系统及时提醒以便对用户进行指导并清除相应的无效信息。这都需要验证数据的有效性。

Excel 的数据有效性验证的控制类别包括"整数""小数""序列""日期""时间""文本长度"等，均在"数据验证"对话框中设置，如图 1.4.42 所示。

图 1.4.42　"数据验证"对话框

2. 数据的重复项

用户在向 Excel 输入数据条目时可能会输入重复的条目，那么如何在为数众多的数据条目中去除那些重复的条目呢？ Excel 提供了"删除重复项"的功能。

要删除重复项，必须要有依据，即确定数据的唯一性。例如，学生的学号是唯一的，那么就可以通过学号来删除重复项；又如，客户信息表，客户的编号理论上是唯一的，或者客户的身份证号是唯一的，则也可以依据这些唯一性的数据来删除重复项。另外，有时数据的唯一性由多列数据确定，这就需要依据多列数据来删除重复数据项。

【例4-3】数据完整性设置。

在"例 4-3.xlsx"工作簿中完成以下操作：

① 为"学生信息"工作表中的"性别"列设置数据的有效性，只能输入"男"或"女"，并提供下拉列表的方式以便用户选择。如果输入其他信息，则禁止输入，并给出提示"只能输入男或女！"。

② 为"学生信息"工作表中的"学号"列设置数据有效性，要求输入的信息必须是 9 位长度的学号，输入其他长度的信息时给出相应的要求提示。

③ 删除"冗余学生信息"工作表中的重复项，假定学号是唯一的。

操作步骤如下：

① 为"性别"列设置数据的有效性：

• 选定"性别"列下方的空白单元格区域，单击"数据"选项卡"数据工具"组中的"数据验证"下拉按钮，在下拉列表中选择"数据验证"命令，打开"数据验证"对话框。

• 在"数据验证"对话框"设置"选项卡的"允许"下拉列表中选择"序列"选项，"来源"文本框中输入"男,女"，如图 1.4.43（a）所示（注意："男,女"之间的逗号是英文半角逗号）。

• 在"出错警告"选项卡中，选中"输入无效数据时显示出错警告"复选框，在"样式"下拉列表中选择"停止"选项，在"错误信息"编辑框中输入"只能输入男或女！"，如图 1.4.43（b）所示。

• 单击"确定"按钮，完成设置。这样在第一步中选定的单元格中只能输入"男"或者"女"这两个有效的数据，一旦输入其他数据，就会被"停止"。

（a）设置验证条件

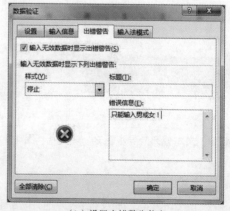

（b）设置出错警告信息

图 1.4.43　设置性别列的数据有效性条件

② 为"学号"列设置数据有效性：

• 选定"学号"列下方的空白单元格区域，单击"数据"选项卡"数据工具"组中的"数据验证"下拉按钮，在下拉列表中选择"数据验证"命令，打开"数据验证"对话框。

• 在"数据验证"对话框"设置"选项卡的"允许"下拉列表中选择"文本长度"选项，在随后出现的"数据"下拉列表中选择"等于"选项，在"长度"文本框中输入数字 9，如图 1.4.44（a）所示。

• 在"出错警告"选项卡中，选中"输入无效数据时显示出错警告"复选框，在"样式"下拉列表中选择"停止"，在"错误信息"编辑框中输入"必须输入 9 位的学号！"，单击"确定"按钮完成设置，如图 1.4.44（b）所示。

（a）设置验证条件

（b）设置出错警告信息

图 1.4.44　设置学号列的数据有效性条件

③ 删除"冗余学生信息"表中的重复项：

- 选择要删除重复项的数据区域（可以包含标题）B1:F19。
- 单击"数据"选项卡"数据工具"组中的"删除重复项"按钮，打开"删除重复项"对话框，所有的列标题都出现在此对话框中，如图 1.4.45 所示。
- 要删除重复的记录，只需选择上述对话框中部分或全部列标题，Excel 将自动筛选除去重复的记录。若学号是唯一的，则选择学号，即选中"学号"前的复选框。但是要注意，并不是删除全部重复的记录，而是保留一条，其他与该记录重复的记录将被删除。单击"确定"按钮后，会提示有多少个重复项，保留了多少个唯一值，如图 1.4.46 所示。

图 1.4.45　设置删除重复项对话框

- 删除重复项后的学生信息表如图 1.4.47 所示。

图 1.4.46　删除重复项提示对话框

	A	B	C	D	E	F
1		学号	姓名	性别	出生年月	身份证号
2		210712222	曹燕华	男	Nov-91	123456789123456×××
3		210513102	刁庆香	男	Sep-91	123456789123456×××
4		210511118	石川	女	May-92	123456789123456×××
5		210513121	王重阳	男	Feb-89	123456789123456×××
6		210511134	周圆圆	女	Jul-88	123456789123456×××
7		210511135	宗宁悦	女	Feb-91	123456789123456×××
8		210511124	徐佳钰	女	Jul-87	123456789123456×××
9		210513127	张笑然	男	Jan-92	123456789123456×××
10						
11						
12						
13						
14						
15						
16						
17						
18						
19						

图 1.4.47　删除重复项后的学生信息表

🔔 注意：

　　移除重复记录功能会从电子表格中彻底删除记录，而不是隐藏行。当然，如果发现操作错误，可以撤销刚才的删除重复记录操作。

综合训练 4-1　自动填充序列

在"综合训练 4-1.xlsx"数据源中完成以下操作。完成操作后以"综合训练 4-1 结果 .xlsx"为名保存。

① 通过拖动填充柄的方法，将 A2:E2 单元格区域的内容复制 5 次，每隔 1 行出现一次。

综合训练 4-1

提示：选中 A2:E3，拖动 E3 右下角的填充柄至 E13。

②通过拖动填充柄的方法，构造从 G2 单元格开始的序列，直到 G12 单元格中的 A011。

提示：拖动 G2 右下角的填充柄至 G12。

③通过序列填充方法，构造从 H2 单元格开始的等差序列，直到 H12 单元格中的 21。

提示：选中区域 H2:H12，单击"开始"选项卡"编辑"组中的"填充"下拉按钮，在下拉列表中选择"系列"命令，在打开的"序列"对话框中选择"序列产生在"中的"列""类型"中的"等差序列"，并在"步长值"文本框中输入 2。

④通过拖动填充柄的方法，从 I2 单元格复制到 I12 单元格。

提示：拖动 I2 右下角的填充柄至 I12。

⑤构造自定义序列"刺绣，剪纸，景泰蓝，中国结"，在 K2 单元格输入"中国结"后，通过拖动填充柄的方法，构造从 K2 单元格开始的序列，直到 K12 单元格为止。

提示：首先构造序列，选择"文件"选项卡中的"选项"命令打开"Excel 选项"对话框，在此对话框中选择"高级"选项，单击右侧"常规"组中的"编辑自定义列表"按钮打开"自定义序列"对话框，在此对话框中选中"新序列"选项，然后在"输入序列"编辑框中按顺序输入"刺绣""剪纸""景泰蓝""中国结"4 个条目，一个条目占一行，单击"添加"按钮，单击"确定"按钮。然后，在 K2 单元格输入"中国结"，拖动 K2 右下角的填充柄至 K12。

⑥通过拖动填充柄的方法，向下复制 M2 单元格中的内容，直到 M12 单元格。

提示：拖动 M2 右下角的填充柄至 M12。

综合训练 4-2　工作表编辑

在"综合训练 4-2.xlsx"数据源中完成以下操作。最后以"综合训练 4-2 结果 .xlsx"为名保存。

①将工作表名 Sheet1 重命名为"十二月收支表"。

综合训练 4-2

提示：右击工作表名 Sheet1，在弹出的快捷菜单中选择"重命名"命令。

②在工作表"十二月收支表"与 Sheet2 之间插入一个工作表，取名"收支汇总表"。

提示：右击工作表名 Sheet2，在弹出的快捷菜单中选择"插入"命令。

③将"十二月收支表"工作表单元格区域 A1:E1 合并后居中。

提示：选中单元格区域 A1:E1，单击"插入"选项卡"对齐方式"组中的"合并后居中"按钮。

④在"十二月收支表"工作表的"支出"列之后插入一列，在 D2 中输入"类别"。

提示：选中"账户"列，单击"开始"选项卡"单元格"组中的"插入"下拉按钮，在下拉列表中选择"插入工作表列"命令。

⑤将单元格区域 A7:F7 删除，下方单元格上移。

提示：选中单元格区域 A7:F7，单击"开始"选项卡"单元格"组中的"删除"下拉按钮，在下拉列表中选择"删除单元格"命令，在打开的对话框中选中"下方单元格上移"单选按钮。

⑥在单元格区域 A10:F10 上方插入单元格，活动单元格下移，在 A10 中输入"2017-12-8"。

提示：选中单元格区域 A10:F10，右击，在弹出的快捷菜单中选择"插入"命令，在打开的对话框中选中"活动单元格下移"单选按钮。

⑦将该表中的列宽更改为 10。

提示：选中 A:F 列，单击"开始"选项卡"单元格"组中的"格式"下拉按钮，在下拉列表中选择"列宽"命令，在打开的对话框中输入 10。

⑧ 为"日期"列设置数据有效性规则，只能输入 2017-12-1 至 2017-12-31 之间的日期，否则禁止输入，并弹出"输入日期信息错误，请重新输入！"的信息。

提示：选中区域 A3:A33，单击"数据"选项卡"数据工具"组中的"数据验证"下拉按钮，在下拉列表中选择"数据验证"命令，在打开的"数据验证"对话框的"设置"选项卡的"允许"下拉列表中选择"日期"选项，在"数据"下拉列表中选择"介于"，在"开始日期"文本框中输入 2017-12-1，"结束日期"文本框中输入 2017-12-31；在"出错警告"选项卡中，选中"输入无效数据时显示出错警告"复选框，在"样式"下拉列表框中选择"停止"选项，在"错误信息"编辑框中输入"输入日期信息错误，请重新输入！"。

⑨ 为"账户"列制作下拉菜单，菜单项只能为"1001，1002，1003，1004"，当输入其他内容时停止输入，并弹出警告信息"输入账户信息有误，请重新输入！"，并将"账户"列的信息隐藏。

提示：选中区域 E3:E33，打开"数据验证"对话框，在"设置"选项卡的"允许"下拉列表框中选择"序列"选项，并在"来源"文本框中输入"1001,1002,1003,1004"，选中"提供下拉箭头"复选框；在"出错警告"选项卡中，选中"输入无效数据时显示出错警告"复选框，在"样式"下拉列表中选择"停止"选项，在"错误信息"编辑框中输入"输入账户信息有误，请重新输入！"；选中 E 列，右击，在弹出的快捷菜单中选择"隐藏"命令。

4.3　工作表格式化

为了满足需要，使工作表更加直观和美观，可以对工作表进行格式设置，即通过对单元格格式、条件格式设置、样式设置或页面布局对工作表进行设置调整。

4.3.1　单元格格式的设置

Excel 为用户提供的一系列样式，如字体字号、数字格式、单元格边框和底纹等。为工作表具有统一的格式，可以根据条件设置单元格的样式，也可使用工作表内提供的套用单元格样式及单元格样式对其应用样式。为了增强表格的视觉效果，使 Excel 版面划分更清晰，还可为单元格设置边框与底纹。

本节主要学习设置字体格式、数字格式，为单元格添加边框与底纹，快速应用表格样式，以及单元格对齐方式的方法，使用户能够熟练地对表格进行美化。单元格格式的设置，通常利用"开始"选项卡的字体、对齐方式、数字和样式等组来完成，如图 1.4.48 所示。

图 1.4.48　"开始"选项卡

1. 字体格式

为突出显示工作表中的某些数据，通常需要设置单元格中的文本格式。例如，设置字体、字号、字形及其他特殊的文本效果。

单元格中文本格式的设置，通常使用"开始"选项卡"字体"组中的字体、字号、字体颜色按钮来完成。还可以进行字形的设置，如是否加粗显示、是否倾斜、是否加下画线等，选项组中的每一个按钮分别代表一个设置功能，与 Word 中类似不再赘述。

也可以通过"开始"选项卡"字体"组中的对话框启动器按钮，打开"设置单元格格式"对话框，在"字体"选项卡中进行设置，如图 1.4.49 所示。

还可以通过浮动工具栏设置字体颜色等。

在 Excel 中，默认使用的字体是 11 号宋体，用户可以更改工作表中的默认字体与字号，以适应自身的需求。方法是选择"文件"→"选项"命令，打开"Excel 选项"对话框中，选择"常规"选项，在右侧"新建工作簿时"区域中，单击"使用此字体作为默认字体"下拉按钮，选择一种新的字体，如图 1.4.50 所示。在"字号"

中设置新的字号，当用户再次新建工作簿时，工作表中单元格字体格式就为新的字体和字号。

图 1.4.49　"设置单元格格式"对话框

图 1.4.50　设置默认字体或字号

2. 数字格式

在 Excel 中除了对文本设置格式外，还可以对数字格式进行设置。其中包括有常规、数值、货币、会计专用、日期、时间、百分比、分数、科学计数、文本及自定义等，如表 1.4.2 所示。

表 1.4.2　Excel 数字类型

分　类	功　能
常规	不包含特殊的数字格式
数值	用于一般数字的表示，包括千位分隔符、小数位数以及指定负数的显示方式
货币	用于一般货币值的表示，包括货币符号、小数位数以及指定负数的显示方式
会计专用	与货币一样，但小数点或货币符号是对齐的
日期	把日期和时间序列数值显示为日期值
时间	把日期和时间序列数值显示为时间值
百分比	将单元格乘以 100 并添加百分号，还可以设置小数点的位置
分数	以分数显示数值中的小数，还可以设置分母的位数
科学计数	以科学计数法显示数值，也可以设置小数点的位置
文本	将数字作为文本处理
特殊	用来在列表或数字数据中显示邮政编码、电话号码、中文大写数字和中文小写数字
自定义	用于创建自定义的数字格式

通常情况下，设置单元格内的数据格式可以使用以下方法。

选定单元格或区域，单击"开始"选项卡"数字"组中的"数字格式"下拉按钮，在下拉列表中选择具体选项，来完成相应数字格式的设置。

也可以通过单击"数字"组中的对话框启动器按钮，或按【Ctrl+1】组合键打开"设置单元格格式"对话框，如图 1.4.51 所示。用户在该对话框的"数字"选项卡中选择需要的选项设置相应的数据格式。

3. 对齐方式

对齐是指单元格中的内容相对单元格上下左右边框的位置。在实际应用中，可以根据不同的需要为单元格设置合适的对齐方式，使工作表更加整齐。

图 1.4.51　"数字"选项卡

默认情况下，单元格中的文字（称其为"文本格式"）靠单元格左侧显示，而数字（称其为"数据格式"）靠单元格的右侧显示。这样，当输出到纸张上以后就会出现左右不对齐的状况。所以，需要学习调整单元格中的文字和数字对象的位置使它们满足打印需要。

选择需要设置的单元格或单元格区域，单击"开始"选项卡"对齐方式"组中的各按钮，即可设置相应的对齐方式。各按钮的功能如表 1.4.3 所示。

表 1.4.3 对齐方式

按　钮	名　称	功　能
	左对齐	可使所选单元格或单元格区域内的数据左对齐显示
	居中	可使所选单元格或单元格区域内的数据居中显示
	右对齐	可使所选单元格或单元格区域内的数据右对齐显示
	顶端对齐	可使所选单元格或单元格区域内的数据沿单元格顶端对齐显示
	垂直居中	可使所选单元格或单元格区域内的数据沿单元格上下居中显示
	底端对齐	可使所选单元格或单元格区域内的数据沿单元格底端对齐显示
	方向	可使所选单元格或单元格区域内的数据沿对角线或垂直方向旋转文字

对于一些复杂的对齐方式，可以单击"对齐方式"组中的对话框启动器按钮，在打开的"设置单元格格式"对话框的"对齐"选项卡中设置单元格的对齐方式，如图 1.4.52 所示。

在该对话框中，各选项的功能如下：

① 文本对齐方式：单元格中文本的对齐方式有水平方向与垂直方向两种。这两种分别在"文本对齐方式"栏中的"水平对齐"与"垂直对齐"下拉列表中设置。水平对齐又分为靠左、居中、靠右、两端对齐等多种；垂直对齐分为靠上、居中、靠下、分散对齐、两端对齐等多种。

② 文本控制：包含"自动换行""缩小字体填充""合并单元格"复选框。除了"自动换行"之外，还可以按【Ctrl+Alt】组合键实现手动换行。

③ 文字方向：在下拉列表中设置单元格中文字的显示方向，可以从左到右、从右到左，或从上到下、从下到上等。

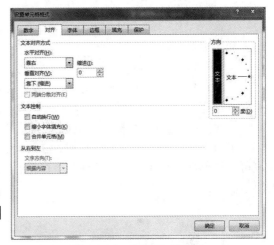

图 1.4.52 "对齐"选项卡

④ 文本方向：利用"方向"栏调整文本的显示方向。拖动"方向"栏中的文本指针，或者直接在微调框中输入具体数值，如"–45"，即可调整文本方向的角度。

4. 单元格边框

在工作表中用户所看到的单元格外侧线条并不是表格的边框线，而是网格线，打印时一般不显示。为了增加表格的视觉效果，使打印出来的表格具有边框线，可以为表格添加边框。

（1）利用边框样式

选择要添加边框的单元格区域，单击"开始"选项卡"字体"组中的"边框"下拉按钮，选择"边框"组中的对应命令，即可为单元格区域添加边框，如图 1.4.53 所示。

还可以单击"边框"下拉按钮，选择"绘制边框"命令，当指针变成
𝒜形状时，单击单元格网格线，即可为单元格添加边框；若选择"擦除边框"命令，当指针变为◇形状时，单击要擦除边框的单元格，即可清除单元格边框。

（2）利用"设置单元格格式"对话框

选择要添加边框的单元格区域，单击"开始"选项卡"字体"组中的

图 1.4.53 边框样式

对话框启动器按钮，打开"设置单元格格式"对话框。然后，选择该对话框中的"边框"选项卡，即可为单元格添加边框，如图1.4.54所示。主要包含以下几种元素，功能如下：

① 线条：主要包含"样式"和"颜色"列表。其中，"样式"列表框中提供了若干种线条样式，可根据需要进行选择；在"颜色"下拉列表中可以设置线条的颜色。

② 预置：主要包括"无""外边框""内部"3种图标。单击"外边框"，可以为所选单元格添加外部边框；单击"内部"，即可为所选的单元格区域添加内部框线。若需要删除边框，可单击"无"图标。

③ 边框：共提供了8种边框样式，包括上框线、中间框线、下框线和斜线框线等。例如，要制作斜线表头，只需在"线条"栏中，选择一种线条样式后，再单击"边框"栏中特定方向的斜线边框按钮即可。

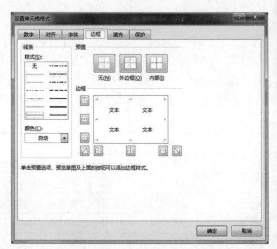

图1.4.54 "边框"选项卡

5. 填充底纹/图案

在设置工作表格式时，为美化工作表的外观，可以为单元格添加不同的填充效果。例如，添加渐变颜色填充和图案填充等。

（1）纯色底纹的填充

在默认情况下，单元格的填充颜色为无填充颜色。用户可以根据需要采用下列两种方法之一为单元格添加颜色填充。

① 利用功能区"填充颜色"按钮设置。选中要设置底纹的单元格或单元格区域，单击"开始"选项卡"字体"组中的"填充颜色"下拉按钮，在弹出的"颜色"面板中选择一种颜色色块即可，如图1.4.55（a）所示。也可以选择该面板中的"其他颜色"命令，在打开的"颜色"对话框中选择需要的颜色色块，如图1.4.55（b）所示。

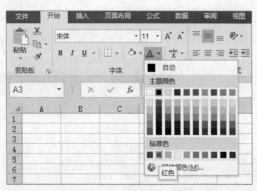

（a）颜色面板

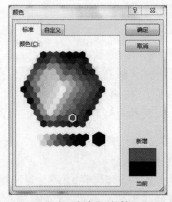

（b）"颜色"对话框

图1.4.55 单元格填充底纹

② 利用"设置单元格格式"对话框设置。选中要设置底纹的单元格或单元格区域，打开"设置单元格格式"对话框，在"填充"选项卡"背景色"颜色面板中选择要填充的颜色，如图1.4.56（a）所示。

（2）填充效果

选择要设置的单元格或单元格区域，单击图1.4.56（a）中的"填充效果"按钮，打开"填充效果"对话框，如图1.4.56（b）所示。在"填充效果"对话框中，可以为单元格设置渐变填充效果。若需设置"双色"渐变效果，可分别单击"颜色1"和"颜色2"下拉按钮，指定渐变颜色；并通过选择"底纹样式"栏内的不同选项和"变形"栏中的变形方式设置不同的渐变格式。

（3）图案的填充

选择要设置图案填充的单元格或单元格区域，在"设置单元格格式"对话框的"填充"选项卡右侧的"图案颜色"和"图案样式"下拉列表中分别选择颜色和样式。

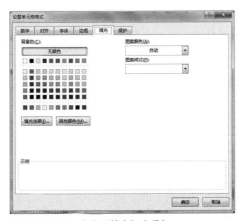

（a）"填充"选项卡

（b）"填充效果"对话框

图 1.4.56　设置填充效果

6. 添加批注

如果需要对某单元格进行说明，则可以为此单元格添加批注。批注是单元格内用于解释说明的注释信息，打印时不会输出。

可以通过右键快捷菜单中的"插入批注"命令添加批注或者单击"审阅"选项卡"批注"组中的"新建批注"按钮来实现。

4.3.2　条件格式设置

在利用 Excel 处理包含较多数据的表格时，稍不注意就会搞错行列。此时用户非常希望行或列间隔设置成不同格式，清晰明了。利用条件格式可以很轻松地完成这项工作。

使用条件样式，不仅可以有条不紊地将工作表中的数据筛选出来，还可以在单元格中添加颜色将其突出显示。操作方法：选择要使用条件格式的单元格区域，单击"开始"选项卡"样式"组中的"条件格式"下拉按钮，根据需要设置规则，即可设置相应的格式，如图 1.4.57 所示。

在"条件格式"下拉列表中的规则功能如下：

1. 突出显示单元格规则

选择要设置突出显示的单元格区域，单击"条件格式"下拉按钮，选择"突出显示单元格规则"，打开其级联菜单，如图 1.4.58（a）所示，从中选择相应的选项，并进行相应的设置。例如，选择"大于"选项打开"大于"对话框，如图 1.4.58（b）所示。在该对话框中设置为 60，单击"确定"按钮，这样即可将值 60 以上的单元格突出显示为"浅红填充色深红色文本"样式。

图 1.4.57　"条件格式"下拉列表

（a）级联菜单

（b）"大于"对话框

图 1.4.58　突出显示规则

2. 项目选取规则

选择要设置项目选取规则的单元格区域，单击"条件格式"下拉按钮，选择"项目选取规则"命令，打开其级联菜单，如图 1.4.59（a）所示，从中选择相应的选项，并进行相应的设置。例如，选择"高于平均值"选项打开"高于平均值"的对话框，如图 1.4.59（b）所示，如果在该对话框中选择"黄填充色深黄色文本"，单击"确定"按钮，就可筛选出高于平均值的单元格。

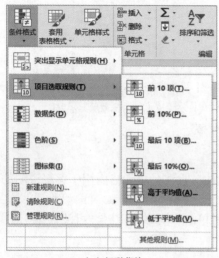
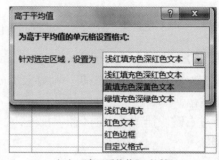

（a）级联菜单   （b）"高于平均值"对话框

图 1.4.59　项目选取规则

3. 数据条

选择要显示数据条的单元格区域，单击"条件格式"下拉按钮，选择"数据条"命令，打开其级联菜单，如图 1.4.60 所示，从中选择相应的选项即可完成设置。一般情况下，单元格中数据值的大小决定了数据条颜色的长度，即数据条的长度表示单元格中值的大小。数据条越长，则所表示的数值越大。

4. 色阶

选择要使用色阶的单元格区域，单击"条件格式"下拉按钮，选择"色阶"命令，打开其级联菜单，如图 1.4.61 所示，从中选择相应的选项即可完成设置。一般情况下，色阶是在一个单元格区域中显示双色渐变或三色渐变。颜色的底纹表示单元格中的值。

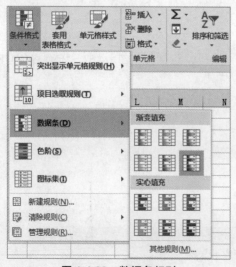
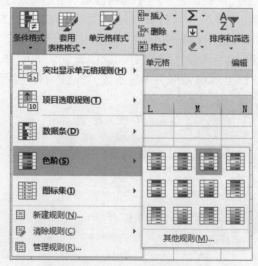

图 1.4.60　数据条规则   图 1.4.61　色阶规则

5. 图标集

选择要使用图标集的单元格区域，单击"条件格式"下拉按钮，选择"图标集"命令，打开其级联菜单，如图 1.4.62 所示，从中选择相应的选项即可。

除了以上 5 种情况，用户还可以在"条件格式"下拉列表中，选择"新建规则"、"清除规则"或"管理规则"命令，对规则进行相应的操作。例如，选择"清除规则"子菜单中的"清除整个工作表的规则"命令，即可清除当前工作表中所有的条件格式。

4.3.3　样式设置

Excel 提供了多种简单、新颖的单元格样式。通过这些样式可实现对工作簿的数字格式、对齐方式、颜色、边框及图案等内容的快速设置，从而使工作表更加美观、数据更加醒目。

1. 单元格样式

通常情况下，若需要一次应用多种格式，且保证单元格的格式一致，可以应用样式。样式是格式设置选项的集合，利用它更易于设置对象的格式。

选择要应用单元格样式的单元格或单元格区域，单击"开始"选项卡"样式"组中的"单元格样式"下拉按钮，选择需要的样式即可。例如，选择"40%-颜色 3"选项。

图 1.4.62　图标集规则

默认情况下，在"单元格样式"下拉列表中包含有"好、差和适中"、"数据和模型"、"标题"和"数字格式"这几种类型的单元格样式，如图 1.4.63 所示。

另外，用户还可以自定义新的样式，只需选择"单元格样式"下拉列表中的"新建单元格样式"命令，打开"样式"对话框，如图 1.4.64 所示。在该对话框中，完成对新样式命名，再进行所需的样式设置，单击"确定"按钮即可创建出新样式。

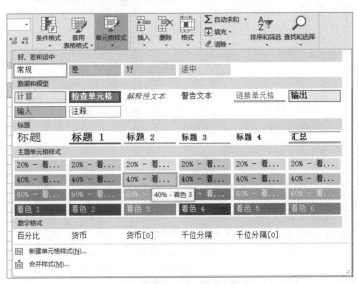

图 1.4.63　单元格样式

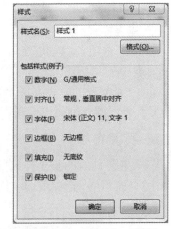

图 1.4.64　"样式"对话框

2. 表格格式

Excel 提供了自动格式化功能，可以根据预设的样式格式化表格。

（1）自动套用表格式

若要为特定的单元格区域套用样式，可选择该区域，单击"开始"选项卡"样式"组中的"套用表格格式"下拉按钮，选择一种表格样式，如"表样式浅色 18"，如图 1.4.65 所示。在打开的"套用表格式"对话框中，单击"确定"按钮即可，如图 1.4.66 所示。套用表格式实际是将单元格区域转换为表格。

（2）设置表格式选项

激活套用表格式的单元格区域中任意一个单元格，会自动出现"表格工具 - 设计"选项卡，如图 1.4.67 所示，可通过"表格样式选项"组中的复选框来设置表元素，如"汇总行"等。添加汇总行之后，可以在汇总行的多个单元格中进行如求平均值、计数、最大值、最小值、求和等统计。

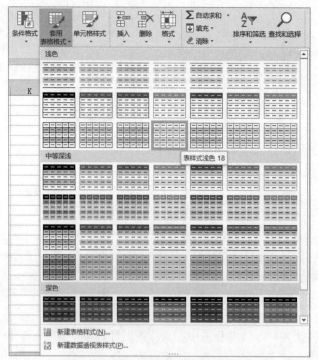

图 1.4.65 "套用表格格式"下拉列表

图 1.4.66 "套用表格格式"对话框

图 1.4.67 "表格工具"的"设计"选项卡

（3）新建表样式

单击"开始"选项卡"样式"组中的"套用表格格式"下拉按钮，选择下拉列表中的"新建表格样式"命令，打开"新建表样式"对话框，如图 1.4.68 所示，针对各个表元素进行相应格式的设置，单击"确定"按钮即可创建表样式。

4.3.4 页面布局

页面布局主要针对的是工作表的整体设置，包括主题和页面设置，利用"页面布局"选项卡的"主题"和"页面设置"组来设置，如图 1.4.69 所示。

图 1.4.68 "新建表样式"对话框

图 1.4.69 "主题"和"页面设置"组

1. 主题设置

主题指的是一组格式选项，包括一组主题颜色、一组主题字体（包括标题字体和正文字体）和一组主题效果（包括线条和填充效果）。通过主题的应用可以使文档呈现更加专业化的外观。操作方法：在"页面布局"选项卡"主题"组中单击"主题"按钮，在"主题"下拉列表中选择需要的内置主题，如图 1.4.70 所示。除了利用内置的文档主题，还可以通过自定义并保存文档主题来创建自己的文档主题。

2. 页面设置

页面设置主要包括页面、页边距、页眉 / 页脚和工作表的设置。在"页面布局"选项卡"页面设置"组中单击右下角的对话框启动器按钮，打开"页面设置"对话框，如图 1.4.71 所示。

① 页面：在"页面设置"对话框的"页面"选项卡中，可以设置纸张方向、缩放比例、纸张大小等参数。此外，也可以在"页面布局"选项卡的"页面设置"组中选择"纸张方向"或"纸张大小"下拉列表中的预置项进行快速设置。

② 页边距：在"页面设置"对话框的"页边距"选项卡中，可以根据需求设置具体的上下边距，也可以设置工作表的水平、垂直居中方式，如图 1.4.72 所示。此外，在"页面布局"选项卡的"页面设置"组中单击"页边距"下拉按钮，可以选择系统预置的页边距。

图 1.4.70 "主题"下拉列表

图 1.4.71 "页面设置"对话框

图 1.4.72 "页边距"选项卡

③ 页眉 / 页脚：在"页面设置"对话框的"页眉 / 页脚"选项卡中，可以根据需求设置自定义的工作表页眉或页脚，如图 1.4.73 所示。

④ 工作表设置：在实际使用过程中，有时并不需要打印整张工作表，只需打印工作表中的一个或多个单元格区域，那么可以定义一个只包含该区域的打印区域。在定义了打印区域之后打印工作表时，可以只打印该打印区域。一个工作表可以设置多个打印区域。每个打印区域都将作为一个单独的页打印。在"页面设置"对话框的"工作表"选项卡中，可以设置打印区域，如图 1.4.74 所示。此外，也可以在"页面布局"选项卡的"页面设置"组中单击"打印区域"下拉按钮进行快速设置。打印区域在保存工作簿时会被保存下来。当不需要打印区域时，可以清除打印区域。

图 1.4.73 "页眉 / 页脚"选项卡

图 1.4.74 "工作表"选项卡

⑤ 设置工作表背景：默认情况下，工作表的背景是白色的，没有背景效果。通过插入图片可以设置工作表的背景。单击"页面布局"选项卡"页面设置"组中的"背景"按钮，从本地计算机中选择一张图片即可完成工作表背景的设置。

综合训练 4-3　商品销售统计

在"综合训练 4-3.xlsx"工作簿中完成以下操作，最后以"综合训练 4-3 结果 .xlsx"保存。
① 将 Sheet1 中的数据区域 A1:G13 设置列宽为 15，并设置最合适的行高。

综合训练 4-3

提示： 选择 A:G 列，右击选择"列宽"命令，在打开的对话框中输入 15，单击"确定"按钮完成列宽的设置。再选中 1:13 行，在行号中间双击，系统自动调整为最合适的行高。

② 将 B2:G13 区域内的数字设置为货币型，保留 0 位小数，货币符号为"￥"。

提示： 选中区域 B2:G13，打开"设置单元格格式"对话框，在"数字"选项卡中选择"货币"，设置小数位数为 0 位，货币符号为"￥"，单击"确定"按钮。

③ 在第一行上方插入新的一行，在 A1 单元格内输入文字"2021年商品销售统计表"，要求两行显示，"2021年"在第一行，"商品销售统计表"在第二行显示，字体为华文细黑，20 磅；将 A1 单元格的内容在 A～G 列跨列居中，设置 A1 和 G1 单元格为绿色双线外框，设置底纹图案颜色为浅绿色，细逆对角线条纹；将 B1:F1 区域设置填充白色浅绿色的双色水平渐变。

提示： 选中第一行，在右键快捷菜单中选择"插入"命令，插入新的一行。在 A1 单元格内输入文字"2021年商品销售统计表"，然后将光标定位在"2021年"后，按【Alt+Enter】组合键强制换行，完成两行显示。选中 A1 单元格，在"开始"选项卡"字体"组中将文字设置为华文细黑，20 磅。

选中 A1:G1，在"设置单元格格式"对话框中选择"对齐"选项卡，文本对齐方式中的水平对齐方式选择"跨列居中"，单击"确定"按钮。跨列居中后 B1～G1 单元格还是独立存在的，区别于合并后居中。

选中 A1 与 G1 单元格，在"设置单元格格式"对话框中选择"边框"选项卡，线条样式选择双线，颜色为绿色，在边框中选择外边框；再切换到"填充"选项卡，选择图案颜色为"浅绿"，图案样式为"细逆对角线条纹"，单击"确定"按钮完成对 A1 与 G1 的设置。

选中 B1:F1 区域，在"设置单元格格式"对话框中选择"填充"选项卡，单击"填充效果"按钮，在打开的"填充效果"对话框中设置渐变为双色，颜色 1 为白色，颜色 2 为浅绿，底纹样式为"水平"，单击"确定"按钮完成设置。

④ 为 B1 单元格插入批注，内容为"统计人：xxx"，要求文本水平垂直居中，字体为楷体，加粗，12 磅，批注大小为 1.5 cm × 4 cm，填充颜色为浅青绿色，边框线为橙色 1.75 磅的短画线。将 B1 的批注复制到 F1，并将文字更改为"统计日期：2022 年 1 月 1 日"。

提示： 右击单击 B1 单元格，在弹出的快捷菜单中选择"插入批注"命令，输入文字"统计人：×××"，再右击批注的边框，选择"设置批注格式"命令，在打开的"设置批注格式"对话框中，设置字体为楷体，加粗，12 磅；对齐为水平居中、垂直居中；大小为高为 1.5cm、宽为 4cm；填充颜色为浅青绿色，边框颜色样式粗细等设置。

复制 B1，再选择 F1，右击，在弹出的快捷菜单中选择"选择性粘贴"命令，在打开的"选择性粘贴"对话框中选中"评论"单选按钮，单击"确定"按钮。最后按要求修改批注文字即可。

⑤ 将统计表中的相关数据进行设置，要求：冰箱的销售额小于 $2 500 000 用浅红填充色、深红色文本标识，彩电销售额最大的 3 个值标识为红色加粗，实心绿色数据条来显示计算机的销售额。

提示： 条件格式的应用。

选择冰箱的销售额 B3:B14 区域，单击"开始"选项卡"样式"组中的"条件格式"下拉按钮，在下拉列表中"突出显示单元格规则"→"小于"命令，在打开的"小于"对话框中将小于 2500000 值的单元格格式设置为浅红填充色、深红色文本。

选择彩电的销售额 C3:C14 区域，单击"条件格式"→"项目选取规则"→"值最大的 10 项"命令，在打开的"10 个最大的项"对话框中设置为 3，自定义格式设置为红色加粗。

选择计算机的销售额 D3:D14 区域，单击"条件格式"→"数据条"→"实心填充"→"绿色数据条"按钮。

⑥ 对总计数据设置格式，要求使用三色交通灯（无边框）图标集，当数值大于等于 $20 000 000 显示绿色，$10 000 000 ～ $20 000 000 显示黄灯，小于等于 $10 000 000 显示红灯。

提示：选择总计数据区域 G3:G14 区域，选择"条件格式"→"新建规则"命令，在打开的"新建格式规则"对话框中选择格式样式为"图标集"，图标样式为"三色交通灯（无边框）"，按要求"当数值大于等于 $20 000 000 时显示绿色，$10 000 000 ～ $20 000 000 显示黄灯，小于等于 $10 000 000 显示红灯"设置规则，如图 1.4.75 所示。

⑦ 为 A2:G14 区域应用"表样式中等深浅 25"的表格样式，并将表头设置单元格样式标题 1。

提示：选择区域 A2:G14，应用"开始"选项卡"样式"组中的"套用表格格式"→"表样式中等深浅 25"格式；再选中 A2:G2，应用"开始"选项卡"样式"组中的"单元格样式"→"标题 1"格式。

图 1.4.75　"新建格式规则"对话框

⑧ 将 A1:G14 设置为打印区域，纸张方向为横向。

提示：选择区域 A1:G14，单击在"页面布局"选项卡"页面设置"组中的"打印区域"→"设置打印区域""纸张方向"→"横向"完成设置。

4.4　公式与函数

在完成数据录入后，用户除了可以对工作表进行格式化设置外，还可以利用公式和函数对数据进行运算或处理。

4.4.1　公式与函数基础

所谓公式，指的是能够对数据进行计算、返回信息、操作其他单元格的内容等操作方式，始终以 =（等号）开头。而函数，指的是一类特殊的、预先编写的公式，不仅可以简化和缩短工作表中的公式，还可以完成更为复杂的数据运算。

1. 公式与函数概述

公式一般由单元格引用、常量、运算符等组成，复杂的公式还可以包含函数以计算新的数值。举例来说，公式的组成如图 1.4.76 所示。

该公式表示利用 SUM 函数对 A2:A10 区域的数据进行求和运算，然后除以 C4 单元格中的值，再乘以数字常量 9。默认情况下，公式的计算结果显示在该公式所在单元格中，公式本身则显示在编

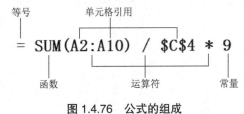

图 1.4.76　公式的组成

辑栏中。如果没有函数，则该公式需要写成 =(A2+A3+A4+A5+A6+A7+A8+A9+A10)/$C$4*9，函数的便捷性可见一斑。通常来说，函数表示为"函数名（[参数 1]，[参数 2]，…）"，函数的参数可以是零到多个，用逗号分隔，其中的方括号在实际函数使用时没有，此处只表示该参数是可选参数，而参数可以是常量、单元格引用、已定义的名称，甚至是公式、函数等。与公式一样的是函数的输入也必须以等号开始。

2. 公式的输入

输入公式的操作方法如下：

① 单击要输入公式结果的单元格，使其成为活动单元格。

② 在活动单元格或编辑栏中输入等号 "="，表示正在输入的是公式或函数，否则系统会将其认定为文本数据，而不参与计算。

③ 按照需求输入常量或单元格地址，或直接单击需要引用的单元格或区域。

④ 按【Enter】键或单击编辑栏中的 ✓ 按钮完成输入。

输入后的公式只能在编辑栏中看到，默认情况下在单元格中只显示其结果。当然，也可以选择 "公式" 选项卡，单击 "公式审核" 组中的 "显示公式" 按钮显示单元格中所输入的公式。当用户再次单击 "显示公式" 按钮时，就切换成显示计算结果。

双击公式所在单元格可进入公式编辑状态，对其进行修改，也可以选中公式所在单元格，在编辑栏进行编辑。删除公式的方法也很简单，选中公式所在单元格，按【Delete】键即可。

3. 函数的输入

为了减少操作步骤，提高运算速度，可以通过函数简化公式的计算过程。函数有多种输入方法，常用的有以下几种：

方法一：使用 "插入函数" 对话框进行输入。

① 定位单元格：单击要输入公式结果的单元格，使其成为活动单元格。

② 打开 "插入函数" 对话框：单击 "公式" 选项卡 "函数库" 组中最左侧的 "插入函数" 按钮，或者单击编辑栏左侧的 "插入函数" 按钮（见图 1.4.77），打开 "插入函数" 对话框，如图 1.4.78 所示。

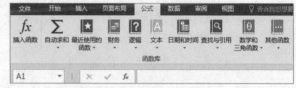

图 1.4.77 "公式" 选项卡

③ 选择函数：在 "插入函数" 对话框的 "搜索函数" 框中输入所需函数的简短描述，单击 "转到" 按钮完成函数的检索，也可以在 "选择类别" 下拉列表中选择函数的类别进行函数的筛选。当选择了一种类别时，该类别下的所有函数都会出现在 "选择函数" 列表框中。当在 "选择函数" 列表框中选择某个函数时，Excel 在此对话框的下方会对函数的功能给予简短的说明。例如，选择 "常用函数" 下的 SUM 函数，单击 "确定" 按钮，会打开 "函数参数" 对话框，如图 1.4.79 所示。

④ 输入参数：在 "函数参数" 对话框中输入该函数相关的参数，其中单元格的引用可以直接从键盘输入，也可以用鼠标指针来选择单元格区域。

图 1.4.78 插入函数对话框

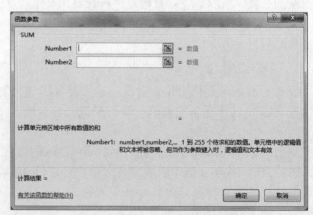

图 1.4.79 "函数参数" 对话框

方法二：利用 "函数库" 组进行输入。

① 定位单元格：单击要输入公式结果的单元格，使其成为活动单元格。

② 选择函数类别：在 "公式" 选项卡的 "函数库" 组中单击所需的函数类别。

③ 选择函数：在函数类别中选择所需函数，也可以在最近使用的函数中找到常用函数。

④ 输入参数：在选择好函数之后，在打开的 "函数参数" 对话框中按照提示输入参数，输入完成后单击 "确

定"按钮。

方法三：在编辑栏或单元格中手动直接输入。

① 定位单元格：单击要输入公式结果的单元格，使其成为活动单元格。

② 输入等号：在编辑栏或单元格中输入一个等号"="。

③ 输入函数名：Excel 2016 提供了"函数记忆输入"功能，使得输入函数更加方便。根据输入的字符快速而准确地提供公式，以输入 TODAY() 函数为例，当输入"=a"时，将提示一个 A 开头的函数名称列表（输入字母时不区分大小写），如图 1.4.80 所示，此时就可以直接从列表中选择函数。当然顺序输入函数名称的多个字母也可以达到这种效果。

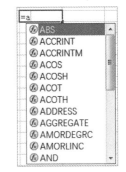

图 1.4.80　函数记忆输入

④ 输入参数：输入函数名后依次输入左括号、参数、右括号，按【Enter】键即可完成输入。当参数是单元格的引用时，可以手动输入单元格区域引用，也可以直接用鼠标按下左键拖过相关的区域来完成输入，而且用鼠标指针方式既方便，又有效率。

🔔 **注意：**

在公式和函数的输入过程中的函数名、参数等都必须是英文的半角符号。

三种函数输入方法各有优点，"插入函数"对话框输入函数的最大优点是引用区域准确；在插入一些常用函数时，使用"函数库"插入函数比较方便；而编辑栏直接输入函数的方法不能像对话框那样自动添加参数，所以要求用户对函数比较熟悉。常用函数的使用参见 4.4.4 节。

4. 公式与函数的复制与填充

输入单元格的公式或函数，可以像普通数据一样，拖动单元格右下角的填充柄，进行复制填充。也可以利用选择性粘贴功能来完成公式或函数的复制。

【例4-4】使用公式计算。

在例 4-4.xlsx 中利用公式完成冬奥会奖牌总数的计算，相关数据源如图 1.4.81 所示。

操作步骤如下：

① 计算"挪威"的奖牌总数，鼠标定位在 E3 单元格，输入"=B3+C3+D3"，如图 1.4.82（a）所示，按【Enter】键，计算后的结果就显示在 E4 单元格中，如图 1.4.82（b）所示。

② 利用公式的复制功能完成其他国家奖牌总数的计算。

利用选择性粘贴功能完成计算：复制 E3 单元格，再选定 E4:E7 单元格区域，右击，在弹出的快捷菜单中选择"粘贴选项"中的"公式"📋选项，或选择"选择性粘贴"级联菜单中的"公式"📋选项即可，如图 1.4.83 所示。

A	B	C	D	E
1	2022年北京冬奥会奖牌榜			
2 国家/地区	金	银	铜	总数
3 挪威	16	8	13	
4 德国	12	10	5	
5 中国	9	4	2	
6 美国	8	10	7	
7 瑞典	8	5	5	

图 1.4.81　例 4-4 源数据

利用填充柄完成计算：选定 E3 单元格，双击右下角的填充柄或拖动填充柄至 E7 单元格，系统自动完成计算，结果如图 1.4.84 所示。

A	B	C	D	E
1	2022年北京冬奥会奖牌榜			
2 国家/地区	金	银	铜	总数
3 挪威	16	8	13	=B3+C3+D3
4 德国	12	10	5	
5 中国	9	4	2	
6 美国	8	10	7	
7 瑞典	8	5	5	

（a）输入公式

E3　×　✓　fx　=B3+C3+D3

A	B	C	D	E
1	2022年北京冬奥会奖牌榜			
2 国家/地区	金	银	铜	总数
3 挪威	16	8	13	37
4 德国	12	10	5	
5 中国	9	4	2	
6 美国	8	10	7	
7 瑞典	8	5	5	

（b）计算结果

图 1.4.82　计算"挪威"的奖牌总数

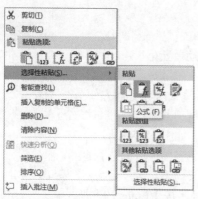

图 1.4.83　选择性粘贴

	A	B	C	D	E
1	**2022年北京冬奥会奖牌榜**				
2	国家/地区	金	银	铜	总数
3	挪威	16	8	13	37
4	德国	12	10	5	27
5	中国	9	4	2	15
6	美国	8	10	7	25
7	瑞典	8	5	5	18

图 1.4.84　计算结果

5. 公式中的常量

常量指的是始终保持相同的值，有日期型常量（如2017-9-1）、数值型常量（如123456）、文本型常量（如"公式"）等。如果在公式中使用的是常量而不是对单元格的引用，则只有在修改公式时结果才会发生改变。

6. 公式中的运算符及其优先级

运算符是公式的基本元素，一个运算符就是一个符号，代表一种运算。Excel中的运算符可分为四大类：算术运算符、比较运算符、文本运算符和引用运算符。每大类中又细分多种运算符，如表1.4.4所示。如果一个公式中包含多种类型的运算符号，Excel根据表1.4.4所示的运算符优先级来进行计算，如果公式中具有相同级别的优先顺序，则从左到右进行计算。如果要改变运算顺序，则可以在公式中使用括号来改变顺序。例如，公式"=4*3+2"的计算机结果为14，但公式"=4*(3+2)"的计算结果为20。

表 1.4.4　Excel 公式中的运算符及其优先级

符　　号	运　算　符	优先级	说　　明
冒号（:）	引用运算符	1	范围运算符，指向两个单元格之间所有的单元格引用，如 B5:D10
空格	引用运算符	2	交叉运算符，用于引用两个单元格区域的交叉部分，如 B7:D7 C6:C8
逗号（,）	引用运算符	3	联合运算符，合并多个单元格引用到一个引用，如 sum(B5:B15,C5:C10)
负号（-）	算术运算符	4	负数
百分号（%）	算术运算符	5	百分比
幂运算（^）	算术运算符	6	乘幂运算
* 和 /	算术运算符	7	乘、除法
+ 和 -	算术运算符	8	加、减法
& 和号	文本连接运算符	9	连接两个文本，形成一个长文本
=、<、>、<=、>=、<>	比较运算符	10	用于比较两个值，结果为一个逻辑值（True 或 False，即真或假）

4.4.2　单元格的引用

在公式与函数的使用中，最常用到的是单元格引用。单元格引用就是表示单元格在工作表中所处位置的坐标，采用列标和行号来表示。即用字母标识列即列标（从 A 到 XFD，共 16 384 列）、数字标识行即行号（从 1 到 1 048 576）。在引用时先列标再行号。Excel 中常见的单元格引用样式如表 1.4.5 所示。

表 1.4.5　单元格引用样式

引　　用	含　　义
B11	列 B 与行 11 交叉处的单元格
A10:A20	在列 A 中，包括第 10 行至第 20 行之间的单元格区域，共 11 个单元格
B15:E15	在行 15 中，包括列 B 至列 E 之间的单元格区域，共 4 个单元格
10:14	第 10 行至第 14 行之间的全部单元格
10:10	第 10 行的全部单元格
B:G	列 B 至列 G 之间的全部单元格
D:D	列 D 的全部单元格
A2:F15	列 A 至列 F 和第 2 行至第 15 行之间的全部单元格，即以 A2 为左上角，F15 为右下角的矩形单元格区域

单元格引用说明了公式如何提取相关单元格中的数据。在 Excel 中，一个单元格引用地址代表工作表上的一个或者一组单元格，其作用在于标识工作表上的单元格和单元格区域，并获取公式中所使用的数值或数据。通过单元格引用，可以在一个公式中使用工作表不同部分的数值，或者在几个公式中同时使用同一个单元格的数值。Excel 提供了对单元格的相对引用、绝对引用和混合引用 3 种方式，具有不同的含义，可以根据实际需要选择。

1. 相对引用

单元格的相对引用，就是直接使用列标行号标识，如第 B 列第 3 行交叉处的单元格的相对引用地址为 B3。B3 这种引用样式称为默认引用样式。相对引用包含了被引用的单元格与公式所在的单元格的相对位置，当公式所在的单元格的位置改变时，引用会自动随着移动的位置相对变化。

2. 绝对引用

绝对引用就是在相对引用的列标行号前分别加上了绝对引用符号 \$，如 \$B\$3，以便保证引用指定位置单元格。当公式所在的单元格位置发生改变时，公式中绝对引用的单元格地址固定不变。也就是说与包含公式的单元格位置无关。

【例4-5】单元格引用。

在 "例 4-5.xlsx" 工作簿中完成以下操作。

① 为 "员工工资表" 计算员工的应发工资，应发工资 = 合同月薪 + 职位工资。

② 在 "应发工资" 的右侧增加一列 "应缴税"，并计算每名员工的应缴个人所得税，暂定个人所得税上缴比例为应发工资的 5%，存放在 M1 单元格中。

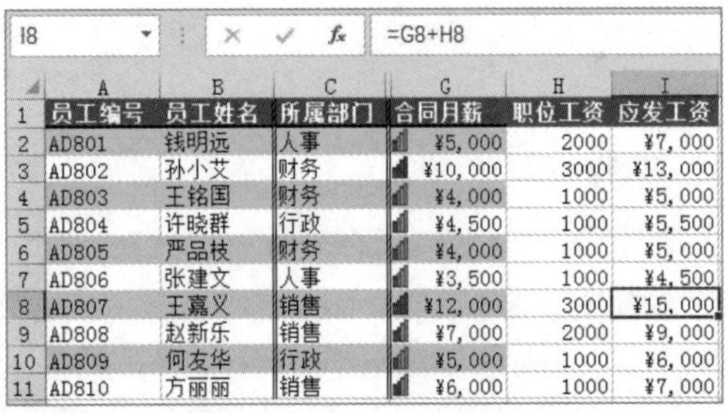

操作步骤如下：

① 在 I2 单元格中输入应发工资的公式 "=G2+H2"，按【Enter】键，得到计算结果 7 000 元，如图 1.4.85（a）所示。向下拖动 I2 单元格的填充柄至 I11 单元格，此时系统将自动计算其他人员的应发工资。选中 I3:I11 之间的任意单元格，在编辑栏中显示的是当前选中单元格的公式。例如，选中 I8，则编辑栏中显示 =G8+H8，如图 1.4.85（b）所示。

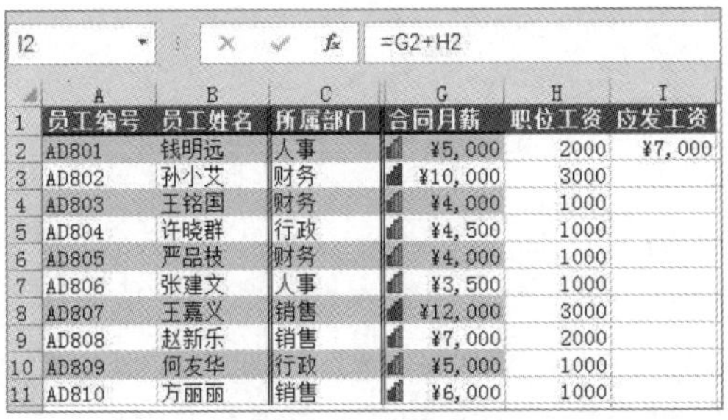

（a）公式输入　　　　　　　　　　　　　　（b）相对引用效果

图 1.4.85　单元格的相对引用

② 在 J1 中输入 "应缴税"，在 J2 单元格中输入 "=I2*M1" 并按【Enter】键，拖动单元格 J2 的填充柄至 J11 单元格，所得的结果如图 1.4.86 所示。读者会发现从第二个人开始，应缴税都是为 0，而实际第二个人的应缴税为 13 000*5%=650。单击其应缴税单元格 J3，从编辑栏中发现单元格 J3 中的公式为 =I3*M2，而 M2 单元格为空白单元格，Excel 将其视为 0 来计算，所以就会得到结果 0。

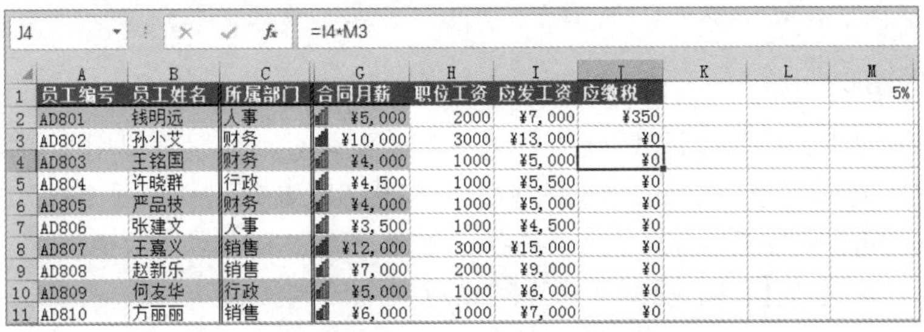

图 1.4.86　相对引用计算的结果

再仔细分析一下，每个人的应发工资是不一样的，但每个人要缴税的比例是一样的。所以，应该考虑应缴税单元格中的公式应该是应发工资为相对引用（随着公式所在单元格的移动而发生变化），而缴税比例保持不变，应为绝对引用。

③ 修改 J2 单元格中的公式：双击 J2 单元格，选中公式中固定不变的参数 M1，按【F4】键，此时可以看到 M1 变为 $M$1，如图 1.4.87（a）所示，按【Enter】键，完成第一人应缴税的计算。

④ 双击单元格 J2 的填充柄完成复制。此时选中 J3:J11 单元格区域中的任意单元格，可以看到编辑栏中公式的第一个参数随着位置变动自动变化，而添加了绝对符号的 $M$1 没有发生变化，如图 1.4.87（b）所示。

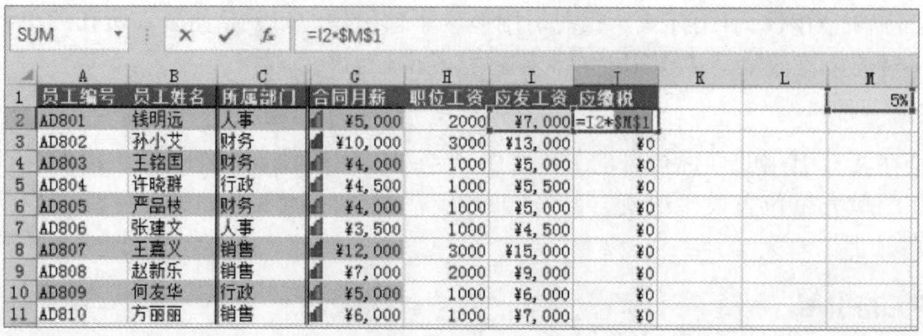

（a）缴存比例改绝对引用

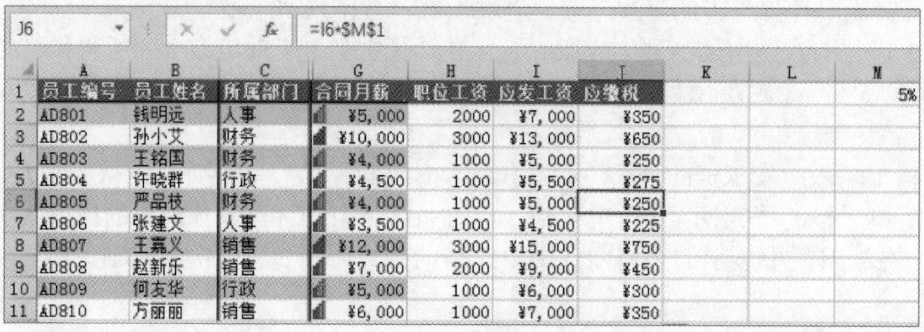

（b）计算结果

图 1.4.87　修改公式

3. 混合引用

所谓混合引用，是指在一个单元格的地址引用中，既有相对地址引用，又有绝对地址引用。即只有行号加了绝对引用符号"$"，或只有列标加了绝对引用符号"$"，如"B$3"、"$C3"等。行号加上了绝对引用符号"$"，则在复制公式时行号保持不变。反之，列标加上了绝对引用符号"$"，则在复制公式时列标保持不变。在某些情况下，需要在复制公式时只使行或只使列保持不变，这时就需要使用混合引用。

4. 不同工作表中的引用

前面介绍的 3 种引用方式都是在同一个工作表中进行的，用户还可以引用同一工作簿中不同工作表中的单元格或其他工作簿中的单元格。

当需调用的数据与公式所在单元格不在同一工作表，或者不在同一工作簿时，也可以使用这些引用。若当前在 Book1 中的 Sheet1 工作表中，则引用同一工作簿不同工作表 Sheet2 中的单元格的方式为在前面介绍的引用方式前添加工作表的名字与感叹号，如 Sheet2!A1:B5。若要引用其他工作簿 Book2 的 Sheet1 中的单元格 B3，则使用 [Book2]Sheet1!B3。

5. 三种引用方式的切换

在选择引用地址的情况下，可以按【F4】键在相对引用、绝对引用和混合引用中切换，每按一下切换一次。【F4】键还允许多个引用同时切换。例如，选中公式"=SUM(A1:B5)"中的 A1:B5，按一次【F4】键，公式会变成绝对引用的"=SUM($A$1: $B$5)"，之后再按一次就变成"=SUM(A$1:B$5)"，再按一次【F4】键将变成"=SUM($A1:$B5)"，再按【F4】键就又切换到相对引用样式。

4.4.3　名称的使用

名称是工作簿中某些项目的标识符,用户在工作过程中可以为单元格、图表、公式或工作表建立一个名称。如果某个项目被定义了一个名称,就可以在公式或函数中通过此名称引用该项目。

1. 名称类型

在 Excel 2016 中,可以创建和使用的名称类型有以下两种:

① 已定义名称:代表单元格、单元格区域、公式或常量值的名称。用户可以创建自己的已定义名称,有时 Excel 会自动为用户创建名称,例如当设置打印区域时,系统会自动创建名称。

② 表名称:Excel 表格的名称是有关存储在行和列中特定主题的数据集合。每次"插入表"时,Excel 都会创建 Table1、Table2 等默认的 Excel 表名称,当然用户可以更改这些名称,使它们更具实际意义。

> **注意:**
>
> 所有的名称都有一个延伸到特定工作表或整个工作簿的适用范围。名称的适用范围指在没有限定的情况下能够识别名称的位置。名称在其适用范围内必须始终如一,Excel 禁止用户在相同的范围内定义相同的名称,但如果是在不同的范围内则名称可以相同。

2. 创建名称的方法

方法一:使用名称框创建,即先选定要定义名称的单元格区域,并在名称框中输入名称后按【Enter】键即可。

若要将例 4-5 中的 M1 单元格命名为"上交比例"。此时选中 M1 单元格,在名称框中输入"上交比例",如图 1.4.88 所示,按【Enter】键即完成为 M1 单元格的命名。

	A	B	C	G	H	I	J	K	L	M
	员工编号	员工姓名	所属部门	合同月薪	职位工资	应发工资	应缴税			5%
1										
2	AD801	钱明远	人事	¥5,000	2000	¥7,000	¥350			
3	AD802	孙小艾	财务	¥10,000	3000	¥13,000	¥650			
4	AD803	王铭国	财务	¥4,000	1000	¥5,000	¥250			
5	AD804	许晓群	行政	¥4,500	1000	¥5,500	¥275			
6	AD805	严品枝	财务	¥4,000	1000	¥5,000	¥250			
7	AD806	张建文	人事	¥3,500	1000	¥4,500	¥225			
8	AD807	王嘉义	销售	¥12,000	3000	¥15,000	¥750			
9	AD808	赵新乐	销售	¥7,000	2000	¥9,000	¥450			
10	AD809	何友华	行政	¥5,000	1000	¥6,000	¥300			
11	AD810	方丽丽	销售	¥6,000	1000	¥7,000	¥350			

图 1.4.88　为单元格命名

方法二:使用"新建名称"对话框创建名称,即在"公式"选项卡"定义的名称"组中单击"定义名称"下拉按钮,在下拉列表中选择"定义名称"命令,打"新建名称"对话框,如图 1.4.89 所示。可在该对话框中设置新建的名称、范围、备注及引用位置。

（a）"定义名称"下拉列表

（b）"新建名称"对话框

图 1.4.89　对话框方式为单元格命名

修改 J2 单元格中的公式"=I2*M1"为"=I2*上交比例",双击 J2 单元格的填充柄,得到正确的计算结果,与用绝对引用方法计算的结果相同,请读者自行验证。用名称方法显然优于直接用单元格引用方法。

若要为图 1.4.88 中的 B2:B11 单元格区域定义名称为"员工姓名",则先选中 B2:B11 单元格区域,再单击"公式"选项卡"定义的名称"组中的"定义名称"下拉按钮,在下拉列表中选择"定义名称"命令,打开"新建名称"对话框,在"名称"文本框中输入"员工姓名",在"范围"下拉列表框中选择所定义的名称的适用范围,这里选择 Sheet1,如图 1.4.90 所示。

引用位置可以单击"引用位置"右侧的折叠按钮 实现重新输入。完成定义之后,再选中 B2:B11 单元格区域,名称框中就显示为"员工姓名"。

3. 名称的更改与删除

在名称框中命名的适用范围是工作簿。而用"新建名称"对话框方式命名时直接可以指定范围。那么如何修改某个命名的适用范围?

单击"公式"选项卡"定义名称"组中的"名称管理器"按钮,打开"名称管理器"对话框,如图 1.4.91 所示。

在"名称管理器"对话框中,可以新建名称,编辑名称,也可以删除选中的名称。选中某个名称,单击上方的编辑按钮可以修改已命名名称的引用位置和适用范围等。

图 1.4.90 新建名称

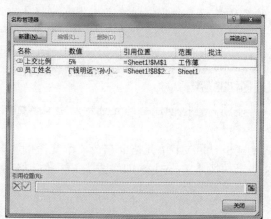

图 1.4.91 "名称管理器"对话框

4.4.4 常用函数

在 Excel 使用过程中,用户有时要用到许多函数来处理复杂的数据。一些常用的函数可以简化数据的复杂性,为运算带来方便。

Excel 提供了丰富的函数,常用的函数有以下几类:

1. 数学和三角函数

常用的数学和三角函数有以下几种:

① INT(number):将任意实数向下取整为最接近的整数,即取小于等于 number 的最大整数。例如,INT((3)5),结果为 3;INT(-4.6),结果为 -5。

② ROUND(number, num_digits):将 number 按指定位数 num_digits 四舍五入。如果 num_digits>0,则四舍五入到指定的小数位;如果 num_digits=0,则四舍五入到最接近的整数;如果 num_digits<0,则在小数点左侧按指定位数四舍五入。例如,ROUND(12(3)4567,-2),结果为 100;ROUND(12(3)4567,2),结果为 123.46。

③ ABS(number):返回 number 的绝对值。

④ SQRT(number):返回 number 的平方根。

⑤ RAND():返回 0 到 1 之间的随机小数,每次计算工作表时都将返回一个新的随机数。

⑥ SUM(number1, number2,…):返回所有参数数字之和,如计算某学生高考的总分等。

⑦ SUMIF(criteria_range, criteria, sum_range):累计相关符合条件的单元格的数值。单元格区域 criteria_range 为条件区域,在之上附加条件 criteria(可以表示为 32、"32"、">32" 或 "apples"),实际相加的单元格由 sum_range 范围指定。

⑧ SUMIFS(sum_range, criteria_range1, criteria1, [criteria_range2,criteria2], …):累计符合多个条件的单元格的数值。注意与 SUMIF 函数的参数顺序不同,每一组 criteria 与 criteria_range 是一个条件,第一组是必选参数,从第二组开始是可选参数,如果只有一组参数,则其功能与 SUMIF 函数一致。

⑨ RANK(number, range[,order])：返回 number 在 range 中的排位，order 为可选参数。如果为 0 或省略，则表示按照降序排序；如果不为 0，则表示按照升序排序。

2. 日期和时间函数

① TODAY()：返回系统当前日期。

② NOW()：返回系统当前日期与时间。

③ YEAR(serial_number)：返回某日期对应的年份，1 900 ~ 9 999 之间的一个整数。参数 serial_number 为一个日期值。

④ MONTH(serial_number)：返回以序列号表示的日期中的月份，月份是介于 1（一月）~ 12（十二月）之间的整数。

⑤ DAY(serial_number)：返回以序列号表示的某日期的天数，用整数 1 ~ 31 表示。

⑥ WEEKDAY(serial_number[,return_type])：返回以序列号表示的某日期为星期几，当 return_type 省略或值为 1 时，返回 1（表示星期日）~7（表示星期六）；当 return_type 值为 2 时，返回 1（表示星期一）~7（表示星期日）；当 return_type 值为 3 时，返回 0（表示星期一）~6（表示星期日）。

日期时间函数使用场合之一是根据某人的出生日期这个日期值来算此人的年龄。若此人的出生日期在 F2 单元格中显示，请将他的年龄计算出来，并在 G2 单元格中显示。此时只需在 G2 中输入 "=year(now()) – year(F2)" 即可得到此人的年龄。原理是用当前时间中的年份减去出生日期中的年份。

3. 逻辑函数

① IF(logical_test, value_if_true, value_if_false)：执行逻辑判断，它可以根据逻辑表达式的真假，返回不同的结果。logical_test 为逻辑判断表达式：当逻辑判断表达式为逻辑"真"时返回值 value_if_true；当逻辑判断式为逻辑"假"时返回值 value_if_false。

② AND(logical1,logical2, ...)：多条件同时满足，即所有参数的逻辑值为真时，返回 TRUE；只要一个参数的逻辑值为假，即返回 FALSE。logical1, logical2,…是 1 ~ 255 个待检测的条件，它们可以为 TRUE 或 FALSE。AND 函数可以作为 IF 函数的 logical_test 参数，则可以检测多个不同的条件。

③ OR(logical1,logical2, ...)：多条件满足其一，即只要存在一个参数，则它的逻辑值为 TRUE，即返回 TRUE；若所有参数的逻辑值均为 FALSE，则返回 FALSE。

④ NOT(logical)：对参数值求反。当要确保一个值不等于某一特定值时，可以使用 NOT 函数。

⑤ ISBLANK(value)：判断单元格是否为空，若 value 引用的单元格为空单元格，则返回 TRUE，否则返回 FALSE。

4. 文本函数

① RIGHT(text, num_chars)：从给定文本字符串的右侧截取指定数目的字符。text 是包含要提取字符的文本字符串。num_chars 指定要提取的字符的数量。

② LEFT(text, num_chars)：从给定文本字符串的右侧截取指定数目的字符。text 是包含要提取字符的文本字符串。num_chars 指定要提取的字符数量。

③ MID(text, start_num, num_chars)：返回指定文本字符串中从指定位置开始截取指定数目的字符。text 是包含要提取字符的文本字符串。start_num 表示要提取的第一个字符的位置。num_chars 指定要提取的字符的数量。

④ LEN(text)：返回字符串中的字符个数。

⑤ CONCTENATE(text1,[text2],…)：将多个文本字符串连接成一个字符串，功能与文本连接运算符（&）相同。

5. 统计函数

① AVERAGE(number1, number2,…)：计算参数的平均值。文本与空白单元格不参加计算。

② AVERAGEIF(range, criteria, average_range)：对相关符合条件的单元格的数值求平均值。单元格区域 range 为条件区域，在之上附加条件 criteria（可以表示为 32、"32"、">32" 或 "apples"），实际求平均的单元格在 average_range 范围内。

③ AVERAGEIFS(average_range, criteria_range1, criteria1, [criteria_range2,criteria2], …)：累计符合多个条

件的单元格的数值。注意与 AVERAGEIF 函数的参数顺序不同，每一组 criteria 与 criteria _range 是一个条件，第一组是必选参数，从第二组开始是可选参数，如果只有一组参数，则其功能与 AVERAGEIF 函数一致。

④ COUNT(value1, value2,…)：返回数字参数的个数。只能统计单元格区域中含有数字的单元格个数，如果单元格中含有文本，则不会统计在内，如统计人数等。

⑤ COUNTA(value1, value2,…)：返回非空单元格的个数。

⑥ COUNTBLANK(range)：返回区域内空白单元格的个数。

⑦ COUNTIF(range, criteria)：统计 range 表示的单元格区域中符合 criteria 表示的条件的单元格数目，此单元格区域的单元格中可以包含文本内容。参数 range 为单元格区域，criteria 表示条件，其形式可以为数字、表达式或文本（如 60，">=60" 和 " 天津学院 "）。其中，数字可以直接写入，而表达式和文本必须加英文半角双引号。

⑧ COUNTIFS(criteria _range1, criteria1, [criteria _range2,criteria2], …)：返回符合多个条件的单元格的个数。注意每一组 criteria _range 与 criteria 是一个条件，第一组是必选参数，从第二组开始是可选参数，所有的 criteria _range 区域必须具有相同的行列数。

⑨ MIN(number1, number2,…)：返回参数中的最小值。

⑩ MAX(number1, number2,…)：返回参数中的最大值。

6. 查找函数

① LOOKUP(lookup_value, lookup_vector, [result_vector])：从单行或单列中返回某个值。lookup_value 表示在第一个向量 lookup_vector 中查找的值，只能为一行或一列，且必须升序排列；result_vector 必须与 lookup_vector 大小相同。

② VLOOKUP(lookup_value, table_array, col_index_num, range_lookup)：在表格数组的首列查找指定的值，并由此返回表格数组当前行中其他列的值。lookup_value 为需要在表格数组第一列中查找的数值，可以为数值或引用；table_array 为两列或多列数据，可以使用对区域或区域名称的引用；col_index_num 为 table_array 中待返回的匹配值的列序号，col_index_num 为 1 时，返回 table_array 第一列中的数值；col_index_num 为 2，返回 table_array 第二列中的数值，依此类推；range_lookup 为逻辑值，当为 FALSE 时指定希望 VLOOKUP 查找精确的匹配值，为 TRUE 时则为查找近似匹配值。

③ HLOOKUP (lookup_value, table_array, row_index_num, range_lookup)：在表格数组的首行查找指定的值，并由此返回表格数组当前列中其他行的值。参数的含义与 VLOOKUP 类似，不再赘述。

VLOOKUP 与 HLOOKUP 这两个函数实际非常相似，只是要查找的 lookup_value 所处位置不同。当查找值 lookup_value 位于源数据区域的某一列时，使用函数 VLOOKUP；当查找值 lookup_value 位于源数据区域的某一行时，使用函数 HLOOKUP。函数首字母 V 代表按垂直（列）方向查找 lookup_value，H 则代表按水平（行）方向查找 lookup_value，即 V 代表要查找的数据在当前列中，H 代表要查找的数据在当前行中。

【例4-6】函数的使用。

在例 4-6.xlsx 中完成以下操作，相关数据源如图 1.4.92 所示。

① 根据 CET4 成绩确定是否通过考试（满分是 710 分，只要达到 425 分即可通过考试），若通过考试则在通过与否列显示"通过"，否则显示"未通过"。

② 根据身份证号求其出生年份。

③ 在 E11 中汇总"计算机 1001 班"CET4 的平均成绩。

④ 在 F11 单元格统计通过考试的人数。

⑤ 利用查找函数，求出 A15:B23 单元格区域中每位学生是否通过 CET4。

操作步骤如下：

① 根据已知条件，若单元格 E2 中数值大于等于 425，则单元格 F2 中显示"通过"，否则显示"未通过"。在单元格 F2 中输入公式"=IF(E2>=425, "通过","未通过")"即可，

	A	B	C	D	E	F
1	班级	姓名	出生年份	身份证号	CET4	通过与否
2	计算机1001班	曹燕华		330424198912033×××	456	
3	信计1001班	刁庆春		120012199111181×××	405	
4	计算机1001班	石川		110120198804033×××	625	
5	信计1001班	王重阳		133130199004083×××	665	
6	计算机1001班	孙军		133158198907084×××	390	
7	计算机1001班	周圆圆		330401199212233×××	610	
8	计算机1001班	宗宁悦		120012199009183×××	540	
9	计算机1001班	徐佳钰		110120198911062×××	335	
10	信计1001班	张笑然		330424199101033×××	285	
11						
12						
13	根据姓名查找CET4是否通过					
14	姓名	通过与否				
15	孙军					
16	刁庆春					
17	王重阳					
18	石川					
19	张笑然					
20	周圆圆					
21	宗宁悦					
22	徐佳钰					
23	曹燕华					

图 1.4.92 数据源

结果如图 1.4.93（a）所示。拖动单元格 F2 的填充柄至 F10 单元格，完成其他学生的成绩判断，结果如图 1.4.93（b）所示。IF 函数也是财务人员使用最多的一个函数，如计算员工每月应缴纳的个人所得税，读者可以自行尝试书写计算个人所得税的公式。

（a）设置测试公式

（b）完成所有学生的成绩判断

图 1.4.93　学生成绩表（一）

② 二代身份证号是由 18 位字符组成，从左侧第 7 位开始的 4 位数字即左侧第 7～10 位，是代表出生年份。根据身份证号求出生年份，一种思路是先从 18 位身份证号的左侧取 10 位，然后再从这 10 位的右侧取 4 位即可取到年份。另一种思路是先从右侧取 12 位，再从这 12 位的左侧取 4 位也可以得出此人的出生年份，请读者自行测试验证。现采用第一种思路，在 C2 单元格中输入公式 "= RIGHT(LEFT(D2, 10), 4)"，拖动填充柄至 C10 单元格，如图 1.4.94 所示。

第二种方法更简单，直接在 C2 中输入公式 "= MID(D2, 7, 4)" 即可。

图 1.4.94　学生成绩表（二）

③ 求"计算机 1001 班"CET4 的平均成绩：只需在 E11 单元格中输入公式 "= AVERAGEIF(A2:A10, " 计算机 1001 班 ",E2:E10)"，按【Enter】键即可。

④ 统计通过人数：只需在 F11 单元格中输入公式 "= COUNTIF(E2:E10, ">=425")" 即可。若换公式为 "= COUNTIF (F2:F10, " 通过 ")" 也能计算出相同的结果。如图 1.4.95 所示。

	A	B	C	D	E	F
1	班级	姓名	出生年份	身份证号	CET4	通过与否
2	计算机1001班	曹燕华	1989	330424198912033×××	456	通过
3	信计1001班	刁庆春	1991	120012199111181×××	405	未通过
4	计算机1001班	石川	1988	110120198804033×××	625	通过
5	信计1001班	王重阳	1990	131301990040 83×××	665	通过
6	计算机1001班	孙军	1989	133158198907084×××	390	未通过
7	计算机1001班	周圆圆	1992	330401199212233×××	610	通过
8	计算机1001班	宗宁悦	1990	120012199009183×××	540	通过
9	计算机1001班	徐佳钰	1989	110120198911062×××	335	未通过
10	信计1001班	张笑然	1991	330424199101033×××	285	未通过
11					492.66667	5

图 1.4.95　汇总结果

⑤ 因为要根据姓名查找是否通过，而“姓名”在源数据区域是以数据列方式存在，位于第二列，故能判断应该使用 VLOOKUP 函数。根据题意，需要返回通过与否，而“通过与否”位于源数据区域的第六列。另外，查找区域 table_array 参数是源数据区域的一部分，且要保证 lookup_value 位于 table_array 的第一列。如果要查找“孙军”是否通过，则第一个参数为 A15，第二个参数查找区域须包含“姓名”和“通过与否”，故为 B2:F10，而“是否通过”在查找区域的第五列（注意不是源数据区域的列序号），故第三个参数为 5，最后一个参数需要 FALSE，才能实现精确查找。因此，在 B15 单元格中输入函数“=VLOOKUP(A15, B2:F10, 5,FALSE)”即可得到 A15 通过与否，如图 1.4.96（a）所示。双击 B15 的填充柄将公式复制到剩余单元格，如图 1.4.96（b）所示。

	A	B	C	D	E	F
1	班级	姓名	出生年份	身份证号	CET4	通过与否
2	计算机1001班	曹燕华	1989	330424198912033×××	456	通过
3	信计1001班	刁庆春	1991	120012199111181×××	405	未通过
4	计算机1001班	石川	1988	110120198804033×××	625	通过
5	信计1001班	王重阳	1990	13130199004083×××	665	通过
6	计算机1001班	孙军	1989	133158198907084×××	390	未通过
7	计算机1001班	周圆圆	1992	330401199212233×××	610	通过
8	计算机1001班	宗宁悦	1990	120012199009183×××	540	通过
9	计算机1001班	徐佳钰	1989	110120198911062×××	335	未通过
10	信计1001班	张笑然	1991	330424199101033×××	285	未通过
11					492.66667	5
12						
13	根据姓名查找CET4是否通过					
14	姓名	通过与否				
15	孙军	=VLOOKUP(A15, B2:F10, 5, FALSE)				
16	刁庆春	VLOOKUP(lookup_value, table_array, col_index_num, [range_lookup])				
17	王重阳					
18	石川					
19	张笑然					
20	周圆圆					
21	宗宁悦					
22	徐佳钰					
23	曹燕华					

（a）测试是否通过

B15　=VLOOKUP(A15, B2:F10, 5, FALSE)

	A	B	C	D	E	F
1	班级	姓名	出生年份	身份证号	CET4	通过与否
2	计算机1001班	曹燕华	1989	330424198912033×××	456	通过
3	信计1001班	刁庆春	1991	120012199111181×××	405	未通过
4	计算机1001班	石川	1988	110120198804033×××	625	通过
5	信计1001班	王重阳	1990	13130199004083×××	665	通过
6	计算机1001班	孙军	1989	133158198907084×××	390	未通过
7	计算机1001班	周圆圆	1992	330401199212233×××	610	通过
8	计算机1001班	宗宁悦	1990	120012199009183×××	540	通过
9	计算机1001班	徐佳钰	1989	110120198911062×××	335	未通过
10	信计1001班	张笑然	1991	330424199101033×××	285	未通过
11					492.66667	5
12						
13	根据姓名查找CET4是否通过					
14	姓名	通过与否				
15	孙军	未通过				
16	刁庆春	未通过				
17	王重阳	通过				
18	石川	#N/A				
19	张笑然	未通过				
20	周圆圆	通过				
21	宗宁悦	通过				
22	徐佳钰	未通过				
23	曹燕华	#N/A				

（b）复制公式到剩余单元格

图 1.4.96　利用 VLOOKUP 查找函数（一）

此时发现查找结果存在两个错误信息，双击有误的单元格 B18，发现公式变成了“=VLOOKUP(A18, B5:F13, 5,FALSE)”也就是查找区域发生了相对变化。而此题的查找区域是固定的，即 B2:F10，所以此处第二个参数应该用绝对引用方式，修改 B15 中的公式，并重新复制公式，则得到正确的查找结果，如图 1.4.97 所示。

13	根据姓名查找CET4是否通过	
14	姓名	通过与否
15	孙军	=VLOOKUP(A15, $B$2:$F$10, 5, FALSE)
16	刁庆春	VLOOKUP(lookup_value, **table_array**, col_index_num, [range_lookup])
17	王重阳	通过
18	石川	#N/A
19	张笑然	未通过
20	周圆圆	通过
21	宗宁悦	通过
22	徐佳钰	未通过
23	曹燕华	#N/A

（a）部分结果有误

13	根据姓名查找CET4是否通过	
14	姓名	通过与否
15	孙军	未通过
16	刁庆春	未通过
17	王重阳	通过
18	石川	通过
19	张笑然	未通过
20	周圆圆	通过
21	宗宁悦	通过
22	徐佳钰	未通过
23	曹燕华	通过

（b）正确结果

图 1.4.97　利用 VLOOKUP 查找函数（二）

4.4.5　常见错误及处理

如果公式不能计算正确结果，Excel 将显示一个错误值，如 # N/A！、#VALUE！、#DIV/O！等，出现这些错误的原因有很多种。例如，在需要数字的公式中使用文本、删除了被公式引用的单元格，或者使用了宽度不足以显示结果的单元格。

当输入公式后单元格中显示错误结果时，使用"公式"选项卡"公式审核"组中的"错误检查"功能，可以方便地查找到该错误是由哪些单元格引起的。

查找错误信息单元格中的错误源时，可以选择该单元格，再单击"公式"选项卡"公式审核"组中的"错误检查"下拉按钮，选择"追踪错误"命令，如图 1.4.98 所示。此时，系统的工作表中指出该公式所引用的所有单元格。其中红色箭头将指出导致错误结果的单元格，而蓝色箭头将指出包含错误数据的单元格。

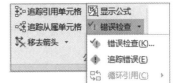

图 1.4.98　错误检查

当单击"错误检查"下拉按钮，选择"错误检查"命令时，将会打开"错误检查"对话框，系统会检查工作表中是否包含错误。

以下是几种常见的错误及其解决方法。

1.　#VALUE!

#VALUE! 错误也称为"值"错误，是公式使用过程中出现最多的一种错误。当使用错误的参数或运算对象类型时，或者当公式自动更正功能不能更正公式时，将产生此错误。

原因一：在需要数字或逻辑值时输入了文本，Excel 不能将文本转换为正确的数据类型。解决方法：确认公式或函数所需的运算符或参数正确，并且公式引用的单元格中包含有效的数值。例如，如果单元格 A1 包含一个数字，单元格 A2 包含文本"学籍"，则公式"=A1+A2"将返回错误值 #VALUE!。可以用 SUM 工作表函数将这两个值相加（SUM 函数忽略文本）：=SUM(A1:A2)。

原因二：将单元格引用、公式或函数作为数组常量输入。解决方法：确认数组常量不是单元格引用、公式或函数。

原因三：赋予需要单一数值的运算符或函数一个数值区域。解决方法：将数值区域改为单一数值。修改数值区域，使其包含公式所在的数据行或列。

2.　#DIV/O!

#DIV/O! 错误也称为"被零除"错误，当公式被零除时，将会产生错误值 #DIV/O!。

原因：在公式中，除数使用了指向空单元格或包含零值单元格的单元格引用（在 Excel 中如果运算对象是空白单元格，Excel 将此空值当作零值）。解决方法：修改单元格引用，或者在用作除数的单元格中输入不为零的值。

3.　#NAME?

#NAME? 错误也称为"无效名称"错误。在公式中使用了 Excel 不能识别的名称或函数时将产生此错误。

原因一：删除了公式中使用的名称，或者使用了不存在的名称。解决方法：确认使用的名称确实存在。"公式"选项卡中的"名称管理器"命令，如果所需名称没有被列出，可单击"新建"按钮添加相应的名称。

原因二：名称的拼写错误。解决方法：修改拼写错误的名称。

原因三：在公式中输入文本时没有使用双引号。解决方法：Excel 将其解释为名称，而不理会用户准备将其用作文本的想法，将公式中的文本括在双引号中。例如，公式 =" 总计："&B50 是将一段文本"总计："和单元格 B50 中的数值合并在一起，如果缺少这对双引号就会出现错误值。

原因四：在单元格区域的引用中缺少冒号。解决方法：确认公式中使用的所有单元格区域引用都使用冒号，如 SUM(A2:B34)。

4.　#N/A

#N/A 错误也称为"值不可用"错误。

原因：当在函数或公式中没有可用数值时，将产生此错误值。解决方法：如果工作表中某些单元格暂时没有数值，可在这些单元格中输入 #N/A，公式在引用这些单元格时，将不进行数值计算，而是返回 #N/A。

5. #REF!

#REF! 错误也称为"无效的单元格引用"错误，当单元格引用无效时将产生此错误。

原因：删除了由其他公式引用的单元格，或将移动单元格到由其他公式引用的单元格中。解决方法：更改公式或者在删除或粘贴单元格之后，立即单击"撤销"按钮，以恢复工作表中的单元格。

6. #NUM!

#NUM！错误也称为"数字"错误或"与值相关"错误，当公式或函数中某个数字有问题时将产生此错误。

原因一：在需要数字参数的函数中使用了不能接受的参数。解决方法：确认函数中使用的参数类型正确无误。

原因二：使用了迭代计算的工作表函数，例如 IRR 或 RATE，并且函数不能产生有效的结果。解决方法：为工作表函数使用不同的初始值。

原因三：由公式产生的数字太大或太小，Excel 不能表示。解决方法：修改公式，使其结果在有效数字范围之间。

7. #NULL!

#NULL！错误也称为"空"错误，当试图为两个并不相交的区域指定交叉点时将产生此错误。

原因：使用了不正确的区域运算符或不正确的单元格引用。解决方法：如果要引用两个不相交的区域，请使用联合运算符逗号（，）。公式要对两个区域求和，请确认在引用这两个区域时，使用逗号，如 SUM(A1:A13,D12:D23)。如果没有使用逗号，Excel 将试图对同时属于两个区域的单元格求和，但是由于 A1:A13 和 D12:D23 并不相交，所以它们没有共同的单元格。

综合训练 4-4　员工统计表

在"综合训练 4-4.xlsx"工作簿完成以下操作，最后保存为"综合训练 4-4 结果 .xlsx"。

综合训练 4-4

① 在"档案"工作表中，记录着每个员工的入职时间，利用相关函数判断入职时间是否在周末，填入到 H 列相关单元格中。（注：周六、周日算周末）

提示：利用 WEEKDAY 函数判断出入职时间是星期几，当为周六、周日时，在相应单元格中显示"是"，否则显示"否"。故在 H3 单元格中输入公式"=IF(WEEKDAY(G3,2)>5,"是","否")"，然后双击填充柄复制公式至 H37 即可。

② 工龄的粗略计算公式为"当年 – 入职年"，利用相关函数在 I 列相关单元格中计算工龄。

提示：在 I3 单元格中输入公式"=YEAR(TODAY())–YEAR(G3)"，并设置单元格格式为"数值"，小数位数为 0，最后复制公式至 I37。

③ 在实际计算工龄中，要求精确到天，不足 1 年的不计算在内，通过相关函数在 J 列相关单元格中计算实际工龄。

提示：在 J3 单元格中输入公式"=INT((TODAY()–G3)/365)"，并复制公式。

④ 已知工龄工资会随着工资的增加而增加，增幅数据放置在工作表"工龄"中，计算工龄工资（工龄使用 I 列中的相关数据）。

提示：在 L3 单元格中输入公式"=I3*工龄 !$B$3"，并复制公式。此处到绝对引用，当然可以使用 B$3 这种混合引用，请读者自行验证。

⑤ 已知"基础工资 = 基本工资 + 工龄工资"，用公式在 M 列相关单元格中计算出基础工资。

提示：在 M3 单元格中输入公式"=K3+L3"，并复制公式。此处也可以使用函数"=SUM(K3:L3)"来实现。

⑥ 由于之前工作人员数据录入时的失误，造成部分性别和学历信息缺失，现要求利用 IF、OR 和 ISBLANK 函数在 N 列相关单元格判断档案完整性，若有性别或学历任意一项信息缺失，显示文字"档案缺失"，否则显示"完整"。

提示：用 ISBLANK 函数判断单元格是否为空，故在 N3 单元格中输入公式"=IF(OR(ISBLANK(C3),ISBLANK(F3)),"档案缺失","完整")"，双击填充柄复制公式。

⑦ 公司提供员工进修培训，其进修资格根据工龄来判断，工龄小于 5 年的，进修地点为上海；5 年以上 10 年（不含）以下的，进修地点为深圳；10 年以上 15 年（不含）以下的，进修地点为北京；15 年以上的，进修地点为新疆。试用 IF 函数在 O 列计算进修地点（工龄使用 I 列数据）。

提示：在 O3 单元格中输入公式 "=IF(I3<5," 上海 ",IF(I3<10," 深圳 ",IF(I3<15," 北京 "," 新疆 ")))"，双击填充柄复制公式。

⑧ 在 "统计" 工作表的 B2 单元格统计出所有人的基础工资总额；在 B3 单元格统计出项目经理的基础工资总额；在 B4 单元格统计出行政部门员工的基础工资总额。

提示：在 "统计" 工作表的 B2 单元格中输入公式 "=SUM(档案 !M3:M37)"；在 "统计" 工作表的 B3 单元格中输入公式 "=SUMIF(档案 !E3:E37," 项目经理 ", 档案 !M3:M37)"；在 "统计" 工作表的 B4 单元格中输入公式 "=SUMIF(档案 !D3:D37," 行政 ", 档案 !M3:M37)"。

⑨ 根据相关函数，在 "研发部员工进修地点" 工作表中的 "性别" "进修地点" 列返回相关员工的性别与进修地点。

提示：在 "研发部员工进修地点" 工作表的 C2 单元格中输入公式 "=VLOOKUP(A2, 档案 !$A$3:$O$37,3,FALSE)"，并复制公式至 C19。在 D2 单元格中输入公式 "=VLOOKUP(A2, 档案 !$A$3:$O$37,15,FALSE)"，并复制公式 D19。

4.5 数 据 处 理

Excel 不仅能够方便地处理表格数据，还可以通过数据排序、筛选等方法对数据进行处理。

4.5.1 数据排序

在数据分析与处理过程中，对区域或表中的数据进行排序是不可缺少的一部分，有时数据排序是为了下一步的数据处理做准备，如分类汇总。数据排序不仅可以快速直观地显示、理解数据，还可以帮助用户做出有效的决策。而 Excel 为用户提供了强大的数据排序功能。

对于数据表中的数据，用户可以按照一定的顺序进行排列。Excel 2016 中的数据是根据数值和数据类型来排列的，可以按字母、数字、日期等内容来进行排序。排序的方式有升序和降序两种，也可以自定义排序规则。使用特定的排序次序对单元格中的数值进行重新排列，可方便用户的使用和查看。

1. 排序方法

排序的操作方法非常简单，下面介绍两种方法：

① "排序" 按钮方式：选中单元格区域，单击 "数据" 选项卡 "排序和筛选" 组中的 "升序" 或 "降序" 按钮即可，如图 1.4.99 所示。

② "排序" 对话框方式：激活要排序的数据表格中的任意一个单元格，单击图 1.4.99 中的 "排序" 按钮，打开 "排序" 对话框，如图 1.4.100 所示。在 "排序" 对话框的 "主要关键字" 下拉列表中选择需要排序的字段名称、在 "排序依据" 中选择排序依据（数值、单元格颜色、字体颜色或单元格图标），在 "次序" 中选择排序的次序（升序、降序或自定义序列），单击 "确定" 按钮即可返回数据表，表中数据已按排序方式重新排列。

图 1.4.99 "排序和筛选" 功能组

图 1.4.100 "排序" 对话框

2. 其他

① 多关键字：用户可以设置多个排序条件对数据表进行排序。很多时候在对数据表进行排序时，需要对一列数据进行排序后，再在此基础上对另外一列或多列数据进行排序，即单击"排序"对话框中的"添加条件"按钮增加关键字排序。

图 1.4.101 "排序选项"对话框

② 其他排序：Excel 中汉字的排序默认是拼音排序，有时需要按笔画顺序排列。Excel 中的排序默认是垂直方向数据条目的重新排列，有时需要按水平方向重新排列数据。Excel 中的数据默认不区分大小写，也可实现区分大小写的排序。操作方法：在"排序"对话框中设好某关键字排序次序后，再单击"排序"对话框中的"选项"按钮，打开"排序选项"对话框，如图 1.4.101 所示，即可进行是否"区分大小写"、按行还是按列排序，以及是按字母还是笔画排序的设置。

【例4-7】数据的排序。

在例 4-7.xlsx 中完成以下操作，相关数据源如图 1.4.102 所示。

① 将工作表"笔画排序"中的数据按姓氏笔画升序排列。

② 将工作表"多关键字"的成绩表按总分从高到低重新排列，总分相同时按照语文成绩由高到低排序。

③ 将工作表"自定义排序"的成绩表按照班级"计算机1001班""电信1001班""信计1001班"排序。

	A	B	C	D	E	F	G	H	I
1	学号	姓名	班级	出生年月	数学	语文	英语	总分	平均分
2	1012113	兴中华	计算机1001班	1986年9月	32	53	82	167	55.67
3	1012114	秦辉煌	信计1001班	1981年2月	46	73	37	156	52.00
4	1012115	田大海	计算机1001班	1983年2月	96	30	30	156	52.00
5	1012116	盖大众	电信1001班	1976年7月	72	80	59	211	70.33
6	1012117	高明	计算机1001班	1979年6月	45	39	55	139	46.33
7	1012118	赵国庆	信计1001班	1982年6月	81	84	46	211	70.33
8	1012119	钟卫国	电信1001班	1986年9月	76	44	62	182	60.67

图 1.4.102 例 4-7 数据源

操作步骤如下：

① 单击工作表"笔画排序"数据区域 A1:I8 的任意单元格，再单击"数据"选项卡"排序和筛选"组中的"排序"按钮，打开"排序"对话框。从"主要关键字"下拉列表中选择需要排序的字段名称"姓名"，在"次序"下拉列表中选择排序的次序"升序"，单击"选项"按钮，在打开的"排序选项"对话框中选中"笔画排序"（见图 1.4.103），单击"确定"按钮。排序结果如图 1.4.104 所示。

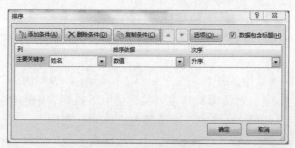

（a）"排序"对话框

（b）"排序选项"对话框

图 1.4.103 按笔画排序设置

	A	B	C	D	E	F	G	H	I
1	学号	姓名	班级	出生年月	数学	语文	英语	总分	平均分
2	1012115	田大海	计算机1001班	1983年2月	96	30	30	156	52.00
3	1012113	兴中华	计算机1001班	1986年9月	32	53	82	167	55.67
4	1012118	赵国庆	信计1001班	1982年6月	81	84	46	211	70.33
5	1012119	钟卫国	电信1001班	1986年9月	76	44	62	182	60.67
6	1012114	秦辉煌	信计1001班	1981年2月	46	73	37	156	52.00
7	1012117	高明	计算机1001班	1979年6月	45	39	55	139	46.33
8	1012116	盖大众	电信1001班	1976年7月	72	80	59	211	70.33

图 1.4.104 排序结果

② 单击工作表多关键字数据区域 A1:I8 的任意单元格，再单击"数据"选项卡"排序和筛选"组中的"排序"按钮，打开"排序"对话框。从"主要关键字"下拉列表中选择需要排序的字段名称"总分"，在"次序"下拉列表中选择排序的次序"降序"。然后，单击对话框中的"添加条件"按钮，添加次要关键字，从"次要关键字"下拉列表中选择排序字段"语文"，在"次序"下拉列表中选择排序次序"降序"，如图 1.4.105 所示。排序结果如图 1.4.106 所示。

图 1.4.105　多关键字排序

	A	B	C	D	E	F	G	H	I
1	学号	姓名	班级	出生年月	数学	语文	英语	总分	平均分
2	1012118	赵国庆	信计1001班	1982年6月	81	84	46	211	70.33
3	1012116	盖大众	电信1001班	1976年7月	72	80	59	211	70.33
4	1012119	钟卫国	电信1001班	1986年9月	76	44	62	182	60.67
5	1012113	兴中华	计算机1001班	1986年9月	32	53	82	167	55.67
6	1012114	秦辉煌	信计1001班	1981年2月	46	73	37	156	52.00
7	1012115	田大海	计算机1001班	1983年2月	96	30	30	156	52.00
8	1012117	高明	计算机1001班	1979年6月	45	39	55	139	46.33

图 1.4.106　多关键字排序结果

③ 激活工作表"自定义排序"数据区域 A1:I8 的任意单元格，单击"数据"选项卡"排序和筛选"组中的"排序"按钮，打开"排序"对话框。从"主要关键字"下拉列表中选择需要排序的字段名称"班级"，在"次序"下拉列表框中选择"自定义序列"命令（见图 1.4.107），打开"自定义序列"对话框，在"输入序列"文本框中依次输入"计算机 1001 班""电信 1001 班""信计 1001 班"，输入完毕后，单击"添加"按钮，再单击"确定"按钮，如图 1.4.108 所示。此时表中的数据就按照自定义的顺序排序，排序结果如图 1.4.109 所示。

图 1.4.107　"排序"对话框

图 1.4.108　"自定义序列"对话框

	A	B	C	D	E	F	G	H	I
1	学号	姓名	班级	出生年月	数学	语文	英语	总分	平均分
2	1012113	兴中华	计算机1001班	1986年9月	32	53	82	167	55.67
3	1012115	田大海	计算机1001班	1983年2月	96	30	30	156	52.00
4	1012117	高明	计算机1001班	1979年6月	45	39	55	139	46.33
5	1012116	盖大众	电信1001班	1976年7月	72	80	59	211	70.33
6	1012119	钟卫国	电信1001班	1986年9月	76	44	62	182	60.67
7	1012114	秦辉煌	信计1001班	1981年2月	46	73	37	156	52.00
8	1012118	赵国庆	信计1001班	1982年6月	81	84	46	211	70.33

图 1.4.109　按班级排序的结果

4.5.2　数据筛选

使用数据筛选操作可以使用户从庞大的数据中筛选出某一类记录或者符合条件的记录。筛选的结果会将满足条件的记录显示出来，而不满足条件的记录则会被隐藏起来。对筛选的结果不需要重新排列或者移动就可以复制、查找、编辑、设置格式、制作图表和打印。

筛选数据的方法有自动筛选、自定义筛选和高级筛选 3 种方式。

1．自动筛选（简单筛选）

自动筛选是最简单的筛选方式，提供了 3 种筛选方式：按值、按格式或按条件。用户可以根据自己的需要选择其中一种筛选方式。

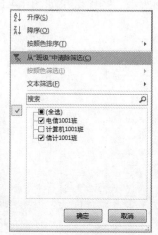

激活数据区域任意单元格，再单击"数据"选项卡"排序和筛选"组中的"筛选"按钮（见图 1.4.99），可以对单元格区域启用自动筛选。通过观察数据区域列标题是否显示下拉按钮 ▾ 表示该列已启用但未应用筛选；如果出现"筛选"按钮 ▾ 则表示该列已应用筛选。当对多列进行筛选时，其作用效果是累积的，即筛选条件之间是并集关系。一般情况下，每添加一个筛选，都会减少所显示的记录。

单击图 1.4.99 中的"清除"按钮，可以清除工作表中的所有筛选并重新显示所有行。若需要清除某列上应用的筛选，可以单击该列标题上的下拉按钮，在展开的下拉列表中选择"从'某某'中清除筛选"命令，如图 1.4.110 所示。

图 1.4.110　清除某筛选

2．自定义筛选

除自动筛选外，用户还可以按照某个条件进行自定义筛选。自定义筛选是根据筛选条件筛选出符合要求的记录，如筛选高于平均值的数字等，如图 1.4.111 所示。若要筛选"大于""小于"条件的记录，可选择"大于"或"小于"等选项，在打开的"自定义自动筛选方式"对话框，设置条件即可，如图 1.4.112 所示。

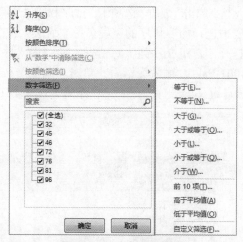

图 1.4.111　自定义筛选

图 1.4.112　"自定义自动筛选方式"对话框

3．高级筛选

虽然"自动筛选"与"自定义筛选"操作方法简单，但是可供使用的筛选条件非常有限，一次只能针对一列数据进行筛选。为此，Excel 提供了"高级筛选"功能。它能够使用各种条件对多列数据进行筛选，其工作方式与上述两种筛选不同：一是通过"高级筛选"对话框，而非类似菜单的选项按钮实现；二是需要在单独单元格区域输入高级筛选条件，Excel 将"高级筛选"对话框中的条件区域用作高级筛选的条件源。

【例4-8】数据筛选。

在"例 4-8.xlsx"工作簿中完成以下筛选操作。

① 在工作表"自动筛选"中筛选大学英语成绩为 98 的学生。

② 在工作表"自定义筛选"中，利用自定义筛选的功能筛选出 C 语言成绩高于平均分的学生。

③ 在工作表"高级筛选"中，使用高级筛选功能筛选出会计系会计基础成绩小于 60 分的学生和营销系

里管理学成绩小于 70 分的学生，在空白区域显示筛选结果。

操作步骤如下：

① 启动自动筛选。激活工作表"自动筛选"数据区域 B2:K12 中的任意单元格，单击"数据"选项卡"排序和筛选"组中的"筛选"按钮。此时在数据表标题行的每个字段名字的右侧都会出现一个下拉按钮，如图 1.4.113（a）所示。单击"大学英语"右侧的下拉按钮，在弹出的下拉列表中选中"98"，如图 1.4.113（b）所示，单击"确定"按钮，筛选后的结果如图 1.4.113（c）所示。从筛选结果中的左侧行号可知，筛选实际上就是把用户不关心的数据暂时隐藏起来，清除筛选后，隐藏的数据就会显示出来。

	学号	姓名	性别	系别	大学英	会计基	管理学	C语言	工程制	总分
3	001	田爱华	男	会计系	98	86	45	60	75	364
4	002	陈诚	女	营销系	94	89	90	90	64	427
5	003	宋国强	男	会计系	97	64	97	68	98	424
6	004	庄严	男	营销系	54	76	78	56	54	318
7	005	王建忠	男	经管系	58	86	90	76	67	377
8	006	许诺	女	营销系	76	67	67	67	98	375
9	007	张明亮	女	经管系	35	65	45	45	38	228
10	008	刘思远	男	会计系	67	58	90	90	88	393
11	009	李钰	男	会计系	57	98	56	75	76	362
12	010	孔明	女	营销系	67	78	83	83	87	398

（a）启动自动筛选

（b）设置自动筛选条件

	学号	姓名	性别	系别	大学英	会计基	管理学	C语言	工程制	总分
3	001	田爱华	男	会计系	98	86	45	60	75	364

（c）筛选结果

图 1.4.113　自动筛选

② 单击工作表"自定义筛选"，激活数据区域 B2:K12 中的任意单元格，再启动自动筛选，然后单击"C语言"右侧的下拉按钮，在展开的下拉列表中选择"数字筛选"选项，在其级联列表中选择"高于平均值"选项，如图 1.4.114（a）所示，筛选结果如图 1.4.114（b）所示。

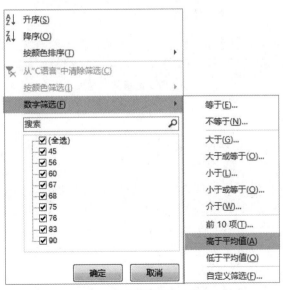

（a）数字筛选

图 1.4.114　自定义筛选

	A	B	C	D	E	F	G	H	I	J	K
1											
2		学号 ▼	姓名 ▼	性别 ▼	系别 ▼	大学英 ▼	会计基 ▼	管理学 ▼	C语言 ▼	工程制 ▼	总分 ▼
4		002	陈诚	女	营销系	94	89	90	90	64	427
7		005	王建忠	男	经管系	58	86	90	76	67	377
10		008	刘思远	男	会计系	67	58	90	90	88	393
11		009	李钰	男	会计系	57	98	56	75	76	362
12		010	孔明	女	营销系	67	78	83	83	87	398

（b）筛选结果

图 1.4.114　自定义筛选（续）

③ 筛选会计系"会计基础"成绩小于 60 分的学生和营销系里管理学成绩小于 70 分的学生并在空白区域显示筛选结果。

具体操作步骤如下：

- 建立条件区域：激活工作表"高级筛选"，首先建立条件区域（可在数据区域的下方，注意与数据区域之间应至少有一个空白行，起到分隔作用）。在条件区域设置第一个条件为"系别"是"会计系"，"会计基础"成绩"<60"；第二个条件为"营销系"，"管理学"成绩"<70"，如图 1.4.115 所示。
- 设置高级筛选：选中数据区域 B2:K12，单击"数据"选项卡"排序和筛选"组中的"高级"按钮，打开"高级筛选"对话框，选中"将筛选结果复制到其他位置"单选按钮，设置"列表区域"（即数据区域）、"条件区域"，并在"复制到"编辑框中设置结果的显示位置（B18 单元格处），如图 1.4.116 所示，单击"确定"按钮，返回工作表，此时在指定放置筛选结果的区域中显示出了满足条件的筛选结果，如图 1.4.117 所示。

	A	B	C	D	E	F	G	H	I	J	K
1											
2		学号	姓名	性别	系别	大学英语	会计基础	管理学	C语言	工程制图	总分
3		001	田爱华	男	会计系	98	86	45	60	75	364
4		002	陈诚	女	营销系	94	89	90	90	64	427
5		003	宋国强	男	会计系	97	64	97	68	98	424
6		004	庄严	男	营销系	54	76	78	56	54	318
7		005	王建忠	男	经管系	58	86	90	76	67	377
8		006	许诺	女	营销系	76	67	67	67	98	375
9		007	张明亮	女	经管系	35	65	45	45	38	228
10		008	刘思远	男	会计系	67	58	90	90	88	393
11		009	李钰	男	会计系	57	98	56	75	76	362
12		010	孔明	女	营销系	67	78	83	83	87	398
13											
14		系别	会计基础	管理学							
15		会计系	<60								
16		营销系		<70							

图 1.4.115　建立条件区域

高级筛选

方式
○ 在原有区域显示筛选结果(F)
● 将筛选结果复制到其他位置(O)

列表区域(L)：　$B$2:$K$12
条件区域(C)：　!$B$14:$D$16
复制到(T)：　高级筛选!$B$18

□ 选择不重复的记录(R)

确定　　取消

图 1.4.116　设置高级筛选

18	学号	姓名	性别	系别	大学英语	会计基础	管理学	C语言	工程制图	总分
19	006	许诺	女	营销系	76	67	67	67	98	375
20	008	刘思远	男	会计系	67	58	90	90	88	393

图 1.4.117　高级筛选结果

4.5.3　分类汇总

在数据管理过程中，有时需要进行数据统计汇总工作，从而进行决策判断。用户可以通过 Excel 提供的分类汇总功能帮助解决这个问题。

分类汇总是 Excel 中基本的数据分析工具之一，是指将工作表中的数据按指定的关键字进行相关选项的数据汇总，方便对数据进行统计与分析。分类汇总将自动创建公式，并对数据表的某一列提供如求和、求平均值之类的汇总函数，实现对分类汇总值的计算，而且将计算结果分级显示出来。

分类汇总通常分为简单分类汇总和嵌套分类汇总两类。简单分类汇总基于某一列中的数据进行汇总；嵌套分类汇总可以是基于一列的多种不同汇总方式，也可以是基于多列的数据汇总。

在执行"分类汇总"命令之前，首先应对数据进行排序，将数据中关键字相同的一些记录集中在一起。

1．创建分类汇总

选择工作区中的表格，单击"数据"选项卡"分级显示"组中的"分类汇总"按钮，在打开的"分类汇总"

对话框中，可以选择分类字段、设置汇总方式等。

2. 清除分类汇总

在进行分类汇总之后，当不再使用时可以对其进行清除。如果需要清除分类汇总，而又不想影响表格中的数据，则可以单击"数据"选项卡"分级显示"组中的"分类汇总"按钮，打开"分类汇总"对话框，单击"全部删除"按钮即可清除分类汇总。

【例4-9】数据的分类汇总。

要求针对图 1.4.118 所示数据源（例 4-9.xlsx）汇总各系的人数，进而汇总各系男女生"大学英语"的平均成绩。

操作步骤如下：

① 排序。首先要对分类字段"系别"（主要关键字）与"性别"（次要关键字）进行排序（升序降序均可）。此处两个关键字均选择升序，排序结果如图 1.4.119 所示。

	学号	姓名	性别	系别	大学英语	会计基础	管理学	C语言	工程制图	总分
	001	田爱华	女	会计系	98	86	45	60	75	364
	002	陈诚	女	营销系	94	89	90	90	64	427
	003	宋国强	男	会计系	97	64	97	68	98	424
	004	庄严	男	营销系	54	76	78	56	54	318
	005	王建忠	男	经管系	58	86	90	76	67	377
	006	许诺	女	营销系	76	67	67	67	98	375
	007	张明亮	女	经管系	35	65	45	45	38	228
	008	刘思远	男	会计系	67	58	90	90	88	393
	009	李钰	女	会计系	57	98	56	75	76	362
	010	孔明	男	营销系	67	78	83	83	87	398

图 1.4.118　数据源

	学号	姓名	性别	系别	大学英语	会计基础	管理学	C语言	工程制图	总分
	003	宋国强	男	会计系	97	64	97	68	98	424
	008	刘思远	男	会计系	67	58	90	90	88	393
	001	田爱华	女	会计系	98	86	45	60	75	364
	009	李钰	女	会计系	57	98	56	75	76	362
	005	王建忠	男	经管系	58	86	90	76	67	377
	007	张明亮	女	经管系	35	65	45	45	38	228
	004	庄严	男	营销系	54	76	78	56	54	318
	010	孔明	男	营销系	67	78	83	83	87	398
	002	陈诚	女	营销系	94	89	90	90	64	427
	006	许诺	女	营销系	76	67	67	67	98	375

图 1.4.119　排序结果

② 启动分类汇总。选中含有数据的任意单元格，单击"数据"选项卡"分级显示"组中的"分类汇总"按钮，打开"分类汇总"对话框，在"分类汇总"对话框的"分类字段"下拉列表中选择"系别"，在"汇总方式"下拉列表中选择"计数"，在"选定汇总项"列表中勾选"姓名"，如图 1.4.120（a）所示。单击"确定"按钮，返回工作表中，添加分类汇总之后的工作表如图 1.4.120（b）所示。

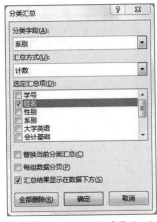

	学号	姓名	性别	系别	大学英语	会计基础	管理学	C语言	工程制图	总分
	003	宋国强	男	会计系	97	64	97	68	98	424
	008	刘思远	男	会计系	67	58	90	90	88	393
	001	田爱华	女	会计系	98	86	45	60	75	364
	009	李钰	女	会计系	57	98	56	75	76	362
				会计系 计数						
	005	王建忠	男	经管系	58	86	90	76	67	377
	007	张明亮	女	经管系	35	65	45	45	38	228
				经管系 计数						
	004	庄严	男	营销系	54	76	78	56	54	318
	010	孔明	男	营销系	67	78	83	83	87	398
	002	陈诚	女	营销系	94	89	90	90	64	427
	006	许诺	女	营销系	76	67	67	67	98	375
				营销系 计数						
				总计数						

（a）设置"分类汇总"参数（一）　　　　　（b）分类汇总结果（一）

图 1.4.120　统计各系人数结果

③ 设置嵌套分类汇总。再次单击"数据"选项卡"分级显示"组中的"分类汇总"按钮，打开"分类汇总"对话框，在"分类字段"下拉列表中选择"性别"，"汇总方式"下拉列表中选择"平均值"，在"选定汇总项"列表框中选择"大学英语"，取消选择"替换当前分类汇总"复选框，如图 1.4.121（a）所示。单击"确定"按钮，返回工作表中，添加第二个分类汇总之后的工作表如图 1.4.121（b）所示。

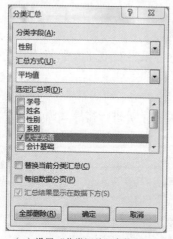

（a）设置"分类汇总"参数（二）

（b）分类汇总结果（二）

图 1.4.121　统计各系男女生大学英语平均成绩

3. 分级显示

对数据进行分类汇总后，Excel 会自动按汇总时的分类分级显示数据。使用分级显示可以快速显示摘要行或摘要列，或显示每组的明细数据。在数据区域的左侧会显示一些层次按钮 "−" 或 "+"，这便是分级显示按钮。单击分级显示按钮，可以将一组或多组分类汇总数据隐藏起来，只显示需要的那部分数据，如图 1.4.122 所示。

	学号	姓名	性别	系别	大学英语	会计基础	管理学	C语言	工程制图	总分
			男 平均值		82					
	001	田爱华	女	会计系	98	86	45	60	75	364
	009	李钰	女	会计系	57	98	56	75	76	362
			女 平均值		77.5					
	4			会计系 计数						
	2			经管系 计数						
	004	庄严	男	营销系	54	76	78	56	54	318
	010	孔明	男	营销系	67	78	83	83	87	398
			男 平均值		60.5					
	002	陈诚	女	营销系	94	89	90	90	64	427
	006	许诺	女	营销系	76	67	67	67	98	375
			女 平均值		85					
	4			营销系 计数						
			总计平均值		70.3					
	10			总计数						

图 1.4.122　分级显示结果

在分级显示按钮的上方，还有一行数字按钮，分别代表分类级别 1、2、3、4，例如只想显示各系的人数汇总行及总计行，则可以单击 2 级按钮，得到的结果如图 1.4.123 所示。

	学号	姓名	性别	系别	大学英语	会计基础	管理学	C语言	工程制图	总分
			男 平均值		82					
			女 平均值		77.5					
	4			会计系 计数						
			男 平均值		58					
			女 平均值		35					
	2			经管系 计数						
			男 平均值		60.5					
			女 平均值		85					
	4			营销系 计数						
			总计平均值		70.3					
	10			总计数						

图 1.4.123　显示 2 级结果

综合训练 4-5　配件销量表

在"综合训练 4-5.xlsx"工作簿中完成以下操作，并以"综合训练 4-5 结果 .xlsx"为名保存最终的结果。

综合训练 4-5

① 已知"销售额 = 销售量 * 平均单价"，其中单价在"均价"工作表中，在 I 列计算出销售额。

提示： 在 I3 单元格中输入公式"=G3*VLOOKUP(F3, 均价 !$A$3: $B$11,2,0)"，并双击填充柄复制公式。

② 复制"销售"工作表至所有工作表末尾，新工作表命名为"销量排行榜"；对"销量排行榜"中的数据按照"店铺"笔画顺序升序排列，值相同时按照商品名称降序排列，值再相同时按照销售量降序排列。

提示： 右击"销售"工作表标签，在弹出的快捷菜单中选择"移动或复制"命令，再在打开的对话框中选中"建立副本"复选框，单击"确定"按钮完成复制，再右击新复制的工作表标签，选择"重命名"命令，输入"销量排行榜"。

选中"销量排行榜"工作表中的 A3:I82 区域，单击"开始"选项卡"编辑"组中的"排序和筛选"下拉按钮，在下拉列表中选择"自定义排序"命令，打开"自定义排序"对话框，主要关键字中选择"店铺""升序"，单击"选项"按钮，在打开的"排序选项"对话框中选择"笔画排序"，单击"确定"按钮回到"自定义排序"对话框；再单击"添加条件"按钮，次要关键字中选择"商品名称""降序"，最后再单击"添加条件"按钮，次要关键字中选择"销售量""降序"，单击"确定"按钮实现排序。

③ 复制"销售"工作表至所有工作表末尾，新工作表命名为"店铺销量汇总"；对"店铺销量汇总"中的数据汇总各行政区域内各种商品的销售量和销售额，不显示销售细节。

提示： 按照上一步的方法复制工作表并重命名。

选中"店铺销量汇总"工作表中的 A3:I82 区域，单击"开始"选项卡"编辑"组中的"排序和筛选"下拉按钮，在下拉列表中选择"自定义排序"命令，打开"自定义排序"对话框，在对话框中的主要关键字中选择"所属行政区""升序"；再单击"添加条件"按钮，次要关键字中选择"商品名称""升序"，单击"确定"按钮实现汇总前的排序。

再激活 A3:I82 区域，单击"数据"选项卡"分级显示"组中的"分类汇总"按钮，打开"分类汇总"对话框，在"分类字段"中选择"所属行政区"，在"汇总方式"中选择"求和"，在"选定汇总项"中勾选"销售量"和"销售额"，其他默认，单击"确定"按钮关闭对话框。再次打开"分类汇总"对话框，在"分类字段"中选择"商品名称"，在"汇总方式"中选择"求和"，在"选定汇总项"中勾选"销售量"和"销售额"，取消勾选"替换当前分类汇总"复选框，单击"确定"按钮实现汇总。

单击分级按钮"3"实现隐藏细节。

④ 在"统计"工作表的 B2 单元格中求出"销售"工作表中的最大销售额。

提示： 在 B2 单元格中输入公式"=MAX(销售 !I3:I82)"。

⑤ 在"统计"工作表的 B3 单元格中求出"销售"工作表中的 1 季度平均销售额。

提示： 在 B3 单元格中输入公式"=AVERAGEIF(销售 !E3:E82,"1 季度 ", 销售 !I3:I82)"。

⑥ 在"统计"工作表的 B4 单元格中求出"销售"工作表中的 2 季度主板平均销售量。

提示： 在 B4 单元格中输入公式"=AVERAGEIFS(销售 !G3:G82, 销售 !E3:E82,"2 季度 ", 销售 !F3:F82,"主板 ")"。

⑦ 在"统计"工作表的 B5 单元格中统计出"黄埔二店"店铺数量。

提示： 在 B5 单元格中输入公式"=COUNTIF(销售 !B3:B82," 黄埔二店 ")"。

⑧ 在"统计"工作表的 B6 单元格中统计出在备注中标明"推荐"的店铺数量。

提示： 在 B6 单元格中输入公式"=COUNTIF(销售 !H3:H82,"* 推荐 *")"。

⑨ 复制"销售"工作表中的"所属行政区"的数据至"统计"工作表中 A7 位置，并删除重复项。在 B 列中统计各行政区对应的总销售量。

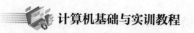

提示：在 B7 单元格中输入公式"=SUMIF(销售 !$D$3:$D$82, 统计 !A7, 销售 !$G$3:$G$82)"，复制公式至 B9。

4.6 图表处理

在数据分析中，以图表代替枯燥的数据，会更加直观和清晰地体现数据间的各种相对关系以及数据变化的趋势。Excel 2016 提供了强大的图表功能和多种使用的图标类型，可以轻松创建具有数据信息及专业水准的图表，使数据层次分明、条理清楚、易于理解，从而方便读者对数据进行比较、分析及预测。本节将介绍图表的相关知识、如何创建图表、编辑图表及数据透视图等。

4.6.1 图表类型及组成

创建图表是为了使数据具有更好的视觉效果，使其更清楚和易于理解。图表标题和图表内的文本框可明确表达信息。

1. 图表类型

选择正确的图表类型常常是使信息更加突出的一个关键因素。表 1.4.6 简单地介绍了 Excel 中常用的图表类型，每种标准图表类型中又包含了多种子类型。

表 1.4.6　Excel 常用图表类型

图表类型	用　途	子集类型
柱形图	用来显示一段时间内数据的变化或者描述各项目之间数据的比较。它强调的是在一段时间内，类别数据值的变化	簇状柱形图、堆积柱形图、百分比堆积柱形图、三维簇状柱形图、三维堆积柱形图、三维百分比堆积柱形图、三维柱形图
折线图	适用于以时间间隔显示数据的变化趋势，它强调的是时间性和变动率，而不是变化量	折线图、带数据标记的折线图、堆积折线图、带标记的堆积折线图、百分比堆积折线图、带数据标记的百分比堆积折线图、三维折线图
饼图	用于显示数据系列中的项目和该项目数值总和的比例关系	饼图、三维饼图、复合饼图、复合条饼图、圆环图
条形图	可以看成是顺时针旋转 90° 的柱形图，可以用来描述各项目之间数据的差别情况	簇状条形图、三维簇状条形图、堆积条形图、三维堆积条形图、百分比堆积条形图、三维百分比堆积条形图
面积图	显示每个数值的变化量，强调数据随时间变化的幅度，通过显示的总和，直观地表达整体与部分的关系	面积图、三维面积图、堆积面积图、三维堆积面积图、百分比堆积面积图、三维百分比堆积面积图

2. 图表的组成部分

图 1.4.124（a）所示的工作表对应的图表如图 1.4.124（b）所示。图表包含了表示图表整体的"图表区"与图表本身的"绘图区"两部分。图表区是图表最基本的组成部分，是整个图表的背景区域，图表的其他组成部分都汇集在图表区中，例如图表标题、绘图区、图例、垂直轴、水平轴、数据系列以及网格线等；绘图区是图表的重要组成部分，它主要包括数据系列和网格线等。其中，图表标题主要用于显示图表的名称。图例用于表示图表中的数据系列的名称或者分类而指定的图案或颜色。垂直轴可以确定图表中垂直坐标轴的最小和最大刻度值。水平轴主要用于显示文本标签。数据系列是根据用户指定的图表类型以系列的方式显示在图表中的可视化数据。

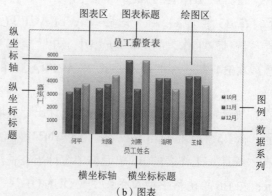

（a）工作表　　　　　　　　　　（b）图表

图 1.4.124　工作表与图表

4.6.2　图表的创建与格式化

1. 创建图表

创建图表主要有两步：一是先选定数据区域；二是利用 Excel 提供的图表功能创建所需的各种图表，通过"插入"选项卡的"图表"功能组完成，如图 1.4.125 所示。默认情况下，图表的位置与数据源同在一张工作表中。

2. 格式化图表

如果用户对创建的图表不满意，或者数据源少选或多选，或者坐标轴、图例显示不太满意等，可以重新选择数据源，对图表的各个组成元素进行设置或修改。

一旦选中创建好的图表，功能区就会新增"图表工具"，包括"设计"和"格式"两个选项卡，如图 1.4.126 所示。对图表的修改编辑基本上都可以通过这 3 个选项卡中的功能按钮来实现相应的操作，如更改图表样式、切换行 / 列、更改图表类型、移动图表等。

图 1.4.125　"图表"功能组

图 1.4.126　"图表工具"功能区

图 1.4.127　添加图表元素

更改数据源区域：如果制作图表的数据源区域中的数据做了修改，则图表中的数据会自动更新。若需更改数据源区域，则通过"选择数据"按钮更改数据源区域。

若需要添加图表元素，可单击"图表布局"组中的"添加图表元素"来实现，如图 1.4.127 所示。还可进行图表元素的快速布局。

完成对图表的编辑工作以后，用户可以用颜色、图案及对齐方式等其他格式属性对图表区或绘图区中不同的图表进行格式设置。右击图表区，在弹出的快捷菜单中选择"设置图表区域格式"命令打开"设置图表区格式"窗格再进行各项所需的设置，如图 1.4.128 所示。右击图表的绘图区，在弹出的快捷菜单中选择"设置绘图区格式"命令打开"设置绘图区格式"窗格再进行相关设置，如图 1.4.129 所示。

图 1.4.128　"设置图表区格式"窗格

图 1.4.129　"设置绘图区格式"窗格

【例4-10】图表的创建与编辑。

在"例 4-10.xlsx"工作簿中完成以下操作：

① 为 A2:C9 单元格区域的数据插入三维簇状柱形图图表。

② 交换图表中水平轴和垂直轴上的数据。

③ 将图表移动至新工作表"经济增长速度柱形图"。

④ 将"私营企业"数据系列的形状样式更改为"浅色 1 轮廓，彩色填充 - 橄榄色，强调颜色 3"。

⑤ 将图表上方标题内容改为"2020—2021 行业经济增长速度比较图表"，华文细黑字体，大小为 20 号。

⑥ 为纵坐标轴插入标题"%"。

⑦ 在顶部显示图例。

⑧ 显示数据标签。

⑨ 将纵坐标轴的最小值改为 10。

操作步骤如下：

① 选中 A2:C9 单元格区域，单击"插入"选项卡"图表"组中的"柱形图"按钮，在下拉列表中选择"三维簇状柱形图"，如图 1.4.130（a）所示，插入的图表如图 1.4.130（b）所示。

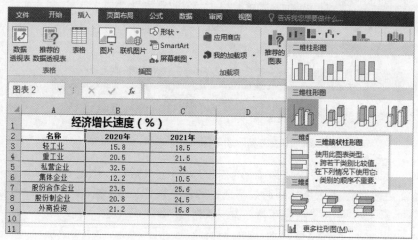

（a）选择"三维簇状柱形图"

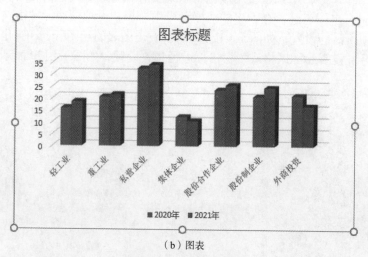

（b）图表

图 1.4.130　插入图表

② 选中图表，单击"图表工具 - 设计"选项卡"数据"组中的"切换行 / 列"按钮，效果如图 1.4.131 所示。

③ 选中图表，单击"图表工具 - 设计"选项卡"位置"组中的"移动图表"按钮，打开"移动图表"对话框，选中"新工作表"，并输入"经济增长速度柱形图"（见图 1.4.132），单击"确定"按钮实现移动图表。

④ 选中"私营企业"数据系列，单击"图表工具 - 格式"选项卡"形状样式"组中的"其他"按钮，在打开的下拉列表中选择"浅色 1 轮廓，彩色填充 - 橄榄色，强调颜色 3"，如图 1.4.133 所示。

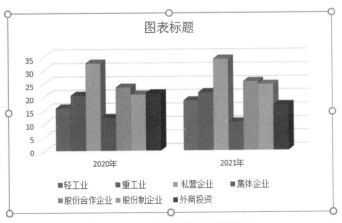

图 1.4.131　行 / 列切换后的效果

图 1.4.132　"移动图表"对话框

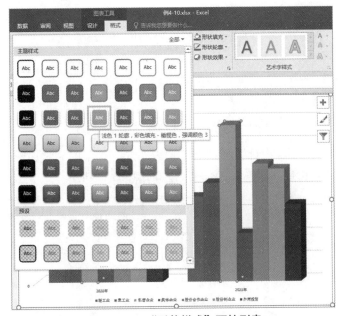

图 1.4.133　"形状样式"下拉列表

⑤ 选中图表，双击"图表标题"进入标题的编辑状态，修改为"2020—2021 行业经济增长速度比较图表"。再选中此标题，在"开始"功能选项卡的"字体"组中设置字体为"华文细黑"，字号为 20 号，结果如图 1.4.134 所示。

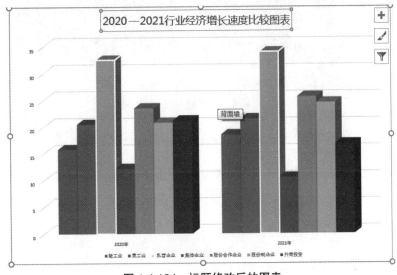

图 1.4.134　标题修改后的图表

⑥ 选中图表，单击"图表工具 - 设计"选项卡"图表布局"组中的"添加图表元素"下拉按钮，在下拉列表中选择"轴标题"→"主要纵坐标轴"命令，如图 1.4.135（a）所示，或单击图表右上角的"+"号，打开"坐标轴标题"的级联菜单，勾选"主要纵坐标轴"，如图 1.4.135（b）所示。此时在纵坐标的左侧插入了"坐标轴标题"字样的标题，修改为"%"。

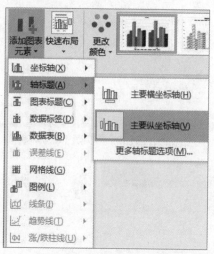

（a）"添加图表元素"下拉列表

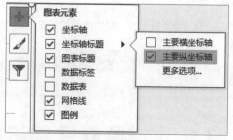

（b）选中"主要纵坐标轴"

图 1.4.135　添加纵坐标轴标题的图表

⑦ 选中图表，单击"图表工具 - 设计"选项卡"图表布局"组中的"添加图表元素"下拉按钮，在下拉列表中选择"图例"级联菜单中的"顶部"命令，结果如图 1.4.136 所示。

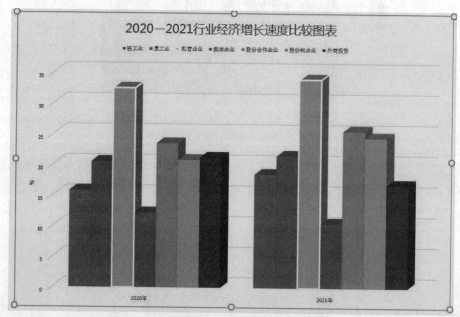

图 1.4.136　顶部显示图例的图表

⑧ 选中图表，单击"图表工具 - 设计"选项卡"图表布局"组中的"添加图表元素"下拉按钮，在下拉列表中选择"数据标签"级联菜单中的"数据标注"命令，结果如图 1.4.137 所示。

⑨ 选中图表的纵坐标轴，右击，选择快捷菜单中的"设置坐标轴格式"命令（见图 1.4.138），打开"设置坐标轴格式"窗格，将"坐标轴选项"中的"最小值"改为 10.0，按【Enter】键，最终效果如图 1.4.139 所示。

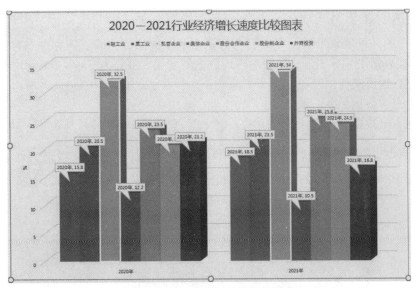

图 1.4.137 显示数据标签的图表

（a）

（b）

图 1.4.138 设置坐标轴格式

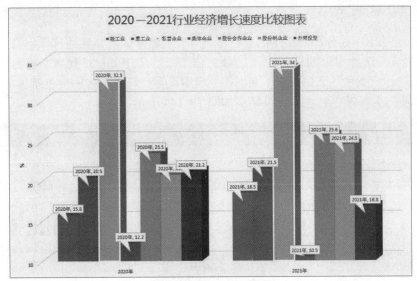

图 1.4.139 最终效果图

4.6.2 迷你图的创建与格式化

迷你图是 Excel 中的一种展现形式，在单元格背景中显示的微型图表。迷你图具有图表的外观，是图表工具的一种，特点是在表格里生成图形，简要地表现数据的变化。可分为三种类型：折线图、柱形图、盈亏。

① 折线图：能更好地反应数据趋势。

② 柱形图：显色表达数据最高、最低点。

③ 盈亏：有效地看出数据的正负（盈亏）关系。

【例4-11】迷你图的创建与编辑。

在"例 4-11.xlsx"中完成以下操作，相关数据如图 1.4.140 所示。

	A	B	C	D	E	F	G	H	I
1	近6年中国进出口贸易量								
2	年份	2016	2017	2018	2019	2020	2021	迷你折线图	柱形图
3	出口总额	13.84	15.33	16.42	17.23	17.93	21.22		
4	进口总额	10.49	12.46	14.09	14.31	14.23	16.99		
5	进出口总额	24.33	27.79	30.51	31.54	32.16	38.21		

图 1.4.140　例 4-11 数据源

① 在 H3:H5 区域中插入 6 年进出口贸易量的迷你折线图，并显示标记。

② 在 I3:I5 区域中插入 6 年进出口贸易量的柱形图，并且柱形图的高点显示紫色，低点显示红色。

操作步骤如下：

① 选中 B3:G5 区域，单击"插入"选项卡"迷你图"组中的"折线图"按钮，打开"创建迷你图"对话框，将光标定位在"位置范围"中，再选中 H3:H5 区域，返回对话框，单击"确定"按钮，如图 1.4.141 所示。选中 H3:H5 区域，单击"迷你图工具-设计"选项卡，勾选"显示"功能组的"标记"，如图 1.4.142 所示。

图 1.4.141　"创建迷你图"对话框

图 1.4.142　显示标记的迷你折线图

② 单击"插入"选项卡"迷你图"组中的"柱形图"，在打开的"创建迷你图"对话框中"数据范围"选择 B3:G5，"位置范围"选择 $I$3:$I$5，单击"确定"按钮。再选中 B3:G5 区域，单击"迷你图工具-设计"选项卡"样式"组的"标记颜色"下拉按钮，在下拉列表中设置"高点"为标准色紫色，如图 1.4.143 所示。用相同方法设置"低点"为标准色红色。最终结果如图 1.4.144 所示。

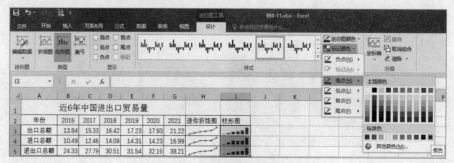

图 1.4.143　标记图形图高点的颜色

近6年中国进出口贸易量								
年份	2016	2017	2018	2019	2020	2021	迷你折线图	柱形图
出口总额	13.84	15.33	16.42	17.23	17.93	21.22		
进口总额	10.49	12.46	14.09	14.31	14.23	16.99		
进出口总额	24.33	27.79	30.51	31.54	32.16	38.21		

图 1.4.144　生成的迷你柱形图

4.6.3　数据透视表

数据透视表是一种可以快速汇总大量数据的交互式方法，通过直观地方式显示数据汇总结果，集筛选、排序和分类汇总于一体，为用户提供方便。数据透视表不仅可以进行某些计算，如求和、计数和求平均值等，还可以动态地改变它们的版面布置，以便按照不同的方式分析数据。每一次改变版面布置时，数据透视表会立即按照新的布置重新计算数据。

【例4-12】创建数据透视表。

利用"例 4-12.xlsx"工作表 Sheet1 的 A2:F66 区域在当前工作表 H1 中创建数据透视表，希望能从数据透视表中了解到每位销售员的月销售量。

操作步骤如下：

① 创建空白数据透视表模型：选定数据源区域 A2:F66，单击"插入"选项卡"表格"组中的"数据透视表"按钮，如图 1.4.145 所示，打开"创建数据透视表"对话框，在该对话框的"请选择要分析的数据"选项组中设置数据源区域，在"选择放置数据透视表的位置"选项组中选中"现有工作表"单选按钮，再将光标定位在"位置"文本框并单击 H1（见图 1.4.146），单击"确定"按钮，可看见新建的空白数据透视表模型，如图 1.4.147所示。

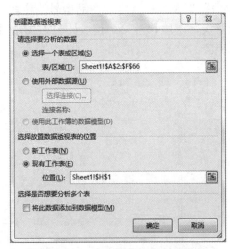

图 1.4.145　"数据透视表"按钮

图 1.4.146　设置数据源与放置位置

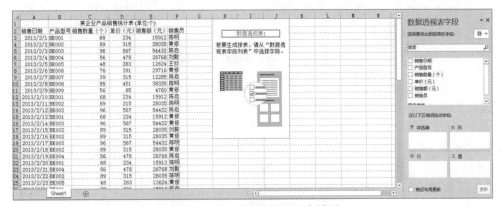

图 1.4.147　空白数据透视表模型

② 添加字段：在"数据透视表字段"窗格的"选择要添加到报表的字段"列表框中勾选要添加的字段复选框。根据题意，至少需要勾选"销售日期"、"销售数量（个）"和"销售员"这 3 个字段。勾选销售日期后，Excel 自动添加了"月"字段并勾选。因实际数据源中涉及产品型号，故也需要勾选"产品型号"这个字段。Excel 自动将所选字段添加至数据透视表中，并进行求和计算，效果如图 1.4.148 所示。

图 1.4.148　添加字段之后的效果

③ 调整字段位置及顺序：将"产品型号"字段从"行"标签列表框移至"列"标签列表框中；将"行"列表框中"销售员"字段移至第一位。此时数据透视表中的字段位置自动根据"数据透视表字段"任务窗格中的设置进行相应的更改，效果如图 1.4.149 所示。

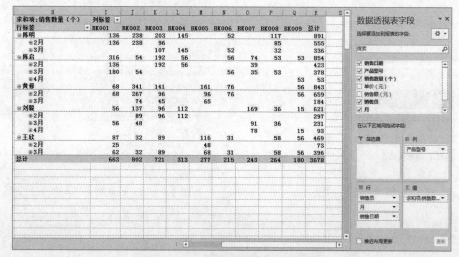

图 1.4.149　调整字段设置后的效果

从图 1.4.149 中可以看出，数据透视表中的销售数据已经按照销售员进行分组，并且每位销售员的销售数据也已按照月进行汇总。

数据透视表中字段的默认计算方式均为"求和"计算，当用户需要按平均值、计数等其他方式计算字段时，只需单击"数据透视表字段"窗格"值"中的求值字段下拉按钮，在弹出的列表中选择"值字段设置"，如图 1.4.150（a）所示，并在打开的"值字段设置"对话框的"值汇总方式"选项卡中选择需要的计算方式即可，如图 1.4.150（b）所示。

（a）值显示方式　　　　　　　　　　　（b）值显示方式

图 1.4.150　值字段的设置

综合训练 4-6　书籍销售图表

在"综合训练 4-6.xlsx"工作簿中完成以下操作，并以"综合训练 4-6 结果 .xlsx"为名保存最终的结果。

综合训练 4-6

① 利用"图表"工作表中 A2:G7 区域的数据在 A10:G26 位置插入饼图。参照样图 [见图 1.4.151（a）]，设置饼图相关数据，如标题、图例、数据标签等。

提示：观察样图发现该饼图需要显示的是各类书籍种类对应的比例，因此图表的数据源应该是 A2:A7,G2:G7。选中数据源，单击"插入"选项卡"图表"组中的"饼图"下拉按钮，在下拉列表中选择"三维饼图"，插入饼图。样图需要显示各类书籍种类及其所占比例的数据标签，因此修改图表布局，在"图表工具 - 图表设计"选项卡"图表布局"组中的"快速布局"下拉列表中选择"布局 1"即可。

在"图表工具 - 设计"选项卡"图表布局"组的"添加图表元素"下拉列表中选择"图例"→"左侧"命令，并将标题重命名为"各类书籍全年销售情况比例"。

选中"计算机"类所处的分区，向外拖动，使其从饼图中分离。此时数据标签并不是全部处于饼图分区上，故选择绘图区，将饼图放大至使全部数据标签都处于饼图上。

选中数据系列，将字体颜色改为黑色，右击选择"设置数据系列格式"命令，在打开的"设置数据系列格式"窗格中设置无颜色填充、无边框。

最后将饼图拖动到 A10:G26 位置，可以缩放至与该区域相同的大小。观察图表标题的字体大小，调整至合适大小即可。

② 为"图表"工作表中 A1:G9 区域的数据在 I10:O26 位置插入折线图。参照样图 [见图 1.4.151（b）]，设置折线图相关数据，如坐标轴、图表区域的格式等。

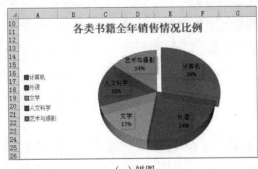

（a）饼图

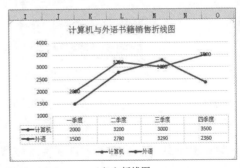

（b）折线图

图 1.4.151　样图

提示：观察样图发现只有计算机与外语两类 4 个季度的信息，故选中数据源 A2:E4，单击"插入"选项卡"图表"组中的"折线图"下拉按钮，在下拉列表中选择"带数据标记的折线图"插入折线图（此类折线图与样图中的折线图最接近）。将图表标题重命名为"计算机与外语书籍销售折线图"。

样图中绘图区下方显示了数据源，单击"图表布局"组中的"添加图表元素"下拉按钮，在下拉列表中选择"数据表"→"显示图例项标示"命令。样图中计算机类的折线上有数据标签，故单击"计算机"类的折线，再选择"数据标签"中的"居中"命令，令数据标签显示在折线上。样图中纵坐标的最小值为 1000，右击纵坐标，选择"设置坐标轴格式"命令，在窗格中将纵坐标选项的最小值改为 1000。

再观察样图，发现图表是圆角样式，故右击图表区，选择"设置图表区格式"，勾选边框样式"圆角"即可。最后将图表拖动至 I10:O26 位置，并缩放至与该区域相同的大小。

4.7 综合应用：订单统计

小王是某公司的一名员工，主要负责公司的各项统计工作，现有一个 Excel 工作簿，里面包含了某一阶段的订单明细和汇总信息，要求在"综合应用_订单统计.xlsx"中完成以下操作，将结果以"综合应用_订单统计_结果.xlsx"文件名保存。

综合应用：
订单统计

① 在"订单明细"工作表中将 A2 单元格中的标题"某公司销售订单明细表"设置为蓝色、华文细黑、16 磅，填充图案颜色为浅绿色、图案样式为 25% 灰色，并将 A2:L2 单元格合并后居中，调整至最合适行高。

提示：单击 A2，在"字体"选项卡"字体"组中设置字体为蓝色、华文细黑、16 磅。右击 A2，选择"设置单元格格式"命令，在打开的"设置单元格格式"对话框中选择"填充"选项卡，选择填充图案颜色为浅绿色、图案样式为 25% 灰色。最后选中 A2:L2 区域，在"开始"选项卡"对齐方式"组中单击"合并后居中"按钮。选中 2 行，单击"开始"选项卡"单元格"组中的"格式"下拉按钮，选择"自动调整行高"命令。

注："订单明细"工作表完成后的效果如图 1.4.152 所示。

图 1.4.152 某公司销售明细表

② 将 E 列中单价的数字前面显示"人民币"，保留 2 位小数，如单价为"6.7"显示为"人民币 6.70"，调整至最合适列宽，并设置填充颜色为"浅蓝色"。

提示：选择 E4:E23 区域，打开"设置单元格格式"对话框，选择"数字"选项卡，分类选择"自定义"，在类型中输入"人民币 0.00"；再选择"填充"选项卡，选择"浅蓝"，单击"确定"按钮。选中 E 列，单击"开始"选项卡"单元格"组中的"格式"下拉按钮，选择"自动调整列宽"命令。

③ 已知发货地址的前 3 个符号表示该地址所属省市，使用合适的函数在 H 列相应的单元格中求出所属省市。

提示：在 H4 单元格中输入公式"=LEFT(G4,3)"，拖动填充柄至 H23，在自动填充选项中选择"不带格式填充"（下同）。

④ 根据"城市对照"工作表中提供的信息，利用 VLOOKUP 函数在 I 列相应的区域中求出地址所属省市对应的所属区域。

提示：利用 VLOOKUP 函数的精确查找，可以得到所属区域。在 I4 单元格中输入公式"=VLOOKUP(H4,城市对照 !$A$3:$B$25,2,FALSE)"，并不带格式复制公式。

⑤ 已知"销售额 = 单价 * 销量"，利用公式在 J 列求出销售额。

提示：在 J4 单元格中输入公式"=E4*F4"，并不带格式复制公式至 J23。

⑥ 在 J 列对销售额设置图标集样式为三向箭头（彩色）规则如下：当值大于等于 1500 时，用绿色箭头表示，当值小于 1500 且大于等于 1000 时，用黄色箭头表示，当值小于 1000 时，用红色箭头表示。

提示：选中 J4:J23 区域，单击"开始"选项卡"样式"组中的"条件格式"下拉按钮，选择"新建规则"命令，打开"新建格式规则"对话框，选择格式样式为"图标集"，图标样式为"三色箭头（彩色）"。接着根据题目要求设置规则，如图 1.4.153 所示。

图 1.4.153 "新建格式规则"对话框

⑦ 根据销售额在 K 列相应的区域计算销售排名情况。

提示：在 K4 单元格中输入公式"=RANK(J4,$J$4:$J$23,0)"，公式中的 0 表示降序，并不带格式复制公式。

⑧ 根据销售额判定销售的等级，500（不含）以下为不合格，500～1000（不含）表示合格，1000～1500（不含）为中等，1500 以上为优良。

提示：在 L4 单元格中输入公式"=IF(J4<500," 不合格 ",IF(J4<1000," 合格 ",IF(J4<1500," 中等 "," 优良 ")))"，并不带格式复制公式。

⑨ 利用函数在 E26 单元格中求出繁荣书店在南区的平均销售额。

提示：在 E26 单元格中输入公式"=AVERAGEIFS(J4:J23,C4:C23," 繁荣书店 ",I4:I23," 南区 ")"。

⑩ 利用函数在 E29 单元格中求出《数据库原理》图书的平均销量。

提示：在 E29 单元格中输入公式"=AVERAGEIF(D4:D23,"《数据库原理》",F4:F23)"。

⑪ 利用函数在 E32 单元格中求出《网络技术》图书的总销售额。

提示：在 E32 单元格中输入公式"=SUMIF(D4:D23,"《网络技术》",J4:J23)"。

⑫ 利用函数在 H26 单元格中求出单价在 40 以上的图书数量。

提示：在 H26 单元格中输入公式"=COUNTIF(E4:E23,">40")"。

⑬ 利用函数在 H29 单元格中求出单价在 40 以上且销量超过 30 本的订单数量。

提示：在 H29 单元格中输入公式"=COUNTIFS(E4:E23,">40",F4:F23,">30")"。

⑭ 利用函数在 H32 单元格中求出《软件工程》图书在东区的总销售量。

提示：在 H32 单元格中输入公式"=SUMIFS(F4:F23,D4:D23,"《软件工程》",I4:I23," 东区 ")"。

⑮ 由于工作人员的疏忽，在"订单汇总"工作表中存在大量的重复订单记录，现要求将去除重复项后的记录复制到新工作表"订单汇总 -new"中（"订单汇总"工作表中的原始记录不允许删除）。

提示：先复制"订单汇总"工作表到新工作表中，新工作表命名为"订单汇总 -new"，然后选择"订单汇总 -new"工作表中的 A3:B51 区域，单击"数据"选项卡"数据工具"组中的"删除重复项"按钮，在打开的"删除重复项"对话框中直接单击"确定"按钮即可。

⑯ 在"分类汇总"工作表中，根据书店名称分类，汇总各书店的图书销量总数和平均单价。

提示：在"分类汇总"工作表中选择 A3:G23 区域，单击"数据"选项卡"排序和筛选"组中的"排序"按钮，在打开的"排序"对话框中设置按照书店名称升序或排列。

单击在"数据"选项卡"分级显示"组中的"分类汇总"按钮，对书店名称进行分类，汇总方式为"求和"，汇总项为"销量"，单击"确定"按钮。再次打开"分类汇总"对话框对该数据区域进行分类汇总，还是对书店名称进行分类，汇总方式为"平均值"，汇总项为"单价"，取消勾选"替换当前分类汇总"复选框，单击"确定"按钮。

⑰ 在"图表"工作表中，对比"繁荣书店"黄色底纹标出的《计算机基础及 MS Office 应用》《MS Office 高级应用》《数据库原理》单价情况，用三维簇状柱形图表示，在底部显示图例，图表标题为"繁荣书店三种图书价格比较"，字体为楷体、红色、16 磅。图表区填充"金色年华中心辐射矩形"的渐变，圆角边框样式。图表放置在 A25:E41 区域。

提示：选中《计算机基础及 MS Office 应用》《MS Office 高级应用》《数据库原理》三本书的名称与单价，即 D3:E4,D8:E8,D10:E10 区域，单击"插入"选项卡"图表"组中的"柱形图"下拉按钮，在下拉列表中选择"三维簇状柱形图"命令，完成图表的初步插入。

选中图表，单击"图表工具 - 设计"选项卡"数据"组中的"切换行 / 列"按钮。再单击"图表工具 - 设计"选项卡"图表布局"组中的"添加图表元素"下拉按钮，在下拉列表中选择"图例"中的"底部"命令，图表标题文字为"繁荣书店三种图书价格比较"，字体格式为楷体、红色、16 磅。

右击图表区，在弹出的快捷菜单中选择"设置图表区域格式"命令，在"设置图表区格式"窗格中设置填充为"渐变填充"，类型为"矩形"，方向为"从中心"；然后在边框样式里勾选"圆角"完成设置。

最后拖动图表至 A25:E41 区域，并缩放至合适的大小，效果如图 1.4.154 所示。

⑱ 为"图表"工作表中的数据区域建立数据透视表，放置在"数据透视表"工作表以 A1 单元格为起始的位置。数据透视表中要求显示各书店的图书销量总计和平均单价（单价数据用货币型显示），套用"数据透视表样式深色 2"，最后将行标签改为"书店名称"。

提示：选中"图表"工作表中的 A3:G23 区域，单击"插入"选项卡"表格"组中的"数据透视表"按钮，在打开的"创建数据透视表"对话框中设置数据透视表的位置为"数据透视表 !$A$1"。

根据题目的要求，设置数据透视表的字段，将"书店名称"拖动到"行标签"，再将"销量"和"单价"拖动到"数值"，并单击"单价"弹出菜单，选择"值字段设置"，在打开的对话框中将"单价"值汇总方式的计算类型改为"平均值"，数字格式设为货币型，单击"确定"按钮。

单击数据透视表，单击"数据透视表工具 - 设计"选项卡"数据透视表样式"组中的"数据透视表样式深色 2"按钮，最后将行标签改名为"书店名称"即可完成，最终效果如图 1.4.155 所示。

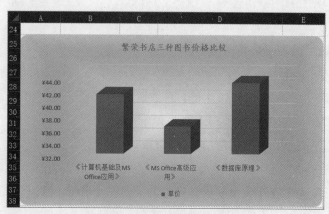

图 1.4.154　图表效果图

书店名称	求和项:销量	平均值项:单价
昌盛书店	157	¥40.33
繁荣书店	280	¥40.24
国泰书店	178	¥39.65
总计	615	¥40.09

图 1.4.155　数据透视表效果图

习　题

一、选择题

1. Excel 2016 是一款电子表格软件，其工作簿的默认扩展名为_____。
  A. DOCX   B. COM
  C. XLSX   D. TXT

2. 已知单元格 A1、B1、C1、A2、B2、C2 中分别存放数值 1、2、3、4、5、6，单元格 D1 中存放着公式 "=A1+$B$1+C1"，此时将单元格 D1 复制到 D2，则 D2 中的结果是_____。
  A. 6   B. 12
  C. 15   D. #REF

3. 在 Excel 中，若用鼠标拖动含有公式的单元格的填充柄至其他单元格，且其他单元格中的公式可自动按原有公式规律变化，则应使用_____。
  A. 相对引用   B. 绝对引用
  C. 混合引用   D. 自动筛选

4. 在单元格中输入数字字符串 100081(邮政编码)时，应输入_____。
  A. 100081'   B. "100081"
  C. '100081   D. 100081

5. 在 Excel 中，公式 "=SUM(C2, E3:F4)" 的含义是_____。
  A. =C2+E3+E4+F3+F4   B. =C2+F4
  C. =C2+E3+F4   D. =C2+E3

二、填空题

1. Excel 2016 中，在降序排列中，序列中空白的单元格行放置在排序数据清单的_____。

2. 单元格引用分为绝对引用、_____、_____3 种。

3. 若要使单元格中的内容强制换行，需按下_____组合键。

4. 按_____键，可以快速更改公式中的单元格引用类型。

5. 在 Excel 工作表中，当相邻单元格中要输入相同数据或按某种规律变化的数据时，可以使用_____功能实现快速输入。

三、简答题

1. 简述 Excel 2016 的主要功能。

2. 怎样在公式中相对引用单元格、绝对引用单元格？举例说明。

3. "筛选"有几种方式？如何将筛选结果放至其他工作表中？

4. "分类汇总"前必须先做什么工作？

5. 如何修改图表的数据源、图表类型和图例位置？

第5章

演示文稿处理软件 PowerPoint 2016

内容提要

本章主要介绍PowerPoint 2016演示文稿软件的使用。具体包括以下几部分：

- PowerPoint 2016 概述。
- 演示文稿的基本操作。
- 幻灯片的交互设置，包括幻灯片的切换、添加幻灯片动画、对象动画效果的高级设置、在幻灯片中插入对象（图片、音频、视频等）、添加超链接、添加动作按钮等。
- 幻灯片的美化：使用主题、设置背景、使用母版。
- 幻灯片的放映与发布。

学习重点

- 掌握演示文稿的创建与保存。
- 掌握幻灯片的编辑操作。
- 理解幻灯片的交互设置。
- 理解幻灯片母版的概念。
- 掌握幻灯片的放映设置。

5.1　初识 PowerPoint 2016

PowerPoint 2016 是微软公司发布的 Microsoft Office 2016 办公软件套装中用于设计制作演示文稿的软件，是最常用的多媒体演示软件之一。PowerPoint 2016 不仅可以帮助用户快速创建极具感染力的动态演示文稿，并在投影仪、计算机或者互联网上演示，也可以将演示文稿打印出来，以便应用到更广泛的领域中。

相对于 PowerPoint 2010 版本，PowerPoint 2016 用户也可以使用多种方式创建动态演示文稿，可以与其他人员同时工作或联机发布演示文稿以便使用网络或智能手机访问它，可以使用音频和可视化功能帮助用户轻松创建一个简洁又极具观赏性的电影故事。在 PowerPoint 2010 的基础上，PowerPoint 2016 还增加了包括新主题在内的多种设计工具，效率明显有所提高。

5.1.1　PowerPoint 2016工作界面

启动 PowerPoint 2016 应用程序打开工作窗口，如图 1.5.1 所示。它与前文所介绍的 Word 2016 以及 Excel 2016 的窗口相似，其中的快速访问工具栏、标题栏、功能选项卡中的部分功能按钮以及状态栏中的缩放级别和显示比例的用途和使用方法与 Word 2016 和 Excel 2016 相同，在此不再赘述。本章节只介绍 PowerPoint 2016 特有的、常用的部分。

1. 幻灯片编辑区

幻灯片编辑区是 PowerPoint 2016 工作界面中最大的组成部分，用于显示和编辑幻灯片，也是进行演示文稿制作的主要工作区。

图 1.5.1　PowerPoint 2016 默认界面窗口

2. "幻灯片/大纲"窗格

在"幻灯片/大纲"窗格默认显示的是幻灯片窗格，用于显示当前演示文稿中所有幻灯片的缩略图图标列表，单击某张幻灯片图标后，该幻灯片的内容将显示在编辑区中，以便在其中进行输入文字、插入图片以及设置动画等编辑操作；在幻灯片窗格中还可以轻松地重新排列、添加或删除幻灯片，通过分节来对多张幻灯片进行管理，用户可以将幻灯片分节归类，也可以对某个节内的所有幻灯片进行操作。当切换成大纲视图时，该窗格中将显示大纲窗格，用于显示所有幻灯片的小图标，并以大纲形式显示对应幻灯片中的文本内容。

3. 状态栏

位于 PowerPoint 2016 窗口最底部的状态栏，用于显示当前的编辑状态，利用状态栏上的视图快捷方式按钮可以快速切换到普通视图、幻灯片浏览、阅读视图或者幻灯片放映视图。

5.1.2　PowerPoint 2016视图模式

新创建的演示文稿默认状态下显示为"普通"视图，参见图 1.5.1。除普通视图外，PowerPoint 2016 另外还提供了"大纲视图""幻灯片浏览""幻灯片放映""阅读视图""备注页"5 种视图模式，使得用户在不同的工作需求下都能得到一个舒适的工作环境。单击 PowerPoint 2016 窗口状态栏中的"视图快捷方式"按钮或者"视图"选项卡中的"演示文稿视图"组中相应的按钮可以改变当前的视图模式。

1. 普通视图

普通视图是 PowerPoint 2016 默认状态下的视图模式，在其他视图模式下可以通过单击状态栏中的"普通视图"按钮 直接换到普通视图。普通视图也是操作幻灯片时主要使用的视图模式。

在普通视图中，除幻灯片编辑区外，还经常会用到备注栏。备注栏用于添加关于当前编辑区的幻灯片的提示内容及注释信息。幻灯片演示文稿中显示的内容都将显示在计算机屏幕上，但演讲过程中还会涉及与当前幻灯片相关的其他提示内容或注释信息，这时就可以将这些提示内容及注释信息添加到备注栏中，在演示时，再使用演示者视图将其与幻灯片一起显示出来。借助备注内容，演示者可以做到胸有成竹、临场不乱，得到更好的演讲效果。PowerPoint 2016 的普通视图中没有默认加载备注栏，可以单击"视图"选项卡"显示"组中的"备注"按钮使备注栏显示在普通视图的幻灯片编辑区下方。

2. 幻灯片浏览视图

在幻灯片浏览视图（见图 1.5.2）中，PowerPoint 将按顺序依次显示每一张幻灯片的缩略图，用户可以从中看到多张幻灯片的整体外观。在其他视图模式下，单击状态栏中的"幻灯片浏览"按钮 就可以切换到幻灯片浏览视图模式。幻灯片浏览视图常用于演示文稿的整体编辑，特别是关于多张幻灯片的操作，如移动或删除幻灯片等，但是在幻灯片浏览视图模式下不能对某一张幻灯片的内容进行编辑。幻灯片浏览视图中，每张幻灯片右下角的数字代表该幻灯片的编号，若幻灯片的左下角有 图标，则表示该幻灯片中设置了动画效果或者幻灯片切换效果。

3. 幻灯片放映视图

单击状态栏中的"幻灯片放映"按钮 ![]可切换到幻灯片放映视图模式，如图 1.5.3 所示。在幻灯片放映视图中，将按顺序依次放映演示文稿中当前选中的幻灯片至最后一张幻灯片之间所有幻灯片的内容。在幻灯片放映视图中将以全屏方式显示某张幻灯片，此时可以查看当前幻灯片中的动画、声音以及切换效果等设置，但是不能对幻灯片进行编辑。

图 1.5.2　幻灯片浏览视图

图 1.5.3　幻灯片放映视图

4. 备注页视图

在"视图"选项卡的"演示文稿视图"组中单击"备注页"按钮，即可切换到备注页视图模式。在备注页视图模式下（见图 1.5.4），幻灯片与备注栏显示在同一页面内，用户可以方便地添加和更改备注信息。此外，用户还可在备注视图的页面内添加图形、图片、表格等信息来说明当前幻灯片中的相关内容，但是这些图形、图片等信息只有在备注页视图中能够看到，当切换到其他视图模式时，这些信息将不被显示。

5. 阅读视图

阅读视图一般用于用户在计算机上查看幻灯片的放映效果。单击状态栏中的"阅读视图"按钮即可切换到阅读视图模式，如图 1.5.5 所示。阅读视图的效果类似于幻灯片放映视图，但是阅读视图模式下不是全屏放映幻灯片，而是保留窗口标题栏和状态栏。在阅读视图的状态栏右侧会提供翻页按钮、菜单按钮以及视图切换按钮组，因此在阅读过程中，如果要更改演示文稿，可随时从阅读视图切换至某个其他视图。

图 1.5.4　备注页视图

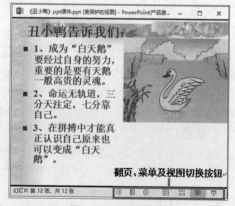

图 1.5.5　阅读视图

6. 设置默认视图

选择"文件"→"选项"命令，在打开的"PowerPoint 选项"对话框中选择"高级"选项，在"显示"选项组下的"用此视图打开全部文档"右侧的下拉列表中选择要将其设置为默认视图的视图，然后单击"确定"按钮，如图 1.5.6 所示。可以设置为默认视图的仅包括幻灯片浏览视图、备注页视图和普通视图 3 种。

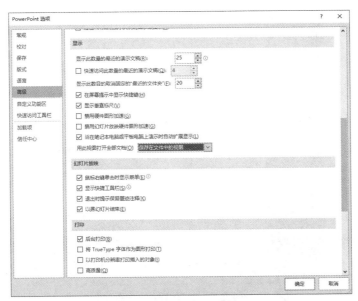

图 1.5.6 设置默认视图

5.1.3 新建与保存演示文稿

使用 PowerPoint 2016 软件生成的文件称为演示文稿，其格式扩展名为 pptx（2003 版本为 ppt）。

PowerPoint 2016 的基础操作中涉及演示文稿的新建、保存、打开和关闭操作与 Word 文档的操作相似，本章重点介绍 PowerPoint 2016 特有的操作。

1. 新建具有特定主题的演示文稿

除与 Word、Excel 相似的创建空白文档或利用模板创建新文件等方法外，在 PowerPoint 演示文稿的新建方式中增加了一个"主题"选项。所谓主题是主题颜色、主题字体和主题效果三者的组合。如果选择了"主题"方式新建演示文稿，新建的演示文稿文件中的所有幻灯片就会直接应用指定的主题颜色、主题字体以及主题效果。

【例5-1】使用"电路"主题模板创建演示文稿。

新建特定主题模板的演示文稿的操作方法如下：

① 启动 PowerPoint 2016，单击"文件"选项卡，打开如图 1.5.7 所示的界面，在左侧的列表中单击"新建"，将出现图 1.5.8 所示的界面。

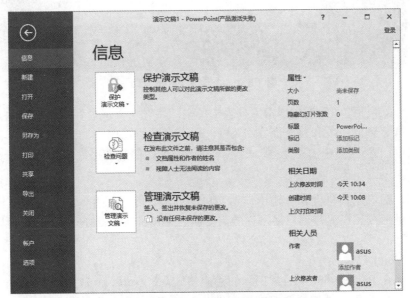

图 1.5.7 "文件"选项卡中的"信息"界面

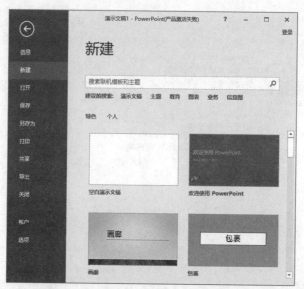

图 1.5.8　"文件"选项卡中的"新建"界面

② 从图 1.5.8 所示界面下方"特色"选项卡中给出的模板和主题列表中选择合适的选项即可创建对应模板和主题的演示文稿，这些主题和模板都是可以直接使用的。从列表中找到"电路"并单击可以看到如图 1.5.9 所示的主题样式预览对话框，对话框右侧展示该主题中不同版式的幻灯片样式，还可以在左侧选择不同的主题颜色。确定主题后单击"创建"按钮；也可以直接从列表中双击找到的"电路"图标，即可完成具有"电路"主题模板的演示文稿的创建。

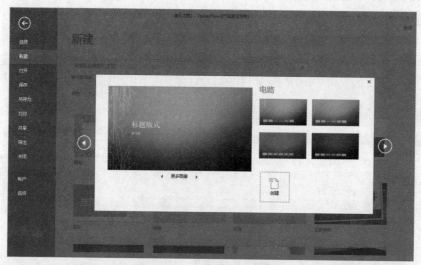

图 1.5.9　"电路"主题预览

如果从图 1.5.8 所示界面的"建议的搜索"列表中单击"主题"，或者在搜索框中输入特定的关键词查找合适的模板和主题，搜索到的主题和模板部分需要经过下载后才可以使用。

③ 单击"快速访问工具栏"中的"保存"按钮，将该演示文稿文件保存为"例 5-1.pptx"。

2. 保存演示文稿

PowerPoint 为用户提供了多种保存、输出演示文稿的方法，除了保存为演示文稿文件外，还可以方便地将演示文稿输出为其他形式，以满足用户多用途的需要。在 PowerPoint 2016 中，用户可以将演示文稿输出为 PDF、不同图形格式等，还可以直接输出视频文件。

（1）输出 PowerPoint 放映

PowerPoint 放映是在 PowerPoint 中经常用到的输出格式。PowerPoint 放映是将演示文稿保存为总是以幻灯片放映的形式打开演示文稿，每次打开该类型文件，PowerPoint 会自动切换到幻灯片放映状态，而不会出现 PowerPoint 的编辑窗口。为适应低版本的需求，PowerPoint 2016 输出放映是"PowerPoint 97-2003 放映"。

（2）输出为图形文件或视频

PowerPoint 支持将演示文稿中的幻灯片输出为 GIF、JPEG、PNG、TIFF 及位图等格式的图形文件。2016版中还可以输出为"MPEG-4 视频（*.mp4）"或"Windows Media 视频（*.wmv）"，这些丰富的输出格式有利于用户在更大范围内交换或共享演示文稿中的内容。

（3）输出为大纲

PowerPoint 输出的大纲文件是按照演示文稿中的幻灯片标题及段落级别生成的标准 RTF 文件，可以被Word 等文字处理软件打开或编辑。

要得到上述输出结果，只需要在保存演示文稿时，选择"另存为"命令，在"另存为"对话框中先修改"保存类型"再保存文件。除上述几种输出外，在"另存为"对话框的"保存类型"下拉列表中还有很多其他输出类型（见图 1.5.10），用户可根据需求选择适合的输出格式。

除了"另存为"命令外，在 PowerPoint 2016 的"文件"选项卡中还有"共享"和"导出"命令，支持将演示文稿保存的同时与其他人共享、将其作为附件发送邮件，或直接将演示文稿发布到网络，打包成 CD，在 Word 中创建讲义等功能。

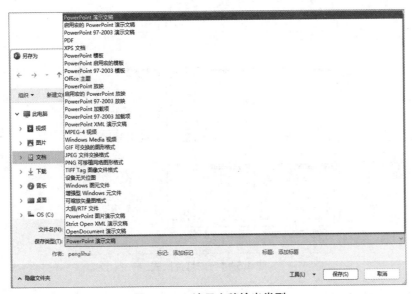

图 1.5.10 演示文稿输出类型

5.2 演示文稿的基本操作

演示文稿中的每一页称为一张幻灯片，一个演示文稿由若干张幻灯片和相关的备注组成，而一张幻灯片中可以包含标题文本、图形、图像、声音以及图表等对象。新创建的演示文稿中默认只包含一张"标题"版式的幻灯片。

5.2.1 幻灯片的基本操作

幻灯片基本操作包括：新建幻灯片、复制与移动幻灯片和删除幻灯片。

1. 新建幻灯片

方法一： 在普通视图的"幻灯片窗格"的空白处右击，在弹出的快捷菜单中选择"新建幻灯片"命令即可插入一张新幻灯片，此时插入的幻灯片为默认的"标题和内容"版式的幻灯片。

方法二： 在"开始"选项卡的"幻灯片"组中，直接单击"新建幻灯片"按钮，会在当前幻灯片的后面插入一张新的"标题和内容"版式的幻灯片；如果想要插入其他版式的幻灯片，则不能直接单击"新建幻灯片"按钮，而是要单击"新建幻灯片"下拉按钮打开下拉列表，列表中包含了 PowerPoint 提供的 11 种版式的幻灯片图形按钮（见图 1.5.11），从中选择所需版式的幻灯片图形后即可完成不同版式幻灯片的插入。

　　除上述两种方法外，PowerPoint 还支持利用其他文件新建幻灯片，包括利用 Word 大纲创建幻灯片和重用幻灯片。如果要利用 Word 大纲创建幻灯片，可单击"开始"选项卡"幻灯片"组中的"新建幻灯片"下拉按钮，在打开的下拉列表中选择"幻灯片（从大纲）"命令，打开"插入大纲"对话框，打开已设置好大纲级别（1级和2级）的 .rtf 文档即可自动生成包含大纲内容的幻灯片。而第二种"重用幻灯片"则是将以往制作的幻灯片添加到当前的演示文稿中重复利用，其命令也在"新建幻灯片"的下拉列表中，具体操作方法同上，不再赘述。

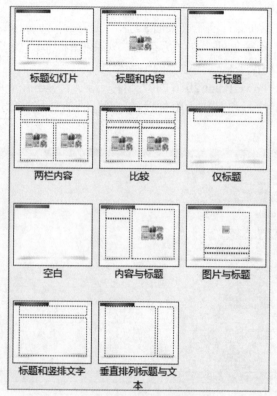

图 1.5.11　幻灯片版式

2. 幻灯片的复制、移动和删除

　　幻灯片的复制、移动可以在普通视图的"幻灯片"窗格中完成，此方式适合针对较少的幻灯片的操作，当要同时进行多张幻灯片的复制、移动时，切换到幻灯片浏览视图则会更加方便。在幻灯片浏览视图窗口中选择要操作的幻灯片，可以利用【Ctrl】键或【Shift】键同时选择多张幻灯片，然后执行复制、移动命令，在目标位置进行粘贴即可。

　　要删除幻灯片只需选中相应的幻灯片后按【Delete】键即可删除。

5.2.2　幻灯片版式应用

　　除了系统提供的版式外，PowerPoint 2016 也提供自定义幻灯片版式的编辑，这就使用户不再受预先打包的版式的局限，可以创建包含任意多个占位符、各种元素（如图表、表格、电影、图片、SmartArt 图形和剪贴画）的自定义版式，乃至多个幻灯片母版集。此外，还可以保存自定义和创建的版式，以供将来使用。

　　幻灯片版式的编辑需从"视图"选项卡的"母版视图"组中单击"幻灯片母版"按钮进入幻灯片母版视图，然后，在左侧的窗格中显示已有版式的幻灯片，这里可以选择其中的某一幻灯片，然后在右侧的编辑窗格中对该版式的幻灯片进行版式编辑设置。当需要新建版式时，在左侧窗格空白处单击右击，选择"插入版式"命令，然后单击该版式的幻灯片，在右侧的编辑窗口中根据需求编辑自定义版式。需要时，单击"幻灯片母版"选项卡的"母版版式"组的"插入占位符"按钮设计母版版式。

　　完成后，单击"幻灯片母版"选项卡"关闭"组中的"关闭母版视图"按钮返回普通视图，此时右击幻灯片，在弹出的快捷菜单中选择"版式"命令，即可从列表中选择应用用户自定义的版式。

5.2.3　编辑幻灯片中的文本

幻灯片编辑是设计演示文稿的基础，要使用幻灯片展示各种内容，需要借助文本、图片、图形和图表，甚至各种多媒体对象。这些对象都可以插入到幻灯片中进行编辑。

文本是表达思想的首要工具，在幻灯片中文本占了很大的比例，可见，文本是演示文稿的重要内容。用户可以用多种方式向幻灯片中添加或编辑文字信息。

1. 在占位符中输入文本

新建的非空白的幻灯片中经常看到的带有"单击此处添加标题""单击此处添加文本"等字样的虚线框通称为"占位符"，它是在编辑状态下带有虚线边框的矩形框，可以在其中输入文本、图片、表格等对象，因此可以通过单击占位符开始输入或编辑文本。

依据不同版式，新幻灯片中显示的占位符的数量 / 种类和排版方式各不相同。

2. 利用文本框输入文本

如果新建的是一张"空白"的幻灯片，其中不会有占位符；或者，当用户需要在幻灯片已有占位符以外的任意位置添加文本时，可以利用文本框来完成文本的添加编辑。

文本框与文本占位符（内容占位符）相似，它是一种可以移动、可调整大小的文字容器。利用文本框可以在幻灯片中存放多个文字块，还可以按照不同的方向排列。也可以突破幻灯片版式的制约，实现在幻灯片中任意位置添加文字信息的目的。PowerPoint 中提供了两种形式的文本框：横排文本框和竖排文本框，分别用于存放水平方向和竖直方向的文字。

利用文本框输入文本的方法：单击"插入"选项卡"文本"组中的"文本框"下拉按钮，在下拉列表中选择"横排文本框"或"竖排文本框"命令，此时，光标在编辑窗格的幻灯片上变成十字形状，在幻灯片中单击即可画出相应的"横排文本框"或"竖排文本框"，此时，光标会在文本框中闪烁，直接在其中输入文本信息，也可以设置字体、字号和样式等内容。

如果需要调整文本框的位置，只需要选中文本框后，光标形状变为十字箭头时按住左键拖动到相应位置即可。如果要调整文本框或者占位符的大小，需要按住鼠标左键并拖动选中的文本框边框线上出现的 8 个控制按钮当中的一个。

如果要编辑修改幻灯片中已有的文本框中的内容，可以在相应的文本框中右击，在弹出的快捷菜单中选择"编辑文字"命令进入编辑状态来完成。当该文本框中已经有文本信息时，则只需要在文本上单击即可进入编辑状态重新编辑修改文本框中的文本信息。

3. 从外部导入文本

当需要从已有文档向占位符或者文本框中导入文本信息时，除使用前面介绍的复制、剪切和粘贴等操作方法外，还可直接将已有的文本文档导入到幻灯片中。具体操作方法如下：

单击"插入"选项卡"文本"组中的"对象"按钮，打开"插入对象"对话框；在该对话框中选择"由文件创建"单选按钮，单击"浏览"按钮，打开"浏览"对话框；在该对话框中选择需要插入的文件，然后单击"确定"按钮；这时返回"插入对象"对话框，并在其中的"文件"文本框中显示出要插入的文件路径，再单击"确定"按钮，即可在幻灯片中导入选定的文本文档中的文本信息；最后在幻灯片中调整文本框的位置和大小，再根据需求进行文本的编辑和修改等操作。

4. 创建备注

每张幻灯片都有一个备注页，如前文介绍，可以在普通视图中显示备注栏，单击备注栏即可在其中编辑幻灯片备注信息。在备注页中，可以对本张幻灯片的主题做更详细的解释，经常用于那些散发的通用讲稿的演示文稿，以便于使用该演示文稿的其他演讲者能够更准确地讲解演示文稿创建人的意图，也便于学习者全面掌握。

在幻灯片编辑状态下，备注内容随幻灯片同时显示在备注窗格中；在"幻灯片放映"选项卡的"监视器"组中选中"使用演讲者视图"进行幻灯片放映的状态下，演讲者则可以在显示器上看到备注内容，如果有必要还可以将备注同幻灯片一起打印出来。但是备注栏中的文字信息只能进行加粗、添加下画线等简单格式的设置，不能进行字体、字号、字体颜色的设置。

5. 设置文本格式

对于占位符和文本框内的文本，系统预设了文字的属性和样式，用户也可以通过"开始"选项卡"字体"或"段落"选项组中的按钮进行设置，样式设置操作与 Word 相同。此外，当选中要编辑的占位符或文本框后，在功能区会增加一个"绘图工具 - 格式"选项卡，可以在其中设置艺术字等样式。对于占位符中的文本可选择部分进行设置，也可选中占位符进行整体编辑设置。

PowerPoint 2016 提供了对文本等各种对象添加阴影、映像、发光、柔化边缘、棱台和三维旋转等形状效果的设置，这些设置可在"绘图工具 - 格式"选项卡的"形状样式"组中完成。

综合训练 5-1　制作"公司简介"演示文稿

新建演示文稿，添加相应的幻灯片，并在幻灯片中添加文本和艺术字，对其进行相应的设置，文件保存为"综合训练 5-1.pptx"，最终效果如图 1.5.12 所示。

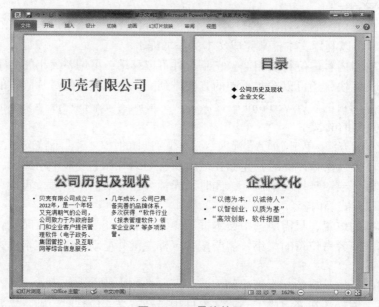

综合训练 5-1

图 1.5.12　最终效果

① 新建演示文稿，在默认的第一张幻灯片之后依次添加版式为"空白""两栏内容""标题和内容"幻灯片。

提示：单击"开始"选项卡"幻灯片"组中的"新建幻灯片"下拉按钮，从中选择相应的版式添加幻灯片。

② 根据图 1.5.12 所示，在各个幻灯片的占位符中输入文本。

③ 在第二张幻灯片中绘制文本框并输入文本，设置文本为"黑体，28 号"字体，并添加菱形项目符号。

提示：在"幻灯片"窗格中选择第二张幻灯片，单击"插入"选项卡"文本"组中的"文本框"按钮，在幻灯片的中间位置绘制文本框，右击文本框，选择"编辑文字"命令，在文本框中输入文本。选中刚输入的文本，设置字体为"黑体"，字号"28"，单击"开始"选项卡"段落"组中的"项目符号"下拉按钮，从中选择"带填充效果的钻石形的项目符号"选项。

④ 在第二张幻灯片中插入样式为"渐变填充 - 蓝色，强调文字颜色 1，轮廓 - 白色，发光 - 强调文字颜色 2"的艺术字"目录"，字体为"60 号，微软雅黑"，艺术字距离上边距 3cm，左右居中。

提示：单击"插入"选项卡"文本"组中的"艺术字"按钮，在下拉列表中选择第 3 行第 3 列的样式，新建一个艺术字文本框。在该文本框中输入"目录"，选中文本，设置字体"微软雅黑"，60 号字，在艺术字文本框被选中的状态下，单击"绘图工具 - 格式"选项卡"排列"组中的"对齐"按钮，从下拉列表中选择"水平居中"，右击艺术字，在弹出的快捷菜单中选择"设置形状格式"命令，打开"设

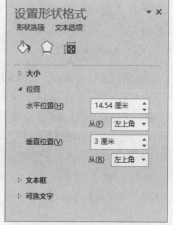

图 1.5.13　设置形状格式

置形状格式"窗格，单击"形状选项"的"大小与属性"按钮，展开"位置"选项，如图 1.5.13 所示。在"垂直位置"框中输入"3 厘米"，设置完成后可以单击右上角的"关闭"按钮关闭该设置区。

⑤ 将第一张幻灯片中的标题文字设置为"华文中宋，66 号，蓝色，加粗"；将第二张幻灯片的艺术字格式复制到第三、四张幻灯片的标题上。

🔔 注意：

本书中所给例题的操作步骤仅供参考，有些操作可以通过多种不同的操作方法实现，在操作步骤中不一一列举。

5.3　幻灯片的交互设置

幻灯片中不仅可以添加静态对象，还可以设置动态交互。通过不同的交互设置，可以更好地配合演讲者的演讲，突出重点内容，还可以增加演示文稿的趣味性，使演示文稿放映时更具有感染性和生动性。

5.3.1　幻灯片的切换

幻灯片的切换效果是指放映幻灯片时，从一张幻灯片切换到另一张幻灯片时屏幕显示的情况。为演示文稿设置切换效果，可以使幻灯片的过渡衔接更自然、更具有吸引力。幻灯片的切换效果可以在选择一张幻灯片后，在"切换"选项卡中设置，如图 1.5.14 所示。

图 1.5.14　幻灯片切换效果设置

在"切换"选项卡的"切换到此幻灯片"组中的切换效果列表框中提供了"细微型""华丽型""动态内容"三类切换效果，每一类中又包含不同的选项，当用单击其中一种选项时，会在幻灯片编辑窗口中预览切换到当前幻灯片的切换效果。如果需要设置其他效果，单击相应切换效果选项即可。如需取消切换效果，可单击列表中的第一个选项"无"。在"计时"组中还可设置幻灯片切换时的声音、持续时间，以及换片方式。默认情况下一次设置只作用于当前选中的幻灯片，如果要为演示文稿中所有幻灯片设置统一切换效果，只需在"计时"组中单击"应用到全部"按钮即可。

当在"换片方式"中选中"设置自动换片时间"复选框，并在后面的文本框中设置间隔时间时，就可以在当前幻灯片放映指定的间隔时间后自动切换到下一张幻灯片，这样就可以实现幻灯片的定时放映；若在定时后再单击"应用到全部"按钮，则可实现连续放映。

5.3.2　利用"动画"选项卡快速添加幻灯片动画

PowerPoint 提供了丰富的动画效果，用户可以使用它们为演示文稿中的对象创造出更多精彩的视觉效果。在"动画"选项卡"动画"组（见图 1.5.15）中的"动画"列表中提供了对象"进入""强调""退出""动作路径"4 类不同的动画效果。

① 进入：设置各种对象以多种动画效果进入幻灯片放映屏幕。

② 强调：为某个对象设置特殊动画效果以使其在放映的幻灯片中突出显示。

③ 退出：设置幻灯片中某个对象退出放映屏幕时的效果。

④ 动作路径：使某个对象沿着预定的路径运动而产生的动画效果。

在上述 4 种类别下分别有很多动画效果可供选择，在列表中单击其中一种可以直接为选中的对象设置相应的动画效果。

如果添加动画的对象为长文本对象，可以在添加动画效果后再进一步通过"动画"组中的"效果选项"

按钮进行设置，这里可以将长文本"作为一个对象""整批发送"或者"按段落"来显示动画效果。

当需要为演示文稿的多张同样版式的幻灯片设置统一的动画效果时，可以通过在母版视图中对应版式的幻灯片中设置动画效果来实现，设置方法与普通视图中的设置方法一致。

5.3.3 对象动画效果的高级设置

在"动画"组中只能指定动画的效果样式以及长文本的效果选项，而 PowerPoint 还能设置更具体的动画效果。

单击"动画"选项卡"高级动画"组中的"动画窗格"按钮，在幻灯片编辑区右侧打开"动画窗格"，选中对象后，利用"动画"组或者单击"动画"选项卡"高级动画"组中的"添加动画"按钮打开下拉列表添加动画，其中包括"进入""强调""退出""动作路径"4 类动画。

动画效果设置完成后，在"动画窗格"下半部分会按动画播放顺序依次列出当前幻灯片中设置的所有动画。当需要修改时，可在"动画"选项卡中重新进行设置；如果需要删除动画，可右击该动画，在弹出的快捷菜单中选择"删除"命令。选择动画效果样式后，还可以在"动画"选项卡的"计时"组中对动画的"开始""持续时间""延迟"进行设置，或者对当前动画的顺序进行重新排序。当需要为某一动画效果添加声音效果时，可以右击该项或者单击右侧的下拉按钮打开快捷菜单 [见图 1.5.16（a）]，选择"效果选项"命令打开相应的对话框，如图 [1.5.16（b）] 所示。在"效果"选项卡中添加设置，声音可以选择系统提供的，也可以选择其他声音文件。

动画效果设置完成后，可以通过"动画窗格"中的"播放自"按钮预览当前幻灯片的整体动画效果，确认是否完成或需要更改。

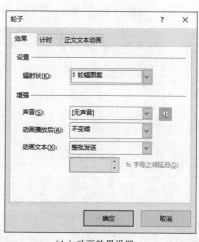

图 1.5.15　"动画"组

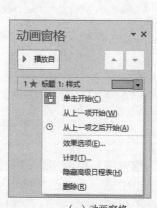

（a）动画窗格　　（b）动画效果设置

图 1.5.16　高级动画设置

5.3.4 在幻灯片中插入对象

在制作幻灯片时，为了使幻灯片看起来更美观形象，可以适当加入一些图片、声音和视频等。

图片与图形是幻灯片中常用的对象之一，通过图片、图形的插入，可以使幻灯片更丰富多彩。在演示文稿中插入图片，可以作为一张、一组或所有幻灯片的背景，或作为幻灯片中的一个对象；可以插入"剪辑库"中的图片，也可以插入外部的照片。

1. 插入编辑图片

PowerPoint 支持多种格式的图片，包括 BMP 位图，或者数码照相机和扫描仪等输入的图片，而且 PowerPoint 本身还提供了大量实用的剪贴画，这些图片可以通过"插入"选项卡"图像"组（见图 1.5.17）中相应的按钮来完成。

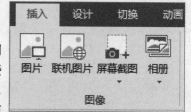

直接插入到幻灯片中的图片都是凌乱地分布在幻灯片中，若要使它们能贴切地体现出幻灯片演示文稿的主题，还需要对其进行编辑。选择图片后，在"图片工具 - 格式"选项卡中对图片进行位置、大小以及图片颜色、艺术效果、样式和排列等进行设置，也可以对图片进行压缩以缩小存储空间。

图 1.5.17　"图像"组

【例5-2】在演示文稿中创建相册。

新建演示文稿,并在其中新建相册,编辑部分图片并将文件另存为"例 5-2.pptx"(本例中需用到至少 5 张图片,所用图片用户自行准备,或者从计算机中搜索任意 5 张图片)。

操作步骤如下:

① 启动 PowerPoint 2016,自动创建空白演示文稿,单击"插入"选项卡"图像"组中的"相册"下拉按钮,选择"新建相册"命令,弹出"相册"对话框,如图 1.5.18 所示。

② 单击"文件/磁盘"按钮浏览添加图片文件,可以一次添加多张,也可以多次通过"文件/磁盘"按钮添加,添加完成的图片会按添加顺序依次排列在如图 1.5.18 所示对话框的"相册中的图片"列表框中,单击每张图片就会在右侧预览到本图片的内容。如果需要调整图片的顺序,可在列表框中选中图片后单击↑或↓按钮来完成,不需要的图片可以通过"删除"按钮进行删除,同时还可以利用 ▣▣◑◐↑↓按钮组依次调整图片的方向、对比度和亮度以使图片满足相册效果的需要。

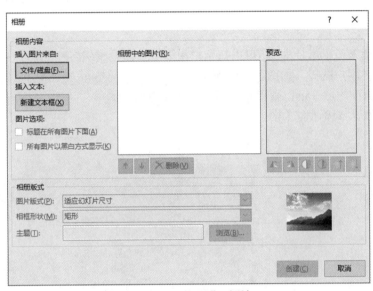

图 1.5.18 "相册"对话框

③ 设置相册版式。首先在"图片版式"下拉列表中可以选择图片在幻灯片中的排版方式,其中"适应幻灯片尺寸"是将每张图片按照幻灯片的大小显示在每张幻灯片上,一张图片铺满一张幻灯片,类似于给幻灯片添加了一张图片背景;"1 张图片""2 张图片""4 张图片"选项则分别是在每张幻灯片中自动排列摆放 1 张、2 张、4 张图片,此时因为图片未铺满整张幻灯片,可以通过"相框形状"为每张照片添加不同形状的相框,并为整个相册设置一定的"主题";而"1 张图片(带标题)""2 张图片(带标题)""4 张图片(带标题)"选项则是分别在"1 张图片""2 张图片""4 张图片"的基础上为每张幻灯片加上了标题占位符,用于编辑每页幻灯片的标题文本,其他设置相同。

本例中将"图片版式"设置为"2 张图片","相框形状"设置为"柔化边缘矩形",单击"浏览"按钮将"主题"设置为 Wisp。

④ 单击"创建"按钮完成相册的创建,如图 1.5.19 所示。

⑤ 单击幻灯片窗格中的第四张幻灯片,将其中的图片剪切、粘贴到第三张幻灯片中,删除第四张幻灯片。

⑥ 进入第三张幻灯片,选中刚粘贴到这张幻灯片的图片拖动到适当位置,并通过图片四周的控制按钮调整图片的尺寸大小,以免覆盖遮挡原来的图片,再通过其中的"旋转控制按钮"调整图片的角度到适当方向。选中幻灯片中原有右侧图片,在"图片工具-格式"选项卡的"大小"组将高度设置为"18 厘米",并在该选项卡的"排列"组中单击"下移一层"下拉按钮选中"置于底层"命令,将"对齐"设置为"垂直居中"和"右对齐",最终得到如图 1.5.20 所示的效果。

⑦ 将演示文稿保存为"例 5-2.pptx"。

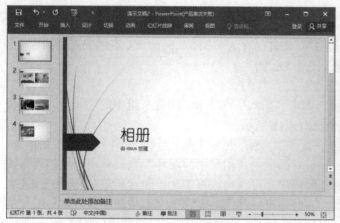

图 1.5.19　创建相册

图 1.5.20　第三张幻灯片效果

2. 插入编辑图形

幻灯片中除了可以插入编辑图片外,还可以让用户根据个人需要编辑各种图形,在"插入"选项卡的"插图"组中有丰富的"形状"供用户选择,如图 1.5.21 所示。此外,PowerPoint 2016 还延续使用了 PowerPoint 2007中提供的专业"SmartArt"图形,可以辅助设计各种专业的组织结构图。单击"插图"组中的 SmartArt 按钮打开"选择 SmartArt 图形"对话框,如图 1.5.22 所示。

图 1.5.21　"插图"组

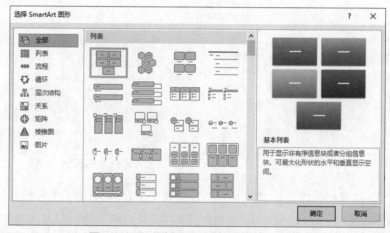

图 1.5.22　"选择 SmartArt 图形"对话框

对于 SmartArt 图形,实际上是由独立的基本图形组合而成,因此它们都具有基本图形对象的特点,可以参照普通图形通过"SmartArt 工具 - 格式"选项卡进行相关的操作处理。要添加形状,需要选中图形后单击"SmartArt 工具 - 设计"选项卡"创建图形"组中的"添加形状"下拉按钮,选择添加形状。要删除形状,则只需选中后按【Delete】键即可。

【例5-3】SmartArt图形的使用。

新建空白演示文稿,在其中添加"标题和内容"版式幻灯片,插入并编辑 SmartArt 图形,得到如图 1.5.23所示的结果,将文件保存为"例 5-3.pptx"。

操作步骤如下:

① 启动 PowerPoint 2016,参考例 5-1 中的操作步骤,新建"空白演示文稿",将文件另存为"例 5-3pptx"。

② 选中第一张幻灯片并按【Enter】键即可新建一张"标题和内容"版式的幻灯片,单击幻灯片中间图形按钮组第一行第三个按钮"插入 SmartArt 图形"按钮,在打开的"选择 SmartArt 图形"对话框中选择"层次结构"类的"水平多层层次结构",单击"确定"按钮插入 SmartArt 图形。

③ 添加形状。默认插入的图形仅仅包含 3 个二级图形,而图 1.5.23 中要求包含 5 个,其中每个二级图形后面还有一个三级图形,所以需要在初始图形上添加形状。增加二级图形的具体操作方法:右击任意一个已有的二级图形,在弹出的快捷菜单中选择"添加形状"→"在前面添加形状"或"在后面添加形状"命令,

重复 2 次添加 2 个二级图形。添加三级图形的方法：右击需要添加三级图形的二级图形，在弹出的快捷菜单中选择"添加形状"→"在下方添加形状"命令即可完成三级图形的添加，完成 5 个三级图形的添加后形成如图 1.5.23 所示的图形结构。

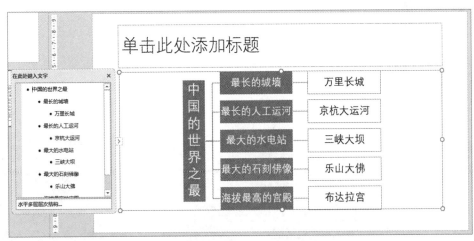

图 1.5.23　编辑 SmartArt 图形

除用上述快捷菜单方法添加形状外，还可以利用"SmartArt 工具 - 设计"选项卡"创建图形"组中相应的按钮来完成；或者利用"文本窗格"设置文本层次来添加形状或调整形状层次。具体操作方法不再赘述。

④ 在图形的多个形状中添加文本信息：

方法一：直接单击图形中的"[文本]"插入点，即可编辑文本。

方法二：在"文本窗格"中编辑文本，文本窗格中的层次与图形中相对应。如果"文本窗格"没有打开，可以通过单击"SmartArt 工具 - 设计"选项卡"创建图形"组中的"文本窗格"按钮打开。

按照上述方法，参照图 1.5.23 在形状中添加文本信息。

⑤ 设计形状格式：

首先，初始录入的文本中一级图形中的文字是横向显示的，需要调整为竖排文本。右击该图形，在弹出的快捷菜单中选择"设置形状格式"命令，在打开的设置形状格式窗格的"形状选项"选项卡中单击"大小与属性"按钮 📐，在下方的列表中，展开"文本框"选项，将其中的"文字方向"设置为"竖排"。

其次，单击选中任意一个三级图形，在按住【Ctrl】键的同时依次选中其他所有三级图形，以便同时选中，在"SmartArt 工具 - 格式"选项卡"形状样式"组的样式列表中选择"彩色轮廓 - 蓝色，强调颜色 1"。

⑥ 可继续将所知道的中国的世界之最添加在图形中，编辑完成后保存文件。

3. 插入编辑表格

单击"插入"选项卡"表格"组中的"表格"下拉按钮进行表格插入。一般情况下如果要插入的表格是规范的 10×8 以内的，可直接在下拉列表上半部分通过鼠标左键选择指定行列数的单元格直接插入表格；如果要插入的表格不规范，可以选择"绘制表格"命令，手动绘制表格。

对于插入的表格，选中后可以通过"表格工具 - 设计"选项卡设置样式和边框格式；通过"表格工具 - 布局"选项卡插入行、列，合并或拆分单元格，调整表格和单元格大小，设置对齐方式等。

4. 插入编辑图表

插入图表有两种方法：一是单击"插入"选项卡"插图"组中的"图表"按钮；二是单击"项目占位符"中的"插入图表"按钮。这两种方法都将打开"插入图表"对话框，如图 1.5.24 所示。该对话框中提供了各种图表的类型，和 Excel 中相同，从中选择图表类型后，单击"确定"按钮，系统将自动打开 Excel 程序，并在幻灯片中插入图表。用户可通过修改 Excel 表格数据调整图表，通过"图表工具"的"设计"和"格式"选项卡对图表进行编辑，操作方法与 Excel 中相同，在此不再赘述。

5. 插入声音及视频对象

通过"插入"选项卡中的"媒体"组（见图 1.5.25），可以在幻灯片中插入 avi 等视频和 wma 等音频对象，PowerPoint 2016 还支持音频的录制和屏幕录制，录制结束时会将录制对象插入到幻灯片中。

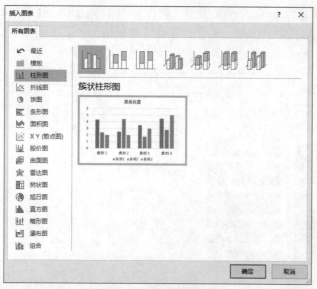

图 1.5.24　插入图表对话框

图 1.5.25　插入媒体剪辑

插入对象后可以在"视频工具"功能区中的"格式"或"播放"选项卡中进行相关设置，包括视频样式、视频显示区域大小、视频剪裁和视频播放开始控制等。如果插入的是视频对象，默认在幻灯片中显示视频开始画面，选中对象时画面下方会显示视频播放工具条▶ ◀ ◀ 00:00:00 ◀ 。如果插入的是音频对象，则会在幻灯片中显示◀图形，可以通过拖动移动位置，可在放映幻灯片时进行音乐开始 / 停止的控制。选中该图形时下方还会出现和视频一样的控制音频播放的工具条，通过工具条可以进行试看或试听。

5.3.5　添加超链接

超链接是指向特定位置或文件的一种连接方式，可以利用它指定程序的跳转位置。超链接只有在幻灯片放映时才有效，在编辑状态下不起作用。在 PowerPoint 中，超链接可以从一张幻灯片跳转到当前演示文稿中的其他特定幻灯片、其他演示文稿中特定的幻灯片或其他类型文件上等多种形式。

创建超链接的方法：首先选中要添加超链接的对象，然后右击，在弹出的快捷菜单中选择"超链接"命令，或者单击"插入"选项卡"链接"组中的"链接"按钮。在打开的"插入超链接"对话框中通过单击左侧不同的选项调整查找范围定位到目标对象。图 1.5.26 所示为连接到"现有文件或网页"的界面。

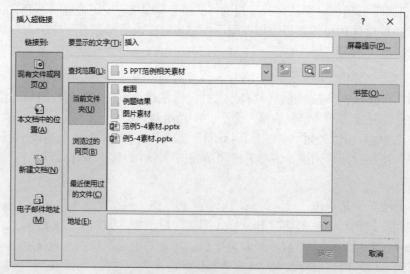

图 1.5.26　"插入超链接"对话框

5.3.6　添加动作按钮

动作按钮是 PowerPoint 中预先设置好的一组带有特定动作的图形按钮，这些按钮被预先设置为指向后退或前一项、前进或下一项、开始、结束、第一张、上一张、播放声音及播放电影等链接，用户可以方便地应用这些预置好的按钮，也可以自定义动作按钮，很容易实现在放映幻灯片时跳转的目的。

动作与超链接有很多相似之处，动作几乎包括了超链接可以指向的所有位置，但动作除了可以设置超链接指向外，还可以设置其他属性，例如，可以设置当鼠标移过某一对象时的动作。

动作按钮的添加方法：选中要添加动作按钮的幻灯片，单击"插入"选项卡"插图"组中的"形状"下拉按钮，在下拉列表的"动作按钮"栏中选择相应的图形，在幻灯片中拖动鼠标绘制动作按钮，绘制完成后会自动打开"操作设置"对话框，如图1.5.27所示。也可右击动作按钮，在弹出的快捷菜单中选择"编辑链接"命令打开该对话框，在其中对动作进行设置。

图1.5.27 "操作设置"对话框

【例5-4】演示文稿的交互设置。

打开"例5-4素材.pptx"文件，为其中的每张图片添加动画效果，设置幻灯片的切换效果，并在第一张幻灯片中设置超链接，链接到第三张幻灯片，在第三张幻灯片中添加链接到第一张幻灯片的动作按钮。将最终文件另存为"例5-4结果.pptx"。

操作步骤如下：

① 打开文件后，在幻灯片窗格中单击第二张幻灯片将其显示在幻灯片编辑窗格，选中幻灯片中的一张图片，在"动画"选项卡"动画"组的动画效果列表中选择"进入"类的"缩放"效果，此时可以在幻灯片编辑窗格中预览到缩放的效果。采用相同的方法，将第三张幻灯片中的三张图片依次添加"进入"类的"擦除""形状""随机线条"效果。

② 选中刚设置了"缩放"效果的图片，单击"动画"组中的"效果选项"下拉按钮，选中"幻灯片中心"命令。采用相同的方法，将"擦除"的效果选项设置为"自顶部"；将"形状"的效果选项的"方向"设置为"切入"，"形状"设置为"圆"。

③ 单击选中第二张幻灯片中设置动画效果的图片，在"动画"选项卡"高级动画"组中单击"动画窗格"按钮，在打开的"动画窗格"的动画列表中单击动画选项，然后在"动画"选项卡的"计时"组中设置"开始"为"上一动画之后"，"持续时间"设置为3秒，"延迟"为0秒，如图1.5.28所示。然后，利用"动画刷"将这张图片上的动画效果复制到该幻灯片中的另一张图片上。操作方法：选中已设置完动画效果的图片，再单击"高级动画"组中的"动画刷"按钮，此时当鼠标指针移动进入幻灯片编辑窗格中时，旁边就会有一个格式刷图标，用带有格式刷的鼠标指针单击该幻灯片中的另外一张图片即可完成动画格式的复制。

④ 进入第三张幻灯片，参考上一步中的方法，将3张图片的动画"计时"组中均设置"开始"为"上一动画之后"，"持续时间"设置为3秒，"延迟"为0秒。

⑤选中第一张幻灯片，在"切换"选项卡的"切换到此幻灯片"组的列表框中选择"华丽"型中的"库"效果，在"计时"组中将"持续时间"设置为2秒，"换片方式"同时选中"单击鼠标时"和"设置自动换片时间"，并将自动换片时间设置为20秒。最后单击"应用到全部"按钮，即可将相同的幻灯片切换效果设置应用到第二、三张幻灯片。

⑥在第一张幻灯片中选择"相册"两个字，右击，在弹出的快捷菜单中选择"超链接"命令，打开"插入超链接"对话框，在"链接到"列表中单击"本文档中的位置"选项，在"请选择文档中的位置"列表框中选择"最后一张幻灯片"或者选择"幻灯片3"，单击"确定"按钮关闭对话框。

⑦进入第三张幻灯片，从"插入"选项卡"插图"组的"形状"下拉列表中单击"动作按钮：第一张"选项，然后将鼠标指针移动到幻灯片编辑窗格中，在当前幻灯片的右下角按下鼠标左键并拖动画出这一动作按钮，如图1.5.29所示。在打开的对话框中即显示默认的"超链接到第一张幻灯片"，单击"确定"按钮或关闭该对话框即可。

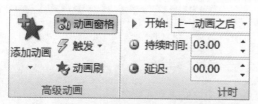

图 1.5.28　高级动画选项设置

图 1.5.29　添加动作按钮：第一张

⑧将文件另存为"例5-4结果.pptx"。

综合训练5-2　制作"产品销售策划"演示文稿

创建具有"主要事件"主题的演示文稿"综合训练5-2.pptx"，添加幻灯片并编辑文本，添加声音、剪贴画、SmartArt图形、表格、图表及超链接。最终效果如图1.5.30所示。

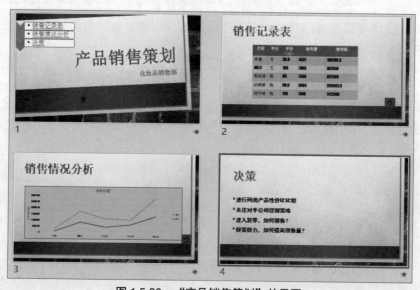

图 1.5.30　"产品销售策划"效果图

①参照图1.5.30添加幻灯片并编辑各幻灯片标题文本及第四张幻灯片中的文本内容，根据需要自行设置字体格式。

②在第一张幻灯片左下方位置添加剪贴画声音"鼓掌"并设置"发光边缘"艺术效果，并让其在播放幻

灯片时自动循环播放。

提示：选择第一张幻灯片，单击"插入"选项卡"媒体"组中的"音频"下拉按钮，在下拉列表中选择"录制音频"命令，打开"录制声音"对话框，单击录制按钮 ⦿ 录制长度为 5 的音频，然后可以单击播放按钮 ▶ 试听。如果不符合要求可以重新录制，否则单击"确定"按钮将该音频插入到第一张幻灯片中。

将鼠标指针移动到插入的声音图标中间，鼠标指针变成十字箭头形状时按住鼠标并拖动到幻灯片左下角；在选中插入声音的状态下，单击"音频工具 - 格式"选项卡"调整"组中的"艺术效果"按钮，从下拉列表中选择"发光边缘"命令，在"音频工具 - 播放"选项卡"音频选项"组中的"开始"下拉列表中选择"自动"，并选中"循环播放，直到停止"复选框。

③ 在第一张幻灯片左侧插入 SmartArt 图形"垂直 V 形列表"，设置图形颜色为"彩色范围 - 个性色 2 至 3"，在图形中添加文本并设置超链接，分别链接到第二、三、四张幻灯片。

提示：保持第一张幻灯片编辑状态，单击"插入"选项卡"插图"组中的 SmartArt 按钮，在打开的"选择 SmartArt 图形"对话框中选择"垂直 V 形列表"，参考图 1.5.30 在图形中输入文本。

在选中 SmartArt 图形的情况下单击"SmartArt 工具 - 设计"选项卡"SmartArt 样式"组中的"更改颜色"按钮，从下拉列表中选择"彩色"组中的"彩色范围 - 个性色 2 至 3"。

依次选中 3 个文本对象，单击"插入"选项卡"链接"组中的"链接"按钮，在打开的"插入超链接"对话框中设置链接到本文档中的第二、三、四张幻灯片。

④ 在第二张幻灯片中插入表格，在表格中录入文本并设置格式。

提示：选中第二张幻灯片，在其中的文本占位符中单击"插入表格"按钮，选择"插入表格"命令，在打开的"插入表格"对话框中设置"列数"为"5"，"行数"为"6"，单击"确定"按钮完成表格的添加。根据图 1.5.30 在表格中输入文本。

在选中表格的状况下，在"表格工具 - 设计"选项卡"表格样式"组中的样式列表框中选择"主题样式 1- 强调 2"。

选中表格的第一行，单击"表格工具 - 设计"选项卡"表格样式"组中的"底纹"下拉按钮，从下拉列表中选择"蓝色"。

将鼠标移动到表格的任意一个角上，当鼠标变成双向箭头时按住鼠标左键并拖动至合适大小，根据需要调整表格中文本的格式。

⑤ 在第三张幻灯片中插入图表，设置图表格式，图表数据如图 1.5.31 所示。

▲	A	B	C
1		7月	8月
2	唇膏	128118.9	180786.9
3	BB霜	845404	867640
4	粉底液	477040	667500
5	防晒霜	657342	396003.6
6	精华液	1329320	1472600

图 1.5.31　图表数据

提示：选中第三张幻灯片，单击文本占位符中的"插入图表"按钮，在打开的"插入图表"对话框中选择"堆积折线图"，单击"确定"按钮完成图表插入。

在弹出的 Excel 表格中输入数据后关闭 Excel。选中图表，在"图表工具 - 格式"选项卡"形状样式"组的"形状样式"列表中选择"细微效果 - 褐色，强调颜色 2"。在"设计"选项卡"图表布局"组的"快速布局"下拉列表中选中"布局 1"。

⑥ 在第二、三张幻灯片右下角插入动作按钮，用于返回第一张幻灯片。

提示：选中第二张幻灯片，单击"插入"选项卡"插图"组中的"形状"下拉按钮，从下拉列表的"动作按钮"组单击"动作按钮：第一张"，鼠标指针变成十字形状时，在幻灯片右下角按住鼠标左键并拖动绘制动作按钮，松开鼠标左键打开"动作设置"对话框，默认情况即为链接到第一张幻灯片，单击"确定"按钮即可完成动作按钮的添加。

按照同样的方法在第三张幻灯片中添加动作按钮，也可以将第二张幻灯片中刚刚设置好的动作按钮复制、粘贴到第三张幻灯片中。

⑦ 为第一张幻灯片中的 SmartArt 图形添加动画效果，使其在单击时以"向下擦除"的方式出现。

提示：选择第一张幻灯片中的 SmartArt 图形，单击"动画"选项卡"动画"组的下拉按钮，从动画列表的"进入"组中单击选择"擦除"按钮,单击动画列表右侧的"效果选项"按钮,从下拉列表中选择"自顶部"。

⑧ 为每张幻灯片设置不同的切换方式。

提示: 选中第一张幻灯片,从"切换"选项卡"切换到此幻灯片"组的切换样式列表框中选择某一切换样式。

按照上述方法继续为第二、三、四张幻灯片设置切换方式。

⑨ 保存文件为"综合训练 5-2.pptx"。

5.4 幻灯片的美化

仅仅通过文本、图形或多媒体对象的添加设计往往不能使幻灯片既主题鲜明、结构清晰,又生动活泼、引人入胜,往往还需要对幻灯片进行美化。幻灯片的美化除了要设置幻灯片上内容的属性样式外,还可以设计幻灯片背景和主题,或利用幻灯片母版将版式和不同对象的属性以及动画效果的设置结合起来,达到整体美化的目的。

PowerPoint 2016 中增加了设置幻灯片大小的功能以匹配不同显示屏幕的效果,包括标准(4:3)和宽屏(16:9)两种大小选择,可以通过"设计"选项卡"自定义"组中的"幻灯片大小"进行设置。

5.4.1 使用主题

主题是主题颜色、主题字体和主题效果三者的组合,可以作为一套独立的选择方案应用于文件中。不同的主题提供不同的背景颜色。由于具有一致的主题,所有材料就会具有一致而专业的外观。

PowerPoint 2016 在 PowerPoint 2010 的基础上进一步优化了主题,单击"设计"选项卡"主题"列表框中的下拉按钮,打开主题列表,如图 1.5.32 所示。设置演示文稿格式时,可以提供广泛的选择余地。

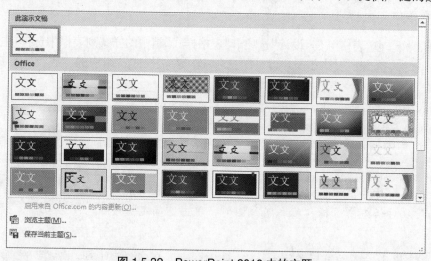

图 1.5.32 PowerPoint 2016 中的主题

过去,演示文稿格式设置工作非常耗时,必须分别为表格、图表和图形选择颜色和样式选项,并要确保它们能相互匹配。主题则简化了专业演示文稿的创建过程。只需选择所需的主题,PowerPoint 2016 便会执行其余的任务。单击一次鼠标,背景、文字、图形、图表和表格全部都会发生变化,以反映所选主题,这样就确保了演示文稿中的所有元素能够互补。

使用主题时,只需单击"设计"选项卡"主题"组中的一个,即可更改当前演示文稿的外观。通过选择不同的选项,可以统一修改主题字体(应用于文件中的主要字体和次要字体的集合)、主题颜色(文件中使用的颜色的集合)和主题效果(应用于文件中元素的视觉属性的集合)。当需要特殊主题时,用户可以通过"变体"组修改主题,通过分别设置主题字体、颜色和效果,然后再展开主题列表框,从下拉列表中选择"保存当前主题"命令,在打开的对话框中为该主题命名并选择保存位置,就可以在以后重复利用该主题。

5.4.2 设置背景

PowerPoint 2016 的背景样式功能可以使用户控制母版中的背景图片是否显示,以及幻灯片背景颜色的显

示样式。这些设置可以通过单击"设计"选项卡"变体"组下拉按钮，从下拉
列表中选择"背景样式"→"设置背景格式"命令，打开"设置背景格式"窗格，
也可以在幻灯片编辑窗格中右击幻灯片，从弹出的快捷菜单中选择"设置背景
格式"命令，打开"设置背景格式"窗格，如图 1.5.33 所示。在此窗格中可以
设置背景纯色填充、渐变填充、图片或纹理填充，以及图案填充等效果。如果
设置为图片填充，在 PowerPoint 2016 中还增加了对背景图片的编辑功能，如图
片更正、图片颜色的调整等功能。

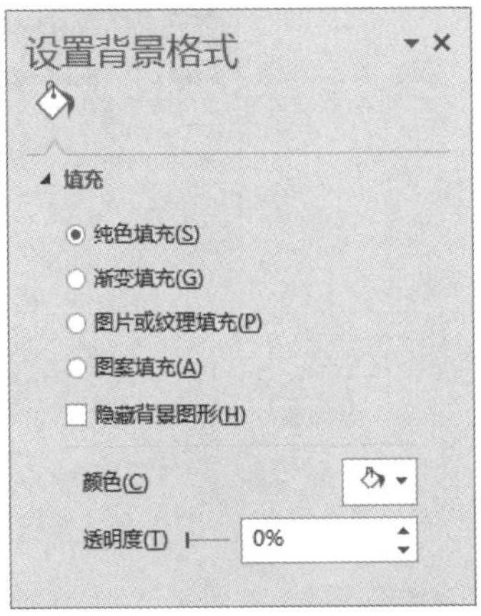

图 1.5.33　设置背景格式编辑区

5.4.3　使用母版

幻灯片母版中除了版式设置外，还包括字体、背景以及配色方案。只要在母
版中改变了样式，则对应版式的幻灯片中相应位置的内容会自动随之改变，也就
是说通过在母版中自定义设置整个演示文稿的背景格式和占位符版式后，就可以
在制作演示文稿时应用母版快速制作多张风格相似的幻灯片。

幻灯片母版是模板的一部分，如果将一个或多个幻灯片母版另存为单个模板文件（.potx），将生成一个
可用于创建新演示文稿的模板。

PowerPoint 2016 中的母版包括幻灯片母版、讲义母版和备注母版，分别用于设计幻灯片、讲义和备注内
容的格式。可以通过"视图"选项卡"母版视图"组中的按钮进入不同视图。

1. 幻灯片母版

在幻灯片母版视图（见图 1.5.34）下，原来幻灯片中可以插入信息的位置都有一个占位符，一般称为区，
用来容纳幻灯片中的内容，如"标题区""副标题区""页脚区"等。这些占位符的位置及其属性，决定了
应用该母版的幻灯片的外观属性。如果在这里更改了占位符的位置、大小及文字的外观属性等，将会反映到
所有应用该母版的幻灯片中。

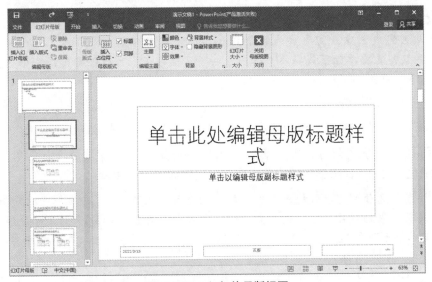

图 1.5.34　幻灯片母版视图

2. 讲义母版

讲义母版（见图 1.5.35）主要用于制作课件及培训类演示文稿。对讲义母版的设置，对幻灯片本身没有
明显的影响，但可以决定讲义视图下幻灯片显示出来的风格。讲义母版一般是用来打印的，它可以在每页中
打印多张幻灯片，并且打印出幻灯片的数量、排列方式以及页眉和页脚等信息。

3. 备注母版

在演示讲解幻灯片时，一般要参考一些备注来进行，而备注的格式可以在备注母版视图（见图 1.5.36）
中进行设置。

备注内容主要面对的是演讲者本身，因此备注母版设置要简洁、可读性强，而对视觉效果没有更高的要求。

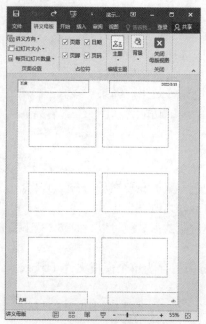

图 1.5.35　讲义母版视图

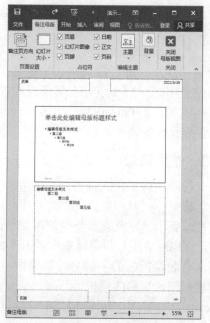

图 1.5.36　备注母版视图

综合训练 5-3　编辑设计"庆典设计"演示文稿

利用样本模板"庆典设计幻灯片"创建演示文稿"综合训练 5-3.pptx"，应用合适的主题，并利用母版填充背景。

① 启动 PowerPoint 2016，以"庆典设计幻灯片"为模板创建演示文稿。

综合训练 5-3

提示： 选择"文件"→"新建"命令，在搜索栏中输入"庆典设计"，在找到的样本模板"庆典设计幻灯片"上双击完成创建，需要注意的是 PowerPoint 2016 中该模板不像 PowerPoint 2010 那样默认下载安装，需要单独下载安装。如果无法下载该模板，可以任意选择一个模板创建，只需要至少增加一张幻灯片，即可完成操作。

② 为演示文稿应用"环保"主题。

提示： 从"设计"选项卡"主题"组的主题列表中找到"环保"单击完成主题设置。

③ 通过幻灯片母版为每张幻灯片设置背景格式为渐变填充的"顶部聚光灯 - 个性色 3"，并在合适的位置添加用"填充 - 绿色，着色 1，阴影"样式艺术字制作的水印"贝壳田园"。

提示： 单击"视图"选项卡"母版视图"组中的"幻灯片母版"按钮，进入"幻灯片母版视图"，从左侧列表框中单击选择第一张幻灯片，在"幻灯片母版"选项卡"背景"组中单击"背景样式"按钮，从下拉列表中选择"设置背景格式"命令，在打开的"设置背景格式"窗格选择"填充"选项卡，并设置"渐变填充"的预设渐变为"顶部聚光灯 - 个性色 3"。

单击"插入"选项卡"文本"组中的"艺术字"按钮，在弹出的下拉列表中单击第 1 行第 2 列的"填充 - 绿色，着色 1，阴影"样式，输入文字"贝壳田园"，将艺术字拖动到幻灯片的右下角位置。

④ 关闭母版视图，保存文件为"综合训练 5-3.pptx"。

5.5　幻灯片的放映与打印

PowerPoint 2016 依然为用户提供了多种放映幻灯片和控制幻灯片的方法，如正常放映、计时放映、录音放映、跳转放映等。特别的，PowerPoint 2016 还提供了幻灯片放映的录制功能，可以直接完成幻灯片演示过程的录制，使得分享演示文稿更容易，观看者也能更好地理解演讲者的意图。

5.5.1　设置幻灯片放映方式

在 PowerPoint 2016 众多的放映方式中，用户可以根据需求选择最为理想的方式，使幻灯片的放映结构清晰、节奏明快、过程流畅。另外，在放映时用户还可以利用绘图笔在屏幕上随时进行标示或强调，使重点更为突出。

1. 正常放映

正常放映时，幻灯片按照幻灯片窗格中的顺序依次放映。这是最普通的放映方式，当幻灯片的内容编辑完成即可进行正常放映。

2. 计时放映

当完成演示文稿内容制作之后，可以运用"幻灯片放映"选项卡"设置"中的"排练计时"按钮排练整个演示文稿放映的时间。在"排练计时"的过程中，演讲者可以确切了解每一页幻灯片需要讲解的时间，以及整个演示文稿的总放映时间，如图 1.5.37 所示。

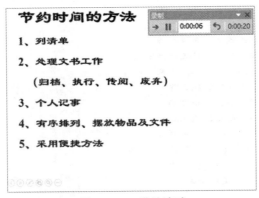

图 1.5.37　排练计时

3. 跳转放映

在 PowerPoint 中，用户可以为幻灯片中的文本、图形、图片等对象添加超链接或者动作。当幻灯片放映时，可以单击添加了动作的按钮或者超链接的对象，这时程序将自动跳转到指定的幻灯片页面，或者执行指定的程序。演示文稿就不再是从头到尾播放的线形模式，而是具有了一定的交互性，能够按照预先设定的方式，在适当的时候放映需要的内容，或做出相应的反应。

4. 高级放映

幻灯片放映方式的设置可以通过"幻灯片放映"选项卡"设置"组中的"设置幻灯片放映"按钮打开的"设置放映方式"对话框中的选项进行设置，如图 1.5.38 所示。

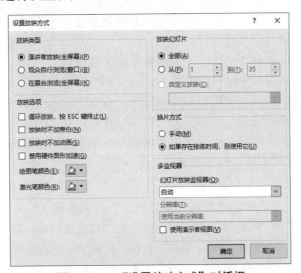

图 1.5.38　"设置放映方式"对话框

（1）设置幻灯片的放映类型

PowerPoint 为用户提供了演讲者放映（全屏幕）、观众自行浏览（窗口）及在展台浏览（全屏幕）3 种不同的放映类型，供用户在不同的环境中选用。

① 演讲者放映（全屏幕）：演讲者放映是系统默认的放映类型，也是最常见的放映形式，采用全屏幕方式。在这种放映方式下，演讲者现场控制演示节奏，具有放映的完全控制权。用户可以根据观众的反应随时调整放映速度或节奏，还可以暂停下来进行讨论或记录观众即席反应，甚至可以在放映过程中录制旁白。一般用于召开会议时的大屏幕放映、联机会议或网络广播等。

② 观众自行浏览（窗口）：观众自行浏览是在标准 Windows 窗口中显示的放映形式，放映时的窗口具有标题栏，类似于浏览网页的效果，便于观众自行浏览，如图 1.5.39 所示。该放映类型用于在局域网或 Internet 中浏览演示文稿。

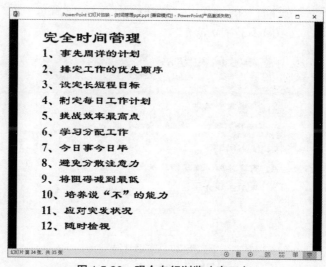

图 1.5.39　观众自行浏览（窗口）

③ 在展台浏览（全屏幕）：采用该放映类型，最主要的特点是不需要专人控制就可以自动运行，在使用该放映类型时，如超链接等控制方法都失效。当播放完最后一张幻灯片后，会自动从第一张重新开始播放，直至用户按下键盘上的【Esc】键才会停止播放。该放映类型主要用于展览会的展台或会议中的某部分需要自动演示等场合。需要注意的是使用该放映时，用户不能对其放映过程进行干预，必须设置每张幻灯片的放映时间或预先设定排练计时，否则可能会长时间停留在某张幻灯片上。

（2）设置放映选项

幻灯片放映时，如果用户设置了动画、旁白等，会默认播放，同时还可以使用绘图笔在幻灯片中绘制重点、书写文字等。通过放映选项可以修改这些设置。

① 循环放映，按 Esc 键终止：当选中该项时，幻灯片播放到最后一张后，自动跳到第一张继续播放，而不是结束放映，只有按【Esc】键才会终止放映。

② 放映时不加旁白：在幻灯片放映过程中，不播放任何声音旁白。

③ 放映时不加动画：在放映过程中没有动画效果，适用浏览演示文稿而不观看放映。

④ 绘图笔颜色：演讲者在放映演示文稿时，可以使用 PowerPoint 提供的绘图笔（按钮位于放映时屏幕的左下角，或通过快捷菜单中的"指针选项"→"笔"命令设置）在幻灯片上做标记，此处用于设置绘图笔的颜色。

⑤ 激光笔颜色：在放映演示文稿时，可以使用 PowerPoint 提供的激光指针替代鼠标指针（按钮位于放映时屏幕的左下角，或通过快捷菜单中的"指针选项"→"激光笔"命令设置），此处用于设置激光笔的颜色。

5. 自定义放映

为了给特定的观众放映演示文稿中特定的部分，用户可以创建不同的自定义放映方式。创建方法如下：

① 单击"幻灯片放映"选项卡"开始放映幻灯片"组中的"自定义幻灯片放映"下拉按钮，在下拉列表中选择"自定义放映"命令，在打开的对话框中单击"新建"按钮，打开"定义自定义放映"对话框，如图 1.5.40 所示。

② 在对话框中的"幻灯片放映名称"文本框中输入该自定义放映的名称。

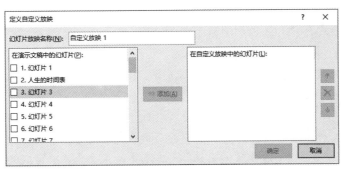

图 1.5.40 "定义自定义放映"对话框

③ 在对话框左侧的"在演示文稿中的幻灯片"列表中，列出了演示文稿中所有幻灯片的编号及标题，选中准备组合成自定义放映的幻灯片标题前的复选框，单击"添加"按钮，将其添加到对话框右侧的"在自定义放映中的幻灯片"列表框中。

④ 单击右侧列表框中的幻灯片标题将其选中，然后单击✕按钮可以将选中的幻灯片从"在自定义放映中的幻灯片"列表框中删除。

⑤ 编辑完成后，单击"确定"按钮。

若要对已经建立的自定义放映进行编辑、修改等操作，可以在"自定义放映"对话框中进行。

5.5.2 隐藏幻灯片

当用户通过添加超链接或动作将演示文稿的结构设置得较为复杂时，有时只希望某些幻灯片只有在用户单击指向它们的链接时才会被显示出来。要达到这样的效果，可以使用幻灯片的隐藏功能。

在普通视图模式下，右击幻灯片浏览窗格中的幻灯片缩略图，在弹出的快捷菜单中选择"隐藏幻灯片"命令，或者单击"幻灯片放映"选项卡"设置"组中的"隐藏幻灯片"按钮，将正常显示的幻灯片隐藏。被隐藏的幻灯片编号上将显示一条斜线，这表示幻灯片在正常放映时不会被显示，只有当用户单击了指向它的超链接或动作按钮后才会显示。

5.5.3 放映幻灯片

启动幻灯片放映可以有多种方法：

方法一：按快捷键【F5】。

方法二：单击状态栏右侧的"幻灯片放映"按钮，此时将会从当前幻灯片开始放映。

方法三：单击"幻灯片放映"选项卡"开始放映幻灯片"组中的"从头开始"或"从当前幻灯片开始"按钮启动幻灯片放映。

要结束幻灯片放映，只需在当前放映的幻灯片上右击，在弹出的快捷菜单中选择"结束放映"命令即可。或者播放到最后一张幻灯片后再单击两次即可返回到普通视图。

5.5.4 演示文稿的打印

制作好的演示文稿经常需要打印以便给不同的人员在无计算机的情况下查看，或者是作为资料备份收藏等。PowerPoint 经过设置可以支持不同样式的打印效果。

在打印演示文稿前，用户可以根据自己的需要对打印页面进行设置，使打印的形式和效果更符合实际需要。选择"文件"→"打印"命令，在打开页面中可以对打印幻灯片的范围、打印版式、调整打印顺序、纸张方向、颜色等进行设置，还可以编辑页眉页脚，如图 1.5.41 所示。其中打印版式包括：整页幻灯片、备注页、大纲或者以讲义的方式每页按照不同的顺序放置多张幻灯片；调整打印顺序是在打印多份时可以逐份打印或者一页打印多份再打印另一页。

用户在页面设置中设置好有关打印的参数后，能够直接在右侧预览到打印的效果。打印预览的效果与实际打印出的来效果非常相近，可以令用户避免打印失误或不必要的损失。当用户对当前的打印设置及预览效果满意后，就可以连接打印机单击"打印"按钮打印演示文稿。

图 1.5.41 打印设置

综合训练 5-4 放映并输出"项目报告"演示文稿

对"综合训练 5-4 素材 .pptx"进行放映并输出。

① 打开"综合训练 5-4 素材 .pptx",设置自定义放映"项目概况",其中包含第 2～8
张幻灯片。

提示：单击"幻灯片放映"选项卡"开始放映幻灯片"组中的"自定义幻灯片放映"按钮，
在下拉列表中选择"自定义放映"命令，打开"自定义放映"对话框，单击"新建"按钮打
开"定义自定义放映"对话框，在"幻灯片放映名称"文本框中输入文本"项目概况"，在"在
演示文稿中的幻灯片"列表框中选择第 2～8 张幻灯片，单击"添加"按钮将幻灯片添加到"在
自定义放映中的幻灯片"列表框中，单击"确定"按钮返回"自定义放映"对话框，单击"关闭"按钮完成
自定义放映设置。

② 预览自定义放映。

提示：单击"幻灯片放映"选项卡"开始放映幻灯片"组中的"自定义幻灯片放映"按钮，在下拉列表
中选择"项目概况"命令即可进入自定义放映的放映状态。

③ 将演示文稿打包成 CD 输出。

提示：返回到幻灯片普通视图，选择"文件"→"导出"命令，在右侧打开的界面中选择 "将演示文稿
打包成 CD"选项，再单击右侧的"打包成 CD"按钮，打开"打包成 CD"对话框，在"将 CD 命名为"文
本框中输入"综合训练 5-4 项目报告"，单击"复制到文件夹"按钮打开"复制到文件夹"对话框，设置文
件保存位置和名称，单击"确定"，再单击"是"按钮完成输出。

④ 将文件另存为"综合训练 5-4.pptx"。

综合训练 5-4

5.6 综合应用：制作"新员工商务礼仪培训"演示文稿

新建一个具有"积分"主题的演示文稿"综合应用_新员工商务礼仪培训 .pptx"，在其
中添加相应版式的幻灯片，并在幻灯片中添加文本和艺术字，对其进行相应的设置。

① 新建"积分"主题的演示文稿，依次在结尾新建版式为"标题和内容""节标题""比
较"的幻灯片；复制第二、三、四张幻灯片到结尾；将第二张幻灯片移动到第三张幻灯片之后；
删除第四张幻灯片。

综合应用：制
作演示文稿

提示：新建的演示文稿中包含默认创建第一张标题幻灯片，选中第一张幻灯片，按【Enter】
键自动新建一张版式为"标题和内容"的幻灯片，单击"开始"选项卡"幻灯片"组中的"新
建幻灯片"下拉按钮，从下拉列表中依次单击需要的"节标题"和"比较"版式创建第三、四张幻灯片。

单击状态栏中的"幻灯片浏览"视图切换按钮 ，进入幻灯片浏览视图，从中一起选中第二、三、四张
幻灯片（被选中的幻灯片会有黄色边框），按【Ctrl+C】组合键，单击最后一张幻灯片后面的空白处，按【Ctrl+V】
组合键，就会创建如图 1.5.42 所示的包含 7 张幻灯片的演示文稿。

单击选中此时的第二张幻灯片，用鼠标左键将其拖动到第三张与第四张幻灯片之间。

在第四张幻灯片上右击，在弹出的快捷菜单中选择"删除幻灯片"命令，得到如图 1.5.43 所示的结果。

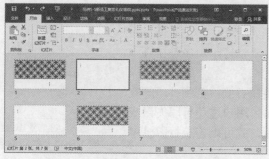

图 1.5.42 复制幻灯片后的浏览视图

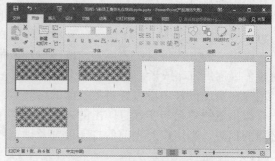

图 1.5.43 删除幻灯片后的浏览视图

② 根据图 1.5.44 所示，在前 3 张幻灯片中输入文本内容并设置格式。

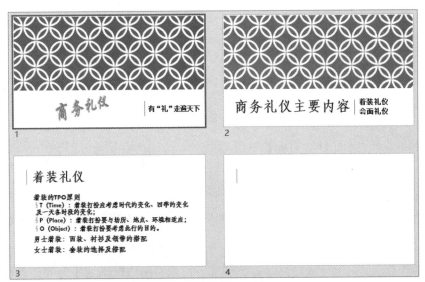

图 1.5.44　文本编辑效果图

提示：在普通视图的"幻灯片编辑窗格"默认显示第一张"标题幻灯片"，单击"单击此处添加标题"占位符虚线框内的任意位置，进入文本编辑状态，输入文本"商务礼仪"；同样的方法单击"单击此处添加副标题"占位符，输入文本：有"礼"走遍天下。

分别在"幻灯片窗格"中单击第二、三张幻灯片使其显示在右侧的"幻灯片编辑窗格"中，按照图 1.5.44 所示分别在其中的标题占位符和文本占位符中输入文本。

③ 第三张幻灯片中的"着装的 TOP 原则"下面分别从 T、O、P 三个方面进行解释，所以是"着装的 TOP 原则"这个一级标题下又给出了的 3 个二级标题，所以需要调整这 3 个二级标题的缩进级别。然后将其中的二级文字的项目符号改为"§"引导。

提示：用鼠标选中 3 个二级标题的内容，然后单击"开始"选项卡"段落"组中的"提高列表级别"按钮 增大本段的缩进量，默认提供"圆点"项目符号。

用鼠标选中其中的所有二级文字，再单击"项目符号"下拉按钮选择"项目符号和编号"命令打开"项目符号和编号"对话框，单击其中的"自定义"按钮打开"符号"对话框，如图 1.5.45 所示。指定字体为"（普通文本）"，"子集"为"拉丁语 -1 增补"，从列表中找到节标记符号"§"并双击后返回"项目符号和编号"对话框，单击"确定"按钮关闭对话框完成设置。

④ 设置文本格式。将第二张幻灯片的内容占位符中的文字字号设置为 36，再将第三张幻灯片的内容占位符中的一级标题字号也设置为 36，二级标题的字号设置为 32。

⑤ 设置艺术字。第一张幻灯片中的"商务礼仪"设置字体为"华文行楷"，字号为"96"艺术字样式为"填充 - 青绿，着色 3，锋利棱台"，并添加艺术字效果"向右对比透视"。

提示：单击"幻灯片窗格"中单击第一张幻灯片，在"幻灯片编辑窗格"中，选中"商务礼仪"，在"开始"选项卡的"字体"组中将字体设置为"华文行楷"，字号为"96"；然后在"绘图工具 - 格式"选项卡"艺术字样式"组（见图 1.5.46）的艺术字列表中选择"填充 - 青绿，着色 3，锋利棱台"，再在"文本效果"下拉列表中选择"三维旋转"中的"透视"类中的"向右对比透视"，最后选中"商务礼仪"所属的标题占位符，用鼠标拖动到适当位置即可。

⑥ 将"幻灯片母版"应用"画廊"主题，将标题幻灯片版式的背景样式设置为"样式 10"，其中的标题样式占位符设置为深红色字体，形状样式改为"浅色 1 轮廓，彩色填充 - 淡紫，强调颜色 3"；在"标题幻灯片版式"的母版中插入"图片"占位符，高 4 厘米，宽 10 厘米，置于该幻灯片的左下角。

提示：单击"视图"选项卡"母版视图"组中的"幻灯片母版"按钮切换到幻灯片母版视图，单击"幻灯片母版"选项卡"编辑主题"组中的"主题"下拉按钮，通过鼠标在不同的主题按钮上暂停查看主题名字，从中找到"画廊"主题，并单击该主题按钮应用"画廊"主题。

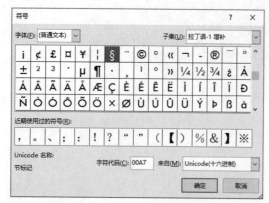

图 1.5.45 插入列表符号

图 1.5.46 "艺术字样式"组

选中左侧幻灯片列表中的"标题幻灯片版式"，在"背景"组的"背景样式"下拉列表中单击"样式10"，在编辑窗格中单击"单击此处编辑母版标题样式"占位符的边框来选中标题样式占位符，在"开始"选项卡的"字体"选项组中将字体颜色设置为"深红"，从"绘图工具‐格式"选项卡"形状样式"组的形状样式列表框中单击"浅色 1 轮廓，彩色填充‐淡紫，强调颜色 3"将样式应用到标题占位符。

从"幻灯片母版"选项卡"母版版式"组中单击"插入占位符"下拉按钮，从下拉列表中选择"图片"命令，将鼠标移动到标题幻灯片版式编辑窗格，按下鼠标左键并沿对角线方向拖动画出图片占位符，此时占位符处于被选中状态，在"绘图工具‐格式"选项卡"大小"组中分别设置形状高度为 4 厘米，宽度为 10 厘米，当鼠标位于该占位符上变成十字箭头形状时按下鼠标左键将占位符拖动到该幻灯片的左下角，如图 1.5.47 所示。

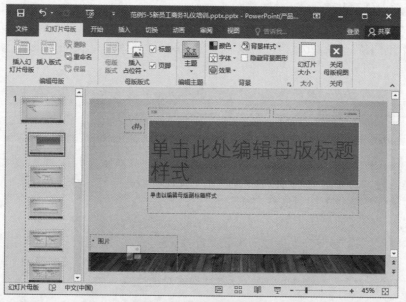

图 1.5.47 编辑幻灯片母版

单击"幻灯片母版"选项卡"关闭"组中的"关闭母版视图"按钮返回普通视图。

⑦ 在第一张幻灯片上应用"标题幻灯片"版式，在其中的图片占位符中插入素材中的"礼仪 .jpg"，将图片亮度提高 10%，将图片样式更改为"圆形对角，白色"；为图片添加"劈裂"进入动画，开始方式为"与上一动画同时"；为该图片插入批注，内容为"培训目标 LOGO"，并隐藏标记。

提示：在幻灯片窗格中右击第一张幻灯片，在弹出的快捷菜单中选择"版式"命令，从弹出的列表中单击"标题幻灯片"版式，即可将其应用到第一张幻灯片。在幻灯片编辑区中的幻灯片左下角的图片占位符中单击 图形按钮，从素材图片所在的位置找到"礼仪 .jpg"完成插入。

单击"图片工具‐格式"选项卡"调整"组中的"更正"下拉按钮，从下拉列表中选择"图片更正选项"

命令打开"设置图片格式"窗格，如图 1.5.48 所示，将其中的亮度设置为 10%，单击"关闭"按钮。再从"图片样式"组的样式列表（或快速样式）中选择并单击"圆形对角，白色"。

选中图片，单击"动画"选项卡"动画"组中的动画样式下拉按钮，在下拉列表中单击"进入"组中的"劈裂"按钮，在"计时"组中将开始方式设置为"与上一动画同时"。

选中图片，单击"审阅"选项卡"批注"组中的"新建批注"按钮，在打开的"批注"编辑区中输入文本"培训目标 LOGO"，在"批注"组中的"显示批注"下拉列表中通过取消"显示标记"勾选，即可将批注标记隐藏，再单击一次可恢复显示。

⑧ 在第二张幻灯片左下角插入"虚尾箭头"形状，高 2 cm，宽 4 cm，之后将形状右上角的黄色控制点拖到最左边，并在该形状中添加文字"商务礼仪"。

提示：单击幻灯片窗格中的第二张幻灯片进入编辑状态，单击"插入"选项卡"插图"组中的"形状"下拉按钮，从下拉列表的"箭头总汇"类中找到并单击"虚尾箭头"按钮▉，将鼠标指针移入幻灯片左下角，此时鼠标指针为十字形状，按下鼠标左键沿对角线方向拖动画出形状。在"绘图工具 - 格式"选项卡"大小"组中将高度设置为 2 厘米，宽度设置为 4 厘米。用鼠标将形状右上角的黄色控制点拖到最左边，右击形状，在弹出的快捷菜单中选择"编辑文字"命令，输入文本"商务礼仪"。

⑨ 在第二张幻灯片中插入文本框，宽度 8 cm，置于顶端居中的位置，旋转 20°；在其中添加文字"律己、敬人，有礼、有节"，字号设置为 24，文本框应用"细微效果 - 淡紫，强调颜色 3"。

提示：单击"开始"选项卡"绘图"组形状列表中的"文本框"按钮，在幻灯片中画出文本框，在"绘图工具 - 格式"选项卡的"大小"组中将宽度设置为 5.85 cm，在"排列"组中单击"对齐"按钮分别设置"顶端对齐"和"水平居中"，单击"旋转"按钮，从下拉列表中选择"其他旋转选项"命令打开"设置形状格式"窗格设置旋转 20°，如图 1.5.49 所示。

图 1.5.48　设置图片亮度

图 1.5.49　设置形状旋转

右击文本框，在弹出的快捷菜单中选择"编辑文字"命令输入文本"律己、敬人，有礼、有节"，在"开始"选项卡的"字体"组中将字号设置为 24，在"绘图工具 - 格式"选项卡"形状样式"组的样式列表中单击选择"细微效果 - 淡紫，强调颜色 3"，结果如图 1.5.50 所示。

⑩ 在第三张幻灯片后面插入"综合训练 5-4 素材 .pptx"中的第五张幻灯片。

提示：选择第三张幻灯片，单击"开始"选项卡"幻灯片"组中的"新建幻灯片"下拉按钮，在的下拉列表中选择"重用幻灯片"命令，打开"重用幻灯片"窗格，如图 1.5.51 所示。单击"浏览"按钮，选择"综合训练 5-4 素材 .pptx"并打开，在下方幻灯片列表框中单击第五张幻灯片完成幻灯片插入。

⑪ 删除第五张幻灯片，在第六张幻灯片添加表格并录入数据，将表格应用为"浅色样式 2- 强调 2"样式。

提示：切换到第六张幻灯片，在左侧的占位符中单击"插入表格"按钮插入 3 行 3 列的表格，在其中录入数据，如图 1.5.52 所示。在"表格工具 - 设计"选项卡"表格样式"列表中将表格样式设置为"浅色样式 2- 强调 2"。

图 1.5.50　第 2 张幻灯片结果

图 1.5.51　重用幻灯片

⑫ 在第六张幻灯片中插入图表（默认类型）并录入数据；将水平轴字体改为 20 号，将图表标题改为"两年经济增长率比较"，将图表布局改为"布局 2"。

提示：在第六张幻灯片右侧的占位符中单击"插入图表"按钮，图表类型默认，单击"确定"按钮，将幻灯片左侧表格的数据录入到弹出的 Excel 工作表中，通过鼠标拖动 Excel 表中蓝色边框线调整数据区域至录入的数据范围，关闭 Excel。单击选中横坐标轴标题，将字体大小设置为 20，在"图表工具 - 设计"选项卡"图表布局"组的"快速布局"组中将布局设为"布局 2"，单击图表标题文本框将其中的文本改为"两年经济增长率比较"，最终效果如图 1.5.52 所示。

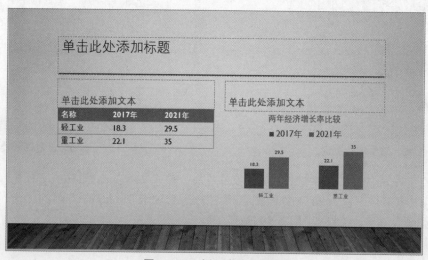

图 1.5.52　插入表格与图表

⑬ 将所有幻灯片的切换动画设置为"自顶部揭开"，切换声音为"抽气"，切换速度为 3 秒，每隔 2 秒自动换片。

提示：单击"切换"选项卡，在"切换到此幻灯片"组的动画效果列表中单击"揭开"，再单击"效果选项"下拉按钮选择"自顶部"命令，在"计时"组中将声音设置为"抽气"，持续时间为3秒，换片方式中"设置自动换片时间"为2秒，最后单击"应用到全部"按钮。

⑭将幻灯片大小更改为A4大小，将幻灯片方向更改为纵向。

提示：单击"设计"选项卡"自定义"组中的"幻灯片大小"按钮，从下拉列表中选择"自定义幻灯片大小"命令打开"幻灯片大小"对话框，在其中将幻灯片大小更改为"A4纸张（210×297毫米）"，将幻灯片方向更改为"纵向"，如图1.5.53所示。单击"确定"按钮关闭对话框，在打开的对话框中单击"确保合适"按钮完成设置（见图1.5.54），最终效果如图1.5.55所示。

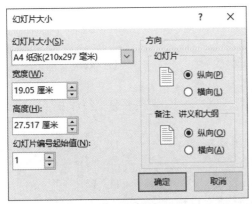

图1.5.53 设置幻灯片大小

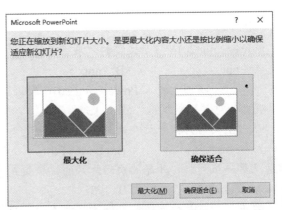

图1.5.54 幻灯片大小缩放

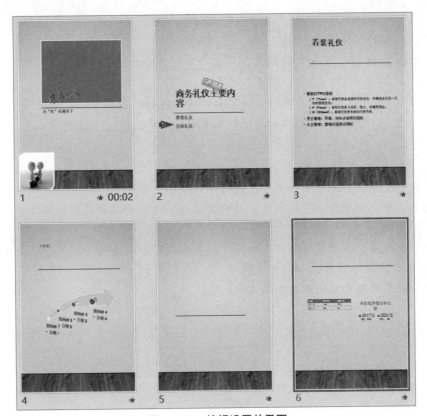

图1.5.55 编辑设置效果图

⑮保存文件。

提示：选择"文件"→"另存为"命令，单击"浏览"按钮，打开"另存为"对话框，选择合适的位置，输入文件名"综合应用结果.pptx"，单击"保存"按钮完成，最后关闭文件。

⑯分别将该文件保存为 .rtf 大纲文件、.jpg 图片（当前幻灯片）。

提示：选择"文件"→"另存为"命令，双击"这台电脑"选项，在打开的"另存为"对话框中设置保存位置（自定义），将"保存类型"设置为"大纲 /RTF 文件"，单击"保存"按钮；选中第一张幻灯片，重复上述另存为操作，将"保存类型"设置为"JPEG 文件交换格式（*.jpg）"，单击"保存"按钮，在弹出的对话框中单击"仅当前幻灯片"按钮，最后关闭文件。

习　　题

一、选择题

1. PowerPoint 2016 演示文稿的扩展名为_____。
   A. ppt　　　　　　　　B. pptx　　　　　　　　C. docx　　　　　　　　D. xslx
2. _____视图是进入 PowerPoint 2016 后的默认视图。
   A. 幻灯片浏览　　　　B. 大纲　　　　　　　　C. 普通　　　　　　　　D. 幻灯片
3. 从当前幻灯片开始放映幻灯片的快捷键是_____。
   A. Shift+F5　　　　　B. Shift +F6　　　　　C. Shift +F7　　　　　D. Shift +F8
4. 从第一张幻灯片开始放映幻灯片的快捷键是_____。
   A. F2　　　　　　　　B. F3　　　　　　　　　C. F4　　　　　　　　　D. F5
5. 要设置幻灯片的切换效果和切换方式时，应在_____选项卡中操作。
   A. 开始　　　　　　　B. 设计　　　　　　　　C. 切换　　　　　　　　D. 动画

二、填空题

1. 在幻灯片正在放映时，按【Esc】键，可_____。
2. 要在 PowerPoint 2016 中设置幻灯片动画，应在_____选项卡中进行操作。
3. 要在 PowerPoint 2016 中插入表格、图片、艺术字、视频、音频时，应在_____选项卡中进行操作。
4. 在 PowerPoint 2016 中要用到拼写检查、语言翻译等功能时，应在_____选项卡中进行操作。
5. 在 PowerPoint 2016 中对幻灯片放映条件进行设置时，应在_____选项卡中进行操作。

三、简答题

1. 简述"母版"与"模版"的用途与区别。
2. 如何将一个演示文稿的若干个幻灯片复制到另一个演示文稿中？
3. 如果希望每隔 2 秒自动播放一张幻灯片，并且循环播放演示文稿中的幻灯片不需要人工干预，应该如何操作？
4. 设计制作一个个人简介演示文稿，可以介绍你的高中、家乡、爱好、理想等，合理组织幻灯片版式，采用文本、图片等对象，设置不同样式和动画效果。
5. 设计制作一个关于校园景点介绍的演示文稿。

第6章

计算机网络技术

内容提要

本章主要介绍计算机网络的基础知识。具体包括以下几部分：
- 计算机网络的基础知识。
- Internet 基本知识：TCP/IP、IP 地址与域名服务系统。
- Internet 的应用：电子邮件、文件传输等。
- 计算机网络安全的相关知识。

学习重点

- 掌握计算机网络的概念、功能、分类、拓扑结构。
- 了解 Internet 的分层结构和 TCP/IP。
- 掌握 IP 地址和域名服务系统的相关知识。
- 了解 Web 浏览器的相关知识。
- 掌握 Internet 的相关应用：搜索引擎、电子邮件及文件传输。
- 了解计算机网络安全的相关知识。

6.1 计算机网络基础

将地理位置分散的具有独立功能的多台计算机连接起来，按照某种协议进行数据通信，实现计算机资源共享和信息交流而形成的网络称为计算机网络。计算机网络最主要的功能是资源共享和信息交流。

计算机网络（Computer Network）是计算机技术与现代通信技术紧密结合的产物。关于计算机网络目前没有一个明确的标准定义。本节主要是对计算机网络的概念、功能、发展、组成、分类及网络的分层结构进行讲解。

6.1.1 计算机网络的概念

所谓计算机网络，就是利用通信设备和通信线路将地理位置分散的、能独立运行的主计算机系统或由计算机控制的外围设备连接起来，在网络操作系统的控制下按照约定的通信协议进行信息交换，实现资源共享的系统。

一个计算机网络必须具备以下 3 个要素，三者缺一不可。

① 至少有两台具有独立操作系统的计算机，且相互间有共享的资源。

② 两台或者多台计算机之间要进行通信连接，如用双绞线、电话线、同轴电缆或光纤等有线传输介质，也可以使用微波、卫星等无线媒体把它们连接起来。

③ 协议：最关键的要素，由于不同厂家生产的不同类型的计算机，其操作系统、信息表示方法等都存在差异，因此它们之间通信需要遵守共同的规则与约定，正如与讲不同语言的人进行对话需要一种标准语言才能沟通。在计算机网络中需要共同遵守的规则和约定称为网络协议，由它解释、协调和管理计算机之间的通信和相互间的操作。

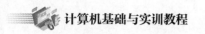

6.1.2　计算机网络的发展

计算机网络经历了由简单到复杂、由低级到高级的发展过程。纵观计算机网络的发展历史，大致可以划分为 4 个阶段：

第一阶段是远程终端联机阶段，时间可以追溯到 20 世纪 50 年代末。人们将地理位置分散的多个终端通信线路连接到一台中心计算机上，用户可以在自己的办公室内的终端输入程序和数据，通过通信线路传送到中心计算机，通过分时访问技术使用资源进行信息处理，处理结果再通过通信线路回送到用户终端显示或打印。这种以单个主机为中心的联机系统称为面向终端的远程联机系统。在这一阶段，还不存在现代意义的计算机网络。人们将彼此独立发展的计算机技术与通信技术结合起来，完成了计算机通信网络的研究，为计算机网络的产生做好了技术准备。

第二阶段是以通信子网为中心的计算机网络，时间可以追溯到 20 世纪 60 年代。1864 年，巴兰（Baran）提出了存储转发的概念，1866 年戴维德（David）提出了分组的概念。1868 年 12 月，美国国防部高级研究计划署（Advanced Research Projects Agency，ARPA）的计算机分组交换网 ARPANET 投入运行。ARPANET 连接了加利福尼亚州大学洛杉矶分校、加州大学圣巴巴拉分校、斯坦福大学和犹他州大学 4 个结点的计算机。ARPANET 的成功标志着计算机网络的发展进入了一个新纪元。

ARPANET 也使得计算机网络的概念发生了根本性的变化。早期的面向终端的计算机网络是以单台计算机为中心的星状网，各终端通过电话网共享主机的硬件和软件资源。但分组交换网则以通信子网为中心，主机和终端都处在网络的边缘。主机和终端构成了用户资源子网。用户不但共享通信子网资源，而且还可以共享用户资源子网丰富的硬件和软件资源。

第三阶段是网络体系结构和网络协议的开放式标准化阶段。国际标准化组织（International Standard Organization，ISO）的计算机与信息处理标准化技术委员会成立了一个专门研究此问题的分委员会，研究网络体系结构和网络协议国际标准化问题。经过多年的工作，ISO 在 1984 年正式制定并颁布了开放系统互连参考模型（Open System Interconnection Reference Model，OSI/RM）国际标准。随之，各计算机厂商相继宣布支持 OSI 标准，并积极研制开发符合 OSI 参考模型的产品，OSI 参考模型为国际社会接受，成为计算机网络体系结构的基础。

目前的计算机网络发展正处于第四阶段。这一阶段的重要标志是 20 世纪 80 年代因特网（Internet）的诞生。进入 20 世纪 80 年代，计算机技术、通信技术以及建立在计算机和网络技术基础上的计算机网络技术得到了迅猛发展，因特网作为覆盖全球的信息基础设施之一，已经成为人类最重要的、最大的知识宝库。当前，各国正在研究和发展更为快速可靠的因特网以及下一代互联网。可以说，网络互联和高速、智能计算机网络正成为最新一代的计算机网络的发展方向。

6.1.3　计算机网络的功能

计算机网络的功能主要体现在四方面：信息交换、资源共享、分布式处理和综合信息服务。

1. 信息交换

信息交换是计算机网络最基本的功能，主要完成计算机网络中各个结点之间的系统通信。用户可以在网上传送电子邮件、发布新闻消息、进行电子购物、电子贸易、远程电子教育等。

2. 资源共享

所谓资源是指构成系统的所有要素，包括软、硬件资源，如计算处理能力、大容量磁盘、高速打印机、绘图仪、通信线路、数据库、文件和其他计算机上的有关信息。由于受经济和其他因素的制约，这些资源并非（也不可能）所有用户都能独立拥有。网络上的计算机不仅可以使用自身的资源，也可以共享网络上的资源，因而增强了网络上计算机的处理能力，提高了计算机软、硬件的利用率。

3. 分布式处理

一项复杂的任务可以划分成许多部分，由网络内各计算机分别协作并行完成有关部分，使整个系统的性能大幅增强。

4. 综合信息服务

在当今的信息化社会中，计算机网络已向各个领域提供全方位的信息服务，已成为人类社会传送与处理信息不可缺少的强有力的工具。

6.1.4　计算机网络的组成

从资源构成的角度讲，计算机网络是由硬件和软件组成的。硬件包括各种主机、终端等用户端设备，以及交换机、路由器等通信控制处理设备；软件则由各种系统程序和应用程序以及大量的数据资源组成。

从功能角度去看待计算机网络的组成，可以将计算机网络逻辑划分为资源子网和通信子网。其中，资源子网负责全网的数据处理业务，并向网络用户提供各种网络资源和网络服务。资源子网主要由主机、终端以及相应的 I/O 设备、各种软件资源和数据资源构成。主机可以是大型机、中型机、小型机、工作站或微型机，它通过高速通信线路与通信控制处理机相连。主机系统拥有各种终端用户要访问的资源，负担着数据处理的任务。终端是用户进行网络操作时所使用的末端设备，它是用户访问网络的界面。终端设备的种类很多，如电传打字机、CRT 监视器加键盘，另外还有网络打印机、传真机等。终端设备可以直接或者通过通信控制处理机和主机相连。而通信子网的作用则是为资源子网提供传输、交换数据信息的能力。通信子网主要由通信控制处理机、通信链路及其他设备（如调制解调器等）组成。通信链路是用于传输信息的物理信道以及为达到有效、可靠的传输质量所需的信道设备的总称。通常情况下，通信子网中的链路属于高速线路，所用的信道类型可以是有线信道或无线信道。

6.1.5　计算机网络的分类

计算机网络的分类方式有很多种，可以按地理范围、拓扑结构和传输介质等分类。

1. 按地理范围分类

（1）局域网

局域网（Local Area Network，LAN）地理范围一般为几百米到 10 km，属于小范围内的网络，如一个建筑物内、一个学校内、一个工厂的厂区内等。局域网的组建简单、灵活，使用方便。

（2）城域网

城域网（Metropolitan Area Network，MAN）地理范围可从几十千米到上百千米，可覆盖一个城市或地区，是一种中等范围的网络。

（3）广域网

广域网（Wide Area Network，WAN）地理范围一般在几千千米左右，属于大范围的网络。例如几个城市、一个或几个国家，是网络系统中的最大型的网络，能实现大范围的资源共享，如国际性的 Internet。

（4）个人网

个人网（Personal Area Network，PAN）是在某个较小空间把个人使用的电子设备（如便携计算机、移动终端等）用无线技术连接起来构成的网络，因此也称为无线个人局域网（WPAN），覆盖范围通常是数米之内。

2. 按传输介质分类

传输介质是指数据传输系统中发送装置和接收装置间的物理媒体，按其物理形态可以划分为有线网和无线网两大类。

（1）有线网

有线网是采用同轴电缆或双绞线连接的计算机网络。同轴电缆网是常见的一种联网方式，它比较经济，安装较为便利，传输速率和抗干扰能力一般，传输距离较短。双绞线网是目前最常见的联网方式，它价格便宜，安装方便，但易受干扰，传输速率较低，传输距离比同轴电缆要短。

在有线网中，还有一类特殊网络，主要采用光导纤维作为传输介质。光纤传输距离长，传输速率高，可达数 Gbit/s，抗干扰性强，不会受到电子监听设备的监听，是高安全性网络的理想选择。但其成本较高，且需要高水平的安装技术。

（2）无线网

采用无线介质连接的网络称为无线网。目前，无线网主要采用 3 种技术：微波通信、红外线通信和激光通信。这 3 种技术都是以大气为介质的，其中，微波通信用途最广，目前的卫星网就是一种特殊形式的微波通信，它利用地球同步卫星作中继站来转发微波信号。一个同步卫星可以覆盖地球的 1/3 以上表面，3 个同步卫星就可以覆盖地球上全部通信区域。

3. 其他分类

计算机网络按用途可分为公用网和专用网；按交换方式可分为电路交换网、报文交换网和分组交换网；按信道的带宽可分为窄带网和宽带网；按所采用的拓扑结构可分为星状网、总线网和树状网。

6.1.6 计算机网络的体系结构

在网络系统中，由于计算机类型、通信线路类型、连接方式、通信方式等不同，在计算机网络构建过程中，必须考虑网络体系结构和网络通信协议。

1. 网络体系结构

为了完成计算机间的通信合作，将每个计算机互联的功能划分为定义明确的层次，规定了同层次进程通信的协议和相邻层之间的接口和服务。将这些同层次进程通信的协议和相邻层之间的接口统称为网络体系结构。现代计算机网络都采用了分层结构。

该标准的目标是希望所有的网络系统都向此标准靠拢，消除不同系统之间因协议不同而造成的通信障碍，使得在互联网范围内，不同的网络系统可以不需要专门的转换装置就能够进行通信。

OSI 参考模型是由国际标准化组织（ISO）制定的标准化开放式的计算机网络层次结构模型，如图 1.6.1 所示。该模型将网络通信按功能划分为 7 个层次，并定义了各层的功能、层与层之间的关系和相同层次的两端如何通信等。

该标准为设计网络互联系统提供了概念框架，它含有7层结构，由上至下各层的名称和最基本的作用如下：

① 应用（Application）层：为用户提供对各类应用服务和 OSI 多层环境的访问界面。

② 表示（Presentation）层：为数据表示提供一组应用处理功能。

③ 会话（Session）层：不参与数据传输，但参与数据传输管理。

④ 传输（Transport）层：为上层在源站与目标站之间提供可靠和透明的报文传输功能。

⑤ 网络（Network）层：为上层在各通信子网结点间提供数据包的、称为路由选择与存储的转发服务。

⑥ 数据链路（Data Link）层：为上层在网络内部各相邻结点间提供数据帧的可靠传输链路及相应的控制。

⑦ 物理（Physical）层：提供无结构的二进制位流、经过物理介质的可靠传输。

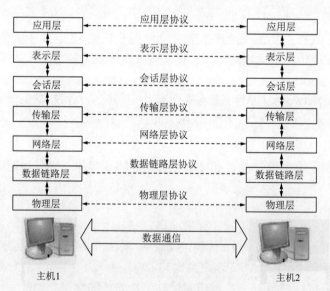

图 1.6.1　OSI 参考模型

通常把计算机网络分成通信子网和资源子网两大部分。OSI 参考模型的低三层：物理层、数据链路层和网络层归于通信子网的范畴；高三层：会话层、表示层和应用层归于资源子网的范畴。传输层起着承上启下的作用。

2. 通信协议

计算机之间进行通信时，必须使用一种双方都能理解的语言，这种语言称为"协议"。也就是说，只有能够传达并且可以理解这些"语言"的计算机才能在计算机网络上与其他计算机进行通信。

协议是指计算机间通信时对传输信息内容理解、信息表示方式以及各种情况下的应答信号都必须遵守的一个共同的约定。

一般来说，通过协议可以解决语法、语义和同步三方面的问题。这三方面也称为网络通信协议的三要素。

① 语法：涉及数据、控制信息格式、编码及信号电平等，解决如何进行通信的问题。

② 语义：涉及用于协调和差错处理的控制信息，解决在哪个层次上定义通信及其内容。

③ 同步：涉及速度匹配和排序等，解决何时进行通信、通信内容的先后以及通信速度等。

6.2　局域网技术

局域网是目前应用最广泛的计算机网络系统。构建一个局域网，需要从网络拓扑结构、硬件系统和软件系统等方面进行综合考虑。

6.2.1　局域网的拓扑结构

如何使用通信线路和通信设备将多态计算机连接起来，是组建计算机网络的一个重要环节。计算机网络的物理连接形式称为网络的物理拓扑结构。连接在网络上的计算机、大容量的外存、高速打印机等设备均可看作是网络上的一个结点，又称工作站。计算机网络中常用的拓扑结构有总线状、环状、星状等。

1. 总线拓扑结构

总线拓扑结构是一种共享通路的物理结构。这种结构中总线具有信息的双向传输功能，普遍用于局域网的连接。总线一般采用同轴电缆或双绞线。

总线拓扑结构的优点：安装容易，扩充或删除一个结点很容易，不需要停止网络的正常工作，结点的故障不会殃及系统。由于各个结点共用一个总线作为数据通路，信道的利用率高。总线结构也有其缺点：由于信道共享，连接的结点不宜过多，并且总线自身的故障可以导致系统的崩溃。总线拓扑结构如图 1.6.2 所示。

2. 环状拓扑结构

环状拓扑结构是将网络结点连接成闭合结构。信号顺着一个方向从一台设备传到另一台设备，每一台设备都配有一个收发器，信息在每台设备上的延时时间是固定的。这种结构特别适用于实时控制的局域网系统。

环状拓扑结构的特点：安装容易，费用较低，电缆故障容易查找和排除。有些网络系统为了提高通信效率和可靠性，采用了双环结构，即在原有的单环上再套一个环，使每个结点都具有两个接收通道。环状网络的弱点：当结点发生故障时，整个网络就不能正常工作。环状拓扑结构如图 1.6.3 所示。

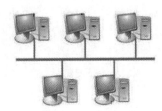

图 1.6.2　总线拓扑结构

图 1.6.3　环状拓扑结构

3. 星状拓扑结构

星状拓扑结构是一种以中央结点为中心，把若干外围结点连接起来的辐射式互连结构。这种结构适用于局域网，特别是近年来，局域网大都采用这种连接方式。这种连接方式以双绞线或同轴电缆作连接线路。

星状拓扑结构的特点：安装容易，结构简单，费用低，通常以集线器（Hub）作为中央结点，便于维护和管理。中央结点的正常运行对网络系统来说是至关重要的。星状拓扑结构如图 1.6.4 所示。

4. 树状拓扑结构

树状拓扑结构就像一棵"根"朝上的树，与总线状拓扑结构相比，主要区别在于总线状拓扑结构中没有"根"。树状拓扑结构的网络一般采用同轴电缆，用于军事单位、政府部门等上、下界限相当严格和层次分明的部门。

树状拓扑结构的特点：优点是容易扩展，故障也容易分离处理；缺点是整个网络对根的依赖性很大，一旦网络的根发生故障，整个系统就不能正常工作。树状拓扑结构如图 1.6.5 所示。

5. 网状拓扑结构

网状拓扑结构实际上是不规则形式，它主要用于广域网。网状拓扑结构中两任意结点之间的通信线路不是唯一的，若某条通路出现故障或拥挤阻塞时，可绕道其他通路传输信息，因此它的可靠性较高，但其成本也较高。此种结构常用于广域网的主干网中，如我国的教育科研网（CERNET）、公用计算机互联网（CHINANET）、电子工业部金桥网（CHINAGBN）等。网状拓扑结构如图 1.6.6 所示。

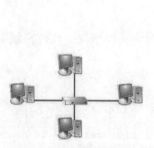
图 1.6.4　星状拓扑结构

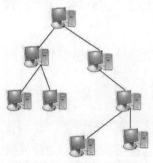
图 1.6.5　树状拓扑结构

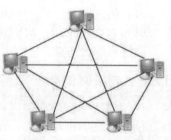
图 1.6.6　网状拓扑结构

在实际的网络组网中，拓扑结构不是单一的，通常会是几种结构的混合使用。

6.2.2　局域网的组成

局域网通常可划分为网络硬件系统和网络软件系统两大部分。网络硬件系统提供的是数据处理、数据传输和建立通信信道的物质基础；网络软件系统控制数据通信，相关网络功能依赖网络硬件完成。网络硬件系统对网络起着决定性的作用，网络软件是挖掘网络潜力的工具，二者缺一不可。

1. 网络硬件系统

网络硬件系统主要由服务器、工作站、通信设备和传输介质组成。服务器一般是性能高、容量大和速度快的计算机。工作站一般以个人计算机和分布式网络计算为基础的计算机。通信设备主要有网络适配器（又称网卡）、中继器、集线器、交换机、路由器和网关等。网络传输介质是指在网络中传输信息的载体，通常分为有线传输介质和无线传输介质两类。

2. 网络软件系统

计算机网络系统也需要在网络软件的控制和管理下进行工作。计算机网络软件系统主要由网络系统软件和网络应用软件组成。网络系统软件是指能够控制和管理网络运行、提供网络通信、分配和管理共享资源的网络软件，包括网络操作系统、网络协议软件、通信控制软件和管理软件等。网络应用软件是一种在互联网或企业内网上操作的应用软件，为用户提供访问网络的手段、网络服务、资源共享和信息的传输服务，使网络用户可以在网络上解决实际问题。

6.2.3　局域网的构建

1. 组建局域网

组建局域网，通常从以下几方面进行考虑：

① 组网方案：根据需求，规划局域网组件方案，包括设计网络拓扑结构、布线、网络接入、网段划分等。

② 网络硬件选择：构建局域网需要的主要硬件器材有网卡、传输介质、交换机、路由器和终端等设备。

③ 网络软件安装及网络配置：安装终端机操作系统和网络应用软件，根据需求划分虚拟网段，配置终端机的 IP 获取方式，配置访问控制及相关服务等。

2. 组网案例

【例6-1】家庭局域网的构建。

某家庭有一台式计算机（有线网卡），一台笔记本计算机（无线网卡）、一台平板计算机和三部智能手机。该家庭为 ADSL 接入方式。构建家庭局域网，要求以上所有设备可同时上网，并且设备之间可互相通信，实现资源共享。

问题分析：

① 构建家庭局域网，根据该家庭目前网络设备情况，选择网络硬件设备及网络软件。

② 配置局域网有线连接和无线连接。

③ 局域网接入互联网。

操作步骤如下：

① 网络硬件选择：需要准备一台调制解调器、一台家用无线路由器、网线数根及一条电话线。

② 网络硬件连接：

• 确认相关计算机或终端设备的网卡驱动程序正常安装。

• 用网线将台式计算机连接至路由器任意 LAN 端口，对路由器进行配置，一般只需要简单输入运营商提供的 ISP 账号和密码，设置本地无线连接访问密码，设置终端设备的 IP 获取方式为 DHCP 模式，即可实现配置。

• 将路由器放置在台式机旁，这样使用较短的网线即可使台式机有线接入局域网，其他无线终端设备可通过已设置的本地无线连接账号和密码连接至局域网。

• 将电信运营商提供的电话线和调制解调器连接，并通过网线将调制解调器连接至路由器的 WAN 端口。

③ 软件安装及配置：利用操作系统的网络连接功能，配置所有终端设备的 IP 获取方式为自动获取。

这样一个简单的家庭局域网就组件完成了，每个设备可通过局域网相互访问，实现本地资源共享的同时还能访问互联网。

6.3　Internet 应用

Internet 是由一些使用公共语言互相通信的计算机连接而成的网络，即按照一定的通信协议组成的国际计算机网络。Internet 是世界最大的全球性计算机网络，是一种公用信息的载体，具有快捷性、普及性，是现今最流行、最受欢迎的传媒之一。

6.3.1　Internet基础

1. Internet的发展与特点

Internet 的前身是美国国防部高级研究计划署（DARPA）于 1969 年开发的军用网络 ARPANET。ARPANET 的设计思想：建立一个用于军事目的的高可靠性分布式计算机系统。

1985 年，美国国家科学基金会（NSF）提供巨资建造了 5 个超级计算中心，目的是让科研人员都能共享原来只有军事部门和少数科研人员才能使用的超级计算机设备。

1986 年，NSF 投资建造了连接这些超级计算机和一些大学校园网的计算机网络 NSFNET。不久，许多教育科研机构纷纷加入该网络，NSFNET 逐步取代 ARPANET 成为 Internet 的主干网。可以说，NSFNET 为 Internet 的发展奠定了基础。

1989 年，中国科学院承担了"中关村教育和科研示范网络"（NCFC），即中国科技网（CSNET）的前身。

1994 年，NCFC 与美国 NSFNET 直接互联，实现了中国和 Internet 的连接，标志着我国最早的互联网络的诞生，中国科技网成为中国最早的互联网络。同年 6 月，我国第一个全国性 TCP/IP 互联网络——中国教育与科研网建成。

1996 年 6 月，ChinaNet（中国公用计算机互联网）正式开通并投入运营，在中国兴起了研究、学习和使用互联网络的浪潮。

目前，我国主要有中国科技网、中国教育与科研网、中国电信、中国联通、中国移动和中国国际经济与贸易网等六大骨干互联网络拥有国际出口。

互联网是世界上最大的国际性计算机网络，具有开放性、资源丰富性、共享性、平等性、交互性、全球性和持续性等特点。

2. 互联网体系结构

互联网使用分层的体系结构（通常称为 TCP/IP 族），包括网络接口层、网际层、传输层和应用层 4 个层次，如图 1.6.7 所示。相对于 OSI 开放式层次体系结构，更为简单和实用。

网络接口层位于整个体系结构的最下层；网际层是整个互联网络层次模型中的核心部分，其功能是将各种各样的通信子网互联；传输层也叫主机到主机层，可以提供面向连接服务或无连接服务来传输报文或数据流；应用层是最高层，向用户提供各种服务，如文件传输、邮件传送等。

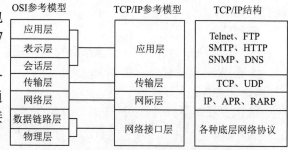

图 1.6.7　TCP/IP 与 OSI 参考模型的比较

传输控制协议（TCP）是面向连接的，主要功能是对网络中的计算机和通信设备进行管理。网际协议（IP）制定了所有在网络上流通的数据包标准，提供跨越多个网络的单一数据包传送服务。

3. 互联网地址和域名

（1）IPv4 地址

Internet 上的数据能够正确地传输到目的计算机，其中一个重要的原因是每一个连接到 Internet 网的计算机都有唯一的网络地址，目前常用的网络地址为 IPv4 版本。

在 IPv4 系统中，一个 IP 地址是由 32 位二进制数字组成，通常分为 4 组，组与组之间用小数点分隔，每组 8 位（1 个字节）。为了便于记忆，每个字节分别转换为一个十进制整数。通信时要用 IP 地址来指定目的主机地址。

IP 地址的结构：网络号 . 主机号。其中，网络号用于识别网络，主机号用于识别该网络中的主机。这种 IP 地址结构在 Internet 上很容易进行寻址，先按照 IP 地址中的网络号找到网络，然后在该网络中按主机号找到主机。

根据网络范围和应用的不同，可将 IP 地址分为 A、B、C、D、E 五类，这些类型可以通过 IP 地址第一个十进制数的范围确定。

① A 类地址：被分配给主要的服务提供商。其表示范围为 0.0.0.0 ～ 126.255.255.255，默认网络掩码为 255.0.0.0。A 类地址用第一组数字表示网络，且第一位为 0，后面三组数字作为主机地址。例如，16.16.168.186 就属于 A 类地址。

② B 类地址：分配给拥有大型网络的机构。其表示范围为 128.0.0.0 ～ 191.255.255.255，默认网络掩码为 255.255.0.0。B 类地址用第一、二组数字表示网络的地址，且第一、二位为 10，后面两组数字代表网络上的主机地址。例如，168.136.22.88 就属于 B 类地址。

③ C 类地址：分配给小型网络，如一般的局域网和校园网。其表示范围为 192.0.0.0 ～ 223.255.255.255，默认网络掩码为 255.255.255.0。C 类网络用前三组数字表示网络的地址，且第 1 ～ 3 位为 110，最后一组数字作为网络上的主机地址。

④ D 类地址和 E 类地址：这两类地址用途比较特殊，D 类地址称为广播地址，供特殊协议向选定的结点发送信息时用。E 类地址是实验性地址，保留未用。

随着接入 Internet 的设备呈指数式增长，32 位 IP 地址空间越来越紧张，网络号将很快用完，迫切需要新版本的 IP 协议，在这种背景下，IPv6 应运而生。

（2）IPv6 地址

从 IPv4 到 IPv6 最显著的变化是网络地址的长度。IPv6 协议使用 128 位的 IP 地址，它支持的地址数是 IPv4 协议的 2^{96} 倍，彻底解决了 IPv4 地址不足的问题。IPv6 协议在设计时，保留了 IPv4 协议的一些基本特征，这使采用新老技术的各种网络系统在 Internet 上能够互联。

IPv6 的地址格式与 IPv4 不同，IPv6 地址为 128 位，由 64 位的前缀和 64 位的接口标识两部分组成，前缀相当于 IPv4 地址中的网络部分，接口标识相当于 IPv4 地址中的主机部分。128 位 IPv6 地址通常表示为 8 组，每组由 4 个十六进制数表示，中间用"："间隔的形式，表示形式为 x:x:x:x:x:x:x:x，例如，3FFE:3201:1041:1820:C8FF:FE4D:DB39:1984。

（3）域名（Domain Name）

由于 IP 地址是由一串数字组成的，不便于记忆，因此 Internet 上设计了一种字符型的主机命名系统（Domain Name System, DNS），也称为域名系统。DNS 提供主机域名和 IP 地址之间的转换服务。域名采用层次结构，一个域名由若干个子域名构成，它们之间用圆点隔开，从右往左依次是顶级域名、二级域名、三级域名……直到最低级的主机名。其基本结构为：子域名 . 域类型 . 国家或地区代码。

① 国家或地区代码：每个国家或地区均有一个代码，它由两个字母组成，表 1.6.1 列出了部分国家或地区的代码。

表 1.6.1　部分国家或地区的代码

国家或地区	代　码	国家或地区	代　码
澳大利亚（Australia）	au	加拿大（Canada）	ca
中国（China）	cn	德国（Germany）	de
法国（France）	fr	日本（Japan）	jp
荷兰（Netherlands）	nl	挪威（Norway）	no
瑞典（Sweden）	se	英国（United Kingdom）	uk

② 域类型：给出服务器所属单位或机构的类型。国际上流行的常见域类型如表 1.6.2 所示。我国采用的域类型分为团体（6 个）和行政（40 个）两种，绝大部分采用两个字母，如表 1.6.3 所示。

表 1.6.2　国际流行的域类型

域 类 型	适 用 对 象	域 类 型	适 用 对 象
com	公司或商务组织（Company or Commercial Organization）	mil	军事单位（Military Site）
edu	教育机构（Education Institution）	net	Internet 网关或管理主机（Internet Gateway or Administrative Host）
gov	政府机构（Government Body）	org	非营利组织（No-profit Organization）

表 1.6.3　我国采用的域类型

机构域类型	适 用 对 象	团体域类型	适 用 对 象
ac	学术	bj	北京
com	公司或商务机构	sh	上海
edu	教育机构	tj	天津
gov	政府机构	cq	重庆
net	邮电部门	zj	浙江
org	团体或组织	hk	香港

③ 子域名：由一级或多级下级子域名字符串组成，一般包括主机名或服务器类型、网络名或用户名组、公司名或单位名等。如果由多级下级域名组成，则从左向右由下级向上级顺序排序，相互之间也用句点隔开。

（4）互联网接入技术

互联网为公众提供了几种接入方式，以满足用户的不同需求。

① 调制解调器接入：调制解调器是一种能够使计算机通过电话线与其他计算机进行通信的设备。采用这种方式接入网络时，要进行数字信息和模拟信号之间的转换，因此网络连接速度较慢、性能较差，从而导致该接入方式目前基本已退出市场。

② ISDN 接入：在 20 世纪 70 年代出现了综合业务数字网（ISDN）。它将电话、传真、数据、图像等多种业务综合在一个统一的数字网络中进行传输和处理。ISDN 接入 Internet 方式需要使用标准数字终端适配器连接设备连接计算机到普通的电话线 ISDN 将原有的模拟用户线改造成为数字信号的传输线路，为用户提供了纯数字传输方式，即 ISDN 上传送的是数字信号，但由于传输速度慢，已基本已退出市场。

③ ADSL 接入：非对称数字用户线路（ADSL）是基于公众电话网提供宽带数据业务的技术，因上行和下行贷款不对称而得名。接入 Internet 时，用户需要配置一个网卡及专用的 ADSL Modem，根据实际情况选择采用专线入网方式或虚拟拨号方式，是目前家庭常用的接入方式。

④ Cable Modem：电缆调制解调器（Cable Modem）接入方式是利用有线电视线路接入 Internet，接入速

度可达 10 ~ 40 Mbit/s。接入时，将整个电缆划分为 3 个频带，分别为 Cable Modem 数字信号上传、数字信号下传及电视节目模拟信号下传，所以数字数据和模拟数据在不同的频带上传输，也就不会发生冲突。它的特点是带宽高、速度快、成本低、不受连接距离限制、不占用电话线，也不影响收看电视。

⑤ 无线接入：用户不仅可以通过有线设备接入 Internet，也可以通过无线设备接入 Internet。目前，常见的无线接入方式主要分为无线局域网接入和 3G/4G/5G 电信网接入。

无线局域网是利用红外、蓝牙、Wi-Fi 和无线微波扩展频谱技术构建的局域网，它通常是在有限局域网的基础上通过无线接入点实现无线接入，如带有无线网卡的计算机或可上网的手机经过配置和连接就可以轻松接入互联网。

3G 技术主要包括 TD-SCDMA、CDMA2000 和 WCDMA。其中，TD-SCDMA 是我国自主研发的具有自主知识产权的 3G 标准；CDMA2000 是由美国高通公司研发的标准，在北美和日韩等国家和地区使用；WCDMA 技术起源于欧洲，在欧洲和日本被广泛应用。

4G 电信接入技术包括 LTE、LTE-Advanced、WIMAX、Wireless MAN-Advanced、TD-LTE-Advanced、FDD-LTE-Advanced 等，其中后两项是我国自主研发具有自主知识产权的标准。

5G 是第五代移动通信技术 (5th Generation Mobile Communication Technology) 的简称，具有高速率、低时延和大连接特点。5G 峰值理论传输速率可达每秒数十吉字节（GB），已成功在 28GHz 波段下达到了 1 Gbit/s，而 4G LTE 服务的传输速率仅为 75 Mbit/s，5G 网络比 4G 网络的传输速率快数百倍。5G 通信设施是实现人机物互联的网络基础设施。5G 网络不仅支持智能手机，还可支持智能手表、健身腕带、智能家庭设备等；不仅要解决人与人通信，为用户提供增强现实、虚拟现实、超高清视频等更加身临其境的极致业务体验，更要解决人与物、物与物通信问题，满足移动医疗、车联网、智能家居、工业控制、环境监测等物联网应用需求。

⑥ 局域网接入：其接入方式主要采用以太网技术，以信息化区域的形式为用户服务，为区域内的用户提供快速的宽带接入。区域内的用户只需一台计算机和一块网卡，就可连接到 Internet。

6.3.2 互联网服务与应用

Internet 给人类提供了一种更好、更新的通信方式，它跨越民族、国家和地域的限制，使全球的人们能够快速地进行通信。Internet 正在逐渐地渗透到人类生活的各个领域，无处不在。

1. WWW服务

万维网（World Wide Web）简称 WWW 或 Web，是以超文本标记语言（Hypertext Markup Language，HTML）与超文本传输协议（Hypertext Transfer Protocol，HTTP）为基础，能够提供面向 Internet 服务的、一致的用户界面的信息浏览系统。万维网常被当成因特网的同义词，其实万维网是靠着因特网运行的一项服务。

万维网将位于全世界 Internet 上不同网址的相关信息有机地组织在一起。在 Web 服务方式中，信息以页面（或称为 Web 页）的形式存储在 Web 服务器中，这些页面采用超文本的方式对信息进行组织，通过链接将一页信息链接到另一页信息。这些相互链接的页面既可以放置在同一台主机上，也可以放置在不同的主机上。目前，用户利用 Web 服务不仅能够访问到 Web 服务器上的信息，而且可以访问到其他类型的服务。

万维网使得全世界的人们以史无前例的巨大规模相互交流。相距遥远的人们，甚至是不同年代的人们可以通过网络发展亲密的关系或者使彼此思想境界得到升华。数字存储方式的优点是，可以比查阅图书馆或者实在的书籍更有效率地查询网络上的信息资源；可以比通过邮件、电话、电报或者其他通信方式更加快速地获得信息。

万维网是人类历史上最深远、最广泛的传播媒介。它可以使用户与分散于全球各地的其他人群相互联系，其人数远远超过通过具体接触或其他所有已经存在的通信媒介的总和所能达到的数目。

2. 典型Web浏览器与URL

Web 浏览器诞生于 1990 年，最初只能浏览文本内容，而现在的 Web 浏览器包容了 Internet 的大多数协议，可以显示文本、图形、图像动画以及播放音频和视频，是访问 Internet 各类信息服务的通用客户程序。

微软公司的 IE 浏览器是最常用的浏览器之一，本节将重点介绍。

（1）IE 浏览器的使用

① 窗口界面：在 Windows 7 中集成了 IE 浏览器。启动 IE 浏览器可以通过双击桌面上的 IE 图标，或者选择"开始"→"所有程序"→"Internet Explorer"命令。打开 IE 浏览器之后，就可以看到浏览器界面，如

图 1.6.8 所示。窗口界面上各个快捷按钮的作用如表 1.6.4 所示。

表 1.6.4　IE 快捷按钮功能

名　称	作　用	名　称	作　用
后退	查看上一个打开的网页	主页	打开默认主页
前进	查看下一个打开的网页	收藏夹	用户收藏常用链接及历史访问记录
刷新	重新访问当前网页	工具	有打印、保存、Internet 选项等功能按钮

② Internet 选项设置：在 IE 使用过程中，可以通过修改它的一些设置来改变用它浏览网页的方式。IE 的各种设置可以通过在"工具"快捷按钮中选择"Internet 选项"命令，打开"Internet 选项"对话框进行设置，如图 1.6.9 所示。

例如，将北京科技大学天津学院的网址设置为 IE 主页。在"Internet 选项"对话框中选择"常规"选项卡，在主页"地址"编辑框中输入相应的网址，单击"确定"按钮即可。当再次启动 IE 浏览器时设置将会生效，打开的页面将是北京科技大学天津学院的网站主页。

③ Web 页浏览：通过 IE 浏览 Internet 上的 WWW 网页以获取信息，是 IE 浏览器的一个主要功能。如果要浏览某个网站，只要在 IE 的地址栏中输入该网站的 URL 地址并按【Enter】键，就可以链接到该网站。例如，在"地址"栏中输入淘宝网站的地址，按【Enter】键就可以进入淘宝网站的首页，如图 1.6.10 所示。

图 1.6.8　IE 浏览器界面

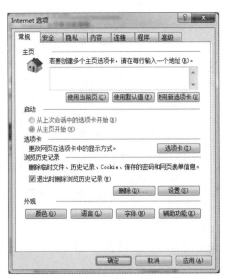

图 1.6.9　"Internet 选项"对话框

图 1.6.10　通过地址栏打开网站

除了在地址栏中输入 URL 地址打开网页，还可以使用超链接打开网页。当鼠标移动到网页中的某些区域，如文字、图片或其他对象时，鼠标的指针会变成手的形状，此时只要单击，就可以方便地链接到其他的网页。

④ 保存网页信息：在浏览网页的过程中，如果发现信息对自己很有用，可以保存到自己的计算机中。保存方式按照不同的情况分为不同的保存类型。

如果要保存的是整个网页，可以选择"工具"→"文件"→"另存为"命令，打开"保存网页"对话框，如图 1.6.11 所示。先选择存放网页的路径，然后在"文件名"文本框中输入要保存网页的名称，在"保存类型"下拉列表框中选择要保存的文件类型，设置完成之后，单击"保存"按钮。

如果保存的是图片，则右击需要保存的图片，在弹出的快捷菜单中选择"图片另存为"命令，打开"保存图片"对话框。设置方式与保存网页方式相同，单击"保存"按钮，图片即可保存在指定位置。

⑤ 收藏夹的使用：当浏览到一个喜欢的网站时，可以将其添加到收藏夹中，便于以后访问该网站。例如，将淘宝网站添加到收藏夹，首先打开要添加的网页，选择"收藏夹"按钮，再选择"添加到收藏夹"命令，打开如图 1.6.12 所示的"添加收藏"对话框。在"名称"文本框中输入将要添加的网页的名称"淘宝网 - 淘！我喜欢"，单击"确定"按钮完成收藏操作。

图 1.6.11　保存网页

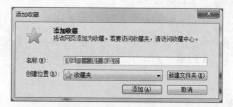

图 1.6.12　"添加收藏"对话框

将网站添加到收藏夹后，就可以通过单击"收藏"菜单中的站点名称"淘宝网 - 淘！我喜欢"来访问该站点，而不需要再输入该站点的地址。

（2）统一资源定位符

统一资源定位符（URL）是用于完整地描述 Internet 上网页和其他资源地址的一种标识方法。Internet 上的每一个网页都具有一个唯一的名称标识，通常称为 URL 地址，这种地址可以是本地磁盘，也可以是局域网上的某一台计算机，更多的是 Internet 上的站点。

URL 的位置对应在 IE 浏览器窗口中的地址栏，URL 将 Internet 上提供的服务统一编址，其格式为：

协议服务类型 :// 主机域名［:端口号］/ 文件路径 / 文件名

URL 由四部分组成，第一部分指出协议服务类型，第二部分指出信息所在的服务器主机域名，第三部分指出包含文件数据所在的精确路径，第四部分指出文件名。URL 服务类型如表 1.6.5 所示。

表 1.6.5　URL 服务类型

协 议 名	服　务	传 输 协 议	端 口 号
http	WWW 服务	HTTP	80
telnet	远程登录服务	Telnet	23
ftp	文件传输服务	FTP	21
mailto	电子邮件服务	SMTP	25
news	网络新闻服务	NNTP	119

URL 中的域名可以唯一地确定 Internet 上的每一台计算机的地址。域名中的主机部分一般与服务类型相一致，如提供 Web 服务的 Web 服务器，其主机名往往是 www，提供 FTP 服务的 FTP 服务器，其主机名往往是 ftp。

用户程序使用不同的 Internet 服务与主机建立连接时，一般要使用某个默认的 TCP 端口号，又称逻辑端口号。端口号是一个标记符，标记符与在网络中通信的软件相对应。一台服务器一般只通过一个物理端口与 Internet 相连，但是服务器可以有多个逻辑端口用于进行客户程序的连接。例如，Web 服务器使用端口 80，Telnet 服务器使用端口 23。这样，当远程计算机连接到某个特定端口时，服务器用相应的程序来处理该连接。端口号可以使用默认标准值，不用输入；有些时候，某些服务可能使用非标准的端口号，因此必须在 URL 中指明端口号。

3. 搜索引擎

搜索引擎（Search Engine）是指根据一定的策略，运用特定的计算机程序从互联网络上搜集信息，在对信息进行组织和处理后，为用户提供检索服务，将用户检索相关的信息展示给用户的系统。

用户通过搜索引擎进行查询时，如果要查询的信息是可以归类的，则可以直接按目录查询；如果要查询的信息隶属多种类别，或难于确定其所属类别，则可向搜索引擎提交按关键字或短语查询，搜索引擎再返回与查询条件最佳匹配的结果，即提供存储有相应信息的 Web 主页或其他信息服务的 URL 地址等相关信息。

目前，在万维网上流行的搜索引擎有百度（Baidu）、搜狗（Sogou）、搜搜（Soso）、必应（Bing）、有道（Youdao）、搜狐（Sohu）等。图 1.6.13 所示为百度主页。

图 1.6.13　百度搜索引擎主页

4. 电子邮件

电子邮件（Electronic mail，E-mail），是一种用电子手段提供信息交换的通信方式，是 Internet 应用最广泛的服务之一。通过网络的电子邮件系统，用户可以用非常低廉的价格，以非常快速的方式，与世界上任何一个角落的网络用户联系，这些电子邮件可以是文字、图像、声音等各种方式。同时，用户可以得到大量免费的新闻、专题邮件，并轻松地实现信息搜索。

（1）电子邮件介绍

每一个人都可以通过 Internet 申请电子邮箱，每一个邮箱都有一个全世界唯一的地址，即 E-mail 地址，如 abc@163.com。E-mail 地址由三部分组成：用户名 @ 域名。

① 用户名：并不是指用户的真实姓名，而是用户在服务器上的邮箱名。

② 分隔符"@"：该符号将用户名与域名分开，读作 at。

③ 域名（邮件服务器名）：这是邮件服务器的 Internet 地址，实际是这台计算机为用户提供了电子邮箱。

电子邮件的内容包括三部分：邮件头、邮件体和附加文件。

① 邮件头：类似于传统信函邮件的信封，主要包括收件人信息（包括收件人的电子邮箱地址、抄送的其他收件人的电子邮箱地址等）、发件人信息（包括发件人姓名或电子邮箱地址、发件人指定回复的电子邮箱地址等）、主题、发送与接收时间及其他。

② 邮件体：类似于传统信函邮件中的信函内容，主要包括邮件的具体文本内容，还可以带有背景图片或背景音乐，均由用户根据需要选择输入。

③ 附加文件：类似于传统信函邮件中附带发送的小物件，主要包括随电子邮件发送的各类文件，由用户根据需要选择。

（2）免费 E-mail 申请及使用

在 Internet 上有很多网站提供免费的 E-mail 服务。用户只需要登录到这些网站，填写申请表就可以使用免费的 E-mail。下面以申请搜狐电子邮箱为例说明如何申请一个免费的电子邮箱。

① 进入搜狐电子邮箱网站，如图 1.6.14 所示。

② 单击界面中的"现在注册"按钮，进入图 1.6.15 所示的窗口。

图 1.6.14　搜狐电子邮箱网站

图 1.6.15　注册信息页面

可以选择字母邮箱或手机邮箱，以下以字母邮箱为例进行说明：

在界面上根据提示输入邮件地址的邮箱账号（即用户名）、密码等。填写邮箱账号时需要注意，长度为 6 ~ 16 位，可以是数字、字母以及下画线，必须由字母开头，不允许输入中文，例如输入用户名 teachergulf。密码长度为 8 ~ 16 位数字字母组合，可包含特殊符号。在填写好其他信息后，选中"我同意《搜狐服务协议》《搜狐邮箱服务协议》"复选框，单击"注册"按钮。

③ 打开如图 1.6.16 所示的界面，邮箱注册成功。5 s后自动跳转搜狐邮箱，也可以单击"立即进入"按钮进入邮件服务网页。至此，免费邮箱 teacherGulf@sohu.com申请成功。

图 1.6.16　申请成功

（3）使用浏览器收发邮件

使用浏览器收发邮件的操作步骤如下：

① 启动 IE 浏览器，进入搜狐电子邮箱登录页面。在"用户名"文本框中输入已经申请的邮箱用户名，如 teachergulf，在"密码"文本框中输入密码（见图 1.6.17），单击"登录"按钮，进入邮件服务网页。

② 登录成功之后，进入电子邮箱界面，如图 1.6.18 所示。单击"收件箱"链接可以查看邮件，单击"写邮件"按钮可以给他人发送邮件。

图 1.6.17　登录电子邮箱

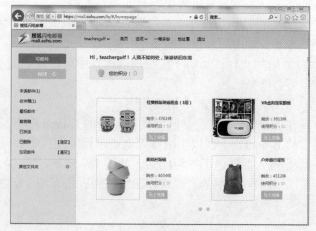

图 1.6.18　电子邮箱界面

5．文件传输

FTP 是 File Transfer Protocol（文件传输协议）的英文简称。用户可以通过它把自己的 PC 与世界各地所有运行 FTP 的服务器相连，访问服务器上的大量程序和信息。FTP 主要用于 Internet 上的控制文件的双向传输：文件上传和下载。所谓上传（Upload），是把用户计算机上的文件传送到远程服务器或客户机上；下载（Download），是把 Internet 或其他远程计算机上的文件复制到用户的计算机上。实际上，上网浏览就是一个文件下载的过程，这个过程是由浏览器来完成的。

Internet 是一个复杂的计算机环境，其中的机种以及每台计算机运行的操作系统都不尽相同，而且每种操作系统的文件结构也不同。要在这些机种和操作系统各异的环境之间进行文件传输，需要建立一个统一的文件传输协议——FTP。FTP 是 Internet 文件传输的基础，也是 TCP/IP 协议族里最为广泛的应用，提供 FTP 服务的计算机称为 FTP 服务器。

（1）在 IE 浏览器中实现 FTP 文件传送

目前，浏览器不仅支持 WWW 方式的访问，同时还支持 FTP 方式访问，实现文件的上传和下载，但是它对于目录文件的管理功能较弱。用户可以通过网络进行 FTP 连接，首先需要知道目的计算机的名称或地址。当连接到 FTP 服务器后，一般需要登录，验证用户的用户名和密码，确认之后才可以建立连接。但是，有些 FTP 服务器允许匿名登录。一般情况下，出于安全的考虑，FTP 主机的管理者通常只允许用户从 FTP 主机上下载文件，而不允许用户上传文件。

图 1.6.19 所示为登录某 FTP 服务器之后进入的用户界面。其中，public 子目录及其下级目录提供用户上传文件；education 子目录及其下级目录提供用户下载文件。

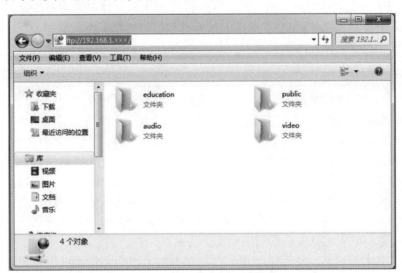

图 1.6.19　访问 FTP 服务器

（2）下载文件

双击 education 文件夹图标可显示其下级文件夹与文件图标，右击其中的图标，在弹出的快捷菜单中选择"复制到文件夹"命令，在打开的对话框中选择欲存放的磁盘和文件夹即可实现文件或文件夹的下载。

（3）上传文件

双击 public 文件夹图标可显示其下级文件夹与文件图标，再将资源管理器窗口中的文件夹或文件图标拖到浏览器窗口中即可实现文件或文件夹的上传。

6.4　无线传感器网络

随着互联网络技术、无线通信技术、电子信息技术的发展，传感器技术朝着网络化、智能化的方向发展。无线传感器网络（Wireless Sensor Networks，WSN）正是适应这种发展需求而出现的，它集传感器技术、微机电技术和网络通信技术于一体，具有信息感知与采集、处理和传输等功能。

6.4.1 传感器

1. 概念

传感器（Transducer/Sensor）是一种能感知外界信息（力、热、声、光、磁、气体、温度等），并按一定的规律将其转换成易处理的电信号的装置，以满足信息的传输、处理、存储、显示、记录和控制等要求。传感器是一种获得信息的手段。

2. 组成

传感器一般是利用物理、化学和生物等学科的某些效应或原理按照一定的制造工艺研制出来的。根据传感器的不同用途，其结构也不尽相同。总的来说，传感器是由敏感元件、转换元件和其他基本电路组成，主要功能是完成从被测信息的检测到最终电量的输出。

3. 分类

从不同的角度，传感器有不同的分类，常用的分类方法有以下几种：
① 按输入物理量进行分类，可分为速度传感器、温度传感器、位移传感器等。
② 按工作原理进行分类，可分为电压式、热电式、电阻式、光电式、电感式等。
③ 按能量的关系进行分类，可分为有源传感器和无源传感器。
④ 按输出的信号性质进行分类，可分为数字传感器、光栅传感器等。

4. 应用与发展

目前，传感器应用在工农业、国防、航空、航天、医疗卫生和生物工程等各个领域及人们日常生活的各个方面，如温湿度的测控、音响系统、危险化学品泄漏报警和声控灯等都离不开传感器。未来传感器将向高精度、数值化、智能化、集成化和微型化方向发展。

6.4.2 无线传感器网络

微机电系统、片上系统、无线通信和低功耗嵌入式技术的飞速发展，孕育出无线传感器网络，并以其低功耗、低成本、分布式和自组织的特点带来了信息感知的一场变革，无线传感器网络可以使人们在任何时间、任何地点和任何环境下获取大量翔实而可靠的所需信息，从而真正实现"无处不在的计算"理念。

无线传感器网络由部署在监测区域内的大量传感器结点组成，通过无线通信方式形成一个网络系统，以协作方式实时监测、感知和采集网络分布区域内的各种环境或监测对象的信息，通过嵌入式系统对信息进行处理，并通过自组织无线通信网络将所感知对象的信息传送到需要这些信息的观察者，是物联网底层网络的重要技术形式。其目的是协作地感知、采集和处理网络覆盖区域中被感知对象的信息，并发送给观察者。传感器、感知对象和观察者构成了无线传感器网络的 3 个要素。

无线传感器网络具有大规模性、动态性、可靠性、以数据为中心、快速部署、集成化和协作式执行任务等特点。

目前，无线传感器网络的应用主要集中在环境监测和保护、医疗护理、军事侦察、目标跟踪、农业生产等领域。

6.4.3 物联网基础

物联网即物物相联的互联网，通过射频识别标识（RFID）、红外感应器、全球定位系统、激光扫描仪、无线传感器等信息传感设备，按照约定的协议标准，把任何物品与互联网连接起来，进行信息的交换和通信，以实现智能化识别、定位、跟踪、监控和管理，以及支持各类信息应用的一种网络，如图 1.6.20 所示。

由定义可知，物联网的核心和基础仍然是互联网，只是将其延伸和扩展到了所有的物品与物品之间。物联网通过智能感知、识别技术与普适计算、泛在网络的融合应用，被称为继计算机、互联网之后世界信息产业发展的第三次浪潮。

现在一般认为物联网的体系结构由感知层、网络层和应用层构成。
① 感知层：数据采集与感知主要用于采集物理世界中发生的物理事件和数据，包括各类物理量、标识、音频、视频数据。物联网的数据采集涉及传感、RFID、多媒体信息采集、二维码和实时定位等技术。传感器网络组网和协同信息处理技术实现传感器、RFID 等数据采集技术所获取数据的短距离传输、自组织组网以及

多个传感器对数据的协同信息处理过程。

图 1.6.20　物联网示意图

② 网络层：实现更加广泛的互联功能，能够将感知到的信息无障碍、高可靠性、高安全性地进行传送，需要传感器网络与移动通信技术、互联网技术相融合 。

③ 应用层：主要包含应用支撑平台子层和应用服务子层。其中应用支撑平台子层用于支撑跨行业、跨应用、跨系统之间的信息协同、共享、互通的功能。

目前，物联网的应用已经遍及农业、交通、医疗、物流、工业、安防等生活和生产的各个方面。

党的二十大报告指出："坚持把发展经济的着力点放在实体经济上，推进新型工业化，加快建设制造强国、质量强国、航天强国、交通强国、网络强国、数字中国。""推动战略性新兴产业融合集群发展，构建新一代信息技术、人工智能、生物技术、新能源、新材料、高端装备、绿色环保等一批新的增长引擎。构建优质高效的服务业新体系，推动现代服务业同先进制造业、现代农业深度融合。加快发展物联网，建设高效顺畅的流通体系，降低物流成本。"我们当以高水平自强自立的"强筋劲骨"支撑民族复兴伟业。

习　　题

一、选择题

1. 在计算机网络中，局域网的英文缩写是＿＿＿＿＿＿＿。
   A. LAN
   B. MAN
   C. WAN
   D. FAN

2. 如果想要连接到 WWW 站点，应当以＿＿＿＿＿＿开头书写统一资源管理定位器。
   A. http://
   B. ftp://
   C. sttp://
   D. ttp:s //

3. 能唯一标识 Internet 中每一台主机的是＿＿＿＿＿＿＿。
   A. 用户名
   B. IP 地址
   C. 用户密码
   D. 使用权限

4. Internet 采用的协议是＿＿＿＿＿＿＿。
   A. X.25
   B. TCP/IP
   C. IPX/SPX
   D. IEEE802

5. 在域名服务系统中，中国的国家代码是＿＿＿＿＿＿＿。
   A. cn
   B. fr
   C. ca
   D. jp

二、填空题

1. 计算机网络从逻辑上分为资源子网和_____两部分。
2. 计算机网络的主要功能：数据通信、_____、分布式处理和信息服务。
3. 计算机网络按照距离和网络覆盖范围可以分为_____、广域网、城域网。
4. 计算机网络按照网络拓扑结构分为_____、环状、星状、树状和网状。
5. 物联网的体系结构分为_____、_____和_____。

三、简答题

1. 什么是计算机网络？计算机网络的分类方法有哪些？计算机网络的拓扑结构有哪几种？各有什么特点？
2. 组建局域网需要哪些硬件？各硬件的作用是什么？
3. 什么是 IP 地址？它由几部分组成？各部分的作用是什么？并简述 IP 地址的分类。
4. 域名包括哪几部分？其含义分别是什么？什么是域名解析，它的作用是什么？
5. 计算机连入 Internet 的方法有哪些？

第二篇
实验操作

实验 1
Windows 7 的基本操作

实验 1.1 Windows 7 的文件管理

一、实验目的

① 熟悉 Windows 7 系统的运行环境和操作界面，掌握使用鼠标和键盘进行窗口、对话框、图标等基本操作的方法。

② 掌握 Windows 7 系统中"资源管理器"窗口的操作界面和基本操作方法。

③ 掌握 Windows 7 系统下文件操作的基本方法，包括文件和文件夹的建立、复制、移动、删除、重命名、查找及显示修改属性等。

④ 了解 Windows 7 系统中搜索功能的使用。

⑤ 了解 Windows 7 系统下文件的排序、分组和筛选。

⑥ 掌握 Windows 7 系统中库的创建和使用。

二、实验内容

① Windows 7 系统的基本操作。

② 文件和文件夹的基本操作。

③ 文件排序、分组和筛选。

④ 搜索功能的使用。

⑤ 库的创建和使用。

⑥ 自测练习。

三、操作步骤

1. Windows 7 系统的基本操作

① 双击桌面上的"计算机"图标，或者选择"开始"→"计算机"命令，打开"资源管理器"窗口。

② 选择导航窗格中的"库"→"图片"选项，选择该文件夹中的一个图片文件，多次单击窗口右上侧的"隐藏预览窗格 / 显示预览窗格"按钮 ▢，观察文件窗格的显示效果。

③ 选择智能工具栏中的"组织"→"文件夹和搜索选项"命令，打开"文件夹选项"对话框，单击"查看"选项卡，在"高级设置"区域中选中"隐藏已知文件类型的扩展名"复选框（见图 2.1.1），单击"应用"按钮，观察文件窗格的显示效果。

④ 分别选择智能工具栏中的"组织"→"布局"→"菜单栏"命令、"细节窗格"命令和"导航窗格"命令（见图 2.1.2），观察文件窗格的显示效果。

⑤ 在导航窗格中单击 D 盘驱动器图标，打开如图 2.1.3 所示的窗口。

⑥ 单击"显示方式切换开关"上的"更改您的视图"图标 ▦ ▾ 下拉按钮，选择"大图标"选项（见图 2.1.4），观察文件窗格的显示效果；选择"列表"和"详细信息"选项，观察文件窗格的显示效果。

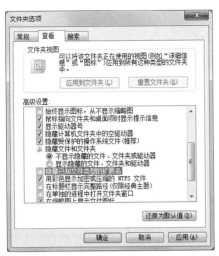

图 2.1.1 "文件夹选项"对话框

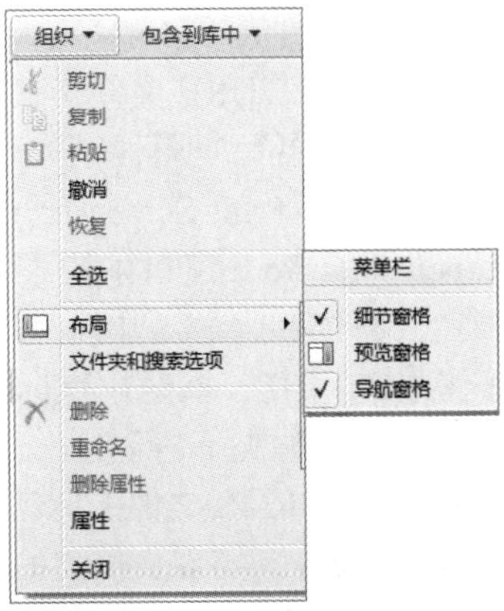

图 2.1.2 "布局"级联菜单

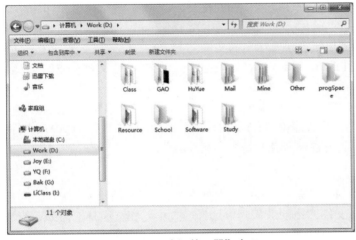

图 2.1.3 "资源管理器"窗口

图 2.1.4 选择显示方式

2. 文件和文件夹的基本操作

（1）建立文件夹结构

打开"资源管理器"窗口，在 D 盘的根目录下创建如图 2.1.5 所示的文件夹结构。创建文件夹的方法：在"资源管理器"窗口进入 D 盘根目录后，单击工具栏上的"新建文件夹"按钮，设置好文件夹的名称，即可在当前位置创建一个新文件夹。

（2）执行文件夹操作

打开 D 盘中的 DATAS 文件夹，执行如下操作：

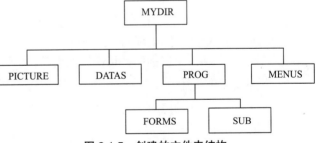

图 2.1.5 创建的文件夹结构

① 复制当前桌面（按【Print Screen】组合键），打开"画图"应用程序（选择"开始"→"所有程序"→"附件"→"画图"命令），选择"粘贴"命令，将当前桌面复制到一个图形文件中，单击快速访问工具栏中的"保存"按钮 ，将此图形文件保存在按照步骤（1）创建的文件夹 PICTURE 中，文件名命名为 disktop.bmp。

② 打开资源管理器"图片"库中的"示例图片"，文件夹从中选择两个 .jpg 文件复制到 PICTURE 文件夹中。

③ 将"示例图片"文件夹中前 3 个文件复制到 DATAS 文件夹中。

④ 将"示例图片"文件夹中后 3 个文件复制到 FORMS 文件夹中。

⑤ 打开资源管理器"音乐"库中的"示例音乐"文件夹，从中选择两个音乐文件复制到 DATAS 文件夹中。

⑥ 在资源管理器中定位到 PICTURE 文件夹，选中扩展名为 .jpg 的文件，选择工具栏中的"组织"→"复制"命令；进入 DATAS 文件夹，选择"组织"→"粘贴"命令，把选中的文件复制到 DATAS 文件夹下。

（3）打开资源管理器

① 选择工具栏中的"组织"→"剪切"命令和"粘贴"命令，把 DATAS 文件夹中的文件移动到文件夹 PROG 中的 SUB 文件夹下。

② 用鼠标把 PICTURE 文件夹移动到 FORMS 文件夹下。

③ 打开"计算器"应用程序（选择"开始"→"所有程序"→"附件"→"计算器"命令），对该窗口进行截图（按【Alt+Print Screen】组合键将其截图到剪贴板中）；然后新建并打开一个 Word 文档，命名为 Copynew.docx，在 Word 窗口中按【Ctrl+V】组合键，即可将剪贴板中的截图粘贴到当前的 word 文档中。将该文档保存在文件夹 DATAS 中。

④ 按住【Ctrl】键，同时用鼠标把 DATAS 文件夹拖动到 PROG 文件夹下，完成文件夹的复制。

⑤ 在 D 盘根文件夹下再创建一个以自己的学号命名的文件夹。

⑥ 右键选中 FORMS 文件夹拖动到以自己学号命名的文件夹下，释放右键，在弹出的快捷菜单中选择"移动到当前位置"命令，实现文件夹的移动。

⑦ 右键选中 DATAS 文件夹拖动到以自己学号命名的文件夹下，释放右键，在弹出的快捷菜单中选择"复制到当前位置"命令，实现文件夹的复制。

⑧ 左键选中 MYDIR 下的 DATAS 文件夹拖动到其他驱动器，如 C:\，释放左键后观察以上操作是移动还是复制。

⑨ 选中 PROG 文件夹中的 SUB 文件夹拖动到以自己学号命名的文件夹下。

⑩ 选定 MYDIR 下的文件夹 DATAS，将其改名为 MYDATA；把自己学号下的文件夹 SUB 改名为 DOC。

⑪ 选中 MENUS 文件夹，选择智能工具栏的"组织"→"删除"命令，删除 MENUS 文件夹。

⑫ 双击桌面上的"回收站"图标，打开"回收站"程序窗口，查看有无刚被删除的文件夹。选中该文件夹，选择菜单中的"还原该项目"命令将其恢复（注意观察被恢复的是哪个文件夹）。

3. 文件排序、分组和筛选

① 在资源管理器中打开 C 盘的 Windows 文件夹，在文件窗格的空白处右击，打开快捷菜单，在"排序方式"级联菜单中选择"类型"和"递增"命令，查看文件窗格的效果；再选择"大小"和"递减"命令，查看文件窗格的效果。

② 在文件窗格的空白处右击，弹出快捷菜单，在"分组依据"级联菜单中选择"类型"和"递增"命令，查看文件窗格的效果；再选择"名称"和"递增"命令，查看文件窗格的效果。再选择"大小"和"递增"命令，查看文件窗格的效果。

③ 将当前视图切换为"详细信息"，随后在文件窗格的上方会看到新出现的属性列，用鼠标指针指向属性列"类型"后，单击右侧出现的下拉按钮▼，单击"文本文档"，观察文件窗格的效果；单击"应用程序"，观察文件窗格的效果。用鼠标指针指向属性列"大小"后，单击右侧出现的下拉按钮▼，观察文件窗格的效果。

4. 搜索功能的使用

① 在资源管理器中打开 C 盘的 Windows 文件夹，在搜索框中输入"*.txt"（"*"为通配符），按【Enter】键后，查看文件窗格中的搜索结果。

② 在搜索结果的底部有一个再次搜索的选项，单击 📚库 图标，扩大搜索范围到"库"，再次进行搜索，查看文件窗格中的搜索结果。

③ 在搜索结果的底部有一个再次搜索的选项，单击 📁自定义… 图标，在打开的对话框中指定特定的目录，再次进行搜索，查看文件窗格中的搜索结果。

5. 库的创建和使用

① 在资源管理器的导航窗格中右击"库"结点，在出现的快捷菜单中选择"新建"→"库"命令，设置库的名称为"计算机基础"，按【Enter】键，查看导航窗格的变化效果。

② 单击"计算机基础"库结点，文件窗格为空，如图 2.1.6 所示。单击"包括一个文件夹"按钮，在打开的对话框中选择一个具体的文件夹，此时在文件

图 2.1.6 空的"计算机基础"库

窗格中可以看到该文件夹中的内容。

③ 在资源管理器中选择一个文件夹，右击，在弹出的快捷菜单中选择"包含到库中"→"计算机基础"命令，此时再次单击"计算机基础"库结点，观察该库中的内容。

④ 在"计算机基础"库结点的最后一个子文件夹中新建一个文本文件，然后在资源管理器中打开该文件夹，查看文件夹中的内容。

6. 自测练习

（1）窗口的基本操作

① 打开"资源管理器"窗口，分别使其处于最大化、最小化和还原状态；移动、放大或缩小窗口；分别用"超大图标""大图标""中等图标""小图标""列表""详细信息""平铺"和"内容"显示，对照不同的效果。

② 对 D: 盘中的文件夹和文件，分别按"名称""类型""大小""修改日期"进行排列，对照不同的效果。

③ 用不同的方式关闭窗口。

（2）图标的操作

① 在桌面上创建一个名为 Myfolder 的新文件夹和一个名为 file1 的文本文档。

② 在桌面上为画图应用程序创建一个名为 MY-picture 的快捷方式图标，再为 C 盘子文件夹 Windows 下的 notepad.exe 文件创建名为 notepad 的快捷方式，理解应用程序快捷方式图标的意义。

③ 在 D 盘窗口中创建名为一个 Diskfolder 的新文件夹和一个名为简历的 Word 文档（注意掌握创建 Word 文档的方法）。

④ 对桌面上的图标进行移动、排列操作。

⑤ 用不同的方式删除桌面上新建的 Myfolder、file1、MY-picture 和 notepad 四个图标。

（3）练习使用系统帮助功能

选择"开始"→"帮助和支持"命令打开"Windows 帮助和支持"窗口，进行相关的练习。

（4）文件和文件夹操作

① 在 D 盘建立 folder1、folder2 文件夹，在 folder1 文件夹下建立 folder3 文件夹。

② 在 D 盘的 folder2 文件夹中建立一个名为"说明书"的文本文件和一个名为"我的校园"的 Word 文档，试比较这两种类型文件的区别。分别双击这两个文件，观察打开的记事本和 Word 应用程序窗口。操作之后关闭这两个窗口。

③ 将 D 盘上 folder2 文件夹移动到 C 盘的根文件夹下，并将文件夹名改为 folder_Disk。

④ 将 C 盘 folder_Disk 文件夹中的"说明书 .txt"文件删除，放入回收站。从 C 盘彻底删除"我的校园 .docx"文件（选择该文件，按【Shift+Delete】组合键，即为彻底删除）。

⑤ 使用回收站恢复被删除的"说明书 .txt"文件。恢复之后，打开 C 盘 folder_Disk 文件夹，查看被恢复的文件。之后从 C 盘彻底删除 folder_Disk 文件夹。

⑥ 在 C 盘查找文件名为"*.exe"的文件（注意它们的存放位置），选择其中日期最新的 5 个文件，把它们复制到 folder1 文件夹中。

⑦ 查找 C 盘所有扩展名为".com"的文件，选择其中 5 个字节数较少的复制到 D 盘"folder1"文件夹内。查看它们的大小及创建日期等文件属性。

（5）回收站的操作

操作步骤如下：

① 查看回收站的属性，并设置回收站空间为 5 GB。

② 清空回收站。

实验 1.2　系统设置和应用程序操作

一、实验目的

① 掌握记事本、计算器及画图等 Windows 7 应用程序的基本操作。

② 掌握 Windows 7 环境下中文输入法的启动和切换方法。

③ 了解系统设置的内容，掌握常用的系统参数的设置方法。

④ 掌握创建快捷方式的方法。

⑤ 掌握设置桌面背景及窗口外观等操作。

二、实验内容

① 记事本、计算器及画图等 Windows 7 应用程序的基本操作。

② Windows 7 快捷方式的使用以及桌面和系统属性设置。

③ 自测练习。

三、操作步骤

1. 记事本、计算器及画图等Windows 7应用程序的基本操作

（1）记事本

① 选择"开始"→"所有程序"→"附件"→"记事本"命令，启动"记事本"应用程序。"记事本"窗口如图 2.1.7 所示。

② 汉字输入练习。

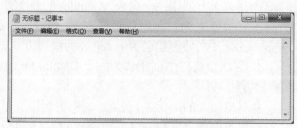

图 2.1.7 "记事本"窗口

- 单击任务栏指示区的输入法图标，显示图 2.1.8 所示的输入法列表。选择"中文（简体）搜狗拼音输入法"选项，出现如图 2.1.9 所示的微软拼音输入法状态条。

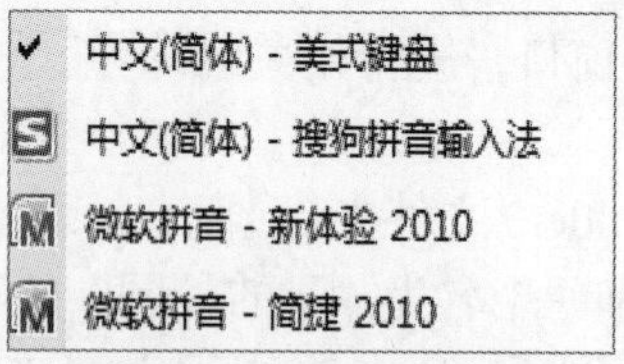

图 2.1.8 输入法列表

图 2.1.9 "中文（简体）搜狗拼音输入法"状态条

- 反复按【Ctrl+ 空格】组合键，在中文输入状态和英文输入状态之间进行切换。

- 在窗口文本编辑区中输入汉字：

北京科技大学天津学院是 2005 年经教育部批准，由北京科技大学和广东珠江投资集团有限公司合作举办的本科层次的全日制独立学院。

- 切换输入法，单击任务栏指示区的输入法指示，从输入法列表中选择另一种中文输入法，继续输入汉字：

学院依托北京科技大学优质教育资源，实施"应用型"理论教学和以"职业能力培养为主线"的实践教学，培养适应经济和社会发展需要的理论基础扎实、实践技能强、综合素质高并具有创新精神的应用型本科人才。学院拥有一支治学严谨的师资队伍。先后聘请三位长江学者特聘教授、国家杰出青年基金获得者担任学院相关学科带头人，承担教学任务，指导青年教师教学科研工作。实施"名师工程"，聘请京津地区"985"和"211"高校知名专家学者来院任教。学院初步建立起一支素质优良、结构合理、专兼结合、富有活力、适应事业发展需要的高水平师资队伍。

- 反复按【Ctrl+Shift】组合键，观察输入法的变化。

③ 保存文本：将输入的文本保存在学生盘，命名为"天津学院简介 .txt"。

④ 关闭"记事本"窗口。

（2）计算器

① 选择"开始"→"所有程序"→"附件"→"计算器"命令，启动"计算器"应用程序。"计算器"窗口如图 2.1.10 所示。

② 简单计算。

- 算术运算：计算公式为 $188 \times 65-222$。

- 数制转换：选择"查看"→"程序员"命令，窗口显示科学型计算器时，默认为十进制数输入。此时输入 218，选中"十六进制"单选按钮及"字节"单选按钮，得到数制转换后的结果 DA；再选中"二进制"单选按钮，得到对应的二进制数 11011010。
- 逻辑运算：选中"十六进制"单选按钮及"字"单选按钮，输入 FE，然后单击 Not 按钮，得到逻辑非运算结果 FF01；再单击 And 按钮，输入 2B51，并单击"="按钮，得到逻辑与运算结果 2B01。
- 函数运算：选择"查看"→"科学型"命令，窗口显示科学型计算器时，了解 sin、tan、log 等各函数功能按钮的作用，并学习使用这些按钮进行函数运算。

③ 关闭"计算器"窗口。

（3）画图程序

① 选择"开始"→"所有程序"→"附件"→"画图"命令，启动画图应用程序。"画图"窗口如图 2.1.11 所示。

图 2.1.10　"计算器"窗口

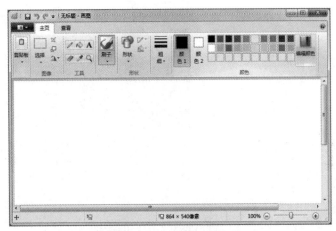

图 2.1.11　"画图"窗口

② 画图练习：

- 绘制图形：了解绘图程序选项卡中各功能按钮的作用，并学习使用直线、矩形、椭圆形等按钮画图。从"形状"功能区中选择绘制的图形。当按住【Shift】键画图时，可以画 45° 斜线、正方形和圆形。
- 选择颜色：可在"颜色"功能区中选择线条颜色，"颜色1"表示前景色，"颜色2"表示背景色。左键拖动光标时使用颜色1画图，右键拖动光标时使用颜色2画图。单击"填充"按钮，然后选择某个形状进行绘图时，左键拖动光标可以用颜色1画边框，颜色2填充，反之用右键拖动光标画图时，则用颜色2画边框，用颜色1填充。

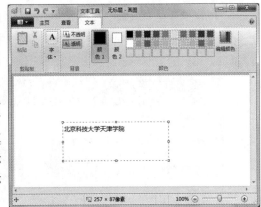

图 2.1.12　在画图程序中添加文字

- 添加文字：单击"主页"选项卡"工具"功能区中的"A"按钮，并在绘图工作区中拖动光标，画出文本输入区，输入文本"北京科技大学天津学院"。使用"文本工具"选项卡设置文本的字体和字号，如图 2.1.12 所示。
- 擦除图形：单击"工具"组中的"橡皮擦"按钮，然后拖动光标擦除相应的区域。
- 保存文件：单击快速访问工具栏中的"保存"按钮，在"另存为"对话框中选择保存位置为学生盘（D盘或 E 盘），输入文件名为 picture1，单击"保存"按钮。

🔔 注意：

可以保存不同类型的文件，并查看文件的大小。

③ 关闭"画图"应用程序窗口。

2. Windows 7快捷方式的使用以及桌面和系统属性设置

（1）快捷方式的创建

① 用光标直接拖动的方法创建快捷方式。在桌面上创建"计算器"的快捷方式，将其改名为 Calculator。

选择"开始"→"所有程序"→"附件"→"计算器"命令，如图2.1.13所示。按住鼠标左键将"计算器"图标拖动至桌面，即在桌面上创建"计算器"的快捷方式，并将其重命名为 Calculator。

按上面的操作方式创建"画图"程序的快捷方式，并存放到"文档"库中，结果如图2.1.14所示。

图2.1.13 打开"计算器"

图2.1.14 "文档"库中"画图"程序的快捷方式

② 用菜单法创建快捷方式。

在桌面上创建 C:\Windows 文件夹的快捷方式。操作步骤如下：

• 在桌面的空白位置右击，在弹出的快捷菜单中选择"新建"→"快捷方式"命令，打开"创建快捷方式"对话框，如图2.1.15所示。

• 单击"浏览"按钮，打开"浏览文件或文件夹"对话框，如图2.1.16所示。单击"计算机"→"本地磁盘（C）"→"Windows 文件夹"，单击"确定"按钮，则在"请输入对象的位置"上已经填好 C:\Windows，如图2.1.17所示。

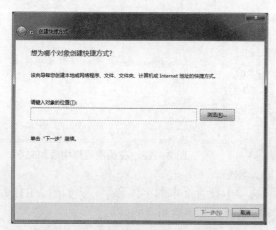

图2.1.15 "创建快捷方式"对话框之一

图2.1.16 "浏览文件或文件夹"对话框

• 单击"下一步"按钮，打开"创建快捷方式"对话框之三对话框，如图2.1.18所示。

• 单击"完成"按钮，结果如图2.1.19所示。

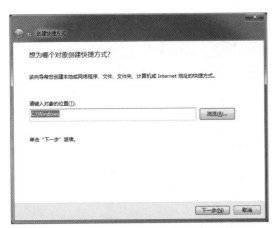

图 2.1.17　"创建快捷方式"对话框之二

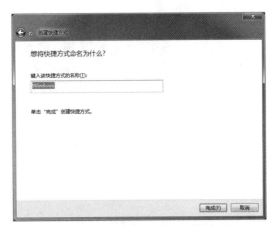

图 2.1.18　"创建快捷方式"对话框之三

（2）桌面设置

① 设置桌面背景：

• 在桌面空白处右击，在弹出的快捷菜单中选择"个性化"命令，打开如图 2.1.20 所示的对话框。

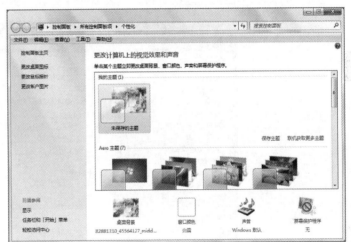

图 2.1.19　"Windows 文件夹"快捷方式图标

图 2.1.20　桌面个性化设置窗口

• 单击"桌面背景"图标，打开如图 2.1.21 所示的"桌面背景"设置窗口，选择"图片位置"及想要设置为桌面的一组图片，并将窗口左下方的"图片位置"设置为"填充"。

图 2.1.21　桌面背景设置

② 设置屏幕保护程序：

• 单击"开始"按钮，选择"控制面板"命令，打开"控制面板"窗口，如图 2.1.22 所示。

图 2.1.22 "控制面板"窗口

• 选择"外观和个性化"选项，打开"外观和个性化"窗口，如图 2.1.23 所示。

图 2.1.23 "外观和个性化"窗口

• 选择"更改屏幕保护程序"选项，打开"屏幕保护程序设置"对话框，如图 2.1.24 所示。选择屏幕保护程序为"三维文字"选项，如图 2.1.25 所示。

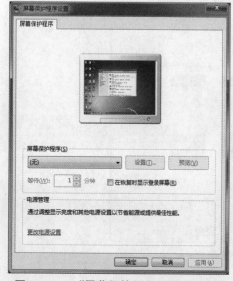

图 2.1.24 "屏幕保护程序设置"对话框

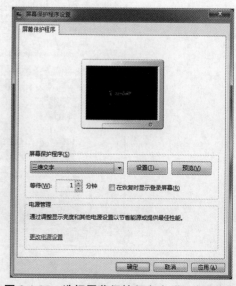

图 2.1.25 选择屏幕保护程序为"三维文字"

③ 设置屏幕分辨率：
- 在桌面空白处右击，在弹出的快捷菜单中选择"屏幕分辨率"命令，打开"屏幕分辨率"窗口，如图 2.1.26 所示。
- 分别设置"分辨率"为 1 280 × 800 像素、800 × 600 像素，"方向"为"横向""纵向"对比设置后的效果。

（3）熟悉"控制面板"，进行部分系统属性的设置

① 系统日期 / 时间设置：
- 从"资源管理器"窗口单击"打开控制面板"按钮（见图 2.1.27），打开"控制面板"窗口，如图 2.1.28 所示。

图 2.1.26　"屏幕分辨率"窗口

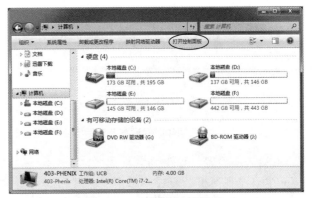

图 2.1.27　"资源管理器"窗口

图 2.1.28　"控制面板"窗口

- 在"控制面板"窗口中选择"日期和时间"选项，在打开的"日期和时间"对话框中单击"更改日期和时间"按钮，打开"日期和时间设置"对话框，按如图 2.1.29 所示进行设置。
- 单击图 2.1.29 中"2022 年 3 月"的位置，观察日期框的变化，并将当前日期改为 2025 年 10 月 25 日。单击时间框，将当前时间改为 14:35，单击"确定"按钮。

② 区域设置：
- 在"控制面板"窗口中单击"区域和语言"选项，打开"区域和语言"对话框，选择"格式"选项卡，如图 2.1.30 所示。
- 选择短时间和长时间为 tt hh:mm 和 tt hh:mm:ss（即为 12 小时制时，前面加"上午"或"下午"），单击"应用"按钮。
- 选择"日期"选项卡，选择短日期形式为 yy/M/d，长日期形式为 yyyy' 年 'M' 月 'd'' 日 '，单击"应用"按钮。
- 了解"其他设置"中"数字""货币"选项卡的各种参数设置。

图 2.1.29　"日期和时间设置"对话框

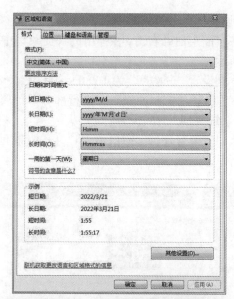

图 2.1.30　"区域和语言"对话框

③ 输入法设置：

· 在"控制面板"窗口中单击"区域和语言"选项，选择"键盘和语言"选项卡，单击"更改键盘"按钮，打开"文本服务和输入语言"对话框，如图 2.1.31 所示。

· 在列表框选择"微软拼音 - 新体验 2010"选项，单击"属性"按钮，设置拼音设置为"全拼"，单击"确定"按钮。

· 通过单击"上移""下移"按钮改变输入法的位置，再单击"确定"按钮。观察设置之后系统输入法切换状态的变化。

④ 鼠标属性设置：

· 在"控制面板"窗口中选择"鼠标"选项，打开如图 2.1.32 所示的"鼠标属性"对话框。

· 单击"鼠标键"选项卡，选中"切换主要和次要的按钮"复选框将右键设置为主要按键，体会鼠标使用的不同。

· 取消选中"切换主要和次要的按钮"复选框，恢复原来的设置。

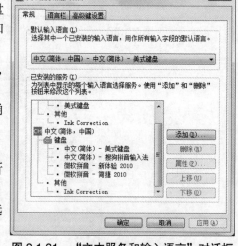

图 2.1.31　"文本服务和输入语言"对话框

· 单击"指针"选项卡，设置鼠标使用方案为"放大（系统方案）"，体会鼠标指针的变化。

⑤ 键盘属性设置：

· 在"控制面板"窗口中选择"键盘"选项，打开如图 2.1.33 所示的"键盘属性"对话框。

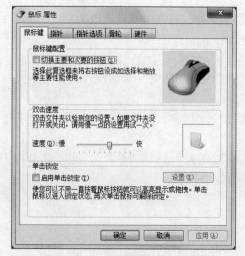

图 2.1.32　"鼠标属性"对话框

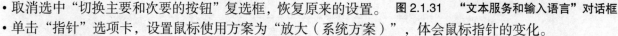

图 2.1.33　"键盘属性"对话框

- 设置"光标闪烁速度"为"快"，"字符重复"的"重复延迟"为"长"。打开一个 Word 文档体会键盘属性改变的影响。
- 恢复原来的键盘属性设置。

⑥ "系统属性"的设置：

- 在"控制面板"窗口中依次选择"系统"选项，打开如图 2.1.34 所示的"系统"属性窗口。
- 观察窗口信息，了解本机安装的 Windows 版本、CPU 以及内存配置等。
- 选择"设备管理器"选项，显示如图 2.1.35 所示的"设备管理器"窗口，观察了解本机的硬件配置。

图 2.1.34　"系统"属性窗口

图 2.1.35　"设备管理器"窗口

3. 自测练习

（1）控制面板的使用与基本的系统设置

① 将系统日期设置为 2019 年 12 月 28 日，时间设置为 9:30，同时按 24 小时制显示。设置之后观察任务栏时间指示的变化；在学生盘（D 盘或 E 盘）新建一个名为 new1.txt 的文件，在"资源管理器"窗口观察该文件的建立日期。

提示：通过选择窗口显示菜单的"详细信息"命令使窗口显示文件的详细信息。

② 通过"个性化"改变桌面主题（主题任选，非 Windows 7 默认主题即可）；设置屏幕保护程序为三维文字，并设置文字为 GOOD，表层样式为纹理，旋转样式为摇摆式；等待时间为 1 分钟。

③ 将鼠标操作设置为右手方式，键盘光标闪烁为无，默认的输入法为全拼输入法。

注意：

此项练习操作之后应该恢复控制面板的原有设置。

（2）记事本应用程序的基本操作

① 打开"记事本"窗口，输入以下文字（方框中的文字部分）。

学院简介

自 2005 年办学以来，学院社会声誉不断提高，获得广泛社会认可。相继获得"中国最具影响力独立学院20强""十大品牌独立学院""十大优势专业品牌独立学院"称号。

学校重视学生综合素质培养，构建并实施以"应用型"理论教学、职业能力培养实践教学、创新创业教育和通识教育为核心的"四位一体"人才培养体系。学校教育教学成果显著。在校学生在历年的全国大学生电子设计竞赛、全国高校计算机能力挑战赛、物理竞赛、数学竞赛、英语竞赛及金融大赛中均取得优异成绩。

---

②将输入的文本保存到学生盘下的个人目录中，文件名为 new2.txt，之后关闭"记事本"窗口。

③修改学生盘下的个人目录中 new2.txt 文件，在文件末尾增加以下文字。

> 新的世纪孕育着新的机遇与挑战，我们热忱欢迎志存高远、渴望成才的青年朋友们报考北京科技大学天津学院！

④保存文件并关闭"记事本"窗口。

（3）计算器应用程序的基本操作

①打开"计算器"窗口。

②使用计算器求 sin 30+cos 60° 的值。

③将十进制数 23456 分别转换为双字的十六进制数、八进制数和二进制数。

④练习三角函数的计算。

（4）画图应用程序的基本操作

①使用画图程序画一张贺年卡，并写上祝福语：恭贺新禧。将图画保存在学生盘的个人目录下，文件名为 new4-1.bmp。

②将贺年卡的祝福语改变为"新年快乐，万事如意"，并修改图画的颜色，之后选择"文件"选项卡"另存为"命令保存到学生盘的个人目录下，文件名为 new4-2.bmp。

（5）创建快捷方式的基本操作

①在学生盘根文件夹下，为"计算器"应用程序建立一个名为 calculator 的快捷方式图标。双击该图标，运行计算器应用程序，运行之后关闭程序窗口。

②在学生盘根文件夹下为"记事本"应用程序建立一个名为 Edit 的快捷方式图标。双击该图标，运行编辑器应用程序，运行之后关闭程序窗口。

实验 2
文字处理软件 Word 2016

实验 2.1　启动和界面设置

一、实验目的

① 掌握 Word 2016 启动和退出方式。
② 掌握 Word 2016 "快速访问工具栏"的定制方式。
③ 掌握 Word 2016 文件的保存方式。

二、实验内容

1. 利用以下方法完成对Word 2016的启动

① 通过"开始"菜单启动。
② 通过桌面快捷方式启动。
③ 通过打开 Word 文档启动。

2. 定制"快速访问工具栏"

① 把"快速访问工具栏"在功能区下方显示。
② 快速把功能区的工具添加到"快速访问工具栏"。
③ 快速删除"快速访问工具栏"中不想用的工具。
④ 添加其他工具到"快速访问工具栏"。

3. 利用以下方法完成对Word 2016的退出

① 选择"文件选项卡"中的"关闭"命令。
② 单击程序窗口右上角的"关闭"按钮。
③ 按【Ctrl+W】组合键执行退出命令，或按【Alt+F4】组合键执行关闭操作。
④ 在标题栏上右击，在弹出的快捷菜单中选择"关闭"命令。

三、操作步骤

1. 启动Word 2016

（1）通过"开始"菜单启动
选择"开始"→"Word 2016"命令。
（2）通过桌面快捷方式启动
通常情况下，全新安装了 Office 2016 后，就会在桌面上建立 Word 2016 的程序快捷方式，双击该快捷方式图标，即可启动 Word 2016。
（3）通过打开 Word 文档启动
在"计算机"或 Windows 资源管理器中，找到要打开的 Word 文档，然后双击该文件，或在该文件上右击并选择"打开"命令，即可启动 Word 2016，同时打开该文档。

2. 定制快速访问工具栏

（1）把"快速访问工具栏"在功能区下方显示
在默认状态下，"快速访问工具栏"显示在主界面最上方，与标题栏齐平。用户可以把"快速访问工具栏"

实验 2.1

调整到功能区下方适中的位置，便于使用。

操作方法：在 Word 2016 功能区右击，在弹出的快捷菜单中选择"在功能区下方显示快速访问工具栏"命令，如图 2.2.1 所示。这样"快速访问工具栏"就会显示在功能区下方，如图 2.2.2 所示。

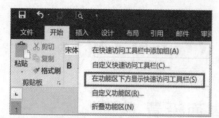

图 2.2.1　在功能区下方显示快速访问工具栏

图 2.2.2　显示效果

（2）快速把功能区的工具添加到"快速访问工具栏"

假如想把"字体颜色"工具添加到"快速访问工具栏"，只要在"功能区"的"字体颜色"按钮上右击，在弹出的快捷菜单中选择"添加到快速访问工具栏"命令即可，最终结果显示为 ，如图 2.2.3 所示。

（3）快速删除"快速访问工具栏"中不想用的工具

在"快速访问工具栏"中右击刚才添加的"字体颜色"工具，在弹出的快捷菜单，中选择"从快速访问工具栏删除"命令即可，如图 2.2.4 所示。

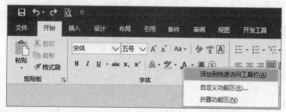

图 2.2.3　将"字体颜色"工具添加到"快速访问工具栏"

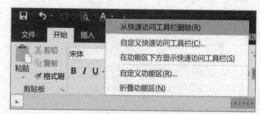

图 2.2.4　快速删除"快速访问工具栏"中的工具项

（4）添加其他工具到"快速访问工具栏"

用户还可以将任何希望能够在这个工具栏中快速访问到的功能添加进去。例如，如果经常需要修订文档，可以添加"新建批注"按钮到"快速访问工具栏"。操作步骤如下：

①单击快速访问工具栏右侧的下拉按钮，在弹出的下拉菜单中选择"其他命令"，如图 2.2.5 所示。

②打开"Word 选项"对话框，如图 2.2.6 所示。

③选择"快速访问工具栏"选项，在"常用命令"列表框中选择"插入批注"选项，然后单击"添加"按钮，即可将"插入批注"按钮添加到快速访问工具栏中。

④单击"确定"按钮，退出对话框，自定义添加按钮成功。

图 2.2.5　选择"其他命令"命令

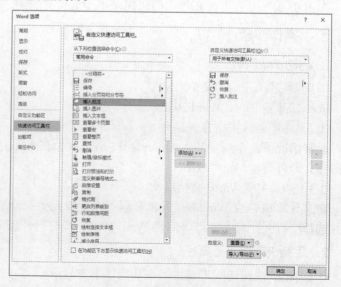

图 2.2.6　选择"插入批注"选项

3. 退出Word 2016

① 选择"文件"选项卡中的"关闭"命令。

② 单击程序窗口右上角的"关闭"按钮。

③ 按【Ctrl+W】组合键执行退出命令，或按【Alt+F4】组合键执行关闭操作。

④ 在标题栏上右击，在弹出的快捷菜单中选择"关闭"命令。

实验 2.2　文档操作和文本录入

一、实验目的

① 掌握 Word 2016 文档的创建、打开、保存和关闭。

② 掌握 Word 2016 文本的录入和编辑。

二、实验内容

1. 打开文档

双击打开 Word 素材文件"实验 2-2.docx"。

2. 文本格式的设置

① 标题行字体"微软雅黑"，字号"小二号"，字体颜色"红色"，水平居中对齐。

② 正文第一段"古希腊"3 个字，斜体并添加着重符号。

③ 正文第一段"自然派"3 个字分别设置带圈字符。

④ 将标题行的格式复制到正文第 4 段中的"文艺复兴"中。

3. 段落格式的设置

① 各段的首行缩进设置为 2 字符。

② 标题行的段前间距设置为 1.5 行，段后间距设置为 2 行。

③ 正文第三段的行间距为 1.5 倍行距。

④ 正文第四段的行间距为 0.75 倍行距。

⑤ 正文第五段的行间距为"固定值"15 磅。

4. 边框和底纹

① 为最后一段文字（段落范围）设置为蓝色的底纹填充。

② 为正文第二段所在段落加上线宽为 1.5 磅的红色双实线方框。

5. 查找和替换

把文章中所有的"哲学"替换为蓝色、倾斜的"哲学"。

三、操作步骤

1. 打开文档

双击打开 Word 素材文件"实验 2-2.docx"。

2. 文本格式的设置

① 选定第一行（即标题行），分别在"字体"组和"段落"组中进行设置，如图 2.2.7 所示。

② 选中正文第一段"古希腊"3 个字，单击"开始"选项卡"字体"组右下方的对话框启动器按钮，打开"字体"对话框，如图 2.2.8 所示。

③ 选中正文第一段"自然派"中的"自"字，单

图 2.2.7　字体字号的设置

击"开始"选项卡"字体"组中的按钮圈，打开"带圈字符"对话框，选择"增大圈号"，圈号类型选择第一个，如图 2.2.9 所示。

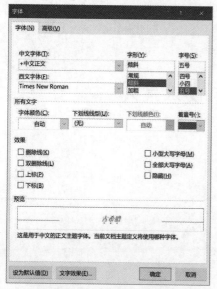

图 2.2.8　"字体"对话框

图 2.2.9　带圈字符的设置

④ 同样的方法为"然"和"派"设置带圈字符。

⑤ 为"文艺复兴"复制格式：将光标点定位到标题行任意位置，双击"开始"选项卡"剪贴板"组中的格式刷按钮，将鼠标在"文艺复兴"上拖动。

3. 段落格式的设置

① 各段的首行缩进设置为 2 字符：选中除了标题行的所有文字，单击"开始"选项卡"段落"组中的对话框启动器按钮，打开"段落"对话框，如图 2.2.10 所示。在"特殊格式"下拉列表中选择"首行缩进"选项，"磅值"中输入"2 字符"。

② 标题行的段前间距设置为 1.5 行，段后间距设置为 2 行：选中标题行，打开"段落"对话框，如图 2.2.11 所示。在"段前"和"段后"微调框中设置"1.5 行"和"2 行"。

③ 正文第三段的行间距为 1.5 倍行距：选中正文第三段，打开"段落"对话框，在"行距"下拉列表中选择"1.5 倍行距"选项，如图 2.2.12 所示。

图 2.2.10　设置首行缩进 2 字符

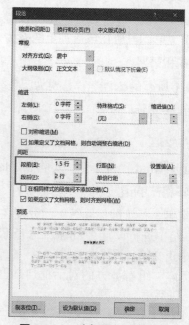

图 2.2.11　为标题行设置行距

④ 正文第四段的行间距为 0.75 倍行距：选中正文第四段，打开"段落"对话框，在"行距"下拉列表中选择"多倍行距"选项，"设置值"中设为"0.75"，如图 2.2.13 所示。

⑤ 正文第五段的行间距为"固定值"15 磅：选中正文第五段，打开"段落"对话框，在"行距"下拉列表中选择"固定值"选项，"设置值"下拉列表中设为"15"磅，如图 2.2.14 所示。

图 2.2.12　设置 1.5 倍行距

图 2.2.13　0.75 倍行距

图 2.2.14　固定值 15 磅

4. 边框和底纹

① 为最后一段文字（段落范围）设置为蓝色的底纹填充：选中正文最后一个段落，单击"开始"选项卡"段落"组中的按钮，在弹出的下拉列表中选择"边框和底纹"命令，如图 2.2.15 所示。单击"底纹"选项卡，在"填充"下拉列表中选择"蓝色"选项，"应用于"下拉列表中选择"段落"选项，如图 2.2.16 所示。

图 2.2.15　打开"边框和底纹"对话框

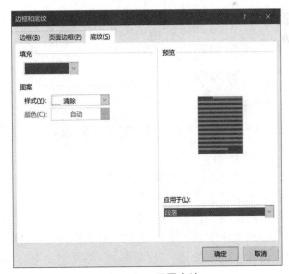

图 2.2.16　设置底纹

② 为正文第二段所在段落加上线宽为 1.5 磅的红色双实线方框：选中正文第二段，打开"边框和底纹"对话框，在"边框"选项卡中选择"方框"选项，"样式"下拉列表中选择"双实线"选项，"颜色"下拉列表中选择"红色"选项，"宽度"下拉列表中选择"1.5 磅"选项，"应用于"选择"段落"选项，如图 2.2.17 所示。

5. 查找和替换

把文章中所有的"哲学"替换为蓝色、倾斜的"哲学"：单击"开始"选项卡"编辑"组中的"替换"按钮，打开"查找和替换"对话框，如图 2.2.18 所示。在"查找内容"文本框中输入"哲学"，在"替换为"文本框中输入"哲学"。此时，保证光标点在"替换为"文本框中，然后单击"格式"按钮，在弹出的菜单中选择"字体"命令，在打开的对话框中选择"蓝色"和"倾斜"选项。

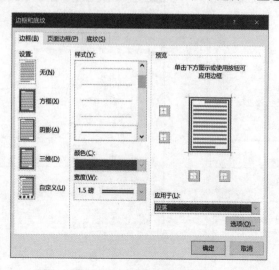

图 2.2.17　设置段落边框

图 2.2.18　"查找和替换"对话框

实验 2.3　图文混排

一、实验目的

① 掌握 Word 2016 艺术字的插入和编辑。
② 掌握 Word 2016 图片的插入和编辑。
③ 掌握 Word 2016 SmartArt 图形的插入和编辑。
④ 掌握 Word 2016 公式的编辑。

二、实验内容

1. 打开文档。

双击打开 Word 素材文件"实验 2-3.docx"。

2. 设置标题

将标题"天津盘山风景名胜区"设置为艺术字，要求如下：
① 艺术字样式为第三行第二列。
② 设置文字外围形状样式：浅蓝色填充，无轮廓，透视效果选择"左上角对角透视"。
③ 设置艺术字样式："填充 - 无，轮廓 - 强调文字颜色 2"，"正 V 形"弯曲。
④ 设置艺术字位置：顶端居左，四周型文字环绕。

3. 插入图片

为图片设置大小、样式以及文字环绕方式。

4. 插入公式

在文档中输入公式：$X = \dfrac{-b \pm \sqrt{b^2 - 4ac}}{2a}$。

5. 插入形状

新建画布，插入形状并对形状进行设置。

三、操作步骤

1. 打开文档

双击打开 Word 素材文件"实验 2-3.docx"。

2. 设置标题

① Word 2016 对艺术字的操作方式做了重大的调整，字库也发生了变化。选中标题"天津盘山风景名胜区"，单击"插入"选项卡"文本"组中的"艺术字"按钮，在弹出的下拉列表中选择第 3 行第 2 列的样式，如图 2.2.19 所示。

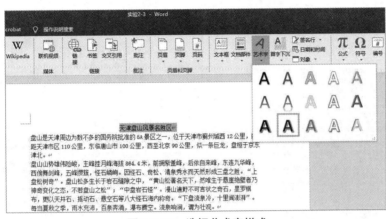

图 2.2.19　选择艺术字样式

② "形状样式"组用来设置艺术字外围的形状样式，如图 2.2.20 所示。方框内是常见的几种轮廓样式，"形状填充"设置文本框内文字以外地方的填充效果，"形状轮廓"设置文本框边缘的轮廓效果，"形状效果"设置文本框的形状效果。这里"形状填充"选择"浅蓝色"选项，"形状轮廓"选择"无轮廓"选项，形状效果选择"阴影"-"透视：左上"选项。

③ 设置好文字外围后，设置艺术字部分，"艺术字样式"用来设置艺术字本身样式，如图 2.2.21 所示，方框内是常见的几种文字本身的轮廓样式，"文本填充"设置文字的填充效果，"文本轮廓"设置文字边缘的轮廓效果，"文本效果"设置文字形状效果。这里在方框内设置轮廓和填充效果，选中艺术字，选择"渐变填充：金色，主题色 4；边框：金色，主题色 4"。单击"文本效果"下拉按钮，在弹出的下拉列表中选择"转换"命令，在"弯曲"组中选择"V 形：正"选项，如图 2.2.22 所示。

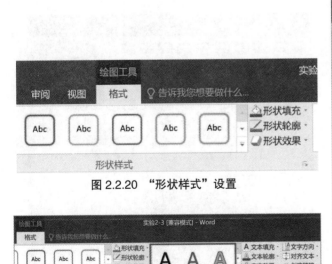

图 2.2.20　"形状样式"设置

图 2.2.21　"艺术字样式"设置

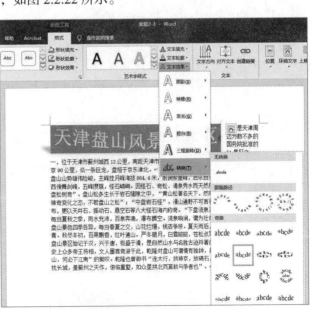

图 2.2.22　"文字效果"设置

④ 选中艺术字，单击"排列"组中的"位置"下拉按钮，在弹出的下拉列表中选择"顶端居左，四周型文字环绕"命令。

3. 插入图片

① 在文章最后插入图片"实验 2-3 素材图 1"，如图 2.2.23 所示。

② 选中上一步插入的图片，单击"图片工具 - 图片格式"选项卡"调整"组中的"颜色"下拉按钮，在弹出的下拉列表中选择"蓝色，个性色 5 浅色"选项，如图 2.2.24 所示。

图 2.2.23　插入图片　　　　　　　　　　　图 2.2.24　修改图片颜色

③ 将光标定位到正文第三段开始的位置，单击"插入"选项卡"插图"组中的"图片"按钮，在打开的"插入图片"对话框中选择要插入的素材图片"实验 2-3 素材图 2"，如图 2.2.25 所示。

④ 选中该图片，选择"图片工具 - 图片格式"选项卡"图片样式"组中的"剪去对角，白色"样式，如图 2.2.26 所示。

⑤ 选中该图片，单击"图片工具 - 图片格式"选项卡"大小"组中的对话框启动器按钮，打开"布局"对话框，选择"大小"选项卡，选中"锁定纵横比"复选框，在缩放比例中输入"30%"，如图 2.2.27 所示。

⑥ 选中该图片，单击"图片工具 - 图片格式"选项卡"排列"组中的"环绕文字"下拉按钮，在下拉列表中选择"四周型"，如图 2.2.28 所示。

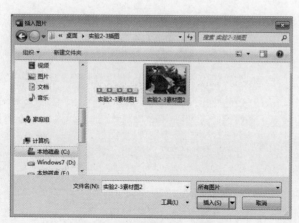

图 2.2.25　选择要插入的图片

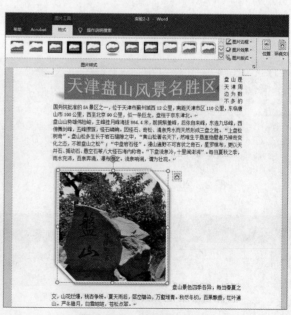

图 2.2.26　选择图片样式

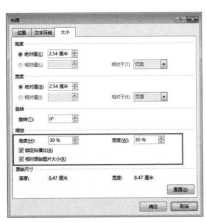

图 2.2.27　设置图片大小

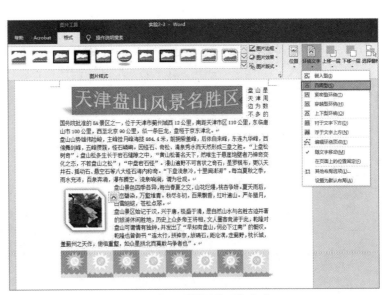

图 2.2.28　设置图片环绕方式

4.　插入公式

① 将光标定位到文章末尾，按【Enter】键，在新的段落中单击"插入"选项卡"符号"组中的"公式"按钮，在弹出的下拉列表中选择"二次公式"选项，如图 2.2.29 所示。

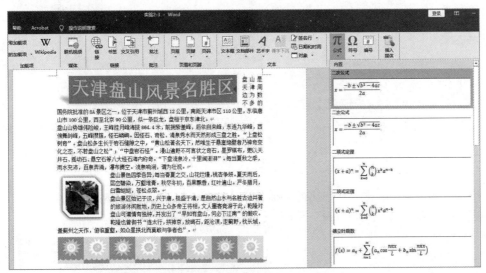

图 2.2.29　插入公式

② 选中已经插入的公式，单击公式右侧的下拉按钮会弹出下拉菜单，可以进行多种选择，如图2.2.30所示。

图 2.2.30　设置公式样式

5. 插入形状

① 将光标定位到文章的结束位置，按【Enter】键开始一个新的段落。

② 单击"插入"选项卡"插图"组中的"形状"按钮，在弹出的下拉列表中选择"新建画布"命令，如图 2.2.31 所示。

③ 单击"插入"选项卡"插图"组中的"形状"按钮，在弹出的下拉列表中选择"箭头总汇"中的"标注：十字箭头"选项，如图 2.2.32 所示。此时，用鼠标在画布上拖动，若配合【Shift】键，则绘制出正的十字箭头标注图形。

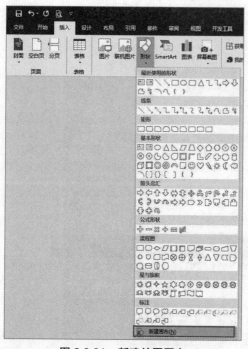

图 2.2.31　新建绘图画布

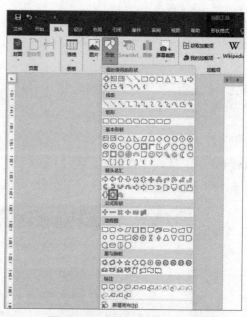

图 2.2.32　插入十字箭头标注

④ 选中已经绘制的图形，单击"绘图工具-形状格式"选项卡的"形状样式"组，在形状样式中选择一种样式，如图 2.2.33 所示。

⑤ 选中已经绘制的图形，右击，在弹出的快捷菜单中选择"添加文字"命令，此时该图形进入编辑状态，输入"注意事项"4 个字，并根据需要进行字体字号的设置，如图 2.2.34 所示。

图 2.2.33　修改图形的形状样式

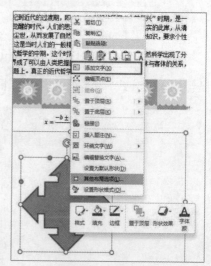

图 2.2.34　添加文字

⑥ 添加文字后的效果如图 2.2.35 所示。

⑦ 在画布中插入 3 个矩形，为矩形设置形状样式，插入矩形后的画布效果如图 2.2.36 所示。

图 2.2.35　添加说明文字效果

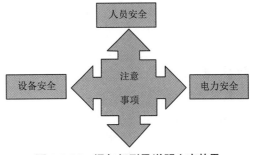

图 2.2.36　添加矩形及说明文字效果

⑧ 继续单击"形状"按钮，在弹出的下拉列表中选择"线条"分类中"连接符：的曲线双箭头连接符"选项，如图 2.2.37 所示。在两个矩形之间拖动，就会出现一条连接符，如图 2.2.38 所示。

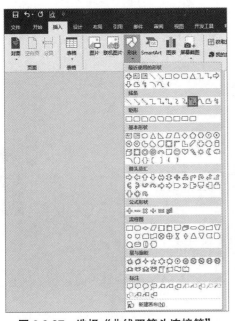

图 2.2.37　选择"曲线双箭头连接符"

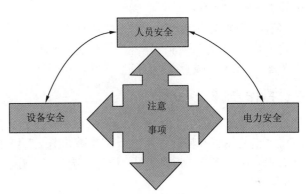

图 2.2.38　绘制连接符

⑨ 选中已经绘制好的连接符，单击"绘图工具 - 格式"选项卡"形状样式"组中的"形状轮廓"按钮，弹出下拉列表，可以对连接符进行设置，如图 2.2.39 所示。

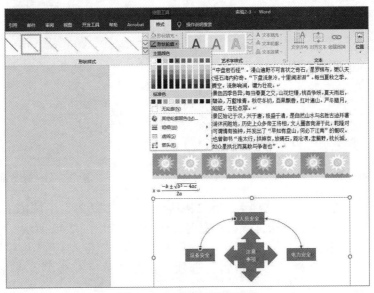

图 2.2.39　修改连接符样式

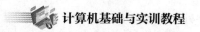

实验 2.4 表格利用

一、实验目的

① 掌握 Word 2016 表格的复制方法。
② 掌握 Word 2016 表格样式的设置。
③ 掌握 Word 2016 表格边框的修改。
④ 掌握 Word 2016 表格内容排序。
⑤ 掌握 Word 2016 设置表格中单元格对齐方式。
⑥ 掌握 Word 2016 表格内容转换成文本。

二、实验内容

① 打开文档"实验 2-4.docx"，在第二行按【Enter】键插入新段落。
② 将表格复制，并粘贴到第三行。
③ 将新表格样式改为"浅色网格 - 强调文字颜色 1"。
④ 将新表第一行和第二行之间的框线改为 4.5 磅的蓝色边框。
⑤ 将新表格中的数据按"所需数目"的升序排序。
⑥ 设置表格水平居中。
⑦ 将表格中的文字单元格对齐方式调整为"水平居中"。
⑧ 将表格复制到第四行，并将表格转换为文本，逗号分隔。
⑨ 为 5 ~ 12 行的文字添加自定义的项目符号"☺"。

实验 2.4

三、操作步骤

① 打开文档"实验 2-4.docx"，在第二行按【Enter】键插入新段落。
② 将表格复制，并粘贴到第三行，效果如图 2.2.40 所示。
③ 选中表格，单击"表格工具 - 设计"选项卡，在其中的"表格样式"组中选择"网格表 1 浅色 - 着色 1"选项，效果如图 2.2.41 所示。

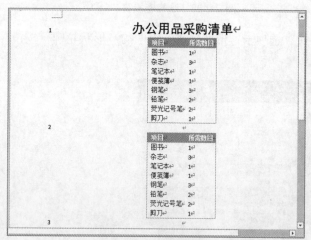

图 2.2.40 复制表格

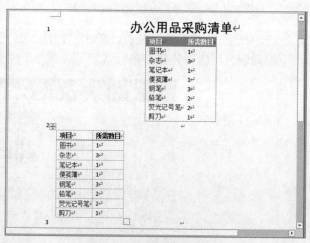

图 2.2.41 修改表格样式

④ 选中表格第 2 行，单击"开始"选项卡，在"段落"组中的"边框"下拉按钮，选择"边框和底纹"命令，打开"边框和底纹"对话框，对边框颜色和宽度进行设置，如图 2.2.42 所示。
⑤ 选中表格第二列，单击"开始"选项卡"段落"组中的 按钮，打开"排序"对话框，如图 2.2.43 所示。其中，"主要关键字"选择"所需数目"选项，按照"数字"类型，使用"段落数"进行升序排序。

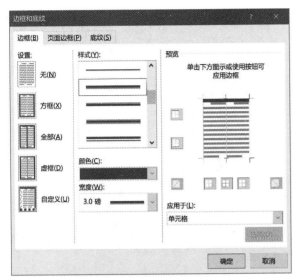

图 2.2.42 设置边框效果

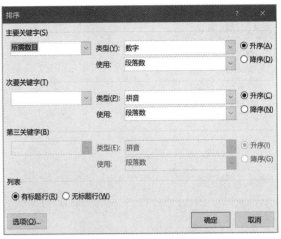

图 2.2.43 关键字排序

⑥ 选中整个表格，设置居中。

⑦ 选中整个表格，单击"开始"选项卡"段落"组中的"居中"按钮，选择对齐方式为"水平居中"，如图 2.2.44 所示。

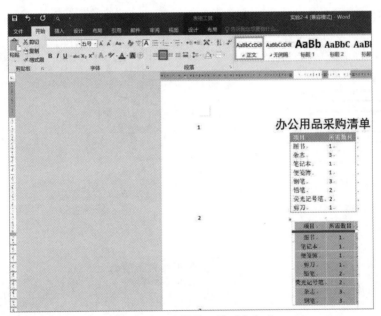

图 2.2.44 设置单元格对齐方式

⑧ 将光标定位在第三行按【Enter】键，添加第四行。将表格复制到第四行，选中整个表格，单击"表格工具 - 布局"选项卡"数据"组中的"转换为文本"按钮（见图 2.2.45），打开"表格转换成文本"对话框，如图 2.2.46 所示。在"文字分隔符"区域选中"逗号"单选按钮，效果如图 2.2.47 所示。

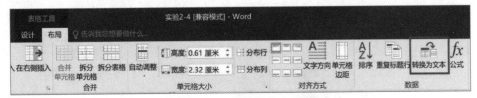

图 2.2.45 表格转换为文本

⑨ 选中 5 ～ 12 行的文字，右击，单击"开始"选项卡"段落"组中的"项目符号"下拉按钮，在下拉列表中选择"定义新项目符号"命令，如图 2.2.48 所示。

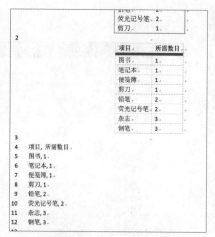

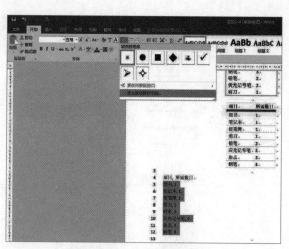

图 2.2.46　"表格转换成文本"对话框　　　图 2.2.47　转换后的效果　　　图 2.2.48　定义新项目符号

在打开的"定义新项目符号"对话框（见图 2.2.49）中单击"符号"按钮，打开"符号"对话框，在 Wingdings 中找到相应的符号，如图 2.2.50 所示。

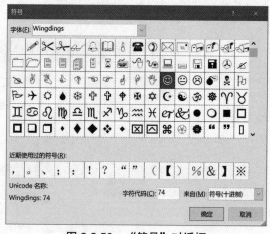

图 2.2.49　"定义新项目符号"对话框　　　　　　　图 2.2.50　"符号"对话框

最终效果如图 2.2.51 所示。

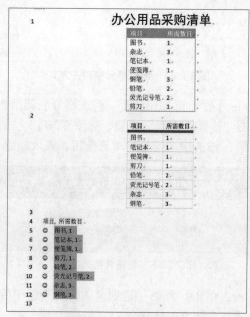

图 2.2.51　最终效果

实验 2.5　页面设置

一、实验目的

① 掌握 Word 2016 分节符的使用方法。

② 掌握 Word 2016 纸张方向的设置方法。

③ 掌握 Word 2016 插入封面的方法。

④ 掌握 Word 2016 设置行号的方法。

⑤ 掌握 Word 2016 添加页眉的方法。

⑥ 掌握 Word 2016 添加水印的方法。

⑦ 掌握 Word 2016 设置艺术型边框的方法。

⑧ 掌握 Word 2016 分栏的设置方法。

二、实验内容

① 打开文档"实验 2-5.docx"，在正文第一部分后，添加"下一页"分节符。

② 将第一页纸张方向改成"横向"。

③ 为第二节添加"连续"的行号。

④ 为文档插入"边线"封面。

⑤ 为文档插入"空白"页眉，其中，第一节输入文字"北京科技大学"，年份选择今日，为第二节输入文字"天津学院"。

⑥ 为文档添加自定义水印，文字为"请勿转载"。

⑦ 为文档设置艺术型边框，边框效果选择列表中的第一个。

⑧ 为第二节文字分两栏显示，并显示中间的分隔线。

⑨ 保存文档。

三、操作步骤

① 打开文档"实验 2-5.docx"，在正文第一部分结束位置，单击"布局"选项卡"页面设置"组中的"分隔符"按钮，在下拉列表中选择"下一页"分节符（见图 2.2.52），此时文档分两节显示。

② 将光标定位到第一节所在的位置，单击"布局"选项卡"页面设置"组中的"纸张方向"按钮，选择"横向"命令。此时，第一节内容横向显示，第二节内容仍保留纵向显示。

③ 将光标定位到第二节的任意位置，单击"布局"选项卡"页面设置"组中的"行号"按钮，在下拉列表中选择"连续"命令。

④ 单击"插入"选项卡"页面"组中的"封面"按钮，在下拉列表中选择"边线型"命令。

⑤ 将光标定位到原文的第一节，单击"插入"选项卡"页眉和页脚"组中的"页眉"按钮，在下拉列表中选择"空白"命令。将光标定位到原文第二节的页眉上，单击"设计"选项卡"导航"组中的"链接到前一条页眉"按钮。此时，将第二节页眉与第一节页眉的链接取消。在第一节页眉中输入"北京科技大学"，在第二节页眉中输入"天津学院"，并将页眉居中。

⑥ 单击"设计"选项卡"页面背景"组中的"水印"按钮，在下拉列表中选择"自定义水印"命令，打开"水印"对话框，将内容修改为"请勿转载"，如图 2.2.53 所示。

⑦ 单击"设计"选项卡"页面背景"组中的"页面边框"按钮，打开"边框和底纹"对话框，选择艺术型边框中的第一个并选择应用于"整篇文档"，如图 2.2.54 所示。

⑧ 选中原文第二节的全部内容，单击"布局"选项卡"页面设置"组中的"分栏"按钮，在打开的下拉列表中选择"更多分栏"命令，打开"分栏"对话框，如图 2.2.55 所示。

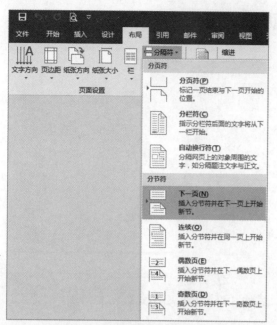

图 2.2.52　插入"下一页"分节符

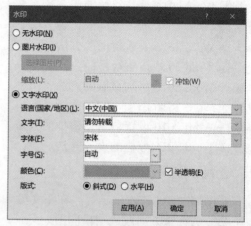

图 2.2.53　"水印"对话框

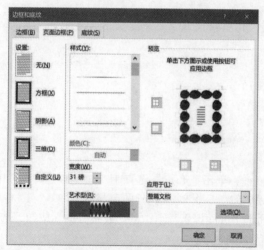

图 2.2.54　设置艺术型边框

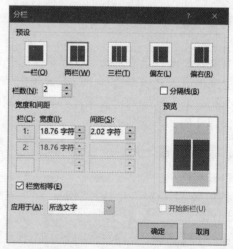

图 2.2.55　"分栏"对话框

⑨ 保存文档。

实验 2.6　听课证制作

一、实验目的

掌握 Word 2016 邮件合并的使用步骤。

二、实验内容

参照"实验 2-6 主文档 .docx"文档（见图 2.2.56）样式，根据"实验 2-6 邮件合并名单，xlsx"中的人员信息（见图 2.2.57）制作听课证。最后把所有的听课证保存在"实验 2-6 合并的文档 .docx"中。

图 2.2.56　邮件合并主文档

图 2.2.57　人员信息文件

实验 2.6

三、操作步骤

① 在打开的主文档中，单击"邮件"选项卡"开始邮件合并"组中的"开始邮件合并"按钮，在下拉列表中选择"普通 Word 文档"命令，如图 2.2.58 所示。

② 在"选择收件人"下拉列表中选择"使用现有列表"命令，如图 2.2.59 所示。

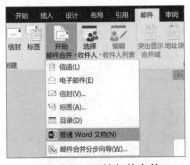

图 2.2.58　开始邮件合并

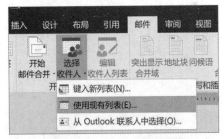

图 2.2.59　导入外部数据源

③ 插入合并域：将光标定位到主文档的相应单元格中，单击"编写和插入域"组中的"插入合并域"按钮，依次单击"姓名""性别""学号""专业"，最终结果如图 2.2.60 所示。如果插入合并域的格式不符合要求，用户可以选中合并域，为其设置字体字号。

图 2.2.60　插入合并域后的显示结果

④ 预览结果：单击"邮件"选项卡"预览结果"组中的"预览结果"按钮，即可在屏幕上看到目标文档。

⑤ 单击"完成"组中的"完成并合并"下拉按钮，从下拉列表中选择"编辑单个文档"命令，Word 会打开一个对话框，在此对话框中选择"全部"选项，单击"确定"按钮，即可把主文档与数据源合并，合并结果将输入到新文档中。单击"保存"按钮，打开"另存为"对话框，保存文件名为"实验 2-6 合并后文档"到指定的路径即可。

⑥ 保存主文档。

实验 2.7　综合——宣传海报制作

一、实验目的

① 掌握字体格式的设置。
② 掌握段落格式的设置。
③ 掌握页面格式、页面背景、分页的设置。
④ 掌握选择性粘贴操作。
⑤ 掌握 SmartArt 图形的操作。
⑥ 掌握图片的操作，首字下沉的操作。

二、实验内容

某高校为了使学生更好地进行职场定位和职业准备，提高就业能力，该校学工处将于 2022 年 4 月 29 日（星期五）19:30—21:30 在校国际会议中心举办题为"领慧讲堂——大学生人生规划"就业讲座，特别邀请资深媒体人、著名艺术评论家赵蕈先生担任演讲嘉宾。请根据上述活动的描述，利用 Microsoft Word 制作一份宣传海报，效果如图 2.2.61 所示.

图 2.2.61　宣传海报制作最终效果

① 调整文档版面，要求页面高度 35 厘米，页面宽度 27 厘米，页边距（上、下）为 5 厘米，页边距（左、右）为 3 厘米，并将图片"实验 2-7 海报背景图片 .jpg"设置为海报背景。

② 根据图 2.2.61，调整海报内容文字的字号、字体和颜色。

③ 根据页面布局需要，调整海报内容中"报告题目""报告人""报告日期""报告时间""报告地点"信息的段落间距。

④ 在"报告人："位置后面输入报告人姓名（赵蕈）。

⑤ 在"主办：校学工处"位置后另起一页，并设置第 2 页的页面纸张大小为 A4 篇幅，纸张方向设置为"横向"，页边距为"普通"页边距定义。

⑥ 在新页面的"日程安排"段落下面，复制本次活动的日程安排表（请参考"实验 2-7 活动日程安排 .xlsx"

文件），要求表格内容引用 Excel 文件中的内容，如若 Excel 文件中的内容发生变化，Word 文档中的日程安排信息随之发生变化。

⑦ 在新页面的"报名流程"段落下面，利用 SmartArt，制作本次活动的报名流程（学工处报名、确认座席、领取资料、领取门票）。

⑧ 设置"报告人介绍"段落下面的文字排版布局为效果图所示的样式。

⑨ 更换报告人照片为实验 2-7 报告人 .jpg 照片，将该照片调整到适当位置，并不要遮挡文档中的文字内容。

实验 2.7

三、操作步骤

① 相关操作如下：

- 在"布局"选项卡中单击"页面设置"组中的对话框启动器按钮，打开"页面设置"对话框，在"纸张"选项卡中设置页面高度和宽度（见图 2.2.62），在"页边距"选项卡中设置页边距的具体数值，如图 2.2.63 所示。

图 2.2.62　设置页面高度和宽度

图 2.2.63　设置页边距

- 在"设计"选项卡中单击"页面背景"组中的"页面颜色"按钮，在展开的下拉列表中选择"填充效果"，打开"填充效果"对话框，如图 2.2.64 所示。

图 2.2.64　"填充效果"对话框

• 切换到"图片"选项卡，单击"选择图片"按钮，打开"选择图片"对话框，选中"实验 2-7 海报背景图片 .jpg"，单击"插入"按钮返回到上一对话框中，单击"确定"按钮完成操作。

② 通过"开始"选项卡"字体"组中的相应按钮，可进行相关设置，设置文本格式时，要先选中对应的文本内容。

观察分析效果图，注意以下几点：

• 文档的字号、字体，不要求具体的值，但一定要大于默认的字号（五号）、不能是宋体。

• 注意某些文字的颜色，不要求具体的颜色值，但一定不能是黑色。

③ 在"开始"选项卡"段落"组中单击对话框启动器按钮打开"段落"对话框，对文档中的内容设置段落行间距和段前、段后间距等格式，如图 2.2.65 所示。

④ 在"报告人："位置后面输入报告人姓名（赵蕈）。

⑤ 相关操作如下：

• 将光标置入将要分页之处，单击"布局"选项卡"页面设置"组中的对话框启动器按钮，打开"页面设置"对话框。

• 切换到"纸张"选项卡，在"纸张大小"下拉列表框中选择 A4，注意一定要在"应用于"下拉列表框中选择"插入点之后"，如图 2.2.66 所示。

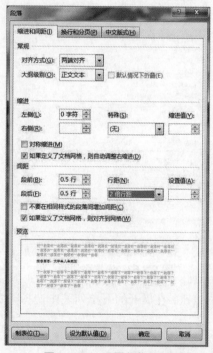

图 2.2.65　设置段落间距

图 2.2.66　设置纸张大小和页边距

• 切换到"页边距"选项卡，在"纸张大方向"选项组中选择"横向"图标，在"应用于"下拉列表框中保持默认选择"插入点之后"，单击"确定"按钮即可插入一个已调整完页面设置的新页。

• 将光标置入第 2 页中，单击"布局"选项卡"页面设置"组的"页边距"按钮，展开页边距样式列表，从中选择"常规"即可，如图 2.2.67 所示。

⑥ 相关操作如下：

• 打开 Excel 文件"实验 2-7 活动日程安排 .xlsx"，选择相应的单元格区域，执行复制操作。

• 在 Word 文档中，将光标置入"日程安排"段落下面。在"开始"选项卡"剪贴板"组中，单击"粘贴"下拉按钮，在展开"粘贴选项"列表中选择"链接与保留源格式"或"链接与使用目标格式"，如图 2.2.68 所示。

⑦ 相关操作如下：

• 将光标置入相应的位置，切换到"插入"选项卡，在"插图"组中单击 SmartArt 按钮，打开"选择 SmartArt 图形"对话框。

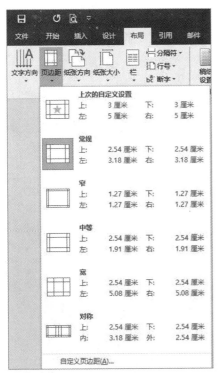

图 2.2.67　设置"常规"页边距

图 2.2.68　粘贴选项

• 在"选择 SmartArt 图形"对话框的左侧列表中选择"流程"，在右侧选择"基本流程"图标，单击"确定"按钮，如图 2.2.69 所示。

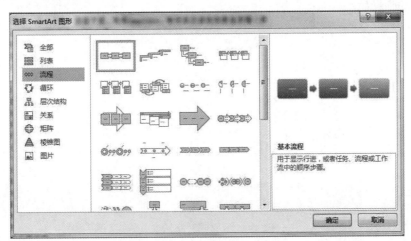

图 2.2.69　选择 SmartArt 图形

• 插入的"基本流程"默认有 3 组图形，选择最后一组图形，在"SmartArt 工具 - 设计"选项卡的"创建图形"组中单击"添加形状"下拉按钮，在展开的下拉列表中选择"在后面添加形状"将在最后一个图形右侧添加一个新的图形，这样就变成了 4 组图形。选择第一组图形，按不同的标题级别输入不同的内容。再选择其他图形，依次输入内容。

• 切换到"SmartArt 工具 - 设计"选项卡，在"SmartArt 样式"组中单击"更改颜色"按钮，展开颜色样式列表，从中选择一种即可。

⑧ 观察示例文件，此段落的明显特点就是字体颜色（非黑色）和首字下沉。

将光标置入此段落中，单击"插入"选项卡"文本"组中的"首字下沉"按钮，在展开的下拉列表中"首字下沉"命令，打开"首字下沉"对话框，如图 2.2.70 所示。

• 在"首字下沉"对话框的"位置"选项组中选择"下沉"，在"下沉行数"数值框中选择"3"，单击"确定"按钮完成操作。

⑨ 相关操作如下：

· 右击文档中的图片，在弹出的快捷菜单中选择"更改图片"命令，选择"来自文件"命令，打开"插入图片"对话框。

· 选择图片"实验 2-7 报告人 .jpg"，单击"插入"按钮更换图片。

· 右击新图片，在弹出的快捷菜单中选择"大小和位置"命令，打开"布局"对话框，如图 2.2.71 所示。

图 2.2.70　"首字下沉"对话框

图 2.2.71　图片布局对话框

· 切换到"文字环绕"选项卡，在"环绕方式"选项组中单击"四周型"图标，单击"确定"按钮。

· 选定图片，移动到最后一段的最右端。

实验 3
电子表格处理软件 Excel 2016

实验 3.1　Excel 2016 的基本操作

一、实验目的

① 掌握 Excel 2016 启动和退出方式。
② 掌握 Excel 2016 工作簿、工作表的基本操作。
③ 掌握 Excel 2016 行、列、单元格的常用操作。

二、实验内容

在"实验 3-1.xlsx"工作簿完成以下操作：

① 在 Excel 2016 中打开"实验 3-1.xlsx"工作簿，并另存为"实验 3-1.xls"。再次打开"实验 3-1.xlsx"，完成后续操作。

② 将 Sheet1 工作表标签的颜色更改为"橙色，个性色 6，深色 25%"。

③ 将 Sheet1 工作表中的所有行和列用最适合的高度或宽度显示。

④ 将 Sheet1 工作表的显示比例设置为 170%。

⑤ 将 Sheet1 工作表的主题改为"环保"，将主题字体改为"华文楷体"。

⑥ 将 Sheet1 工作表的 A1:H1 合并后，内容居中显示，为 A 列调整合适列宽。

⑦ 将 Sheet1 工作表名称更改为"原数据"，Sheet2 更名为"复制数据"。

⑧ 将"原数据"工作表 A2:H11 区域的内容复制到"复制数据"工作表的 B4:I13 区域。

⑨ 隐藏"原数据"工作表中的 D 列和 E 列数据。

⑩ 取消"原数据"工作表网格线的显示。

⑪ 将工作簿设定为每隔 5 分钟自动保存，并将工作簿保存为"实验 3-1a.xls"。

⑫ 将"原数据"工作表移动到工作簿"实验 3-1.xls"中的 Sheet1 与 Sheet2 之间。

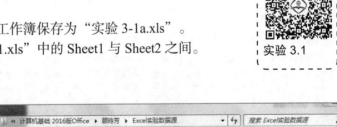

实验 3.1

三、操作步骤

① 双击"实验 3-1.xlsx"，选择"文件"→"另存为"命令，单击"浏览"按钮，打开"另存为"对话框，在"保存类型"列表中选择"Excel 97-2003 工作簿（*.xls）"，并输入文件名"实验 3-1.xls"，单击"保存"按钮，如图 2.3.1 所示。

② 再次打开"实验 3-1.xlsx"，右击工作表标签 Sheet1，在弹出的快捷菜单中选择"工作表标签颜色"中的"主题颜色"中的"橙色，个性色 6，深色 25%"选项，如图 2.3.2 所示。

③ 单击列号"A"与行号"1"交叉位置，选中整个工作表，单击"开始"选项卡"单

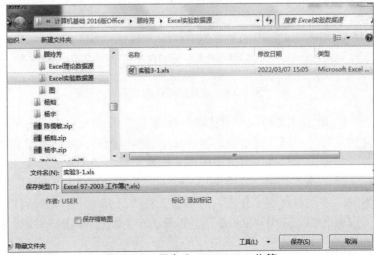

图 2.3.1　另存为 97–2003 工作簿

元格"组中的"格式"按钮，在下拉列表中选择"自动调整行高"命令、"自动调整列宽"命令即可。调整后的效果如图 2.3.3 所示。

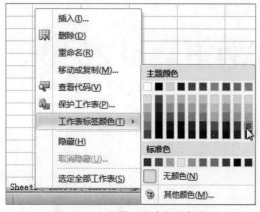

图 2.3.2 设置工作表标签颜色

	A	B	C	D	E	F	G	H
1	儿童营养食谱							
2	时间 餐次	星期一	星期二	星期三	星期四	星期五	星期六	星期日
3	早餐	牛角面包	豆包	肉龙	蝴蝶卷	糖包	蛋糕	豆沙包
4		煮鸡蛋	卤鸡蛋	小泥肠	腌鸡蛋	酱鸡肝	庄园火腿	五香鸡蛋
5		小米粥	棒渣粥	二米粥	大米粥	馄饨汤	玉米粥	小米粥
6	午餐	米饭	水饺	米饭	包子	米饭	米饭	包子
7		酱爆鸡丁	清炒虾仁	溜小丸子	豆制品	红烧排骨	肉片蒜苗	鸡腿
8		鲜菇豆腐		番茄鸡蛋	红小豆粥	炒油菜	素烧萝卜	紫菜汤
9	晚餐	卤面	营养饭	麻酱花卷	米饭	发糕	牛肉面	什锦饭
10			紫菜汤	肉末三丝	红烧肉	余肉丸子		番茄蛋汤
11				番茄蛋汤	黄瓜蛋汤	白菜汤		

图 2.3.3 自动调整列宽、行高后的效果

④ 单击窗口右下角的"+"按钮，直至右侧的比例显示为 170%，完成设置。

⑤ 单击"页面布局"选项卡"主题"组中的"主题"，在其列表中选择"环保"选项，然后在"字体"列表中选择"华文楷体"选项，效果如图 2.3.4 所示。

⑥ 选中 A1:H1 单元格区域，单击"开始"选项卡"对齐方式"组中的"合并后居中"按钮。双击列号 A 右侧边线实现自动调整列宽。

⑦ 右击工作表标签 Sheet1，在弹出的快捷菜单中选择"重命名"命令，原工作表标签名 Sheet1 反光显示，删除原标签名，输入"原数据"，按【Enter】键确认输入；两次单击工作表标签 Sheet2，原工作表标签名 Sheet2 反光显示，删除原标签名，输入"复制数据"，按【Enter】键确认输入。（两种方式更改工作表标签名）。

⑧ 选中"原数据"工作表 A2:H11 单元格区域，按【Ctrl+C】组合键，单击工作表标签名"复制数据"切换到目标工作表，再单击单元格 B4，按【Ctrl+V】组合键完成复制。

⑨ 选中"原数据"工作表中的 D、E 两列，右击，在弹出的快捷菜单中选择"隐藏"命令。

⑩ 取消选中"视图"选项卡"显示"组中的"网格线"复选框，实现网格线的隐藏，效果如图 2.3.5 所示。

	A	B	C	D	E	F	G	H
1	儿童营养食谱							
2	时间 餐次	星期一	星期二	星期三	星期四	星期五	星期六	星期日
3	早餐	牛角面包	豆包	肉龙	蝴蝶卷	糖包	蛋糕	豆沙包
4		煮鸡蛋	卤鸡蛋	小泥肠	腌鸡蛋	酱鸡肝	庄园火腿	五香鸡蛋
5		小米粥	棒渣粥	二米粥	大米粥	馄饨汤	玉米粥	小米粥
6	午餐	米饭	水饺	米饭	包子	米饭	米饭	包子
7		酱爆鸡丁	清炒虾仁	溜小丸子	豆制品	红烧排骨	肉片蒜苗	鸡腿
8		鲜菇豆腐		番茄鸡蛋	红小豆粥	炒油菜	素烧萝卜	紫菜汤
9	晚餐	卤面		营养饭	麻酱花卷米饭	发糕	牛肉面	什锦饭
10			紫菜汤		肉末三丝 红烧肉	余肉丸子		番茄蛋汤
11					番茄蛋汤 黄瓜蛋汤	白菜汤		

图 2.3.4 设置主题后的效果

	A	B	C	F	G	H
1				儿童营养食谱		
2	时间 餐次	星期一	星期二	星期五	星期六	星期日
3	早餐	牛角面包	豆包	糖包	蛋糕	豆沙包
4		煮鸡蛋	卤鸡蛋	酱鸡肝	庄园火腿	五香鸡蛋
5		小米粥	棒渣粥	馄饨汤	玉米粥	小米粥
6	午餐	米饭	水饺	米饭	米饭	包子
7		酱爆鸡丁	清炒虾仁	红烧排骨	肉片蒜苗	鸡腿
8		鲜菇豆腐		炒油菜	素烧萝卜	紫菜汤
9	晚餐	卤面		营养饭 发糕	牛肉面	什锦饭
10			紫菜汤	余肉丸子		番茄蛋汤
11				白菜汤		

图 2.3.5 隐藏网格线后的效果图

⑪ 单击"文件"→"选项"命令，打开"Excel 选项"对话框，选择"保存"选项，启用"保存自动恢复信息时间间隔"复选框，修改其后文本框内的时间，如设置为 5 分钟，如图 2.3.6 所示，单击"确定"按钮即可实现每 5 分钟后台自动保存工作簿。再将工作簿如步骤①方法另存为"实验 3-1a.xls"。

⑫ 右击工作簿"实验 3-1a.xls"的"原数据"工作表标签，在弹出的快捷菜单中选择"移动或复制"命令，弹出"移动或复制工作表"对话框，在"工作簿"下拉列表框中选择"实验 3-1.xls"工作簿，在"下列选定工作表之前"选中"Sheet2"，如图 2.3.7 所示，单击"确定"按钮完成工作表的移动。

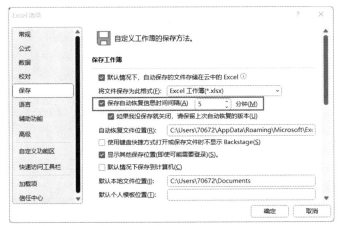

图 2.3.6 设置自动保存工作簿

图 2.3.7 "移动或复制工作表"对话框

实验 3.2 自动填充及验证练习

一、实验目的

① 掌握数据自动填充的操作。

② 掌握数据验证控制的操作。

实验 3.2

二、实验内容

在"实验 3-2.xlsx"工作簿，完成以下操作：

① 在 Excel 2016 中打开"实验 3-2.xlsx"工作簿。

② 设置 B6 单元格的验证，使其提供下拉按钮，允许的值来自序列"A,B,C,D"，选定单元格显示输入信息为"请从列表中选择答案！"，然后答案选择 D。

③ 设置 D2:D5 区域的数据验证，使其允许整数值，并且介于 20 ~ 2 000 之间，当输入非法数据时，将弹出错误信息"定价在 20 ~ 2 000 之间"。

④ 设置"产品编号"列的数据验证，使其只允许文本长度等于 6 的数据。

⑤ 在 E2 中输入 P10001，并通过拖动填充柄的方法，向下复制到 E5。

⑥ 设置"评价"列的数据验证，使其允许序列，序列来源于 B2:B5。

⑦ 设置"生产日期"列的数据验证，使其允许 2019 年 10 月 1 日以后的日期。

⑧ 另存工作簿为"实验 3-2- 结果 .xlsx"。

三、操作步骤

① 双击打开"实验 3-2.xlsx"工作簿。

② 选中单元格 B6，单击"数据"选项卡"数据工具"组中的"数据验证"按钮，在下拉列表中选择"数据验证"命令，打开"数据验证"对话框，在"设置"选项卡的"允许"下拉列表选择"序列"选项，选中"提供下拉箭头"复选框，在"来源"文本框中输入"A,B,C,D"，如图 2.3.8(a) 所示；在"输入信息"选项卡的"输入信息"编辑框中输入"请从列表中选择答案！"，如图 2.3.8(b) 所示，单击"确定"按钮；再单击 B6 单元格右侧的下拉按钮，从展开的下拉列表中选择 D，如图 2.3.9 所示。

③ 选中 D2:D5 单元格区域，单击"数据"选项卡"数据工具"组中的"数据验证"按钮，在下拉列表中选择"数据验证"命令，打开"数据验证"对话框，在"设置"选项卡的"允许"下拉列表中选择"整数"选项，在"数据"下拉列表中选择"介于"选项，在"最小值"文本框中输入 20，在"最大值"文本框中输入 2000，如图 2.3.10(a) 所示；在"出错警告"选项卡的"错误信息"编辑框中输入"定价在 20 ~ 2000 之间"，单击"确定"按钮，如图 2.3.10(b) 所示。

（a）输入序列

（b）输入提示信息

图 2.3.8　设置序列验证

图 2.3.9　出现下拉列表

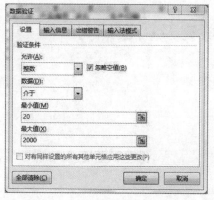
（a）输入范围

（b）输入警告信息

图 2.3.10　设置范围验证

④ 选中 E2:E5 单元格区域，打开"数据验证"对话框，在"设置"选项卡的"允许"下拉列表中选择"文本长度"选项，在"数据"下拉列表中选择"等于"选项，在"长度"文本框中输入 6，单击"确定"按钮，如图 2.3.11 所示。

⑤ 在单元格 E2 中输入 P10001，并通过拖动 E2 右下角的填充柄至 E5，如图 2.3.12 所示。

图 2.3.11　设置长度验证

	A	B	C	D	E	F	G
1	您对我公司本年度的产品满意度如何？			产品价格	产品编号	评价	生产日期
2	A.	非常满意			P10001		
3	B.	一般			P10002		
4	C.	很不满意			P10003		
5	D.	某几个产品不错			P10004		
6	答案：	D					

图 2.3.12　填充后的效果

⑥ 选中 F2:F5 单元格区域，打开"数据验证"对话框，在"设置"选项卡的"允许"下拉列表中选择"序列"选项，将光标定位在"来源"文本框中，并选中 B2:B5 区域（同时"数据验证"对话框缩小），如图 2.3.13 所示。释放鼠标后自动恢复为原来的对话框，单击"确定"按钮完成设置。设置完成后再单击 F2:F5 单元格区域中的任意单元格，其右侧就会出现下拉按钮，单击下拉按钮，即可出现下拉列表，如图 2.3.14 所示。

图 2.3.13　设置数据有效性　　　　　　　　　　　　图 2.3.14　效果图

此步操作可能会出现的错误有两种：一是直接在"来源"文本框中输入 B2:B5，这样导致的结果是下拉列表中只有一个选项，且选项内容为 B2:B5，如图 2.3.15 所示；二是在"来源"文本框中输入"=B2:B5"，这样是相对引用单元格，导致的结果是 F2：F4 这 5 个单元格的下拉列表的内容随着位置的下移，选项内容有相对的变化，如图 2.3.16 所示。为了避免这两种错误，应尽量用鼠标来选定单元格区域。

⑦ 选中 G2:G5 单元格区域，打开"数据验证"对话框，在"设置"选项卡的"允许"下拉列表中选择"日期"选项，在"数据"下拉列表中选择"大于或等于"选项，在"开始日期"文本框中输入"2019/10/1"，单击"确定"按钮完成设置，如图 2.3.17 所示。在"开始日期"文本框中输入的日期格式要符合 Excel 日期输入的格式。

图 2.3.15　错误一效果图

（a）F2 的下拉列表

（b）F3 的下拉列表

（c）F4 的下拉列表　　　　　　　（d）F5 的下拉列表

图 2.3.16　错误二效果图　　　　　　　图 2.3.17　设置"日期"有效性条件

⑧ 选择"文件"→"另存为"命令，选择"当前文件夹"，在打开的对话框中输入文件名"实验 3-2- 结果 .xlsx"，单击"保存"按钮即可。

实验 3.3　格式化操作

一、实验目的

① 掌握选择性粘贴。

② 掌握格式化表。

③ 掌握条件格式。

二、实验内容

1. 选择性粘贴

在"实验 3-3-1.xlsx"完成以下操作：

① 在"性别"列前插入一列，标题为"出生年"，然后在 F2 单元格输入公式"=YEAR(NOW())–B2"，将公式复制到该列其他单元格。

② 将"年龄"列数据的格式复制到"出生年"列的数据上。

③ 将"性别"列移至"年龄"列之前。

④ 将 G 列复制到 J 列，并且只保留值。

2. 格式化操作

在"实验 3-3-2.xlsx"完成以下操作：

① 选择数据区域 A1:J13，插入表。

② 将默认的表样式"表样式中等深浅 9"复制为 Mytablestyle，修改该样式，使表元素中"整个表"的外框为红色，之后应用该样式。

③ 为该表添加汇总行，在汇总行中计算数量的求和以及单价的平均值。

④ 对 H2:H13 区域数据应用"渐变绿色数据条"格式以直观显示数量的多少。

⑤ 对 I2:I13 区域数据应用条件格式，使大于 10 的数据用红色加粗字体显示。

⑥ 对 I2:I13 区域数据应用条件格式，使小于平均值的数据所在单元格填充图案颜色为"橙色，个性色 6"，图案样式为 50% 灰色。

三、操作步骤

1. 选择性粘贴

实验 3.3（1）   实验 3.3（2）

① 打开数据源文件，右击列标 F 选中"性别"列，在弹出的快捷菜单中选择"插入"命令，然后在 F1 中输入"出生年"，在 F2 单元格输入公式"=YEAR(NOW())–B2"，按【Enter】键确认输入。再拖动 F2 右下角的填充柄至 F12 完成公式的复制。

② 复制单元格 B2，再选中 F2:F12 单元格区域，在右键快捷菜单中选择"选择性粘贴"命令，在"选择性粘贴"对话框中选中"格式"单选按钮，单击"确定"按钮，效果如图 2.3.18 所示。

③ 右击 G 列，在弹出的快捷菜单中选择"剪切"命令；再右击 B 列，在弹出的快捷菜单中选择"插入剪切的单元格"命令即可实现将"性别"列移至"年龄"列之前。

④ 右击 G 列，在弹出的快捷菜单中选择"剪切"命令；再右击 J 列，在弹出的快捷菜单中选择"粘贴选项"下的"值（V）"命令，效果如图 2.3.19 所示。

图 2.3.18　复制格式效果图　　　　　　　　　　图 2.3.19　粘贴后的效果图

2. 格式化操作

① 打开数据源文件，选择数据区域 A1:J13，单击"插入"选项卡"表格"组中的"表格"按钮，打开"创建表"对话框（见图 2.3.20），单击"确定"按钮后的效果如图 2.3.21 所示。

图 2.3.20　"创建表"对话框

② 右击"表格工具 - 设计"选项卡"表格样式"组中的"表样式中等深浅 9"，在弹出的快捷菜单中选择"复制"命令，如图 2.3.22 所示。

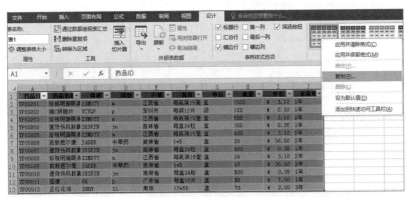

图 2.3.21 插入表后的效果图

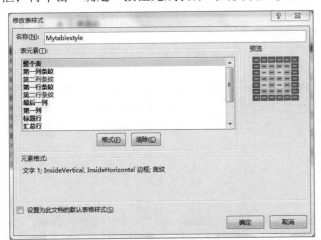

图 2.3.22 复制表样式

在打开的"修改表样式"对话框的"名称"文本框中输入 Mytablestyle，如图 2.3.23 所示。在"表元素"列表中选中"整个表"，再单击"格式"按钮，打开"设置单元格格式"对话框，选择"边框"选项卡，如图 2.3.24 所示。在"颜色"下拉列表中选择"红色"选项，并选择"外边框"，单击"确定"按钮返回"修改表样式"对话框，再单击"确定"按钮完成表样式的复制及修改。

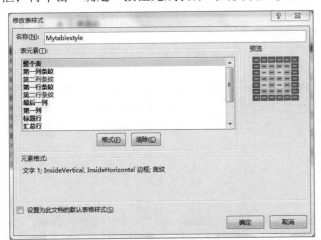

图 2.3.23 "修改表样式"对话框

图 2.3.24 "设置单元格格式"对话框

这样，在"表格工具 - 设计"选项卡"表格样式"选项组中的"自定义"区域就出现了刚才建立的 Mytablestyle 样式，如图 2.3.25 所示。选中 A1:J13 单元格区域，单击上述的 Mytablestyle 样式即可应用该表样式。

③ 单击 A1:J13 单元格区域中任意一个单元格，在"表格工具 - 设计"选项卡的"表格样式选项"组中选中"汇总行"复选框，在 H14 中选择"求和"，在 I14 中选择"平均值"，效果如图 2.3.26 所示。

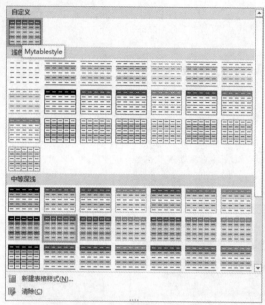

图 2.3.25 "自定义"表样式区域

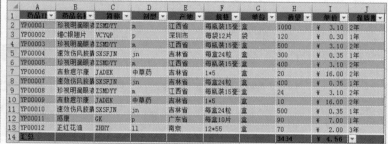

图 2.3.26 添加汇总数据后的效果图

④ 选中 H2:H13 单元格区域,单击"开始"选项卡"样式"组"条件格式"下拉列表中"数据条",选择"渐变填充"中的"绿色数据条"选项,效果如图 2.3.27 所示。

⑤ 选中 I2:I13 单元格区域,单击"开始"选项卡"样式"组"条件格式"下拉列表中"突出显示单元格规则"中的"大于"命令,打开"大于"对话框,在左侧的文本框中输入 10,右侧"设置为"下拉列表中选择"自定义格式"命令,如图 2.3.28 所示;在打开的"设置单元格格式"对话框的"字体"选项卡中设置颜色为红色,并选择"加粗"选项,如图 2.3.29 所示。单击"确定"按钮回到"大于"对话框,再单击"确定"按钮,效果如图 2.3.30 所示。

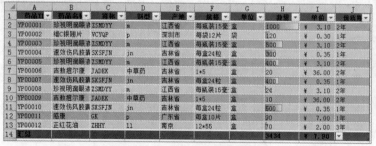

图 2.3.27 "绿色数据条"效果图

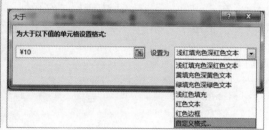

图 2.3.28 "大于"对话框

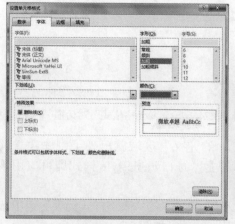

图 2.3.29 "设置单元格格式"对话框

图 2.3.30 突出显示效果图

⑥ 选中 I2:I13 单元格区域,选择"开始"选项卡"样式"组"条件格式"下拉列表中"项目选取规则"中的"低

于平均值"命令，打开"低于平均值"对话框，在该对话框的"设置为"下拉列表中选择"自定义格式"命令，在打开的"设置单元格格式"对话框的"填充"选项卡中选择"图案颜色"为"橙色，个性色6"，"图案样式"为 50% 灰色，如图 2.3.31 所示，单击"确定"按钮，效果如图 2.3.32 所示。

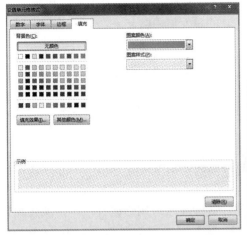

图 2.3.31　"设置单元格格式"对话框

	A	B	C	D	E	F	G	H	I	J
1	药品ID	药品名称	简称	剂型	产地	规格	单位	数量	单价	保质期
2	YP00001	珍视明滴眼液	ZSMDYY	m	江西市	每瓶装15毫	盒	1000	￥ 3.10	2年
3	YP00002	维C银翘片	VCYQP	p	深圳市	每袋12片	袋	120	￥ 0.30	1年
4	YP00003	珍视明滴眼液	ZSMDYY	m	江西市	每瓶装15毫	盒	500	￥ 3.10	2年
5	YP00004	速效伤风胶囊	SXSFJN	jn	吉林省	每盒24粒	盒	300	￥ 0.35	1年
6	YP00005	珍视明滴眼液	ZSMDYY	m	江西市	每瓶装15毫	盒	400	￥ 3.10	2年
7	YP00006	吉敷痊尔康	JADEK	中草药	吉林省	1*5	盒	20	￥16.00	2年
8	YP00007	速效伤风胶囊	SXSFJN	jn	吉林省	每盒24粒	盒	400	￥ 0.35	1年
9	YP00008	珍视明滴眼液	ZSMDYY	m	江西市	每瓶装15毫	盒	24	￥ 3.10	2年
10	YP00009	吉敷痊尔康	JADEK	中草药	吉林省	1*5	盒	10	￥16.00	2年
11	YP00010	速效伤风胶囊	SXSFJN	jn	吉林省	每盒24粒	盒	500	￥ 0.35	1年
12	YP00011	感康	GK	p	广东省	每盒10片	盒	90	￥ 7.00	1年
13	YP00012	正红花油	ZHHY	11	南京	12*55	盒	70	￥ 2.00	3年
14	汇总							3434	￥ 4.56	12

图 2.3.32　图案颜色填充效果图

实验 3.4　数据处理

一、实验目的

① 掌握公式的使用，特别是其中单元格引用的使用。
② 掌握常用函数的使用。
③ 掌握数据筛选。
④ 掌握分类汇总。

二、实验内容

1. 公式的使用及数据筛选

在工作簿"实验 3-4-1.xlsx"中完成以下操作，其中工作表"工资"与"扣款"中的数据如图 2.3.33 所示。

① 在"工资"工作表的"基本工资"列前插入一列，标题"职位工资"，在 D2 输入公式"=IF(C2=" 经理 ",3000,IF(C2=" 主管 ",2000,1000))"，之后双击填充柄复制公式，得到不同职位对应的职位工资。

	A	B	C	D
1	姓名	所属部门	职位	基本工资
2	张浩	办公室	经理	1000
3	李小双	办公室	职员	1000
4	陈乐乐	人事部	经理	1200
5	叶明	办公室	职员	1000
6	林森	销售部	经理	800
7	袁力	销售部	主管	800
8	王伟	财务部	职员	1300
9	张鑫	研发部	经理	1500
10	黄小鹏	人事部	职员	1200
11	王天天	人事部	职员	1200

（a）"工资"工作表数据

	A	B	C
1	姓名	请假天数	扣款
2	张浩	1.5	
3	李小双	0.5	
4	陈乐乐	1	
5	叶明	2	
6	林森	1.5	
7	袁力	3	
8	王伟	1	
9	张鑫	1	
10	黄小鹏		
11	王天天		

（b）"扣款"工作表数据

图 2.3.33　数据源

② 在 J1 输入 5%，然后将该单元格命名为"提留比例"，在 F1 输入"发展基金"，下方数据的计算方法是：基本工资 * 提留比例。

③ 在 G1 输入"应发工资"，下方数据的计算方法：应发工资 = 职位工资 + 基本工资 – 发展基金。

④ 在"扣款"工作表的 C2 单元格输入公式计算扣款，其中每天扣款按应发工资的 1/22 计算（工作日天数为 22 天），扣款数据格式为会计专用格式；然后在单元格 C12 中输入公式或函数计算扣款的平均值。

⑤ 在"工资"工作表的 H1 输入"实发工资"，下方数据的计算方法：实发工资 = 应发工资 − 扣款。

⑥ 为"扣款"工作表的"请假天数"列启用筛选，将请假天数为 0 的单元格隐藏起来。

2. 数据处理综合应用

在工作簿"实验 3-4-2.xlsx"中完成以下操作，其中 Sheet1 的 A1:G11 中的数据如图 2.3.34 所示。

① 将第一列数据以","为分隔符分成 2 列数据。

② H 列标题为"电话号码"，计算方法为："88886×××转"加分机号，如 H2 值为"88886×××转 0531"。（提示：使用文本连接运算符 &）

③ 所有列自动调整列宽。

④ I 列标题为"新员工号"，计算方法为：新员工号是将员工编号的前两位 AD 转换为 FR2，如 I2 的值为 FR2801。

⑤ J 列标题为"工龄补贴"，计算方法为：入职年数 ×50。（提示：入职年数可用当前日期年份减入职日期年份得来）

⑥ K 列标题为"职位补贴"，计算方法为：根据工作职位判断职位补贴，经理 1 000，主管 500，职员 300。

⑦ 为 K2:K11 区域的数据重建自定义格式，使数字后面添加文字"元"。

⑧ L 列标题为"应发工资"，计算方法为：合同月薪 + 工龄补贴 + 职位补贴。

⑨ 将 C1:C11 区域复制到 A13，然后删除重复数据。

⑩ 在 B13 输入"部门人数"，在下方用统一公式计算部门人数。（提示：用 COUNTIF 函数进行条件计数）

⑪ 在 C13 输入"应发总额"，在下方统一公式计算每个部门的应发工资总额。（提示：用 SUMIF 函数进行条件求和）

⑫ 将 B1:B11 区域复制到 E13，然后将数据按升序排序。

⑬ 在 F13 输入"新员工号"，在下方使用查找函数（VLOOKUP）查找姓名所对应的新员工号。

⑭ 将 A1:L11 复制到 Sheet2 工作表的相同区域，然后对 Sheet2 中的数据按"所属部门"汇总各部门的"应发工资"总和，分组数据分页显示。

	A	B	C	D	E	F	G
1	员工编号	员工姓名	所属部门	工作职位	分机号码	入职日期	合同月薪
2	AD801,钱明远		人事	主管	0531	1-Jul-05	¥5,000
3	AD802,孙小艾		财务	经理	2315	1-Sep-05	¥10,000
4	AD803,王铭国		财务	职员	3323	5-Dec-03	¥4,000
5	AD804,许晓群		行政	职员	0422	8-Feb-05	¥4,500
6	AD805,严品枝		财务	职员	8532	5-Mar-95	¥4,000
7	AD806,张建文		人事	职员	8852	2-May-04	¥3,500
8	AD807,王嘉义		销售	经理	7288	2-Jan-07	¥12,000
9	AD808,赵新乐		销售	主管	2286	6-Jun-95	¥7,000
10	AD809,何友华		行政	职员	2353	3-Jan-05	¥5,000
11	AD810,方丽丽		销售	职员	0231	8-Sep-99	¥6,000

图 2.3.34　数据源

三、操作步骤

1. 公式的使用及数据筛选

① 打开工作簿"实验 3-4-1.xlsx"，选中"工资"工作表的"基本工资"列，右击，在弹出的快捷菜单中选择"插入"命令，如图 2.3.35 所示。并在 D1 中输入"职位工资"，然后在 D2 输入公式"=IF(C2="经理",3000,IF(C2="主管",2000,1000))"，之后双击 D2 的填充柄复制公式，得到不同职位对应的职位工资，如图 2.3.36 所示。

实验 3.4（1）

（2）在 J1 输入"5%"，选中 J1 单元格，单击"公式"选项卡"定义的名称"组中的"定义名称"下拉按钮，选择"定义名称"命令 [见图 2.3.37(a)]，打开"新建名称"对话框，在"名称"右侧的文本框中输入"提留比例"，单击"确定"按钮，如图 2.3.37(b) 所示。

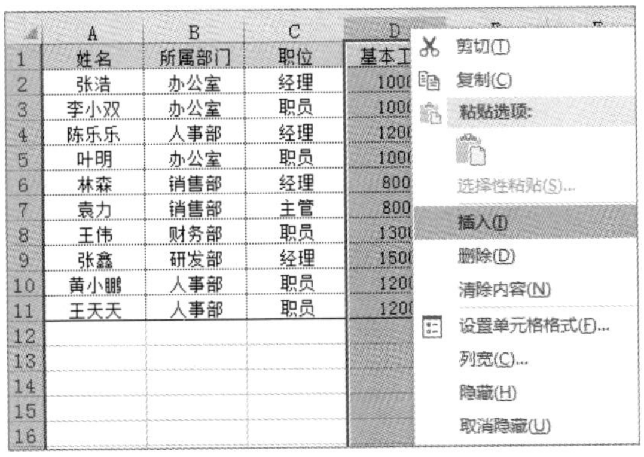

图 2.3.35　"插入"命令

图 2.3.36　添加"职位工资"后的效果图

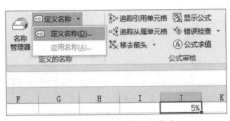

（a）选择"定义名称"命令

（b）"新建名称"对话框

图 2.3.37　为单元格命名

在 F1 输入"发展基金"，按【Enter】键，在 F2 中输入"=E2*"，再单击 J1，此时 F2 中显示"=E2*提留比例"，如图 2.3.38 所示，按【Enter】键确认输入，双击 F2 单元格右下角的填充柄以完成其他员工的发展基金数额，效果如图 2.3.39 所示。

图 2.3.38　已命名单元格引用时自动显示名称

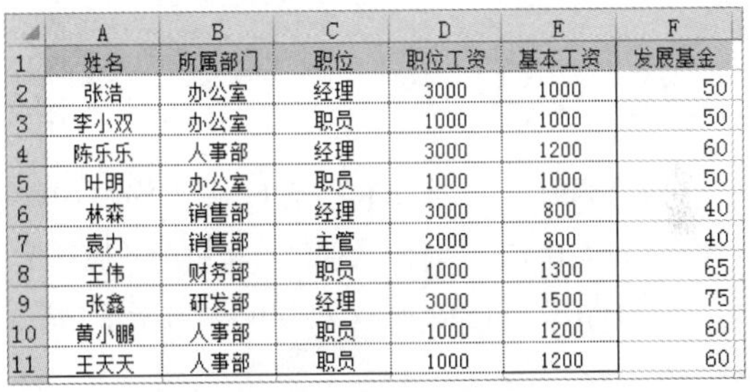

图 2.3.39　发展基金的计算效果

（3）在 G1 输入"应发工资"，在 G2 中输入"=D2+E2-F2"，按【Enter】键确认输入，双击 G2 的填充柄以完成其他员工应发工资的计算，效果如图 2.3.40 所示。

（4）在"扣款"工作表的 C2 单元格输入"=B2*1/22*"，单击"工资"工作表标签，再单击 G2 单元格，确认编辑栏中的内容为"=B2*1/22*工资 !G2"（见图 2.3.41）后按【Enter】键确认输入（公式输入过程中请勿随意单击单元格），返回"扣款"工作表。也可以利用 VLOOKUP 函数根据姓名查找员工的应发工资。

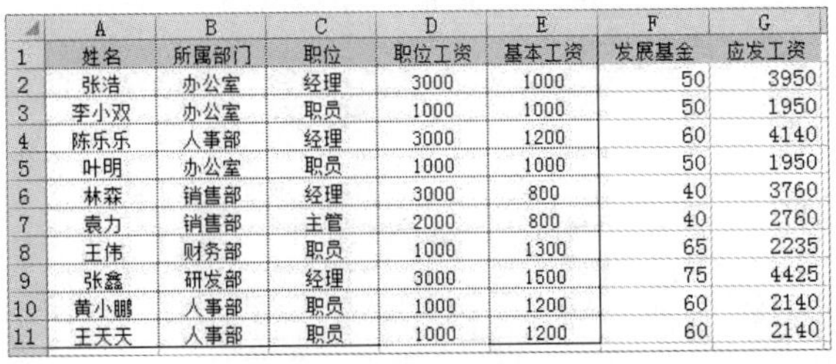

图 2.3.40　应发工资的计算效果

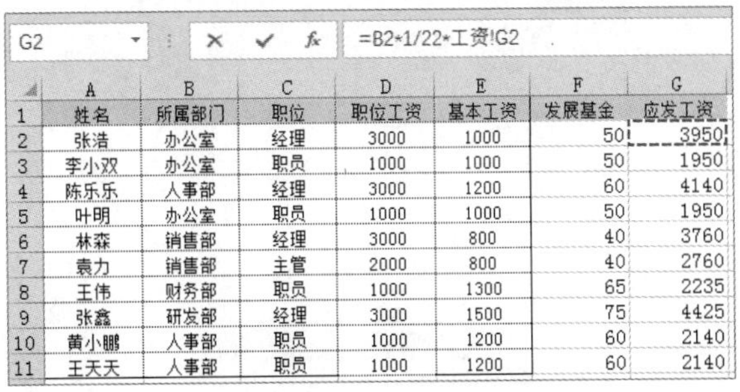

图 2.3.41　输入公式内容

双击"扣款"工作表 C2 单元格的填充柄完成其他人的扣款计算，计算结果如图 2.3.42 所示；选中 C2:C11，按【Ctrl+1】组合键打开"设置单元格格式"对话框，在"数字"选项卡的"分类"中选择"会计专用"，单击"确定"按钮。

在单元格 C12 中输入"=AVERAGE(C2:C11)"，按【Enter】键完成扣款的平均值的计算，效果如图 2.3.43 所示。

	A	B	C
1	姓名	请假天数	扣款
2	张浩	1.5	269.31818
3	李小双	0.5	44.318182
4	陈乐乐	1	188.18182
5	叶明	2	177.27273
6	林森	1.5	256.36364
7	袁力	3	376.36364
8	王伟	1	101.59091
9	张鑫	1	201.13636
10	黄小鹏	0	0
11	王天天	3	291.81818

图 2.3.42　计算扣款的结果

	A	B	C
1	姓名	请假天数	扣款
2	张浩	1.5	￥ 269.32
3	李小双	0.5	￥ 44.32
4	陈乐乐	1	￥ 188.18
5	叶明	2	￥ 177.27
6	林森	1.5	￥ 256.36
7	袁力	3	￥ 376.36
8	王伟	1	￥ 101.59
9	张鑫	1	￥ 201.14
10	黄小鹏	0	￥ －
11	王天天	3	￥ 291.82
12			￥ 190.64

图 2.3.43　计算扣款平均值

（5）在"工资"工作表的 H1 单元格输入"实发工资"，在 H2 中输入"=G2-"，单击"扣款"工作表，再单击 C2 单元格，按【Enter】键确认输入，返回"工资"工作表，双击 H2 右下角的填充柄完成实发工资的计算，结果如图 2.3.44 所示。也可以利用 VLOOKUP 函数根据姓名查找员工的扣款。

	A	B	C	D	E	F	G	H
1	姓名	所属部门	职位	职位工资	基本工资	发展基金	应发工资	实发工资
2	张浩	办公室	经理	3000	1000	50	3950	￥ 3,680.68
3	李小双	办公室	职员	1000	1000	50	1950	￥ 1,905.68
4	陈乐乐	人事部	经理	3000	1200	60	4140	￥ 3,951.82
5	叶明	办公室	职员	1000	1000	50	1950	￥ 1,772.73
6	林森	销售部	经理	3000	800	40	3760	￥ 3,503.64
7	袁力	销售部	主管	2000	800	40	2760	￥ 2,383.64
8	王伟	财务部	职员	1000	1300	65	2235	￥ 2,133.41
9	张鑫	研发部	经理	3000	1500	75	4425	￥ 4,223.86
10	黄小鹏	人事部	职员	1000	1200	60	2140	￥ 2,140.00
11	王天天	人事部	职员	1000	1200	60	2140	￥ 1,848.18

图 2.3.44　实发工资计算结果

（6）选中"扣款"工作表区域 A1:C11 中的任意单元格，单击"数据"选项卡"排序和筛选"组中的"筛选"按钮，再单击 B2"请假天数"右侧的下拉按钮，展开如图 2.3.45 所示的列表，取消选中"0"复选框，单击"确定"按钮即可将请假天数为 0 的单元格隐藏起来，隐藏效果如图 2.3.46 所示，从图中的行标可以看出第 10 行被隐藏了。

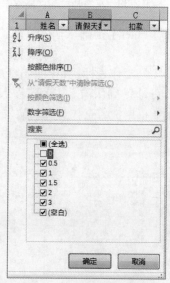

图 2.3.45　筛选下拉列表

	A	B	C
1	姓名	请假天数	扣款
2	张浩	1.5	￥ 269.32
3	李小双	0.5	￥ 44.32
4	陈乐乐	1	￥ 188.18
5	叶明	2	￥ 177.27
6	林森	1.5	￥ 256.36
7	袁力	3	￥ 376.36
8	王伟	1	￥ 101.59
9	张鑫	1	￥ 201.14
11	王天天	3	￥ 291.82
12			￥ 190.64

图 2.3.46　隐藏效果图

2. 数据处理综合应用

①打开工作簿"实验 3-4-2.xlsx"，选中 A2:A11 区域，单击"数据"选项卡"数据工具"组中的"分列"按钮，打开"文本分列向导 - 第 1 步，共 3 步"对话框，如图 2.3.47 所示。选中"分隔符号"单选按钮，单击"下一步"按钮，打开"文本分列向导 - 第 2 步，共 3 步"对话框，如图 2.3.48 所示。选中"分隔符号"组中的"逗号"复选框，单击"下一步"按钮，打开"文本分列向导 - 第 3 步，共 3 步"对话框，如图 2.3.49 所示。单击"完成"按钮，出现替换提示对话框，单击"确认"按钮即可，如图 2.3.50 所示。

实验 3.4（2）

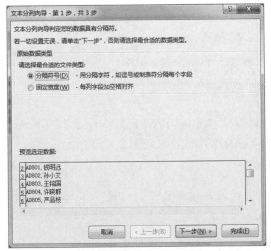

图 2.3.47　文本分列向导 - 第 1 步，共 3 步"对话框

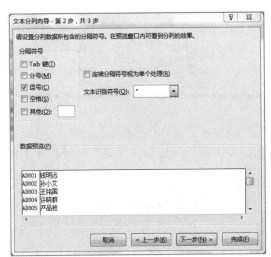

图 2.3.48　"文本分列向导 - 第 2 步，共 3 步"对话框

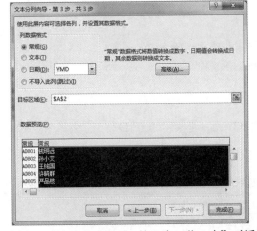

图 2.3.49　"文本分列向导 - 第 3 步，共 3 步"对话框

图 2.3.50　替换提示对话框

②在 H1 中输入"电话号码"，在 H2 中输入公式"="88886×××转"&E2"，按【Enter】键确认输入，再双击 H2 右下角的填充柄，完成所有电话号码的计算，效果如图 2.3.51 所示。

	A	B	C	D	E	F	G	H	I
1	员工编号	员工姓名	所属部门	工作职位	分机号码	入职日期	合同月薪	电话号码	
2	AD801	钱明远	人事	主管	0531	1-Jul-05	¥5,000	88886×××转0531	
3	AD802	孙小艾	财务	经理	2315	1-Sep-05	¥10,000	88886×××转2315	
4	AD803	王铭国	财务	职员	3323	5-Dec-03	¥4,000	88886×××转3323	
5	AD804	许晓群	行政	职员	0422	8-Feb-05	¥4,500	88886×××转0422	
6	AD805	严品枝	财务	职员	8532	5-Mar-95	¥4,000	88886×××转8532	
7	AD806	张建文	人事	职员	8852	2-May-04	¥3,500	88886×××转8852	
8	AD807	王嘉义	销售	经理	7288	2-Jan-07	¥12,000	88886×××转7288	
9	AD808	赵新乐	销售	主管	2286	6-Jun-05	¥7,000	88886×××转2286	
10	AD809	何友华	行政	职员	2353	3-Jan-05	¥5,000	88886×××转2353	
11	AD810	方丽丽	销售	职员	0231	8-Sep-99	¥6,000	88886×××转0231	

图 2.3.51　电话号码计算结果

③ 选中 A:H 列，单击"开始"选项卡"单元格"组中的"格式"按钮，在展开的列表中选择"自动调整列宽"命令。

④ 在 I1 中输入"新员工号"，在 I2 中输入公式"="FR2"&right(A2,3)"，按【Enter】键确认输入，再双击 I2 单元格的填充柄，完成新员工号的计算，结果如图 2.3.52 所示。

	A	B	C	D	E	F	G	H	I
1	员工编号	员工姓名	所属部门	工作职位	分机号码	入职日期	合同月薪	电话号码	新员工号
2	AD801	钱明远	人事	主管	0531	1-Jul-05	¥5,000	88886×××转0531	FR2801
3	AD802	孙小艾	财务	经理	2315	1-Sep-05	¥10,000	88886×××转2315	FR2802
4	AD803	王铭国	财务	职员	3323	5-Dec-03	¥4,000	88886×××转3323	FR2803
5	AD804	许晓群	行政	职员	0422	8-Feb-05	¥4,500	88886×××转0422	FR2804
6	AD805	严品枝	财务	职员	8532	5-Mar-95	¥4,000	88886×××转8532	FR2805
7	AD806	张建文	人事	职员	8852	2-May-04	¥3,500	88886×××转8852	FR2806
8	AD807	王嘉义	销售	经理	7288	2-Jan-07	¥12,000	88886×××转7288	FR2807
9	AD808	赵新乐	销售	主管	2286	6-Jun-95	¥7,000	88886×××转2286	FR2808
10	AD809	何友华	行政	职员	2353	3-Jan-05	¥5,000	88886×××转2353	FR2809
11	AD810	方丽丽	销售	职员	0231	8-Sep-99	¥6,000	88886×××转0231	FR2810

图 2.3.52　新员工号的计算结果

⑤ 在 J1 中输入"工龄补贴"，在 J2 中输入公式"=(YEAR(NOW())–YEAR(F2))*50"，按【Enter】键确认输入，再用鼠标拖动 I2 右下角的填充柄至 I11，完成工龄补贴的计算，效果如图 2.3.53 所示。

🔔 注意：

图 2.3.53 中的结果是以 2022 年为当前年份的计算结果，也就是说随着年份推进，工龄补贴是在不断增长的。

	A	B	C	D	E	F	G	H	I	J
1	员工编号	员工姓名	所属部门	工作职位	分机号码	入职日期	合同月薪	电话号码	新员工号	工龄补贴
2	AD801	钱明远	人事	主管	0531	1-Jul-05	¥5,000	88886×××转0531	FR2801	850
3	AD802	孙小艾	财务	经理	2315	1-Sep-05	¥10,000	88886×××转2315	FR2802	850
4	AD803	王铭国	财务	职员	3323	5-Dec-03	¥4,000	88886×××转3323	FR2803	950
5	AD804	许晓群	行政	职员	0422	8-Feb-05	¥4,500	88886×××转0422	FR2804	850
6	AD805	严品枝	财务	职员	8532	5-Mar-95	¥4,000	88886×××转8532	FR2805	1350
7	AD806	张建文	人事	职员	8852	2-May-04	¥3,500	88886×××转8852	FR2806	900
8	AD807	王嘉义	销售	经理	7288	2-Jan-07	¥12,000	88886×××转7288	FR2807	750
9	AD808	赵新乐	销售	主管	2286	6-Jun-95	¥7,000	88886×××转2286	FR2808	1350
10	AD809	何友华	行政	职员	2353	3-Jan-05	¥5,000	88886×××转2353	FR2809	850
11	AD810	方丽丽	销售	职员	0231	8-Sep-99	¥6,000	88886×××转0231	FR2810	1150

图 2.3.53　工龄补贴的计算结果

⑥ 在 K1 中输入"职位补贴"，在 K2 输入公式"=IF(D2="经理",1000,IF(D2="主管",500,300))"，并双击填充柄复制公式，得到不同职位对应的职位补贴，如图 2.3.54 所示。

	A	B	C	D	E	F	G	H	I	J	K
1	员工编号	员工姓名	所属部门	工作职位	分机号码	入职日期	合同月薪	电话号码	新员工号	工龄补贴	职位补贴
2	AD801	钱明远	人事	主管	0531	1-Jul-05	¥5,000	88886×××转0531	FR2801	850	500
3	AD802	孙小艾	财务	经理	2315	1-Sep-05	¥10,000	88886×××转2315	FR2802	850	1000
4	AD803	王铭国	财务	职员	3323	5-Dec-03	¥4,000	88886×××转3323	FR2803	950	300
5	AD804	许晓群	行政	职员	0422	8-Feb-05	¥4,500	88886×××转0422	FR2804	850	300
6	AD805	严品枝	财务	职员	8532	5-Mar-95	¥4,000	88886×××转8532	FR2805	1350	300
7	AD806	张建文	人事	职员	8852	2-May-04	¥3,500	88886×××转8852	FR2806	900	300
8	AD807	王嘉义	销售	经理	7288	2-Jan-07	¥12,000	88886×××转7288	FR2807	750	1000
9	AD808	赵新乐	销售	主管	2286	6-Jun-95	¥7,000	88886×××转2286	FR2808	1350	500
10	AD809	何友华	行政	职员	2353	3-Jan-05	¥5,000	88886×××转2353	FR2809	850	300
11	AD810	方丽丽	销售	职员	0231	8-Sep-99	¥6,000	88886×××转0231	FR2810	1150	300

图 2.3.54　工龄补贴的计算结果

⑦ 选中 K2:K11 区域，按【Ctrl+1】组合键打开"设置单元格格式"对话框，在"数字"选项卡的"分类"中选择"自定义"选项，在右侧的"类型"文本框中输入"0"元""（见图 2.3.55），单击"确定"按钮即可，效果如图 2.3.56 所示。

⑧ 在 L1 输入"应发工资"，在 L2 中输入公式"=G2+J2+K2"，之后双击填充柄复制公式，得到所有应发工资，如图 2.3.57 所示。

图 2.3.55　"设置单元格格式"对话框

	A	B	C	D	E	F	G	H	I	J	K
1	员工编号	员工姓名	所属部门	工作职位	分机号码	入职日期	合同月薪	电话号码	新员工号	工龄补贴	职位补贴
2	AD801	钱明远	人事	主管	0531	1-Jul-05	¥5,000	88886…转0531	FR2801	850	500元
3	AD802	孙小艾	财务	经理	2315	1-Sep-05	¥10,000	88886…转2315	FR2802	850	1000元
4	AD803	王铭国	财务	职员	3323	5-Dec-03	¥4,000	88886…转3323	FR2803	950	300元
5	AD804	许晓群	行政	职员	0422	8-Feb-05	¥4,500	88886…转0422	FR2804	850	300元
6	AD805	严品枝	财务	职员	8532	5-Mar-95	¥4,000	88886…转8532	FR2805	1350	300元
7	AD806	张建文	人事	职员	8852	2-May-04	¥3,500	88886…转8852	FR2806	900	300元
8	AD807	王嘉义	销售	经理	7288	2-Jan-07	¥12,000	88886…转7288	FR2807	750	1000元
9	AD808	赵新乐	销售	主管	2286	6-Jun-95	¥7,000	88886…转2286	FR2808	1350	500元
10	AD809	何友华	行政	职员	2353	3-Jan-05	¥5,000	88886…转2353	FR2809	850	300元
11	AD810	方丽丽	销售	职员	0231	8-Sep-99	¥6,000	88886…转0231	FR2810	1150	300元

图 2.3.56　设置数据格式后的效果

	A	B	C	D	E	F	G	H	I	J	K	L
1	员工编号	员工姓名	所属部门	工作职位	分机号码	入职日期	合同月薪	电话号码	新员工号	工龄补贴	职位补贴	应发工资
2	AD801	钱明远	人事	主管	0531	1-Jul-05	¥5,000	88886666转0531	FR2801	850	500元	¥6,350
3	AD802	孙小艾	财务	经理	2315	1-Sep-05	¥10,000	88886666转2315	FR2802	850	1000元	¥11,850
4	AD803	王铭国	财务	职员	3323	5-Dec-03	¥4,000	88886666转3323	FR2803	950	300元	¥5,250
5	AD804	许晓群	行政	职员	0422	8-Feb-05	¥4,500	88886666转0422	FR2804	850	300元	¥5,650
6	AD805	严品枝	财务	职员	8532	5-Mar-95	¥4,000	88886666转8532	FR2805	1350	300元	¥5,650
7	AD806	张建文	人事	职员	8852	2-May-04	¥3,500	88886666转8852	FR2806	900	300元	¥4,700
8	AD807	王嘉义	销售	经理	7288	2-Jan-07	¥12,000	88886666转7288	FR2807	750	1000元	¥13,750
9	AD808	赵新乐	销售	主管	2286	6-Jun-95	¥7,000	88886666转2286	FR2808	1350	500元	¥8,850
10	AD809	何友华	行政	职员	2353	3-Jan-05	¥5,000	88886666转2353	FR2809	850	300元	¥6,150
11	AD810	方丽丽	销售	职员	0231	8-Sep-99	¥6,000	88886666转0231	FR2810	1150	300元	¥7,450

图 2.3.57　应发工资计算结果

⑨ 选中 C1:C11 区域并复制到 A13，然后选中 A13:A23，再单击"数据"选项卡"数据工具"组中的"删除重复项"按钮，打开"删除重复项"对话框，取消选中"数据包含标题"复选框，如图 2.3.58(a) 所示，单击"确定"按钮，出现提示对话框，如图 2.3.58(b) 所示。单击"确定"按钮，并将 A13 的内容改为"部门"，结果如图 2.3.59 所示。

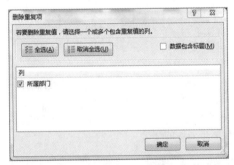

（a）"删除重复项"对话框

（b）提示对话框

图 2.3.58　删除重复项

⑩ 在 B13 输入"部门人数"，在 B14 中输入公式"=COUNTIF($C$2:$C$11,A14)"，并双击填充柄计算其他部门人数，结果如图 2.3.60 所示。

	A	B	C
13	部门		
14	人事		
15	财务		
16	行政		
17	销售		
18			

图 2.3.59　删除重复项后效果

	A	B	C
13	部门	部门人数	应发总额
14	人事	2	11050
15	财务	3	22750
16	行政	2	11800
17	销售	3	30050

图 2.3.60　各部门人数、应发工资总额计算结果

⑪ 在 C13 输入"应发总额"，在 C14 中输入公式"=SUMIF($C$2:$C$11,A14,$L$2:$L$11)"，并双击填充柄计算其他部门应发工资总额，结果如图 2.3.60 所示。

⑫ 选中 B1:B11 区域复制到 E13，再选中 E13:E23 区域，单击"数据"选项卡"排序和筛选"组中的"升序"按钮，在打开的"排序提醒"对话框中选中"以当前选定区域排序"单选按钮，如图 2.3.61 所示，单击"确定"按钮，结果如图 2.3.62 所示。

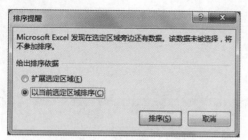

图 2.3.61 "排序提醒"对话框

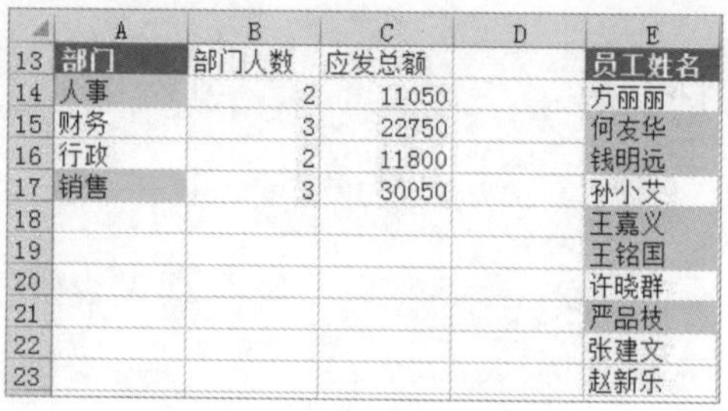

图 2.3.62 员工姓名排序结果

⑬ 在 F13 输入"新员工号"，在 F14 中输入公式"=VLOOKUP(E14,$B$2:$I$11,8,FALSE)"，并双击填充柄计算其他员工的新员工号，结果如图 2.3.63 所示。

⑭ 选中 Sheet1 中的 A1:L11 区域，复制并粘贴到 Sheet2 工作表的相同区域。再选中 Sheet2 中的 A1:L11 区域，单击"数据"选项卡"排序和筛选"组中的"排序"按钮，打开"排序"对话框，在"主要关键字"下拉列表中选择"所属部门"选项，在"排序依据"下拉列表中选择"数值"选项，在"次序"下拉列表中选择"升序"选项，如图 2.3.64 所示。单击"确定"按钮，完成对分类字段的排序，结果如图 2.3.65 所示。

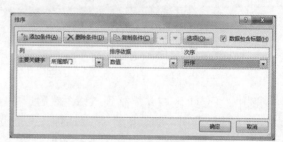

图 2.3.63 新员工号计算结果

图 2.3.64 "排序"对话框的设置

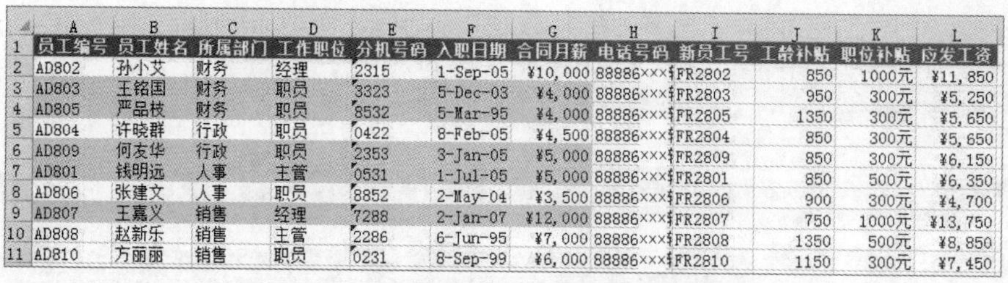

图 2.3.65 按"所属部门"升序排列后的结果

单击"数据"选项卡"分级显示"组中的"分类汇总"按钮，打开"分类汇总"对话框，如图 2.3.66 所示，在"分类字段"下拉列表中选择"所属部门"选项，在"汇总方式"下拉列表中选择"求和"选项，在"选定汇总项"下拉列表中选中"应发工资"复选框，并选中"每组数据分页"复选框，单击"确定"按钮完成汇总，结果如图 2.3.67 所示。

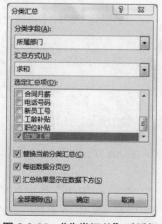

图 2.3.66 "分类汇总"对话框

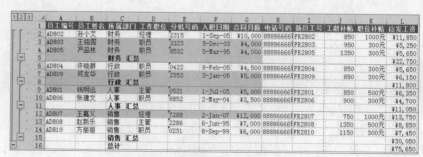

图 2.3.67 汇总结果

实验 3.5　图表的使用

一、实验目的

① 掌握图表的创建。
② 掌握图表的修改。

二、实验内容

在工作簿"实验 3-5.xlsx"中，Sheet1 工作表的数据如图 2.3.68 所示。

① 打开工作簿"实验 3-5.xlsx"，根据 A2:D6 区域中的数据，建立"三维簇状柱形图"，并将图表移动到新工作表"三城平均温度"。

② 显示"北京"数据系列的标签。

③ 将图表标题改为"三城平均温度对比图"，并在右侧显示图例。

④ 添加横坐标标题为"月份"，纵坐标标题为"温度"。

⑤ 显示纵轴的次要水平网格线。

⑥ 将"上海"数据系列的形状样式更改为"细微效果 - 红色，强调颜色 2"。

⑦ 将纵坐标轴的最小值改为 2。

	A	B	C	D
1		平均温度（℃）		
2		北京	上海	广州
3	一月	2.2	5.6	11.8
4	四月	14.3	18.2	25.7
5	七月	33.8	30.9	32.4
6	十月	12.5	17.4	26.1

图 2.3.68　数据源

三、操作步骤

① 双击打开工作簿"实验 3-5.xlsx"，选中 A2:D6 单元格区域，单击"插入"选项卡"图表"组中的"插入柱形图或条形图"按钮，在展开的下拉列表中选择"三维簇状柱形图"，建立图表，如图 2.3.69 所示。选中图表，单击"图表工具 - 设计"选项卡"位置"组中的"移动图表"按钮，打开"移动图表"对话框，如图 2.3.70 所示。选中"新工作表"单选按钮，在右侧的文本框中输入"三城平均温度"，单击"确定"按钮将图表移动到新工作表中。

实验 3.5

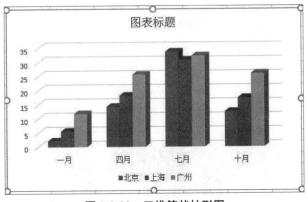

图 2.3.69　三维簇状柱形图

图 2.3.70　"移动图表"对话框

② 单击绘图区中表示"北京"的蓝色柱条，单击"图表工具 - 设计"选项卡"图表布局"组中的"添加图表元素"按钮，在下拉列表中选择"数据标签"中的"数据标注"命令，在蓝色柱条的上方显示了其对应的数据标签值，效果如图 2.3.71 所示。

③ 选中图表标题，将其更改为"三城平均温度对比图"，如图 2.3.72 所示。

④ 选中图表，单击"图表工具 - 设计"选项卡"图表布局"组中的"添加图表元素"按钮，在下拉列表中选择"轴标题"中的"主要横坐标轴"命令和"主要纵坐标轴"命令（见图 2.3.73），并将图表区出现的两个标题分别更改为"月份"和"温度"，效果如图 2.3.74 所示。

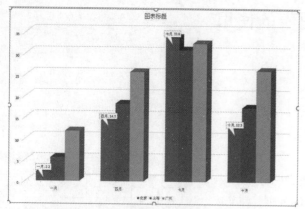

图 2.3.71　添加数据标签的效果图

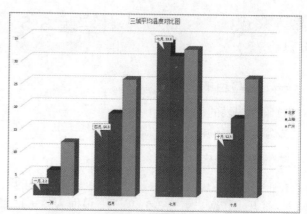

图 2.3.72　更改图表标题与图例位置效果图

图 2.3.73　添加轴标题

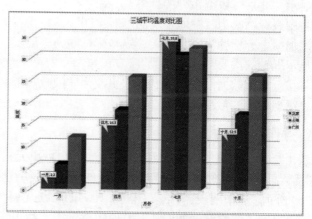

图 2.3.74　添加轴标题效果图

⑤ 选中图表，单击"图表工具 - 设计"选项卡"图表布局"组中的"添加图表元素"按钮，在下拉列表中选择"网格线"中的"主轴次要水平网格线"命令（见图 2.3.75），效果如图 2.3.76 所示。

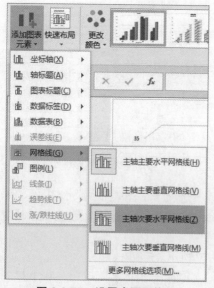

图 2.3.75　设置次要网格线

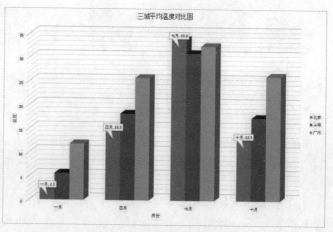

图 2.3.76　网格线设置效果图

⑥ 选中"上海"数据系列，单击"图表工具 - 格式"选项卡"形状样式"列表中的"细微效果 - 红色，强调颜色 2"选项（见图 2.3.77），效果如图 2.3.78 所示。

图 2.3.77　"形状样式"选项

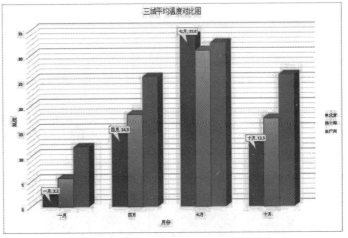

图 2.3.78　修改形状样式后效果图

⑦ 选中纵坐标轴并右击，在弹出的快捷菜单中选择"设置坐标轴格式"命令，打开"设置坐标轴格式"任务窗格，如图 2.3.79 所示；在"坐标轴选项"选项卡的"最小值"文本框中输入"2"，效果如图 2.3.80 所示。

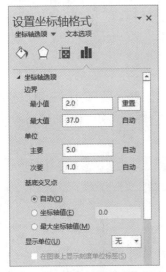

图 2.3.79　"设置坐标轴格式"任务窗格

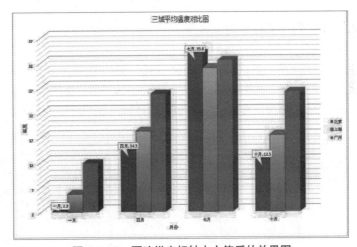

图 2.3.80　更改纵坐标轴大小值后的效果图

实验 3.6　其他功能操作

一、实验目的

① 掌握窗口的一般操作。

② 掌握页面设置相关内容。

③ 掌握保护数据。

二、补充知识

1. 窗口操作

使用窗口进行操作，在对同一工作簿下不同工作表进行同时操作时有很大帮助，不仅可以对比工作表，还能利用拆分窗口、并排查看和冻结窗格等。在"视图"选项卡的"窗口"组中有实现这些效果的功能按钮，如图 2.3.81 所示。

2. 页面设置

打印工作表时往往有多种不同的需要和用途，可以根据具体情况设置打印时的纸张方向和纸张大小、页边距、打印区域和打印标题。这些设置可以通过"页面布局"选项卡中的"页面设置"组来完成。纸张方向、纸张大小和页边距的设置与 Word 类似，这里只简单介绍打印区域、打印标题和页眉页脚的设置。

（1）设置打印区域

如果只需要打印工作表中的部分数据，可以利用设置打印区域功能来实现。先选中需要打印的单元格区域，再单击"页面布局"选项卡"页面设置"组中的"打印区域"按钮，在下拉列表中选择"设置打印区域"命令，如图 2.3.82 所示。

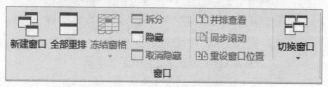

图 2.3.81　窗口操作功能命令

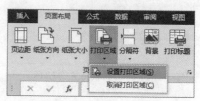

图 2.3.82　设置打印区域

（2）重复标题行

当一张工作表数据条目较多，需要输出多页时，为工作表设置打印标题行可以在每个打印页面中都自动添加标题行。具体操作步骤：单击"页面布局"选项卡"页面设置"组中的"打印标题"按钮，打开"页面设置"对话框，如图 2.3.83 所示。根据实际工作表的标题位置，在"工作表"选项卡"顶端标题行"或"左端标题列"文本框设置标题行或标题列位置即可。

（3）设置页眉页脚

页眉就是在页面顶端添加的附加信息，页脚就是在页面底端添加的附加信息。设置页眉和页脚使打印出来的表格更加美观。操作步骤如下：单击"页面布局"选项卡中的"页面设置"组右下角的对话框启动器按钮，打开"页面设置"对话框，选择"页眉/页脚"选项卡，如图 2.3.84 所示。

图 2.3.83　"页面设置"对话框

图 2.3.84　"页面设置"对话框

单击"自定义页眉"按钮，打开"页眉"对话框，如图 2.3.85 所示。单击"自定义页脚"按钮，打开"页脚"对话框，如图 2.3.86 所示。

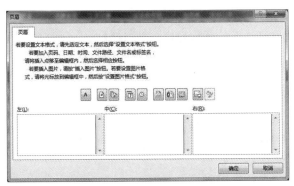

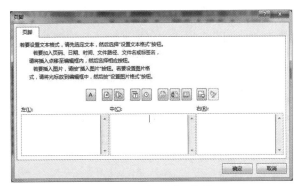

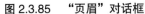
图 2.3.85　"页眉"对话框　　　　　　　　　　　图 2.3.86　"页脚"对话框

另一种添加页眉和页脚的方法：单击"插入"选项卡中"文本"组中的"页眉和页脚"按钮，打开"页眉和页脚工具 - 设计"选项卡，如图 2.3.87 所示，同时将工作簿切换到"页面布局"视图，即可根据需要设置页眉和页脚。

图 2.3.87　"页眉和页脚工具 - 设计"选项卡

3. 保护工作表和工作簿

（1）保护工作表

当需要将工作表中的某单元区域的数据保护起来，防止他人恶意修改时，可以采用以下步骤将需要保护的数据保护起来。

① 先将要保护的单元格区域"锁定"：选中要保护的单元格区域，在"设置单元格格式"对话框，选中"保护"选项卡中的"锁定"复选框，如图 2.3.88 所示。

② 再保护工作表：选择"审阅"选项卡"保护"组中"保护工作表"按钮，打开"保护工作表"对话框，如图 2.3.89 所示。在对话框中选中允许用户进行的操作，如允许用户"选定锁定单元格"复选框，单击"确定"按钮。这样，在保护状态下，用户只能选定锁定区域的单元格，不能进行修改。

图 2.3.88　"设置单元格格式"对话框　　　　　　图 2.3.89　"保护工作表"对话框

此时任何用户都可以取消工作表的保护。只要取消工作表的保护，用户仍然可以修改重要或敏感的数据。要想解决这个问题，可以在"保护工作表"对话框中，设置"取消工作表保护时使用的密码"即可，这样设置后，再想取消工作表时就需要输入密码。

（2）保护工作簿

单击"审阅"选项卡"保护"组"保护工作簿"按钮，打开"保护结构和窗口"对话框，如图 2.3.90 所示。选中"结构"复选框，单击"确定"按钮完成设置。

（3）允许用户编辑区域

单击"审阅"选项卡"保护"组中的"允许编辑区域"按钮，打开"允许用户编辑区域"对话框，如图 2.3.91(a) 所示，单击"新建"按钮，弹出"新区域"对话框，如图 2.3.91(b) 所示，可以设置区域"标题"、单元格区域和区域密码（即用户要编辑数据时需要输入的密码才可以编辑），还可以设置允许用户编辑的操作，单击"权限"按钮进行操作设置。

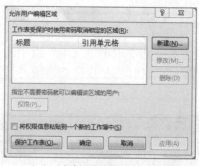

（a）"允许用户编辑区域"对话框

图 2.3.90 "保护结构和窗口"对话框

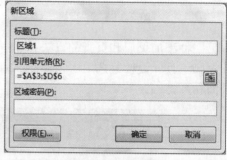

（b）"新区域"对话框

图 2.3.91 设置用户编辑区域

三、实验内容

在工作簿"实验 3-6.xlsx"中完成以下操作，其中 Sheet1 工作表的 A1:J19 单元格区域中的数据如图 2.3.92 所示。

① 基于单元格 C2 冻结首行和首列。

② 将 A1:E19 设置为打印区域。

③ 将纸张大小设置为 B5，同时将纸张方向设置为横向。

④ 页边距设置为上、下、左、右均为 2 厘米，表格在页面中水平垂直居中。

⑤ 在第九行前插入分页符，将第一行设置为重复打印标题。

⑥ 将 Sheet1 中的 A2:D19 区域设置为用户可编辑区域，若要更改该区域单元格需要输入密码"123"。

⑦ 页眉中间插入文件名，页脚右侧插入形如"第 N 页"的页码，并利用打印功能导出同名的 PDF 文件。

	A	B	C	D	E	F	G	H	I	J
1	员工编号	员工姓名	所属部门	基本工资	业绩奖金	出勤扣款	工资总额	应扣所得税	扣劳保	实付工资
2	Y0001	张明	研发部	¥ 4,800.00	¥ －	¥ －	¥ 4,800.00	¥ 545.00	¥ 345.00	¥ 3,910.00
3	Y0002	王月	研发部	¥ 4,650.00	¥ 500.00	¥ 47.00	¥ 4,603.00	¥ 515.45	¥ 270.00	¥ 3,817.55
4	Y0003	郑小明	研发部	¥ 4,300.00	¥ －	¥ －	¥ 4,300.00	¥ 470.00	¥ 270.00	¥ 3,560.00
5	Y0004	金磊	研发部	¥ 5,200.00	¥ －	¥ －	¥ 5,200.00	¥ 605.00	¥ 300.00	¥ 4,295.00
6	Y0005	赵红	研发部	¥ 4,800.00	¥ 500.00	¥ －	¥ 4,800.00	¥ 545.00	¥ 270.00	¥ 3,985.00
7	Y0006	刘红	研发部	¥ 5,400.00	¥ －	¥ －	¥ 5,400.00	¥ 635.00	¥ 270.00	¥ 4,495.00
8	S0001	潘春	销售部	¥ 3,200.00	¥ 9,800.00	¥ －	¥ 13,000.00	¥ 1,975.00	¥ 510.00	¥ 10,515.00
9	S0002	郭月	销售部	¥ 3,500.00	¥ 1,829.10	¥ 35.00	¥ 5,294.10	¥ 619.12	¥ 405.00	¥ 4,269.99
10	x0001	顾丽丽	行政部	¥ 3,200.00	¥ 320.00	¥ －	¥ 6,444.50	¥ 663.90	¥ 435.00	¥ 5,345.60
11	x0002	马小亮	行政部	¥ 3,700.00	¥ 150.00	¥ －	¥ 6,632.00	¥ 701.40	¥ 450.00	¥ 5,480.60
12	S0005	刘洋	销售部	¥ 3,700.00	¥ －	¥ －	¥ 3,700.00	¥ 380.00	¥ 405.00	¥ 2,915.00
13	z0006	孙宏	总办	¥ 5,000.00	¥ 4,000.00	¥ －	¥ 9,000.00	¥ 1,175.00	¥ 405.00	¥ 7,420.00
14	z0007	张海海	总办	¥ 4,300.00	¥ －	¥ －	¥ 4,300.00	¥ 470.00	¥ 435.00	¥ 3,395.00
15	S0008	陈明丽	销售部	¥ 4,000.00	¥ 18,000.00	¥ －	¥ 22,000.00	¥ 3,775.00	¥ 405.00	¥ 17,820.00
16	S0009	王志敏	销售部	¥ 4,300.00	¥ 4,126.50	¥ －	¥ 8,426.50	¥ 1,060.30	¥ 405.00	¥ 6,961.20
17	R0001	田小倩	人力资源部	¥ 2,900.00	¥ －	¥ 97.00	¥ 2,803.00	¥ 245.45	¥ 285.00	¥ 2,272.55
18	R0002	李国栋	人力资源部	¥ 3,500.00	¥ 300.00	¥ －	¥ 3,500.00	¥ 350.00	¥ 300.00	¥ 2,850.00
19	R0003	吴小双	人力资源部	¥ 2,500.00	¥ －	¥ －	¥ 2,500.00	¥ 225.00	¥ 270.00	¥ 2,005.00

图 2.3.92 数据源

四、操作步骤

① 双击打开工作簿"实验 3-6.xlsx"，选中单元格 C2，单击"视图"选项卡"窗口"组中的"冻结窗格"下拉按钮，在下拉列表中选择"冻结拆分窗格"命令，即可实现基于单元格 C2 冻结首行和首列，如图 2.3.93 所示。

实验 3.6

② 选中单元格区域 A1:E19，单击"页面布局"选项卡"页面设置"组中的"打印区域"下拉按钮，从下拉列表中选择"设置打印区域"命令。

③ 单击"页面布局"选项卡"页面设置"组中的"纸张大小"下拉按钮，从下拉列表中选择"B5"命令将纸张大小设置为 B5，再选择"纸张方向"列表中的"横向"命令。

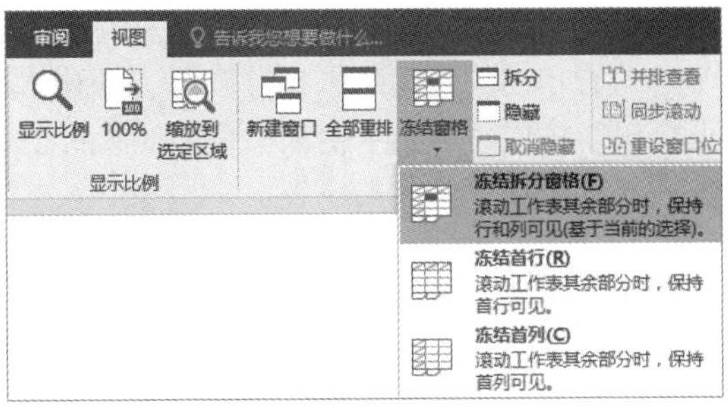

④ 单击"页面布局"选项卡"页面设置"组右下角的对话框启动器按钮，打开"页面设置"对话框，在"页边距"选项卡中将上、下、左、右边距均设为 2 厘米，选中"水平"和"垂直"复选框，单击"确定"按钮，如图 2.3.94 所示。

图 2.3.93 "冻结拆分窗格"命令

⑤ 选中第九行，单击"页面布局"选项卡"页面设置"组中的"分隔符"按钮，在其下拉列表中选择"插入分页符"命令，即可在第九行前插入水平分页符。再单击"页面布局"选项卡"页面设置"组中的"打印标题"按钮，打开"页面设置"对话框，选择"工作表"选项卡，将光标定位在"顶端标题行"文本框，再选择第一行（即标题所在行），单击"确定"按钮即可完成设置重复打印标题行的操作，如图 2.3.95 所示。

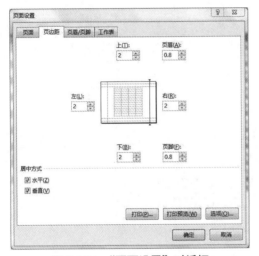

图 2.3.94 "页面设置"对话框

图 2.3.95 设置重复打印标题行

⑥ 选中 Sheet1 中的 A2:D19 单元格区域，单击"审阅"选项卡中"保护"组中的"允许编辑区域"按钮，打开"允许用户编辑区域"对话框，参见图 2.3.91（a），单击"新建"按钮，在新打开的"新区域"对话框的"区域密码"文本框中输入密码"123"，如图 2.3.96 所示。单击"确定"按钮回到"允许编辑区域"对话框，单击"确定"按钮完成设置。

⑦ 单击"页面布局"选项卡"页面设置"组右下角的对话框启动器按钮，打开"页面设置"对话框，选择"页眉 / 页脚"选项卡，如图 2.3.97 所示。

图 2.3.96 设置用户可编辑区域

图 2.3.97 "页面设置"对话框

单击"自定义页眉"按钮,打开"页眉"对话框,将光标定位在"中"编辑区,再单击上方的"插入文件名"按钮 ⬚（见图 2.3.98）,单击"确定"按钮回到"页面设置"对话框。

接着单击"自定义页脚"按钮,打开"页脚"对话框,在"右"编辑区中输入"第",再单击上方的"插入页码"按钮 ⬚,最后输入"页"（见图 2.3.99）,单击"确定"按钮回到"页面设置"对话框,单击"确定"按钮完成页眉和页脚的设置。

选择"文件"→"打印"命令,在"打印机"中选中本地计算机所装的 PDF 阅读器,即可在右侧预览已设打印区域的打印效果,如图 2.3.100 所示。单击"打印"按钮即可导出 PDF 文件。

图 2.3.98　设置页眉

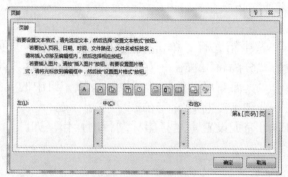

图 2.3.99　设置页脚

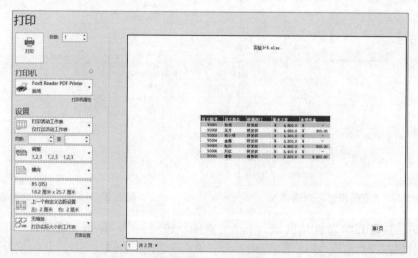

图 2.3.100　打印效果

导出 PDF 文件,也可以利用"另存为"命令实现,只需在"另存为"对话框的"保存类型"中选择"PDF（*.pdf）",如图 2.3.101 所示。

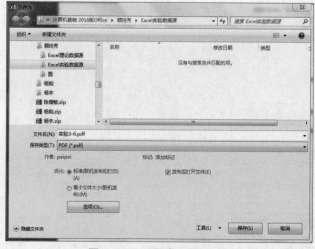

图 2.3.101　导出 PDF 文件

实验 3.7　综合——考试成绩统计与分析

一、实验目的

① 掌握自动填充功能的使用。

② 套用表格格式，单元格格式设置。

③ 掌握 MID、MAX、ROUND、IF、AVERAGE、AVERAGEIF、COUNTIF、COUNTIFS、VLOOKUP 等函数的使用和字符连接符 "&" 的使用。

④ 掌握高级筛选及图表功能的使用。

二、实验内容

学期期末考试结束后，需要对考试成绩进行统计、分析。图 2.3.102 所示为一次"大学计算机"期末考试的成绩表，请根据表内的信息按要求完成实验内容。

图 2.3.102　"大学计算机"期末考试的成绩表

① 对"期末考试成绩表"套用合适的表格样式，要求至少四周有边框，偶数行有底纹，并求出每个学生的总分。

② 在"期末考试成绩表"中根据每个学生的学号确定学生所在的班级。其中学号的前 4 位表示入学年份，7 和 8 两位表示专业 (13 表示营销专业、41 表示会计专业、09 表示国经专业) 第 10 位表示几班 (1 表示 1 班,2 表示 2 班等)。例如，学号 201552135102 所对应的班级为营销 151 班，201452415201 所对应的班级为会计 142 班等。

③ 在"期末考试成绩表"中的"总分"列后增加一列"总评"，总评采用五级制，划分的依据如表 2.3.1 所示，在"期末考试成绩表"中的 N1:O6 区域输入表 2.3.1 的内容，将区域 N2:O6 定义名称为"五级制划分表"。利用查找函数实现总评的填入，并在公式中引用所定义的名称"五级制划分表"。

表 2.3.1　总评五级制划分标准

分　　数	总　　评	分　　数	总　　评
0	E	80	B
60	D	90	A
70	C		

④ 在"期末考试成绩表"中 A80 开始的统计区域利用函数完成成绩分布表的计算，如图 2.3.103 所示。

⑤ 在"各班级考试成绩统计表"中利用公式和函数完成计算，如图 2.3.104 所示。其中班级平均分保留一位小数。

A	B	C
80	统计各分数段的人数	
81	分数区间	人数
82	90以上	
83	80~89	
84	70~79	
85	60~69	
86	60以下	

期末考试成绩表

图 2.3.103　成绩分布表

各班级考试成绩统计表

班级	最高分	最低分	班级平均分	不合格人数	优秀人数(>=90)
会计151班					
会计152班					
国经151班					
国经152班					
营销151班					
营销152班					

期末考试成绩表　各班级考试成绩统计表　考试情况分析表　成绩查询

图 2.3.104　成绩统计表

⑥ 根据图 2.3.105 所示题型及分数分配表并利用函数完成学生考试情况分析表的计算，将计算结果填入"考试情况分析表"中。

⑦ 根据"期末考试成绩表"筛选出单项分数至少有一项为 0 的学生记录，放置于"期末考试成绩表"A99 开始的区域。

题型及分数分配表

题型	选择题	Windows操作	汉字输入	Word操作	Excel操作	PPT操作	网页操作
分数	25	7	5	20	20	15	8

考试情况分析表

题型	选择题	Windows操作	汉字输入	Word操作	Excel操作	PPT操作	网页操作
平均分							
失分率							

期末考试成绩表　各班级考试成绩统计表　考试情况分析表　成绩查询　⊕

图 2.3.105　考试情况分析表

⑧ 在"期末考试成绩表"D80 开始的位置根据④的统计数据制作一个显示百分比的成绩分布饼图。

⑨ 自测练习。

三、操作步骤

（1）套用表格样式以及求每个学生的总分

① 在"期末考试成绩表"中选择 A1:K76 数据区域，单击"开始"选项卡"样式"组中的"套用表格格式"按钮，在下拉列表中选择一种四周有边框，偶数行有底纹的样式即可，这里选择"表样式中等深浅 2"。

实验 3.7（1）　实验 3.7（2）

② 在"期末考试成绩表"中选择 K2 单元格，在公式编辑栏中输入公式"=SUM(D2:J2)"，按【Enter】键完成总分的自动填充。

（2）根据每个学生的学号确定学生所在的班级

在"期末考试成绩表"中 C2 单元格输入公式"=IF(MID(A2,7,2)="13"," 营销 ",IF(MID(A2,7,2)="41"," 会计 "," 国经 "))&MID(A2,3,2)&MID(A2,10,1)&" 班 ""，按【Enter】键完成班级的自动填充，如图 2.3.106 所示。

实验 3.7（3）　实验 3.7（4）

	准考证号	姓名	所在班组	选择题分数	WIN操作题分数	打字题分数	WORD题分数	EXCEL题分数	POWERPOINT题分	网页题分	总分
2	201552135102	蔡群英	营销151班	21	5	5	12	20	9	5	77
3	201552135101	陈萍萍	营销151班	19	6	5	17	12	10	1	70
4	201552135203	陈昕博	营销152班	13	4	4	5	20	5	0	51
5	201552135201	陈瑶	营销152班	18	3	5	20	16	13	2	77
6	201552415141	陈逸天	会计151班	16	5	5	20	20	13	7	86
7	201552415233	丁冶莹	会计152班	19	7	5	19	20	15	2	87
8	201552415106	方莉	会计151班	21	5	5	20	20	15	7	94
9	201552135224	冯子书	营销152班	12	5	5	18	14	11	6	71
10	201552095229	蔂景旭	国经152班	6	5	5	17	0	10	2	52
11	201552135140	韩前程	营销151班	20	5	5	18	8	15	2	73
12	201552135245	杭程	营销152班	14	6	4	18	16	12	6	76
13	201552415124	何锦	会计151班	22	7	5	18	14	10	6	82
14	201552095103	黄丹霞	国经151班	22	6	5	20	0	7	8	68
15	201552095132	纪萌	国经151班	18	6	5	13	20	5	8	75

期末考试成绩表　各班级考试成绩统计表　考试情况分析表　成绩查询　⊕

图 2.3.106　班级填充效果图

（3）求总评

① 在期末考试成绩表的 L1 单元格输入"总评"。

② 在期末考试成绩表的 N1:O6 区域建立如表 2.3.1 所示的五级制划分表。

③ 选中 N2:O6 区域并右击，在弹出的快捷菜单中选择"定义名称"命令，在打开的"新建名称"对话框中输入名称"五级制划分表"

④ 在期末考试成绩表的 L2 单元格输入公式"=VLOOKUP(K2,五级制划分表,2,TRUE)"或"=VLOOKUP([@总分],五级制划分表,2,TRUE)"，按【Enter】键完成总评的填充。操作结果如图 2.3.107 所示。

（4）利用函数完成成绩分布表的计算

① 在"期末考试成绩表"中的 B82 单元格中输入公式"=COUNTIF(K2:K76,">=90")"。

② 在"期末考试成绩表"中的 B83 单元格中输入公式"=COUNTIFS(K2:K76,">=80", K2: K76,"<90")"。

图 2.3.107　总评填充效果图

③ 在"期末考试成绩表"中的 B84 单元格中输入公式"=COUNTIFS(K2:K76,">=70", K2: K76,"<80")"。

④ 在"期末考试成绩表"中的 B85 单元格中输入公式"=COUNTIFS(K2:K76,">=60", K2: K76,"<70")"。

⑤ 在"期末考试成绩表"中的 B86 单元格中输入公式"=COUNTIF(K2:K76,"<60")"。

计算完成后的效果如图 2.3.108 所示。

（5）填写各班级考试成绩统计表

① 求每个班级的最高分。在"各班级考试成绩统计表"的 B3 单元格中输入数组公式"=MAX(IF(期末考试成绩表 !\$C\$2:\$C\$76=A3, 期末考试成绩表 !\$K\$2:\$K\$76,0))"，按【Shift+Ctrl+Enter】组合键完成最高分的计算，拖动填充柄完成其他班级最高分的填充。

图 2.3.108　成绩分布表的计算

公式"=MAX(IF(期末考试成绩表 !\$C\$2:\$C\$76=A3, 期末考试成绩表 !\$K\$2:\$K\$76,0))"的意义是：外层 MAX 表示求圆括号内各数的最大值，里面的"IF(期末考试成绩表 !\$C\$2:\$C\$76=A3, 期末考试成绩表 !\$K\$2:\$K\$76,0)"的运算流程是判别期末考试成绩表 C2:C76（期末考试成绩表中的"所在班级"列）区域内单元格的值是否为 A3（"会计 151 班"），如果是则结果为"总分"列对应的分数，否则结果为 0。选中编辑栏公式中的"IF(期末考试成绩表 !\$C\$2:\$C\$76=A3, 期末考试成绩表 !\$K\$2:\$K\$76,0)"，再按【F9】键，得到其运算结果为 {0;0;0;0;86;0;94;0;0;0;0;82;0;0;0;0;0;78;0;0;0;0;99;0;0;0;0; 0;0;0;0;0;0;0;0;0;0;0;0;0;0;90;85;0;0;95;0;0;0;0;0;0;0;0;0;0;97;0;0;0;0;0;0;0;0;0;0;0;0;0;0;0;87;0}（可按【ESC】键返回公式状态）。所以，整个公式就是求班级最高分。

② 求每个班级的最低分。在"各班级考试成绩统计表"的 C3 单元格中输入数组公式"=MIN(IF(期末考试成绩表 !\$C\$2:\$C\$76=A3, 期末考试成绩表 !\$K\$2:\$K\$76,101))"，按【Shift+Ctrl+Enter】组合键完成最低分的计算，拖动填充柄完成其他班级最低分的填充。

求每个班级的最低分的数组公式的意义与求最高分的数组公式类似，但要注意里面的"IF(期末考试成绩表 !\$C\$2:\$C\$76=A3, 期末考试成绩表 !\$K\$2:\$K\$76,101)"在不满足条件时，值需取 >100 的数（因总分满分 100），不能取 0，否则会影响求最小值。

③ 求每个班级的平均分，并保留一位小数。在"各班级考试成绩统计表"的 D3 单元格中输入公式"=ROUND(AVERAGEIF(期末考试成绩表 !\$C\$2:\$C\$76, 各班级考试成绩统计表 !A3, 期末考试成绩表 !\$K\$2:\$K\$76),1)"，按【Enter】键完成班级平均分的计算，拖动填充柄完成其他班级平均分的填充。

④ 求每个班级的不合格人数。在"各班级考试成绩统计表"的 E3 单元格中输入公式"=COUNTIFS(期末考试成绩表 !\$C\$2:\$C\$76, 各班级考试成绩统计表 !A3, 期末考试成绩表 !\$K\$2:\$K\$76,"<60")"，按【Enter】键完成不及格人数的统计，拖动填充柄完成其他班级不合格人数的填充。

⑤ 求每个班级的优秀人数。在"各班级考试成绩统计表"的 F3 单元格中输入公式"=COUNTIFS(期末考试成绩表 !\$C\$2:\$C\$76, 各班级考试成绩统计表 !A3, 期末考试成绩表 !\$K\$2:\$K\$76,">=90")"，按【Enter】键完成不及格人数的统计，拖动填充柄完成其他班级优秀人数的填充。

各班级考试成绩统计表的计算结果如图 2.3.109 所示。

各班级考试成绩统计表					
班级	最高分	最低分	班级平均分	不合格人数	优秀人数(>=90)
会计151班	99	78	89.3	0	5
会计152班	91	60	81.0	0	3
国经151班	76	65	72.3	0	0
国经152班	75	52	66.8	3	0
营销151班	77	53	69.6	1	0
营销152班	77	48	68.3	2	0

期末考试成绩表　各班级考试成绩统计表　考试情况分析表　成绩查询

图 2.3.109　各班级考试成绩统计表的计算结果

（6）填写考试情况分析表

在"考试情况分析表"的 B6 单元格输入公式"=AVERAGE(期末考试成绩表 !D2:D76)"，按【Enter】键，并向右拖动 B6 的填充柄完成平均分的填充。

在"考试情况分析表"的 B7 单元格输入公式"=(B3−B6)/B3"，按【Enter】键，再选中 B7，单击"开始"选项卡中的"数字"组中的"百分比"按钮，向右拖动 B7 的填充柄完成失分率的填充。结果如图 2.3.110 所示。

题型及分数分配表							
题型	选择题	Windows操作	汉字输入	Word操作	Excel操作	PPT操作	网页操作
分数	25	7	5	20	20	15	8
考试情况分析表							
题型	选择题	Windows操作	汉字输入	Word操作	Excel操作	PPT操作	网页操作
平均分	18.12	5.59	4.92	16.72	12.23	11.21	4.99
失分率	28%	20%	2%	16%	39%	25%	38%

期末考试成绩表　各班级考试成绩统计表　考试情况分析表　成绩查询　⊕

图 2.3.110　平均分与失分率统计结果

（7）筛选出单项题分数至少有一项为 0 的学生记录

① 在"期末考试成绩表"中 D90:J97 单元格区域设置如图 2.3.111 所示的条件区域。

② 单击"数据"选项卡"排序和筛选"组中的"高级"按钮，在打开的"高级筛选"对话框中进行筛选设置，如图 2.3.112 所示。将筛选结果置于 A99 开始的区域，操作结果如图 2.3.113 所示。

选择题分数	WIN操作题分数	打字题分数	WORD题分数	EXCEL题分数	POWERPOINT题分数	网页题分数
0						
	0					
		0				
			0			
				0		
					0	
						0

图 2.3.111　条件区域

图 2.3.112　"高级筛选"对话框

99	准考证号	姓名	所在班级	选择题分数	WIN操作题分数	打字题分数	WORD题分数	EXCEL题分数	POWERPOINT题分数	网页题分数	总分	总评
100	201552135203	陈昕婷	营销152班	13	4	4	5	20	5	0	51	E
101	201552095229	葛梦旭	国经152班	6	6	5	17	0	10	8	52	E
102	201552095103	黄丹霞	国经151班	22	6	5	20	0	7	8	68	D
103	201552135146	李景龙	营销151班	17	5	5	20	20	12	0	76	C
104	201552135124	刘霞	营销151班	23	5	8	8	8	13	0	63	D
105	201552135236	楼经纬	营销152班	10	5	5	14	20	15	0	70	C
106	201552095126	徐银	营销151班	10	5	5	14	20	12	0	65	D
107	201552135125	杨锦娟	营销151班	18	7	5	20	12	6	0	68	D
108	201552095207	杨鑫月	国经152班	14	4	5	20	16	15	0	74	C
109	201552095226	姚雨娇	国经152班	17	5	5	20	0	10	0	52	E
110	201552135123	张博	营销151班	14	3	5	14	20	6	0	53	E
111	201552135109	张静静	营销151班	21	5	5	16	0	13	8	68	D
112	201552135115	张晓宁	营销151班	19	7	5	12	20	10	0	73	C
113	201552095230	张轩	国经152班	25	7	5	20	0	10	6	73	C

期末考试成绩表　各班级考试成绩统计表　考试情况分析表　成绩查询　⊕

图 2.3.113　高级筛选结果

（8）根据（4）的统计数据做一个显示百分比的成绩分布饼图

① 在"期末考试成绩表"中选择 A81:B86 单元格区域，单击"插入"选项卡"图表"组中的"饼图"按钮，选第一种样式，如"三维饼图"，在工作表中插入一个饼图。

② 选中饼图，单击"图表工具 - 设计"选项卡，在"图表布局"组的"快速布局"中选择"布局 2"，操作结果如图 2.3.114 所示。

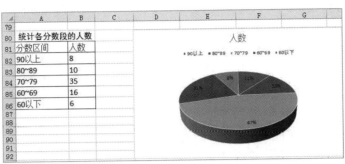

图 2.3.114　显示百分比的成绩分布饼图

（9）自测练习

基于上述期末考试成绩，完成下列操作。

① 在"期末考试成绩表"中用红色将总分最高的记录标示出来。

② 在"成绩查询"中利用查找函数，根据学生的学号查询学生的成绩，如图 2.3.115 所示，即在学号框中输入学号，在 D3 单元格中自动显示期末总成绩。

③ 在"期末考试成绩表"中总评旁增加一列"名次"，为学生的考试成绩排名。

④ 在新工作表"数据透视表"中根据"期末考试成绩表"中单元格区域 A1:L76 内的数据建立图 2.3.116 所示的数据透视表，并以此数据透视表的结果为基础，创建一个簇状柱形图，对各班级的平均分进行比较，将此图表放置于一个名为"柱形分析图"的新工作表中。

图 2.3.115　成绩查询

图 2.3.116　数据透视表

实验 4

演示文稿处理软件 PowerPoint 2016

实验 4.1　创建并制作演示文稿

一、实验目的

① 掌握 PowerPoint 2016 演示文稿的创建方法。
② 掌握幻灯片的插入、复制、移动和删除。
③ 掌握幻灯片的基本编辑。

二、实验内容

1. 创建 PowerPoint 2016 演示文稿

① 启动 PowerPoint 2016，创建"空白演示文稿"。
② 根据模板创建演示文稿。
③ 通过已有的演示文稿创建。
④ 保存演示文稿。

2. 幻灯片的插入、复制、移动和删除

① 幻灯片的插入。
② 幻灯片的复制、移动。
③ 幻灯片的删除。

3. 编辑幻灯片内容

① 设置幻灯片的背景。
② 在幻灯片中插入文本。
③ 在幻灯片中插入 SmartArt 图形。
④ 在幻灯片中插入图片。
⑤ 在幻灯片中插入表格。

实验 4.1

三、操作步骤

1. 创建 PowerPoint 2016 演示文稿

（1）启动 PowerPoint 2016，创建"空白演示文稿"

方法一： 参考 Word 和 Excel 程序的启动方法，通过其中任意一种方式启动 PowerPoint 2016，程序启动后，系统会自动创建一个名为"演示文稿 1"的空白演示文稿。

方法二： 启动 PowerPoint 2016 程序，选择"文件"→"新建"命令，单击"空白演示文稿"按钮，即可新建一个空白演示文稿。

（2）根据模板创建演示文稿

启动 PowerPoint 2016，选择"文件"→"新建"命令，出现如图 2.4.1 所示界面，直接选择相应的模板。

用户可以在图 2.4.1 所示界面的模板列表中任选一个，就会出现所选模板的预览效果，如图 2.4.2 所示。如果确定选择了一个模板，单击"创建"按钮即可。直接双击选定的模板按钮也可以完成对应模板的演示文稿的创建。

图 2.4.1　根据模板创建演示文稿

图 2.4.2　预览效果

（3）按照（1）中的任一方法创建一个空白演示文稿，并保存为"工匠精神 .pptx"。

2. 幻灯片的插入、复制、移动和删除

（1）幻灯片的插入

打开演示文稿后，单击"开始"选项卡 "幻灯片"组中的"新建幻灯片"按钮即可插入一张新幻灯片，此时插入的幻灯片为默认的"标题和内容"版式的幻灯片。

（2）幻灯片的复制、移动

在"幻灯片窗格"中选中要进行复制或移动的幻灯片（可以按【Ctrl】或【Shift】键同时选择多张幻灯片），通过快捷键或快捷菜单执行复制或剪切操作，然后在目标位置的两张幻灯片中间单击，出现一条闪烁的光标时执行粘贴操作。

（3）幻灯片的删除

在"幻灯片窗格"中选中要指定的幻灯片后按【Delete】键即可完成幻灯片的删除。

上述的复制、移动及删除操作，对于幻灯片数量较少的演示文稿或要操作的幻灯片数量较少时可以使用，但是如果幻灯片数量较多，在"普通视图"下要复制、移动或者删除幻灯片就不是很方便，此时可以切换到"幻灯片浏览视图"中完成。通过窗口状态栏中的"视图切换按钮" 或"视图"选项卡中的"演示文稿视图"组中的"幻灯片浏览"按钮切换到幻灯片浏览视图。幻灯片浏览视图可以认为是普通视图中"幻灯片窗格"的放大。在幻灯片浏览视图下更易于利用【Shift】或者【Ctrl】键与鼠标结合选取多张连续或不连续的幻灯片，然后再执行复制、移动或删除的操作。

3. 编辑幻灯片内容

制作工匠精神展示的演示文稿。

① 启动 PowerPoint 2016，打开"工匠精神 .pptx"。

② 此时的演示文稿仅包含 1 张"标题幻灯片"，根据需要，参考前文所述方法，在演示文稿中再插入 2 张新幻灯片，版式均为默认的"标题和内容"。

③ 设置幻灯片背景图片。

选择第一张幻灯片，单击"设计"选项卡"自定义"组中的"设置背景格式"按钮，在设置背景格式中选中"填充"下的"图片或纹理填充"单选按钮，单击"图片源"下的"插入"按钮，在打开的"插入图片"对话框中选择"从文件"，单击"浏览"按钮，选择素材文件"素材 1 背景"后单击"插入"按钮，如图 2.4.3 所示。

并以此方法完成第二张、第三张幻灯片的背景设置。

④ 在幻灯片中插入文本。在第一张幻灯片（自动创建为"标题幻灯片"版式）中，单击显示有"单击此处添加标题"的标题占位符，输入"工匠精神"，输入完成后单击占位符边框线以选中该占位符，单击"绘图工具" - 格式"选项卡"艺术字样式"组中的"填充 - 黑色，文本色 1；边框：白色，背景色 1；清晰阴影：白色，背景色 1"按钮，将"工匠精神"设置为艺术字，再从该组的"文本填充"下拉按钮中选择标准色"红色"，设置字体为宋体，字号 72 磅；在副标题占位符中输入 ">>> 弘扬工匠精神培育工匠精神 <<<"，设置字体为华文中宋、字号为 24 磅、加粗、字体颜色为"黑色"，文本居中对齐，并将 ">>>" 和 "<<<" 设置为红色。制作完成后效果如图 2.4.4 所示。

图 2.4.3　设置背景

图 2.4.4　第 1 张幻灯片效果

选中第二张幻灯片，删除标题占位符，插入竖排文本框输入文字"目录"，设置为华文细黑、48 磅、加粗、红色，在文本占位符中输入具体的目录内容，内容见素材文件"实验 4 工匠精神 文字 .docx"，选中输入的文字部分，单击"开始"选项卡"段落"组中的"转换为 SmartArt"下拉按钮，选择"其他 SmartArt 图形"命令，选择"列表"中的"垂直项目符号列表"，如图 2.4.5 所示。

选中刚刚设置好的 4 行目录，单击"SmartArt 工具 -SmartArt 设计"选项卡"SmartArt 样式"组中的"更改颜色"下拉按钮，选择"彩色轮廓 - 个性色 2"，切换到 SmartArt 工具 - "格式"选项卡，在"艺术字样式"组中设置"文本填充"为红色，在"形状样式"中设置"形状填充"无填充，"形状轮廓"设置为红色、粗细 2.25 磅，设置大小为高度 2.2 厘米，宽度 15 厘米，设置完毕后适当整体布局。制作完成后效果如图 2.4.6 所示。

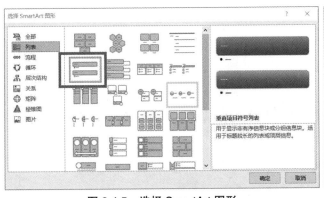

图 2.4.5 选择 SmartArt 图形

图 2.4.6 第二张幻灯片效果

选中第三张幻灯片，单击"插入"选项卡"文本"组中的"艺术字"按钮，选择"填充 - 黑色，文本色 1；边框：白色，背景色 1；清晰阴影：白色，背景色 1"，输入"第一章"，选中艺术字，设置文本填充为红色，华文细黑，54 磅。选中第二张幻灯片中的 SmartArt 图形"1 什么是工匠精神"，复制到第三张幻灯片中，并适当调整位置。制作完成后效果如图 2.4.7 所示。

新建并选中第四张幻灯片，在标题占位符中输入"什么是工匠精神"，字体字号调整为"华文细黑，加粗，32 磅"，大小设置为"高度 3.5 厘米，宽度 29 厘米"，位置设置为"水平位置 3.35 厘米，垂直位置 -0.4 厘米，左上角"如图 2.4.8 所示。

图 2.4.7 第 3 张幻灯片效果

接着在文本占位符中输入素材文件"实验 4 工匠精神 文字 .docx"中有关第四张灯片的内容，调整为"华文中宋，28 磅，第一句为红色，剩余两句为黑色"，并在标题前面插入艺术字"填充：橙色，主题色 2；边框：橙色，主题色 2"，键入文字"01"，设置文本填充"红色"，"微软雅黑，36 磅，加粗"。

复制第四张幻灯片，形成第五张幻灯片，并在文本占位符中输入素材文件"实验 4 工匠精神 文字 .docx"中有关第五张灯片的内容，字体字号保持默认。

复制第三张幻灯片，形成第六张幻灯片，将"第一章"改为"第二章"，将"1 什么是工匠精神"改为"2 工匠精神的责任与担当是什么"。

复制第五张幻灯片，形成第七张幻灯片，修改标题文字，并将素材中第七张幻灯片所对应的内容复制到文本占位符中，并调整占位符的大小为"高度 12 厘米，宽度 14.5 厘米"，位置为"水平位置 2.5 厘米，垂直位置 5 厘米，左上角"，制作完毕后，复制第七张幻灯片，形成第八张，并以相同方式制作第 8 张幻灯片，并录入相关文字。

复制第六张幻灯片，形成第九张幻灯片，将"第二章"改为"第三章"，将"2 工匠精神的责任与担当是什么"改为"3 工匠人物"，并设置居中。

复制第七张幻灯片，形成第十张幻灯片，修改标题文字，并将素材中第十张幻灯片所对应的内容复制到文本占位符中，并调整占位符的大小为"高度 12 厘米，宽度 14.5 厘米"，位置为"水平位置 16.5 厘米，左上角，垂直位置 4.5 厘米，左上角"，制作完毕后，以相同的方式制作第 11 ～ 13 张幻灯片。

复制第九张幻灯片，形成第十四张幻灯片，将"第三章"改为"第四章"，将"3 工匠人物"改为"4 学习工匠精神我们该怎么做"。

复制第十三张幻灯片，形成第十五张幻灯片，修改标题文字，并删除文本占位符中的文字内容。复制制作好的第十五张幻灯片，形成第十六、十七张幻灯片，将素材中第十六、十七张幻灯片所对应的内容复制到文本占位符中，并调整占位符的大小为"高度 12 厘米，宽度 14.5 厘米"，位置为"水平位置 16.5 厘米，左上角，垂直位置 4.5 厘米，左上角"。

最后，复制第一张幻灯片，形成第十八张幻灯片，将"工匠精神"改为"谢谢观看"。

制作完成后效果如图 2.4.9 所示，我们已录入完成幻灯片中的所有文字部分，接下来会在幻灯片中插入图片、图表，并在实验 4-2 中设置母版，通过设置母版将背景为空白的幻灯片页面统一设置背景。

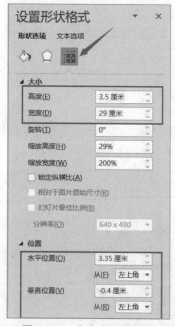

图 2.4.8　大小和位置设置

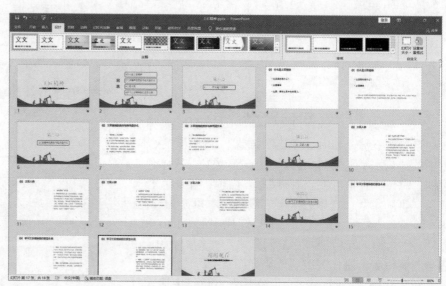

图 2.4.9　效果图

⑤ 在幻灯片中插入图片。选中第一张幻灯片，在其中插入素材图片，单击"插入"选项卡"图像"组中的"图片"按钮，选择插入图片来自此设备，打开"插入图片"对话框，浏览找到素材照片"图片素材 1 鸽子 .jpg"，单击"插入"按钮完成图片的插入，插入的图片为原始大小，通过鼠标指针拖动边框或通过"图片工具 - 图片格式"选项卡"大小"组中的按钮调整图片至合适大小，有需要的情况下还可以使用该组中的"裁剪"按钮对图片边缘进行裁剪，这里用鼠标拖动到合适的位置即可。幻灯片与素材图片的对应关系如表 2.4.1 所示。

表 2.4.1　幻灯片与图片素材图片的对应关系

幻灯片 1	图片素材 1 鸽子	幻灯片 10	战机"心脏手术师"罗卓红
幻灯片 2	图片素材 2 鸽子	幻灯片 11	"航天焊匠"陈久友
幻灯片 4	图片素材 3	幻灯片 12	"电网医生"张霁明
幻灯片 5	图片素材 4	幻灯片 13	穿纱"巧匠"赵巧娟
幻灯片 7	图片素材 5	幻灯片 15、16、17	图片素材 7
幻灯片 8	图片素材 6		

上述操作完成后，幻灯片效果如图 2.4.10 所示。

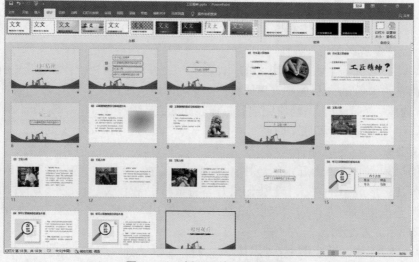

图 2.4.10　插入图片后的效果图

⑥ 在幻灯片中插入表格。选中第十五张幻灯片，单击"插入"选项卡"表格"组中"表格"下拉按钮，插入一个 3 行 2 列的表格。选中第一行，选择"表格工具 - 布局"选项卡"合并"组中的"合并单元格"按钮，将第一行合并为一个单元格，并输入文字"四个方面"。接着在第二行、第三行中 4 个单元格中分别输入"敬业、精益、专注、创新"。

选中表格中的所有文字，设置为"华文中宋，40 磅，居中"，选择"表格工具 - 表设计"选项卡，设置"表格样式"为"浅色样式 3- 强调 2"，如图 2.4.11 所示。在"表格工具 - 布局"选项卡的"表格尺寸"组，设置表格"高度 6 厘米，宽度 16 厘米"，如图 2.4.12 所示。将表格拖动到合适的位置，设置完成的幻灯片页面如图 2.4.13 所示。

图 2.4.11　表设计

图 2.4.12　表格尺寸

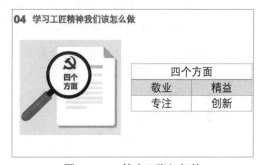

图 2.4.13　第十五张幻灯片

实验 4.2　幻灯片的美化与动画效果设置

一、实验目的

① 掌握幻灯片的版式与母版的应用。
② 掌握幻灯片的动画效果设置方法。
③ 掌握幻灯片的放映设置。
④ 了解演示文稿的发布形式。

二、实验内容

1. 幻灯片的美化

① 编辑幻灯片母版。
② 幻灯片版式的应用。

2. 幻灯片动画效果的设置

① 编辑设置幻灯片切换效果。

② 利用动画窗格设计动画效果。

3. 放映幻灯片

① 正常放映。

② 自定义放映。

4. 幻灯片的发布与打印设置

① 将演示文稿保存为其他格式。

② 演示文稿的打印设置。

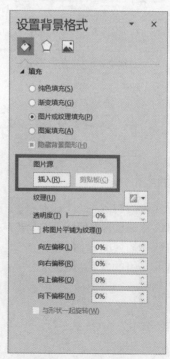

实验 4.2

三、操作步骤

1. 幻灯片的美化

（1）编辑幻灯片母版

启动 PowerPoint 2016，打开实验 4-1 中所创建的"工匠精神 .pptx"演示文稿，单击"视图"选项卡"母版视图"组中的"幻灯片母版"按钮（见图 2.4.14），进入幻灯片母版的设置，如图 2.4.15 所示。

切换到幻灯片母版视图，并在左侧列表中单击第一张幻灯片，单击"幻灯片母版"选项卡"背景"组中的"背景样式"下拉按钮，选择"设置背景格式"命令，如图 2.4.16 所示。

图 2.4.14　母版视图

图 2.4.15　幻灯片母版设置

在打开的"设置背景格式"窗格中选择"图片或纹理填充"，单击图片源下面的"插入"按钮（见图 2.4.17），打开并选择素材文件"工匠母版 .jpg"，单击"插入"按钮，将选择的图片插入幻灯片，设置好的背景如图 2.4.18 所示。设置完毕后，关闭母版视图，保存演示文稿。

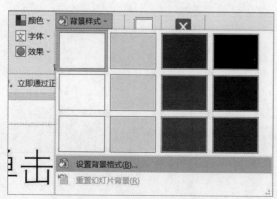

图 2.4.16　设置背景格式

图 2.4.17　插入图片

选择第六、九、十四张幻灯片，单击"设计"选项卡"自定义"组中的"设置背景格式"按钮，在"设置背景格式"窗格中选中"填充"下的"图片或纹理填充"单选按钮，单击"图片源"下的"插入"按钮，在打开的"插入图片"对话框中选择"从文件"，单击"浏览"按钮，选择素材文件"素材1背景"后单击"插入"按钮。设置好母版及背景的幻灯片效果如图2.4.19所示。

（2）幻灯片的版式的应用

选中最后一张幻灯片，单击"开始"选项卡"幻灯片"组中的"新建幻灯片"按钮，从下拉列表中选择"空白"版式，在演示文稿最后插入一张新幻灯片，为该幻灯片添加内容，内容自定。

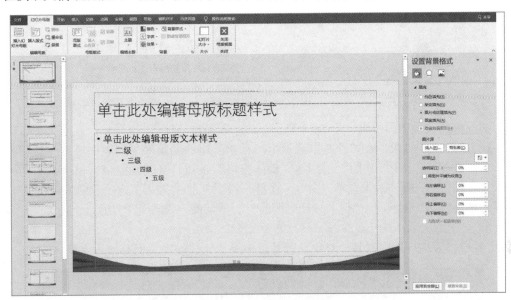

图 2.4.18　设置好的背景

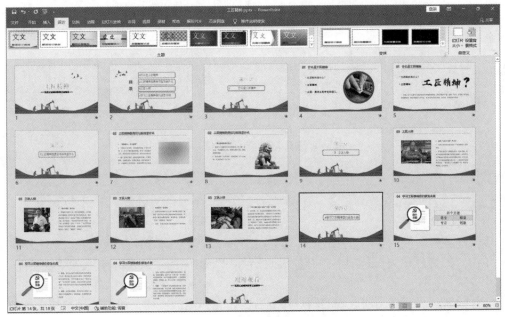

图 2.4.19　设置母版及背景的效果

2. 幻灯片动画效果的设置

（1）编辑设置幻灯片切换效果

选中第一张幻灯片，单击"切换"选项卡"切换到此幻灯片"组中的切换效果下拉按钮单击"页面卷曲"按钮，并在该组中单击"效果选项"按钮，选择"双左"命令；在"声音"下拉列表中选择"推动"选项，如图2.4.20所示，最后单击"应用到全部"按钮完成所有幻灯片切换效果的设置，保存演示文稿。

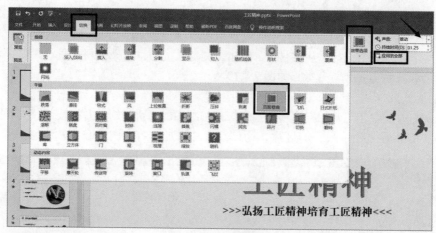

图 2.4.20　切换效果

（2）利用动画窗格设计动画效果

选中第二张幻灯片中的目录，在"动画"选项卡"动画"组的动画效果列表中单击"翻转式由远及近"按钮，单击"动画"选项卡"高级动画"组中的"动画窗格"按钮打开动画窗格，单击其中动画选项右侧的下拉按钮（见图 2.4.21），选择"效果选项"命令，在打开对话框的"效果"选项卡中将声音设置为"鼓掌"，在"计时"选项卡中设置"开始"为"与上一动画同时"，"期间"设置为"快速（1秒）"，单击"确定"按钮完成动画设置。

可以根据需要自行为幻灯片中的其他对象设置动画效果，完成设置后保存演示文稿。

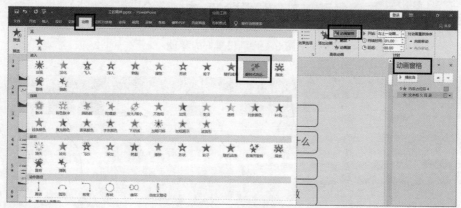

图 2.4.21　动画效果

3. 放映幻灯片

（1）正常放映

方法一：按【F5】快捷键。

方法二：单击任务栏右侧的"幻灯片放映"按钮，可以从当前幻灯片开始放映。

方法三：单击"幻灯片放映"选项卡"开始放映幻灯片"组中的"从头开始"或"从当前幻灯片开始"按钮启动幻灯片放映。

要结束幻灯片放映，只需在当前放映的幻灯片上右击，在弹出的快捷菜单中选择"结束放映"命令即可。通过上述方法放映编辑完成的"工匠精神.pptx"演示文稿查看效果，修改重复执行对应的操作步骤。

（2）自定义放映

单击"幻灯片放映"选项卡"开始放映幻灯片"组中的"自定义幻灯片放映"下拉按钮，在下拉列表中选择"自定义放映"命令，在打开的"自定义放映"对话框中单击"新建"按钮，在打开的"定义自定义放映"对话框中的"幻灯片放映名称"文本框中输入自定义放映的名称"工匠精神"。

在对话框左侧的"在演示文稿中的幻灯片"列表中，列出了演示文稿中所有幻灯片的编号及标题，按照图 2.4.22 所示的顺序将其添加到对话框右侧的"在自定义放映中的幻灯片"列表框中，单击"确定"按钮完成自定义放映设置关闭对话框，单击"关闭"按钮关闭"自定义放映"对话框。

图2.4.22　设置自定义放映

单击"幻灯片放映"选项卡"开始放映幻灯片"组中的"自定义幻灯片放映"按钮，在下拉列表中选择"工匠精神"命令查看自定义放映结果。若需要对自定义放映效果进行编辑、修改等操作，可以单击"幻灯片放映"选项卡"开始放映幻灯片"组中的"自定义幻灯片放映"按钮，选择"自定义放映"命令重新打开"自定义放映"对话框，选定要修改的自定义放映的名称，然后单击"编辑"或"删除"按钮进行编辑设置，保存演示文稿。

4．幻灯片的发布与打印设置

（1）将演示文稿保存为其他格式

PowerPoint为用户提供了多种保存、输出演示文稿的方法，用户可以方便地将利用PowerPoint制作的演示文稿输出为其他形式，以满足用户多用途的需要。在PowerPoint 2016中，用户可以将演示文稿输出为"PowerPoint 97-2003演示文稿"以适应低版本PowerPoint软件的需求，还可以输出为PDF、不同图形格式等，2016及以上版本中还可以输出视频文件。

选择"文件"→"另存为"命令，单击"浏览"按钮，在打开的"另存为"对话框中设置保存位置（自定义），将"保存类型"设置为"大纲/RTF文件"，单击"保存"按钮。

选择"文件"→"另存为"命令，单击"浏览"按钮，在打开的"另存为"对话框中设置保存位置，将"保存类型"设置为"JPEG文件交换格式"，单击"保存"按钮，在打开的对话框中单击"仅当前幻灯片"按钮。

选择"文件"→"另存为"命令，单击"浏览"按钮，在打开的"另存为"对话框中设置保存位置，将"保存类型"设置为"PowerPoint 97-2003放映"，单击"保存"按钮，如果弹出兼容性相关对话框直接单击"继续"按钮即可保存得到"工匠精神.pps"文件，双击该文件即可直接看到幻灯片放映的效果。

如果还想得到其他类型的输出结果，只需要在保存演示文稿时，选择"另存为"命令，单击"浏览"按钮，在打开的"另存为"对话框中先修改"保存类型"再保存文件。除上述几种输出外，在"另存为"对话框的"保存类型"下拉列表框中还有很多其他输出类型，如图2.4.23所示，用户可根据需求选择适合的输出格式。

除了"另存为"命令外，在PowerPoint 2016的"文件"选项卡下还有"导出"命令，如图2.4.24所示。此命令支持将演示文稿导出成视频或者打包成CD等。

（2）演示文稿的打印设置

选择"文件"→"打印"命令，即可在右侧看到打印相关的设置，如图2.4.25所示。关于打印设置由上到下依次是：打印份数、打印机、打印范围、打印版式、调整打印顺序以及打印的颜色，并可以编辑页眉页脚。

例如，对"工匠精神"进行如下设置：

单击"整页幻灯片"下拉按钮，打开"打印版式"列表，从"讲义"类中选择"6张水平放置的幻灯片"选项；单击"编辑页眉和页脚"选项打开"页眉和页脚"对话框，在"幻灯片"选项卡中选中"日期和时间""幻灯片编号"复选框，单击"全部应用"按钮，关闭对话框，保存演示文稿。

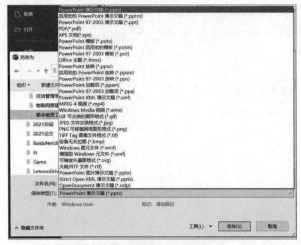

图 2.4.23　演示文稿输出类型

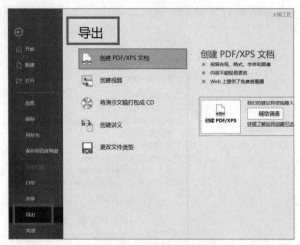

图 2.4.24　演示文稿导出

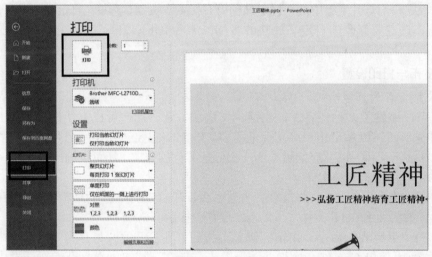

图 2.4.25　打印

实验 4.3　综合——古代诗词鉴赏

一、实验目的

① 掌握在 PowerPoint 中设计制作古代诗词鉴赏幻灯片。
② 掌握新建、编辑幻灯片。
③ 掌握设置幻灯片主体。
④ 掌握制作、美化幻灯片每一页中的艺术字、文本框等内容。
⑤ 掌握制作幻灯片母版。
⑥ 掌握制作图片的动画效果。

二、实验内容

1. 创建PowerPoint 2016演示文稿

① 启动 PowerPoint 2016，创建"空白演示文稿"。
② 保存演示文稿

2. 编辑幻灯片内容

① 设置幻灯片的背景和幻灯片母版。

② 在幻灯片中插入艺术字。

③ 在幻灯片中插入文本。

④ 设置超链接。

3. 幻灯片动画效果的设置

① 编辑设置幻灯片切换效果。

② 设计动画效果。

4. 自测练习

制作古诗词鉴赏幻灯片演示文稿。

实验 4.3

三、操作步骤

1. 创建PowerPoint 2016演示文稿

启动 PowerPoint 2016，单击"文件"选项卡下"新建"命令中的"空白演示文稿"按钮，新建一个空白演示文稿，并将其保存为"古代诗词鉴赏 .pptx"。

2. 编辑幻灯片内容

（1）设置幻灯片的背景和幻灯片母版

单击"视图"选项卡"母版视图"组中的"幻灯片母版"按钮，如图 2.4.26 所示。

切换到幻灯片母版视图，并在左侧列表中单击第一张幻灯片，单击"幻灯片母版"选项卡下"背景"组中的"背景样式"按钮，选择设置背景格式。在"设置背景格式"中选择"图片或纹理填充"，单击图片源下面的"插入"按钮，如图 2.4.27 所示，在打开的"插入图片"对话框中选择素材文件"古代诗词鉴赏图片 1.jpg"，单击"插入"按钮，将选择的图片插入幻灯片，设置好的背景如图 2.4.28 所示。

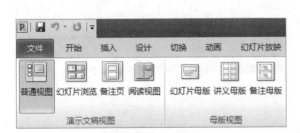

图 2.4.26　母版视图

图 2.4.27　插入背景

（2）在幻灯片中插入艺术字

关闭母版视图，在第一张幻灯片中单击"插入"选项卡"文本"组中的"艺术字"按钮，选择"填充：黑色，文本色 1；边框：白色，背景色 1；清晰阴影：白色，背景色 1"，如图 2.4.29 所示。接下来输入文字"古代诗词鉴赏"作为第一张幻灯片的标题。

选中刚设置好的艺术字，单击"绘图工具 - 形状格式"选项卡"大小"组右下角的对话框启动器按钮，设置图片位置为水平位置"16.93 厘米"，垂直位置"8.24 厘米"，如图 2.4.30 所示。

（3）在幻灯片中插入文本

制作第二张幻灯片，使其成为幻灯片目录。

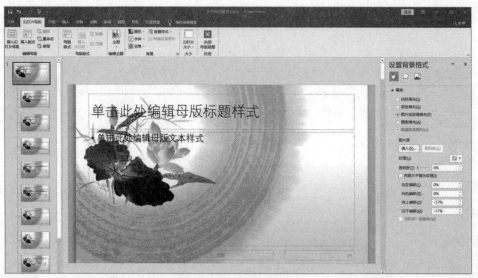

图 2.4.28　设置背景图片

新建"标题和内容"幻灯片界面，输入标题"诗词目录"，设置"隶书，60 号，黑色，文字阴影，居中"，在下方内容中依次输入古诗的名字"1. 从军行七首（其四）"、"2. 无题"、"3. 满江红"，并设置格式为"隶书，40 号，黑色，1.5 倍行距"，大小为"高度 10 厘米，宽度 15 厘米，水平位置 16.95 厘米，垂直位置 6.95厘米"，如图 2.4.31 所示。

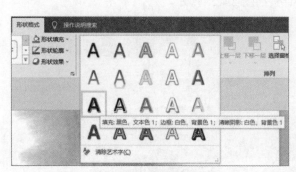

图 2.4.29　设置艺术字

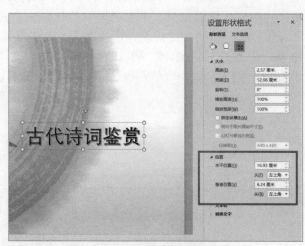

图 2.4.30　设置标题位置

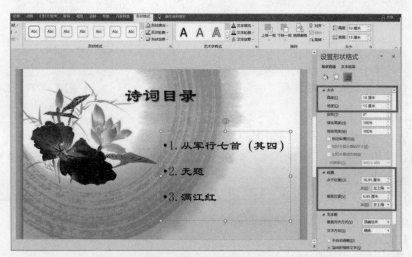

图 2.4.31　幻灯片目录

制作第三张幻灯片，新建"标题和内容"幻灯片页面，输入标题"从军行七首（其四）"，字体文字格式设置为"隶书，40号，黑色"。打开素材文件中的"古代诗词鉴赏.docx"文件，将"从军行七首（其四）"下的诗词内容复制到幻灯片页面中，适当调整文本框位置，正文字体文字格式设置为"隶书，36号，黑色"，作者信息文字格式设置为"隶书，24号，黑色"，如图2.4.32所示。设置完毕后，重复以上步骤，分别设计出"从军行七首（其四）解析""无题""无题解析""满江红""满江红解析"等其他五张幻灯片页面。

图 2.4.32　诗歌"从军行七首（其四）"

制作第九张幻灯片，新建"空白"幻灯片页面，插入艺术字，设置艺术字样式为"图案填充：白色；深色上对角线；阴影"，输入"谢谢欣赏"文本，并调整位置为"水平位置11.5厘米，垂直位置6厘米"，字体文字格式为"宋体，72号，黑色，加粗，文字阴影"。

（4）设置超链接

在第二张幻灯片中选择要创建超链接的文本"从军行七首（其四）"。单击"插入"选项卡下"链接"组中的"链接"按钮，如图2.4.33所示。

图 2.4.33　设置超链接

在打开的"插入超链接"对话框，选择"链接到"列表框中的"本文档中的位置"选项，在右侧的"请选择文档中的位置"列表框中选择"幻灯片标题"下方的"从军行七首（其四）"选项，在"幻灯片预览"窗口中可以看到古诗"从军行七首（其四）"所在的幻灯片界面，然后单击"屏幕提示"按钮，如图2.4.34所示。

在打开的"设置超链接屏幕提示"对话框中输入提示信息"链接到从军行七首（其四）界面"（见图2.4.35），然后单击"确定"按钮，返回"插入超链接"对话框，单击"确定"按钮。

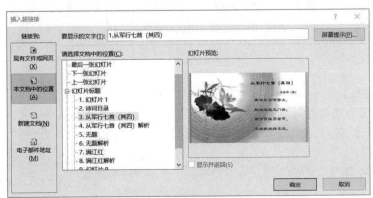

图 2.4.34　插入超链接

图 2.4.35　设置超链接屏幕提示

使用同样的方式创建其他超链接，添加超链接后的文本以蓝色、带下画线的形式显示，如图2.4.36所示。

图2.4.36 设置超链接后的效果

3. 幻灯片动画效果的设置

（1）编辑设置幻灯片切换效果

选择要设置切换效果的幻灯片，这里选择第一张幻灯片。单击"切换"选项卡"切换到此幻灯片"组中的"其他"按钮，在下拉列表中选择"细微"下的"显示"切换效果，便可自动预览该效果，如图2.4.37所示。在"计时"组的"持续时间"微调框中设置"持续时间"为03.00，使用同样的方法，为其他幻灯片页面设置不同的切换效果。

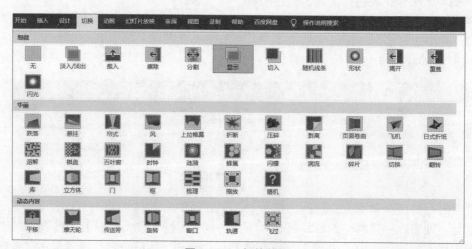

图2.4.37 切换效果

（2）设计动画效果

选择第一张幻灯片中要创建进入动画效果的文字"古代诗词鉴赏"，单击"动画"选项卡"动画"组中的"其他"按钮，弹出如图2.4.38所示的下拉列表，在"进入"区域中单击"浮入"按钮，创建进入动画效果。使用同样的方法，为其他幻灯片页面中的内容设置不同的动画效果，设置完成后单击"保存"按钮保存制作的幻灯片，完成制作。

4. 自测练习

制作古代诗词鉴赏幻灯片演示文稿《回乡偶书》。

① 第一张版式为只有标题的幻灯片，第二张版式为标题和文本的幻灯片，第三张版式为垂直排列标题和文本的幻灯片，第四张版式为标题和文本的幻灯片，输入文本。所有幻灯片的背景为"填充效果"中"纹理"中的"褐色大理石"，如图2.4.39(a)所示。

② 在第一张幻灯片中单击"插入"选项卡"插图"组中的"形状"下拉按钮，单击"星与旗帜"下的"卷形：水平"按钮，输入文字，如图2.4.39(a)所示。

③ 将幻灯片的配色方案设为标题为白色，文本和线条为黄色。

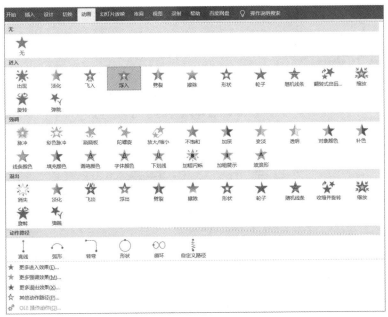

图 2.4.38　动画效果

④ 将母版标题文字格式设为宋体，44 号，加粗。设置文本格式为华文细黑，32 号，加粗，行距为 2 行。

⑤ 设置第一张幻灯片的各个形状的填充颜色为无，字体为隶书，48 号。在形状上添加到对应幻灯片的超链接。

⑥ 设置第一张幻灯片的动画效果："内容简介"自左侧切入，随后"诗文欣赏"自动自右侧切入，"作者生平"自动自底部切入。

⑦ 其余三张幻灯片中的每个对象都要设置动画效果，并且每张幻灯片之间要有"幻灯片切换效果"。

⑧ 第二、三、四张幻灯片中加入返回第一张的超链接，可以在图片上也可以在文字上添加"返回"按钮。最后将文件保存为"回乡偶书 .pptx"

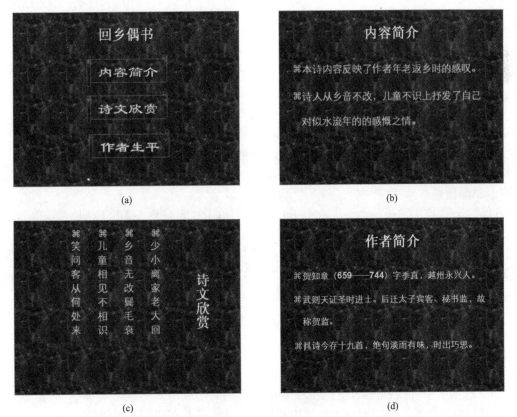

图 2.4.39　自测练习

实验 5

计算机网络技术

实验 5.1　网络基础

一、实验目的

① 了解如何将自己的计算机连接到局域网和 Internet 中；掌握局域网的资源共享方法。

② 熟练掌握用 IE 浏览 WWW 信息、查询信息的方法，掌握 IE 的各项功能。

③ 掌握利用网站申请免费邮箱、收发电子邮件的方法。

二、实验内容

1. 网络设置

① 将计算机与其他计算机连接构成局域网，设置网卡。

② 实现局域网资源共享。

2. WWW信息浏览

① 熟悉 IE 浏览器的基本功能。

② 使用 IE 访问 WWW。

③ 信息搜索。

3. 自测练习

① 设置本机 IP 地址。

② 使用浏览器实现 www 信息浏览。

三、操作步骤

1. 网络设置

（1）将计算机与其他计算机连接构成局域网，设置网卡

要求：实验用的机器上已安装了网卡和网卡的驱动程序，同时也安装了 NetBEUI、TCP/IP 等网络协议。

① 查看网卡驱动信息：

· 选择"开始"→"控制面板"命令，在打开的窗口中单击"设备管理器"按钮，打开"设备管理器"对话框。

· 在"设备管理器"对话框列表中选择"网络适配器"选项，就会看到本地计算机中网卡的型号。

· 选中该网卡并右击，在弹出的快捷菜单中选择"属性"命令，打开"属性"对话框，观察当前网卡的状态、网卡的驱动程序和所占据的资源。

② 查看网络协议：

a. 在"控制面板"窗口中单击"网络与共享中心"图标，打开"网络与共享中心"窗口；单击"更改适配器设置"图标，打开"网络连接"窗口，右击"无线网络连接"，在弹出的快捷菜单中选择"属性"命令，打开"本地连接 属性"对话框，如图 2.5.1 所示。

b. 从"网络"选项卡中可以看到系统已安装好的网络组件。

· "Microsoft 网络客户端"是指允许本机使用网络上的文件和打印机等共享资源。

· "Microsoft 网络的文件和打印机共享"指允许其他计算机使用本地计算机的资源。

- Internet 协议版本：选定"Internet 协议版本 4"选项，单击"属性"按钮，打开"Internet 协议版本 4（TCP/IPv4）属性"对话框，看到本地计算机的 IP 地址和子网掩码等信息，如图 2.5.2 所示。

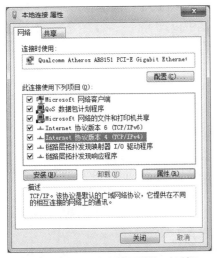

图 2.5.1 "本地连接属性"对话框

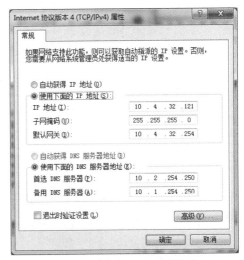

图 2.5.2 查询 IP 地址等信息

③ 查看网卡的 MAC 地址：

a. 在"开始"菜单的"搜索程序与文件"栏中输入 cmd，单击"确定"按钮，进入 MS-DOS 方式。

b. 在提示符下输入命令 ipconfig /all，按【Enter】键后系统执行命令，显示如图 2.5.3 所示的界面。

- 不同计算机 MAC 地址的查询显示结果与图 2.5.3 所示的物理地址不同，因为每个网卡均有唯一的 MAC 地址。

- MAC 地址是由 48 位二进制数组成的，通常分成 6 段，用十六进制表示就是类似 22-D9-62-14-DF-33 的一串字符。

- 如果执行上述命令后没有看到 MAC 地址，则表示网卡没有起作用。

④ 设置计算机的 IP 地址，并测试与相邻计算机的物理连接。

- 在"本地连接属性"对话框中，选定"Internet 协议版本 4"选项，单击"属性"按钮，在打开的对话框中查看 C 类 IP 地址，子网掩码为 255.255.255.0。

- 在"开始"菜单的"搜索程序与文件"栏中输入 ping <邻居计算机的 IP 地址>，查看网络的连通性。例如，输入 ping 27.0.0.1，测试结果如图 2.5.4 所示。

图 2.5.3 MAC 地址查询

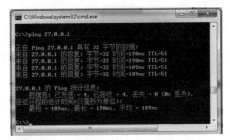

图 2.5.4 ping 127.0.0.1 命令执行结果

（2）局域网络资源共享

① 将计算机的 D 盘设置磁盘共享：

- 在"计算机"窗口中右击磁盘图标"本地磁盘（D：）"，在弹出的快捷菜单中选择"共享"→"高级共享"命令，打开磁盘属性对话框，如图2.5.5所示。
- 单击"高级共享"按钮，打开"高级共享"对话框（见图2.5.6），选中"共享此文件夹"复选框，在"共享名"文本框中为共享磁盘命名；可以设置共享用户数量；也可以设置权限、缓存等。单击"确定"按钮后，在本地磁盘（D：）图标左下角出现一个人物的图标，如图2.5.7所示。

图2.5.5　磁盘属性对话框　　　图2.5.6　"高级共享"对话框　　　图2.5.7　D盘共享示意图

② 设置文件夹共享：
- 将系统盘的Program Files（x86）文件夹设置为共享，并将共享的方式设置为"读取"。在"计算机"窗口中找到系统盘的Program Files（x86）文件夹，右击，在弹出的快捷菜单中选择"共享"→"高级共享"命令，再单击磁盘属性对话框中的"高级共享"按钮，打开"高级共享"对话框。
- 在打开的"高级共享"对话框中选中"共享此文件夹"复选框，在"共享名"文本框中输入Program Files。共享文件夹默认的访问类型设为"读取"，不需要设置权限。单击"确定"按钮即可完成共享的设置。
- 若要取消共享，可再打开"高级共享"对话框，取消选中"共享此文件夹"复选框，单击"确定"按钮即可。
③ 通过"网络"查看网络上的共享文档：
- 打开"资源管理器"窗口，在文件夹窗格中单击"网络"即可查看同一网段中能访问的所有计算机。
- 找到有共享资源的计算机，将共享文件或文件夹复制到本地计算机。
- 测试共享的方式，修改共享的文档并保存（如果共享的方式是读取，将无法保存修改后的文件）。
- 删除共享的文档。方法是：选中某共享的文档，按【Delete】键，或者右击，在弹出的快捷菜单中选择"删除"命令（如果共享的方式是读取，将无法删除文件）。
- 如果同时有多个人打开共享文档，请确认提示信息，以及打开的方式（注：如果同时多个人打开共享文档，那么除了第一人打开时没有提示，其他计算机只能以只读，或其他人关闭文档时通知的方式打开文档）。

2. WWW信息浏览

（1）使用IE访问WWW
① Web浏览：在地址栏中直接输入要访问的Web页的正确地址，并按【Enter】键，即可访问该网页。
② 超链接访问：在打开的Web页中，指向带下画线的文本或图形，若鼠标指针变成小手的形状，此处即为超链接，单击可以打开目标Web页。
③ 页面切换：利用导航栏中的"前进"或"后退"按钮在访问过的页面之间切换。
④ 收藏Web页：选择"收藏夹"菜单中的"添加到收藏夹"命令，或单击收藏栏上的"收藏夹"按钮，选择"添加到收藏夹"命令，在打开的"添加收藏"对话框中，输入站点名称，单击"添加"按钮完成收藏Web页的操作。
⑤ 查看历史记录
单击收藏栏上的"收藏夹"按钮，单击"历史记录"选项卡，单击要访问网页标题的超链接，就可以快

速打开对应的网页。

⑥ 保存 Web 页信息

完成保存当前页、保存网页中的图片、不打开网页或图片而直接保存。

（2）信息搜索

① 使用 IE 浏览器检索"北京科技大学天津学院"。

② 使用搜索引擎检索"北京科技大学天津学院"。

3. 自测练习

（1）仿照上述方法，设置本机 IP 地址为 192.168.32.221。

（2）使用其他浏览器，如 360、搜狗、遨游，实现 WWW 信息浏览。

实验 5.2　网络应用

一、实验目的

① 掌握利用网站申请免费邮箱、收发电子邮件的方法。

② 掌握百度网盘文件上传下载、共享的方法。

二、实验内容

1. 电子邮件的发送与接收

① 以网易邮箱为例，申请电子邮箱账号。

② 发送、浏览、回复、转发、删除电子邮件。

③ 附件的阅读和发送。

2. 文件传输

① 注册百度网盘账号。

② 上传下载文件（夹）。

③ 分享文件（夹）给他人。

④ 提取他人分享的文件（夹）。

3. 自测练习。

三、操作步骤

1. 电子邮件的发送与接收

（1）申请电子邮箱账号

首先到网易主页申请一个免费邮箱账号。申请到电子邮箱账号之后，接收和发送电子邮件。

（2）发送和浏览电子邮件

① 登录：进入网易邮箱登录界面，输入用户名（电子邮箱账号）和密码，单击"登录"按钮，进入邮箱。

② 编写邮件：单击"写信"按钮，进入新邮件窗口，然后在"收件人"文本框中输入收件人邮箱地址，在"主题"文本框中输入邮件主题，在邮件编辑区输入邮件内容，并可添加附件。

③ 发送邮件：编辑完成邮件后，单击"发送"按钮。

④ 浏览电子邮件：单击"收信"按钮，在屏幕窗口下方可以看到邮件列表，单击"主题"列中要浏览的邮件主题名称即可。

（3）回复和转发邮件

浏览完一封邮件可以单击"回复"按钮，进入新邮件窗口，此时不用填写收件人，收件人的地址已自动填入，只要填写主题和新的内容即可回复。若单击"回复全部"按钮，则能回复所有的收件人和抄送人。

"转发"是将收的邮件内容原封不动地转发给其他人，内容和主题不变，但须输入收件人的地址。

（4）附件的插入和阅读

在"写信"窗口中单击"添加附件"按钮，选择要附加的文件，单击"打开"按钮即可。图片、声音、动画、文档等均可作为附件发送。

如果收到一封带附件的邮件，双击附件标志或附件文件，在保证文件来源安全的情况下，打开或保存到本地磁盘上可进行阅读。

（5）删除邮件

在"收信"窗口，选中要删除的邮件前的复选框，然后单击"删除"按钮，"删除"的邮件将放在"已删除"目录下，"已删除"目录的作用相当于"回收站"。在"已删除"目录中单击"彻底删除"按钮将彻底删除邮件。

2．文件传输

（1）注册百度网盘账号

① 在 IE 浏览器的地址栏内输入百度网盘地址。

② 打开网站后，提示需要登录账号，如图 2.5.8 所示。可以点击 QQ、微信等账号登录，也可以单击"立即注册"，打开注册账号界面，如图 2.5.9 所示。

③ 注册百度网盘账号。在图 2.5.9 中输入各项信息，单击"注册"按钮即可完成百度网盘账号的注册。

图 2.5.8　百度网盘首页

图 2.5.9　注册账号界面

④ 登录百度网盘账号：在图 2.5.8 中输入账号信息即可登录，登录之后的主界面如图 2.5.10 所示。网盘根目录中的所有文件文件夹均在主界面显示。

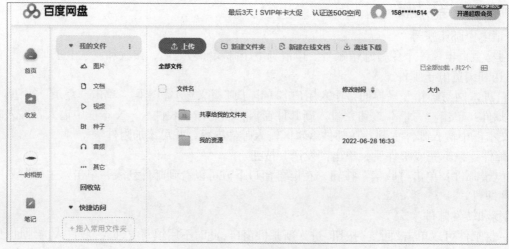

图 2.5.10　百度网盘主界面

（2）上传下载文件（夹）

上传操作：单击图 2.5.10 中的"上传"按钮，提示上传文件 / 上传文件夹，如图 2.5.11 所示。如果选择"上传文件"，则选择本地计算机上的某文件即可上传至网盘当前文件夹。

如果需要下载文件（夹），则移动鼠标至该文件（夹），出现分享、下载等图标，如图 2.5.12 所示。单击"下载"就可以下载该文件（夹）。

图 2.5.11　上传选项　　　　　　　　　　图 2.5.12　分享等图标

（3）分享文件（夹）给他人

单击图 2.5.12 中的"分享"按钮，打开分享对话框，如图 2.5.13 所示。

在图 2.5.13 中设置有效期、提取方式后，单击"创建链接"按钮，打开分享对话框，如图 2.5.14 所示。

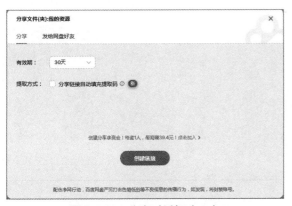 

图 2.5.13　分享对话框（一）　　　　　　图 2.5.14　分享对话框（二）

单击图 2.5.14 中的"复制链接及提取码"按钮即可复制分享链接。把此链接与提取码分享给他人完成分享。也可以单击"下载二维码"按钮再分享。

（4）提取他人分享的文件（夹）

若有他人分享的链接与提取码，可复制链接到浏览器地址栏，打开页面后输入提取码，如图 2.5.15 所示，单击"提取文件"按钮，打开提取文件对话框，如图 2.5.16 所示。

图 2.5.15　输入提取码窗口　　　　　　　图 2.5.16　提取文件窗口

单击图 2.5.16 中的"保存到网盘"按钮，可以将文件提取到自己的网盘（需提前登录网盘账号），也可以单击"下载"按钮把文件下载到本地计算机。

3. 自测练习

① 仿照上述方法，申请一个 126 邮箱，并发送一封带附件的电子邮件给同桌。

② 仿照上述方法，申请一个百度网盘账号，并上传文件或文件夹，再将此文件或文件夹分享给他人；提取他人分享的文件或文件夹至自己的网盘。

参 考 文 献

[1] 顾玲芳，顾鸿虹. 大学计算机基础与实践案例教程[M]. 北京:北京邮电大学出版社，2019.

[2] 顾玲芳. 大学计算机基础（Windows 7+Office 2010）[M]. 北京:中国铁道出版社，2014.

[3] 顾玲芳. 大学计算机基础上机实验指导与习题[M]. 北京:中国铁道出版社，2014.

[4] 前沿文化. 最新Office 2010三合一高效办公完全手册[M]. 北京:科学出版社，2013.

[5] 杨继萍，汤莉，孙岸. Office 2010办公应用从新手到高手[M]. 北京:清华大学出版社，2011.

[6] 涂山炼，李利健. Office 2010高效办公[M]. 北京:电子工业出版社，2012.

[7] 杰诚文化. Office 2010办公应用自学成才[M]. 北京:电子工业出版社，2012.

[8] 王诚君，杨全月，聂娟. Office 2010高效应用从入门到精通[M]. 北京:清华大学出版社，2013.